Fahrerlose Transportsysteme

SOLVING SCHWERLAST-FTS

Kundenspezifische Lösungen

schlüsselfertig · effizient · langlebig

Günter Ullrich • Thomas Albrecht

Fahrerlose Transportsysteme

Die FTS-Fibel – zur Welt der FTS/AMR – zur
Technik – mit Praxisanwendungen – für die
Planung – mit der Geschichte

4. Auflage

 Springer Vieweg

Günter Ullrich
Forum-FTS
Voerde, Deutschland

Thomas Albrecht
Fraunhofer-Institut für Materialfluss und
Logistik (IML)
Dortmund, Deutschland

ISBN 978-3-658-38737-2   ISBN 978-3-658-38738-9 (eBook)
https://doi.org/10.1007/978-3-658-38738-9

Die Deutsche Nationalbibliothek verzeichnet diese Publikation in der Deutschen Nationalbibliografie; detaillierte bibliografische Daten sind im Internet über http://dnb.d-nb.de abrufbar.

Springer Vieweg
© Springer Fachmedien Wiesbaden GmbH, ein Teil von Springer Nature 2011, 2014, 2019, 2023

Planung/Lektorat: Eric Blaschke
Springer Vieweg ist ein Imprint der eingetragenen Gesellschaft Springer Fachmedien Wiesbaden GmbH und ist ein Teil von Springer Nature.
Die Anschrift der Gesellschaft ist: Abraham-Lincoln-Str. 46, 65189 Wiesbaden, Germany

Vorwort

Die Welt der mobilen Robotik boomt. Die vierte Auflage der FTS-Fibel wurde notwendig, weil sich der Anbietermarkt extrem verändert. Es gibt so viele neue Unternehmen in den FTS-Märkten wie nie zuvor. Es werden neue Techniken eingesetzt, neue Anwendungen gesucht und neue Projektstrukturen ausprobiert. Man setzt auf standardisierte Datenschnittstellen, um einen beliebigen Flottenmanager mit heterogenen Fahrzeugflotten zu kombinieren, die von verschiedenen Herstellern kommen. Neu sind auch die Ansätze, über die bekannten Automatikfunktionen hinaus auch zusätzliche autonome Funktionen einzusetzen, um mehr Flexibilität und Bedienerfreundlichkeit zu erreichen.

Neben dem Fahrerlosen Transportfahrzeug (FTF, im englischen: Automated Guided Vehicle, AGV) werden neue Begriffe verwendet wie Mobiler Roboter (MR), Autonomer Mobiler Roboter (AMR), Industrial Mobile Robot (IMR) oder schlicht „Robot". Mit den sozialen Netzwerken wächst die Bedeutung des Marketings. Aus dem Marketing kommen dann auch – diesen Eindruck hat man – viele der neuen Begriffe und das Versprechen, dass es eine neue Welt der mobilen Robotik gibt, die vielfach innovativer und besser ist als die alte. Wir versuchen eine objektive Darstellung der alten und neuen FTS-Welt.

Wir beschäftigen uns in der neuen Auflage selbstverständlich mit Innovationen, allerdings verfallen wir dabei nicht in eine euphorische Stimmung, sondern hinterfragen die Sinnhaftigkeit und die Wirtschaftlichkeit der neuen Entwicklungen. So beschäftigen wir uns mit den Konsequenzen, die sich aus der Nutzung einer standardisierten Datenschnittstelle auf die FTS-Projekte ergeben. Wir klären über die Autonomie bei mobilen Robotern auf: Wir zeigen, was autonome Funktionen sein können, wie man sie bewertet, welche Vor- und Nachteile sie haben und wie die Konsequenzen solcher Funktionen für die Sicherheit einer Anlage aussehen können.

Zu den Innovationen zählen wir weiterhin neue technische Lösungen im Bereich der Sensorik, Aktorik oder der Lokalisierung. Wir haben uns mit der Be- und Entladung von LKWs beschäftigt und mit neuen Anwendungen in öffentlich zugänglichen Bereichen.

Aber: Innovationen sind zwar wichtig, aber nicht Alles und vor allem kein Selbstzweck. Denn wir erleben auch, dass es in FTS-Projekten immer wieder grundsätzliche Herausforderungen gibt, die sich oftmals ähneln. Leidtragende sind dabei häufig die Anwender, für die die neue Welt nicht einfacher geworden ist: Der Anbietermarkt ist nicht mehr zu überblicken, der Planungsprozess und die Erstellung eines aussagekräftigen Lastenheftes sind anspruchsvoll und geeignete FTS-Anbieter sind nur schwer zu finden und zu motivieren anzubieten.

Und dann ist da noch die Sache mit der FTS-Kompetenz. Wer bringt sie mit ins Projekt? Der Software-Lieferant oder einer der Fahrzeuglieferanten? Wer übernimmt die fachgerechte Inbetriebnahme, versteht die Schnittstellen, steht für die Anlagen-Sicherheit ein und garantiert letztendlich die Leistung und Verfügbarkeit der eingekauften Anlage, auch wenn der Mischbetrieb mit manuell betriebenen Staplern oder Routenzügen unerwartet (?) Störungen verursacht?

Wir – also das Autoren-Duo – wagen den Spagat zwischen der Innovation und erfolgreichen Projekten. Wir zeigen die Möglichkeiten neuer Techniken und Wege auf, hinterfragen sie aber auch hinsichtlich der Use Cases. Für den Einsatz des FTS in der Intralogistik ist es von fundamentaler Bedeutung zu verstehen, dass das FTS ein Organisationsmittel ist. Diese Fibel stellt dar, wie vielfältig die Anwendungen sind und welche technologischen Standards zur Verfügung stehen. Darüber hinaus dokumentieren wir die neuen Entwicklungen, die innovative Einsatzszenarien ermöglichen und zusätzliche attraktive Märkte erschließen.

Ein weiterer Schwerpunkt ist die ganzheitliche Planung solcher Systeme, die ausführlich mit allen Planungsschritten beschrieben wird. Hier findet der Leser nicht nur einen Fahrplan durch den Planungsprozess, sondern auch zahlreiche wertvolle Hinweise.

Seit über 35 Jahren begleitet der VDI-Fachausschuss „Fahrerlose Transportsysteme" die Branche. Er vereint heute ca. 40 Mitgliedsfirmen – aus diesem starken Netzwerk heraus entstand die europäische FTS-Community *Forum-FTS*, die engagierte Öffentlichkeitsarbeit und seit einigen Jahren mit einem kompetenten Team auch FTS-Planung und -Beratung betreibt. Allen Mitgliedern des Forum-FTS sei an dieser Stelle Dank gesagt, denn sie haben mit ihren Beiträgen diese Fibel erst möglich gemacht. Außerdem gilt unser Dank dem Lektorat Maschinenbau des Springer Vieweg-Verlags für die nette und verständnisvolle Betreuung.

Die FTS-Fibel richtet sich an Fachleute und Praktiker der Intralogistik, die sich mit der Optimierung von Materialflüssen beschäftigen. Sie sind in nahezu allen Branchen der Industrie, in einigen Dienstleistungsunternehmen oder in Forschung und Lehre an Universitäten und Fachhochschulen tätig. Aus unserer Arbeit als Planer und Berater wissen wir, dass es in der Praxis und in der Lehre Bedarf für eine ganzheitlichen Darstellung unseres Themas gibt. Wir haben uns um eine objektive Sichtweise, eine moderate fachliche Tiefe sowie eine klare und verständliche Sprache bemüht.

Die vorliegende vierte Auflage wurde komplett überarbeitet, umstrukturiert, um wichtige Themen erweitert und trägt den rasanten Entwicklungen in der Technik und den Märkten Rechnung. Möge die überarbeitete Fibel ihren Beitrag dazu leisten, dass Fahrerlose Transportsysteme entsprechend ihren Möglichkeiten eingesetzt und erfolgreich projektiert und realisiert werden. Der Leistungsfähigkeit und den Einsatzmöglichkeiten der mobilen Robotik sind keine Grenzen gesetzt! (Abb. 1).

Abb. 1 Die Buch-Autoren: Thomas Albrecht und Günter Ullrich

Hinweis:

Zur besseren Lesbarkeit wird im nachfolgenden Text auf gendergerechte Formulierungen/Schreibweisen verzichtet. Bei allen Bezeichnungen wie Betreiber, Projektleiter, Lieferant, Planer etc. wird das generische Maskulinum unabhängig vom tatsächlichen Geschlecht der Bezeichneten verwendet.

Voerde, Deutschland   Günter Ullrich
Dortmund, Deutschland   Thomas Albrecht
Juni 2022

Inhaltsverzeichnis

Driven by future,
built by experience.

Die DS AUTOMOTION GmbH ist ein weltweit führender Anbieter fahrerloser Transportsysteme und autonomer mobiler Robotik. Seit 1984 sind wir auf die Entwicklung und Produktion von Automatisierungslösungen für unterschiedlichste Anwendungen und Branchen spezialisiert.

www.ds-automotion.com | join us

Level Up Your Mobile Robots.

ROKIT – The Robotics Kit by Bosch Rexroth

Mit dem Robotics Kit ROKIT eröffnet Bosch Rexroth
neue Möglichkeiten im Bereich der Mobil- und Sevice-
robotik. Der modulare Baukasten aus einzelnen, aufeinander abgestimmten und erprobten Soft- sowie
Hardware-Komponenten gibt Ihnen das höchste Maß
an Freiheit, das Sie im Zuge der Automatisierung von
Prozessen benötigen.

Die Komponenten – ROKIT aXessor, ROKIT Locator,
ROKIT Navigator und ROKIT Motor – bieten Ihnen
eine grafische Benutzeroberfläche und übernehmen
für Sie Positionsbestimmung, Navigation und Bewe-
gungsausführung. Unterstützende produktspezifische
Services runden das nutzerorientierte Leistungs-
portfolio ab.

Bosch Rexroth AG
boschrexroth.de/rokit

rexroth
A Bosch Company

ÜBER
50 JAHRE
FTS
ERFAHRUNG

Die MLR System GmbH ist der Experte für Fahrerlose Transportsysteme. Wo immer es gilt, den Transport von Waren & Gütern von A nach B effizient zu planen und umzusetzen, sind wir der kompetente Partner. Wir handeln ganzheitlich und verantwortlich, sind vertraut mit den Anforderungen in unseren Kernbranchen und entwickeln auf Wunsch auch Sondertransportlösungen, die exakt auf den Kundenbedarf und das Transportgut angepasst sind. Im Verbund mit unseren Partnern der ROFA Group stehen wir für den perfekten Workflow und eine Maximierung der Produktivität bei hoch effizientem Ressourceneinsatz.

Als Pionier im Bereich der Fahrerlosen Transportsysteme stellen wir unser über Jahrzehnte gewachsenes Knowhow für die Planung, Entwicklung und Umsetzung Ihrer innerbetrieblichen Transport- bzw. Materialflussaufgabe zur Verfügung. Wir kennen die neuesten Technologien, die spezifischen Anforderungen einzelner Branchen und Kunden, und kümmern uns um die Schnittstelle zur Software. Als Generalunternehmer begleiten wir Sie von A bis Z: Wir erstellen Planungs- und Ausschreibungsunterlagen, beauftragen und beaufsichtigen Lieferanten, übernehmen das Projektmanagement während der Realisierung und übergeben Ihnen nach Fertigstellung eine schlüsselfertige Anlage. Sie profitieren dabei nicht nur von unserer Projekterfahrung, sondern auch von unseren langfristigen Beziehungen zu Lieferanten, Planern und Baupartnern.

MLR System GmbH
Voithstraße 15 | 71640 Ludwigsburg
Deutschland

Tel: +49 7141 9748 0
Fax: +49 7141 9748 113

info@mlr.de

Partner für die **Produktion der Zukunft**

BÄR

FTF für den PKW Transport in der Endmontage

Eine wandelbare PKW Endmontage mit autonomen Fahrerlosen Transportsystemen setzt technologische Maßstäbe in Bezug auf omnidirektionaler Antriebstechnik, patentiertem Energiekonzept mit Boostcaps und einer äußerst flachen Bauweise mit integriertem Hubtisch.

FTF für die Cockpitvormontage

Vormontageprozesse wie z.B. für Cockpit oder Frontend lassen sich durch unsere FTS-Lösungen sehr einfach, flexibel und wandlungsfähig realisieren. Sie sind beliebig erweiterbar und lassen sich problemlos in bestehende oder dynamische Produktionsstrukturen integrieren.

FTF für die Motorenmontage

Wir bieten individuelle FTS Lösungen mit standardisierten Fahrzeugen für die Produktionslogistik kombiniert mit Montageprozessen, die auf dem FTF im Takt- oder Fließbetrieb durchgeführt werden können. Ein integriertes 4-Achs-Handling-system sorgt dafür, dass sich der Motor immer in der ergonomisch optimalen Montageposition befindet.

Über die Autoren

Dr.-Ing. Günter Ullrich Günter Ullrich wurde 1959 in Oberhausen geboren und studierte allgemeinen Maschinenbau an der Universität Duisburg. Dort arbeitete er zunächst als Student, dann als wissenschaftlicher Assistent am Fachgebiet Fertigungstechnik von Prof. Dr.-Ing. Dietrich Elbracht, der mit seiner Berufung das Thema FTS und Robotik von seinem früheren Arbeitgeber, der Jungheinrich AG mitbrachte.[1] Dr. Ullrich beschäftigte sich in seiner Universitätszeit wissenschaftlich mit dem FTS und mobilen Robotern. 1986 gründete Prof. Elbracht den VDI-Fachausschuss FTS, Dr. Ullrich war Gründungsmitglied und leitet den Kreis seit 1996.

Dr. Ullrich war nach seiner Zeit an der Universität Geschäftsführer bei zwei Unternehmen, die weltweit FTS und fördertechnische Anlagen planten und vertrieben.

Seit 2002 ist Dr. Ullrich selbstständiger FTS-Planer und -Berater in der Intralogistik. Er leitet den VDI-Fachausschuss FTS und hat 2006 das Forum-FTS gegründet. Heute ist das Forum-FTS als eine feste Größe in der FTS-Welt bekannt und setzt sich als Interessensgemeinschaft der FTS-Branche für ein ehrliches Image des FTS und erfolgreiche FTS-Projekte ein. Mit einem fachkompetenten Team arbeitet das Forum-FTS sehr erfolgreich planend und beratend in erster Linie für FTS-Anwender, aber auch für Unternehmen, die in der FTS-Branche als Anbieter für Systeme, Komponenten oder Dienstleistungen auftreten (wollen).

Dr. Ullrich schrieb ca. 150 Fachbeiträge zum Thema FTS/mobile Robotik.

Dipl.-Ing. Thomas Albrecht Thomas Albrecht wurde 1964 in Soest geboren und studierte an der TU Dortmund Elektrotechnik mit der Vertiefungsrichtung Nachrichtentechnik. Bereits während des Studiums arbeitete er als studentische Hilfskraft am Fraunhofer-Institut für Materialfluss und Logistik IML (das damals noch Fraunhofer-Institut für Transporttechnik und Warendistribution ITW hieß) an Aufgabenstellungen aus der Automatisierungstechnik und an Robotersteuerungen. Nach dem Abschluss des Studiums

---

[1] Die Jungheinrich AG gehörte in Europa zu den ersten FTS-Herstellern, außerdem waren sie Anbieter von Industrierobotern.

wurde er 1990 wissenschaftlicher Mitarbeiter des Fraunhofer IML und beschäftigt sich seit dieser Zeit mit allen Aspekten der Fahrerlosen Transportsysteme: zunächst in der Softwareentwicklung für Fahrzeugsteuerung und Tools zur Fahrkursprogrammierung, dann in der Entwicklung von Navigationssystemen für FTF, später als Projektleiter in zahlreichen FTF-Entwicklungsprojekten, als Planer und Berater in FTS-Projekten im In- und Ausland, als Referent auf Fachtagungen und Messen, als langjähriges aktives Mitglied im VDI-Fachausschuss FTS und nicht zuletzt als Organisator der FTS-Fachtagung, die seit 2012 in Dortmund am Fraunhofer IML stattfindet.

Thomas Albrecht ist Autor zahlreicher Fachveröffentlichungen und Mit-Inhaber mehrerer Patente zu Navigationsverfahren und weiteren innovativen Lösungen im Umfeld von FTS.

Die Welt des FTS

1.1 Wording

Der Begriff „Fahrerloses Transportsystem" (FTS, engl. AGV System) wird seit mehr als sechzig Jahren verwendet und beschreibt ein Logistiksystem, beispielsweise eine klassische Intralogistik-Anwendung (Taxibetrieb), Montagelinien für Serienprodukte (Fließlinien- oder Taktbetrieb) oder eine Aufgabenstellung im Lager, bei der Materialtransporte mittels einer Flotte automatischer Flurförderzeuge erledigt werden. So ein FTS versteht sich als Organisationsmittel und Garant für einen zuverlässigen, sicheren Materialtransport mit definierter Leistung, Verfügbarkeit und Qualität. Die Peripherie und alle parallelen Prozesse der Produktionslogistik sind sorgfältig aufeinander abgestimmt.

Ein typischer Anwendungsbereich ist eine durchgeplante, i. d. R. komplexe Produktionslogistik in Unternehmen, in denen mittels Serien-/Massenfertigung produziert sowie hohe Leistung und Effizienz in Lager und Kommissionierung gefordert wird.

Typische Beispiele sind: Logistikzentren, Automobilfertigung, Automobilzulieferbetriebe, Serienfertiger der weißen und braunen Ware, Lebensmittelindustrie, Warenströme (Essen, Müll, Apotheke, Magazin) in Krankenhäusern (abseits der Bettenstationen).

Die Fahrzeuge, die in solchen Systemen zum Einsatz kommen, werden üblicherweise „Fahrerloses Transportfahrzeug" (FTF, engl. AGV für Automated Guided Vehicle) genannt und können sich technologisch hinsichtlich ihrer Funktionalitäten (mechanisch, mechatronisch, elektrisch), aber auch hinsichtlich ihrer „Intelligenz" (Sensorik, Steuerungsfunktionen, Autonomie) sehr unterscheiden.

Seit einigen Jahren gibt es neben diesem klassischen FTS, das im Rahmen eines Systemgeschäfts beschafft und als Projekt realisiert wird, auch Bestrebungen, den Fokus auf das Fahrzeug zu legen (Produktgeschäft). Diese Fahrzeuge werden häufig nicht als FTF, sondern als Mobiler Roboter (MR), Autonomer Mobiler Roboter (AMR), Mobiler Manipulator, Industrial Mobile Robot (IMR) oder schlicht „robot" bezeichnet. Daneben gibt es zahlreiche weitere Bezeichnungen, die häufig auch Produktnamen einzelner Hersteller sind.

© Springer Fachmedien Wiesbaden GmbH, ein Teil von Springer Nature 2023
G. Ullrich, T. Albrecht, *Fahrerlose Transportsysteme*,
https://doi.org/10.1007/978-3-658-38738-9_1

Im Vordergrund steht also der mobile Roboter (MR), der „einfach" in eine bestehende Industrieumgebung integriert werden und nach kurzer Inbetriebnahmezeit einfache Dienstleistungen (wie Transportieren, Handhaben, Reinigen, Informieren) übernehmen kann. Es ist möglich, dass einige wenige solcher Roboter miteinander kommunizieren und sich die Aufgaben teilen. Auch werden von solchen Fahrzeugen verschiedenste physische und datentechnische Schnittstellen bedient. Diese Fahrzeuge sind vielfältig einsetzbar, benötigen wenig Planung, kaum Vorbereitungen der Einsatzumgebung und kurze Inbetriebnahmezeiten. Sie können ggf. ohne eine stationäre FTS-Leitsteuerung funktionieren, wenn sie selbst in Abstimmung mit den anderen MRs ihre Aufgaben finden, verteilen und ausführen.

In der neuen Richtlinie VDI 2510 findet man die Definition des Begriffs, den wir hier auch anwenden wollen:

Fahrerlose Transportsysteme (FTS) sind flurgebundene Systeme, die innerbetrieblich innerhalb und/oder außerhalb von Gebäuden eingesetzt werden. Sie bestehen im Wesentlichen aus einem oder mehreren automatisch gesteuerten, berührungslos geführten Fahrzeugen mit eigenem Fahrantrieb und bei Bedarf aus

- *einer Leitsteuerung,*
- *Einrichtungen zur Standortbestimmung und Lageerfassung,*
- *Einrichtungen zur Datenübertragung sowie*
- *Infrastruktur und peripheren Einrichtungen.*

Die wesentliche Aufgabe eines FTS ist der automatisierte Materialtransport. Im weiteren Sinne zählen zu FTS auch solche Systeme, die für Dienstleistungsaufgaben, wie z. B. Handhabung, Überwachung, Reinigung, Ausgenommen hiervon sind Geräte, die als Verbraucherprodukte gemäß ProdSG auf dem Markt bereitgestellt werden (Abb. 1.1).

Unter einem Fahrerlosen Transportfahrzeug (FTF, englisch: Automated Guided Vehicle, AGV) versteht man ein flurgebundenes Fördermittel mit eigenem Fahrantrieb, das automatisch gesteuert und berührungslos geführt wird. Fahrerlose Transportfahrzeuge dienen dem Materialtransport, und zwar zum Ziehen oder Tragen von Fördergut mit aktiven oder passiven Lastaufnahmemitteln.

1.2   Motivation für das FTS

Die Bedeutung des innerbetrieblichen Materialflusses als integratives Element im Unternehmen steigt ständig, zunächst seit mehreren Jahrzehnten aufgrund der Forderung nach kürzeren Durchlaufzeiten, geringeren Beständen und höchster Flexibilität. Im Umfeld von Industrie 4.0 und im Zuge der Digitalisierung wächst nun der Anspruch an die Intralogistik, nicht nur das Material, sondern auch Informationen und Daten fließen zu lassen.

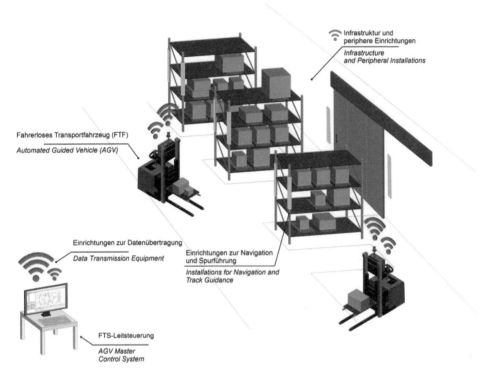

Abb. 1.1 Die Teilsysteme eines Fahrerlosen Transportsystems nach VDI 2510

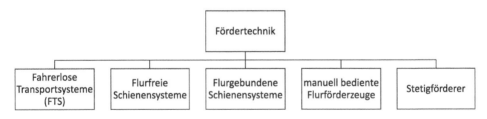

Abb. 1.2 Systematik der Fördertechnik. (Quelle: VDI 2510)

Das FTS erfüllt wie keine andere innerbetriebliche Fördertechnik die an moderne Intralogistik-Lösungen gestellten Anforderungen. Konventionelle manuell geführte Gabelstapler sind zwar extrem flexibel, sind aber teuer und erfüllen oft nicht die Erwartungen an eine sichere und nachvollziehbare Logistik. Stationäre Fördertechnik wie Band- oder Rollenförderer sind starr und dadurch unflexibel und stören durch ihre Festeinbauten. Gegenüber allen Arten von flurfreien Fördersystemen (z. B. Einschienenhängebahn) hat das FTS wirtschaftliche Vorteile und ist änderungsflexibler.

Abb. 1.2 zeigt die Einordnung des FTS und seine Wettbewerber in der Intralogistik

1.2.1   Das FTS in Produktion und Dienstleistung

Die Haupteinsatzgebiete des FTS liegen in der Intralogistik, also der Organisation, Steuerung, Durchführung und Optimierung des innerbetrieblichen Waren- und Materialflusses, der Informationsströme sowie des Warenumschlags in Industrie, Handel und öffentlichen Einrichtungen (Definition gemäß VDMA).[1]

Einige Einschränkungen sind damit verbunden: So betrachten wir nicht die sogenannten People Mover, also die automatischen Fahrzeuge für den Personentransport. Das ist zum gegenwärtigen Zeitpunkt auch noch schwierig: Zum einen gibt es nur sehr wenige Applikationen und zum anderen fehlen verbindliche Regelungen und Gesetze weitgehend.

Viele Sonderanwendungen[2] bleiben ebenfalls unberücksichtigt: Anwendungen in der Raumfahrt, im oder unter Wasser, in der Militärtechnik, Fassaden- und Fußbodenreinigung, mobile Auskunfts- und Infosysteme für Besucher von Museen, Ausstellungen, Einkaufszentren etc. sowie Geh- oder Klettermaschinen.

Zu Beginn wollen wir uns etwas näher mit den Aufgaben der Intralogistik beschäftigen, denn in diesem Umfeld bewegt sich das klassische FTS.

Die Bewegung von Gütern (Stückgut, Flüssigkeiten, Ware, Material, Versorgungsmaterial etc.) erfolgt in unterschiedlichen Bereichen innerhalb eines Betriebes bzw. eines Betriebsgeländes, zwischen örtlich differenzierten Unternehmen oder Betriebsteilen, zwischen Unternehmen und Verbraucher.

Die Organisation, Durchführung und Optimierung dieser Güter-, Waren- und Materialflüsse innerhalb eines Unternehmens der Industrie, des Handels oder einer öffentlichen Einrichtung werden dabei als Intralogistik bezeichnet. Wesentliche Aspekte dieses umfassenden Themengebiets sind

- die Prozesse der Handhabung von Gütern und Material, im Besonderen im Wareneingang und -ausgang, in der Lagerhaltung und Kommissionierung, beim Transport sowie bei der Übergabe und Bereitstellung derselben;
- die Informationsströme, also die Kommunikation von Bestands- und Bewegungsübersichten, der Auftragssituation, den Durchlaufzeiten und Verfügbarkeitsprognosen, die Darstellung von Daten zur Unterstützung der Verfolgung, Überwachung und ggf. Entscheidung von Maßnahmen, sowie auch die Auswahl und der Einsatz von Mitteln zur Datenkommunikation;
- die Verwendung von Transportmitteln (Hebezeuge, Stetigförderer, Flurförderzeuge usw.) sowie von Überwachungs- und Steuerungselementen (Sensorik/Aktorik);

---

[1] VDMA = Verband Deutscher Maschinen- und Anlagenbau.

[2] Ein erstes automatisches Pkw-Parksystem mit FTF wurde 2013 von Serva Transport Systems und dem Fraunhofer IML, Dortmund, am Flughafen Düsseldorf realisiert. Quelle: Hebezeuge Fördermittel, Berlin, Heft 53 (2013), S. 6.

- und schließlich der Einsatz von Techniken für die aktive/passive Sicherheit, das Datenmanagement, die Güter-, Waren- und Materialerkennung/-identifikation, die Bildverarbeitung, den Warenumschlag (also das Bereitstellen, Sortieren, Kommissionieren, Palettieren, Verpacken).

In den allermeisten Fällen sind Transportprozesse nicht wertschöpfend, verursachen aber einen unter Umständen erheblichen Aufwand. Da Transporte andererseits aber für die innerbetrieblichen Abläufe notwendig sind, besteht sowohl die Herausforderung als auch die Chance zu ihrer Optimierung! Im Wirkungsverbund der Produktionsmittel beeinflusst die Auswahl und Gestaltung der Transportsysteme die Effizienz des Produktionsprozesses und damit dessen Ertragspotenzial.

Den **Produktionsbereich** charakterisiert die Prozesskette vom Wareneingang bis zum Versand. Beeinflusst durch die Auftragssituation gestalten Einkauf, Disposition, Fertigungsleitung und Verwaltung kontinuierlich verschiedene Elemente dieser Prozesskette, also im Wesentlichen

- den Auf- und Abbau der Lagerbestände und den dazu notwendigen Güter-, Waren-, Materialumschlag (Warenein- und -ausgang, Materiallager),
- die Rüstzeiten und Durchlaufzeiten unter Berücksichtigung des Ausgleichs von Über- und Unterkapazitäten sowie den Lieferzielvorgaben der Leistungsempfänger,
- die Festlegung respektive Änderung von Auftragsprioritäten und
- die Optimierung von Losgrößen.

Diese Aufgaben erfordern permanente Steuerung, Überwachung, Kontrolle und zumeist Anpassung an die sich stetig verändernde Lage. Um einen möglichst großen Gestaltungsspielraum für eine effiziente Wahrnehmung dieser Aufgaben zu erreichen, ist daher neben der arbeitsschrittorientierten Fertigungsplanung eine sorgsame Planung (ggf. Simulation) und ein ausgewogener Einsatz geeigneter Transportmittel unerlässlich.

Gleiches gilt für Anwendungen im **Dienstleistungssektor**. Wenn wir dort den „Produktionsbereich" als den Bereich verstehen, der seine Leistungen dem Empfänger zur Verfügung stellt, dann sehen wir vergleichbare Aufgabenstellungen in der Prozesskette, auch wenn Verantwortliche eventuell andere Funktionsbezeichnungen tragen.

Im betriebswirtschaftlichen Unternehmensbereich hat die Auswahl der Produktionsmittel hauptsächlich Auswirkungen auf

- die finanztechnische Mittelplanung und -verwendung und
- die Kapazitäts- und Auslastungsanalysen und -planungen, was sowohl die technischen Mittel als auch vor allem die personellen Ressourcen betrifft.

Die technische und betriebswirtschaftliche Unternehmensleitung ist darum bemüht, im Spannungsfeld der betrieblich notwendigen Leistungserfordernisse und den dazu benötigten Mitteln die verfügbaren finanziellen und personellen Ressourcen ständig zu optimieren. Dazu werden geeignet definierte und erfasste Betriebsdaten und Kennzahlen, wie z. B. Lagerumschlagszeiten, Durchlaufzeiten mit Standzeiten, Produktionsmittelauslastung und dergleichen mehr, benötigt.

Das soll an dieser Stelle zur Einordnung des FTS in die Intralogistik genügen, um im Folgenden konkreter auf die Rolle des FTS und seine Vorzüge eingehen zu können.

1.2.2   FTS als Organisationsmittel

Häufig werden Fahrerlose Fahrzeuge (FTF) mit dem FTS gleichgesetzt. Schnell ist die Diskussion bei den unterschiedlichen Fahrzeugtypen oder anderen konkreten Themen:

- Welcher FTF-Typ, z. B. Gabelfahrzeug oder Unterfahr-FTF, ist vorzuziehen?
- Welches ist das zu präferierende Navigationsverfahren (z. B. Lasertriangulation oder Magnetnavigation)?
- Welches Konzept für den Personenschutz soll eingesetzt werden?

Natürlich sind die automatischen Fahrzeuge wichtige Komponenten eines FTS, aber eben nur Komponenten. Wenn wir korrekt sein wollen, müssen wir das Gesamtsystem FTS betrachten, das gemäß VDI 2510[3] aus den Fahrzeugen, der Leitsteuerung und der Bodenanlage besteht. In dieser Richtlinie sind wesentliche globale Eigenschaften des FTS aufgeführt (Abb. 1.3).

Hier muss betont werden, dass ein FTS als Organisationsmittel eine weitreichende und nachhaltige Wirkung auf die Intralogistik hat. Anfangs scheint die Ordnung, die

Abb. 1.3 Ein FTS verknüpft verschiedene Prozesse beim Papierrollenhandling. (schematische Darstellung; Quelle: Mitsubishi Logisnext Europe Oy (früher Rocla))

---

[3]VDI 2510 „Fahrerlose Transportsysteme (FTS)", VDI 10/2005, Beuth-Verlag, Berlin.

als Voraussetzung für den FTS-Betrieb erforderlich ist, lästig. Dann aber wird klar, dass diese Ordnung eben auch die Folge eines FTS ist, sodass hier eine Chance liegt, im Sinne einer ständigen Verbesserung, die Abläufe immer weiter zu optimieren.

Wenn es zum Beispiel darum geht, einen typischen „Gabelstaplerbetrieb", also eine Intralogistik mit manuell bedienten Flurförderzeugen, mittels FTS zu automatisieren, mag der Betreiber zunächst den vermeintlichen Vorteilen des Gabelstaplers nachtrauern: die kurzfristig abrufbare hohe Systemleistung und hohe Flexibilität bezüglich der Aufgabenstellung. Schaut er dann aber genauer hin, stellt er fest, dass ein FTS ebenfalls eine hohe Systemleistung hat, nämlich genau die, die während der Planung „eingestellt" wurde; und zwar ganz selbstverständlich als Dauerleistung mit einer extrem hohen Verfügbarkeit.

Die hohe Flexibilität der Stapler wird nur dann benötigt, wenn die Aufgabenstellung nicht optimal strukturiert wurde (Aufgabe der Planung) oder aber in seltenen Fällen nicht strukturierbar ist. Meist bergen die Prozesse aber genügend Optimierungspotenzial, sodass die Abläufe derart organisiert werden können, dass ein FTS eingesetzt werden kann. Der immer wieder unterschätzte Vorteil des FTS liegt dann darin, dass die geschaffene Ordnung auf Dauer eingehalten wird, weil sie eingehalten werden muss! Beispiele hierfür sind die klare Definition von Fahrwegen und Stellplätzen.

Bis vor wenigen Jahren (ca. 2015) konnten Fahrerlose Fahrzeuge nicht um Hindernisse, die sich auf/im Fahrweg befinden, herumfahren, d. h. sie blieben dann davor stehen; Hindernisse wie eine Gruppe Mitarbeiter beim Gespräch oder aber eine durch Mitarbeiter „mal eben" abgestellte Palette. Das ist auch durchaus akzeptabel, weil in einem durchorganisierten, automatisierten Betrieb weder Mitarbeiterbesprechungen noch vereinzelt falsch platzierte Paletten auf den Wegen stören sollten!

Neue Navigationsverfahren in Verbindung mit Sensorik + komplexer Software auf den Fahrzeugen ermöglichen es heute, dass ein FTF auf solch eine Störung reagiert, indem es – sofern ausreichend Platz zur Verfügung steht – selbstständig, aber vorsichtig und langsam, um ein Hindernis herumfährt. Im Einzelfall wird dies häufig als positive Eigenschaft angesehen, wenn aber das Hindernis-Umfahren zum Dauerzustand wird, sinkt die Transportleistung des FTS signifikant. Wir werden uns mit diesem Aspekt der Autonomie ausführlich in Abschn. 1.4 beschäftigen.

Durch Beobachtung des Ist-Zustandes und durch die Adaption einfacher Regeln in der FTS-Leitsteuerung gelingt es dann, positive Veränderungen beizubehalten bzw. negative rückgängig zu machen. Den laufenden Veränderungen in den Abläufen/im Produktspektrum/bei den Stückzahlen usw. kann so mit einer angepassten Intralogistik unmittelbar Rechnung getragen werden. So kann ein FTS mit einfachen Regeln Logistikabläufe optimieren und mit den Anforderungen wachsen.

1.2.3 Argumente für den FTS-Einsatz

An dieser Stelle wollen wir die Vorteile des FTS zusammenfassen. Sie tauchen vereinzelt oder in abgewandelter Form sicher an anderen Stellen dieser Fibel wieder auf, hier wollen wir die Argumente gebündelt darstellen. Dabei geht es nicht um die Betrachtung der Wirtschaftlichkeit, die ja in jedem Fall gegeben sein muss, sondern um die technischen und organisatorischen Argumente:

- Organisierter Material- und Informationsfluss; dadurch produktivitätssteigernde Transparenz innerbetrieblicher Logistikabläufe
- Jederzeit pünktliche und kalkulierbare Transportvorgänge
- Minimierung von Angstvorräten und Wartebeständen im Produktionsbereich
- Verringerung der Personalbindung im Transport und dadurch Senkung der Personalkosten (insbesondere beim Mehrschichtbetrieb)
- Minimierung von Transportschäden und Fehllieferungen; dadurch Vermeidung von
- Folgekosten
- Hohe Verfügbarkeit und Zuverlässigkeit
- Verbesserung der Arbeitsumgebung; sichere und angenehmere Arbeitsbedingungen durch geordnete Abläufe, saubere und leise Transportvorgänge
- Positive Innenwirkung auf die Belegschaft
- Positive Außenwirkung innerhalb des Konzernverbundes (Standortsicherung)
- Positive Außenwirkung gegenüber den Kunden
- Hohe Präzision bei automatischer Lastübergabe
- Geringfügige Infrastrukturmaßnahmen erforderlich
- Leichte Realisierung von Kreuzungen und Verzweigungspunkten
- Mehrfachbenutzung der Förderebene möglich
- Einsatzmöglichkeit eines Ersatzfördermittels (Gabelstapler)
- Eignung sowohl für geringe als auch für große Raumhöhen
- Hohe Transparenz des Fördergeschehens
- In der Regel kein zusätzlicher Verkehrsflächenbedarf
- Benutzung vorhandener Fahrwege
- Innen- und Außeneinsatz möglich
- Vielfältige Zusatzfunktionen realisierbar:
- Ordnen/sortieren, entscheiden, Daten erheben, Daten weiterleiten, Transportgut wiegen, Abläufe organisieren, Lager verwalten, Stellplätze verwalten, Lasten erkennen, verschiedene Layouts beherrschen, Paletten finden, Lkw beladen, intelligente Sicherheit, sich intelligent und situationsbedingt verhalten (Feuerwehr-Schaltung, verschiedene Einsatz-Modi), zusätzliche Aktivitäten in betriebsarmen Zeiten (z. B. nächtliches Umlagern), intelligente Batterieladestrategien, mobiler Roboter, Kommissionier-Funktionen usw.

Äußerst zeitgemäß ist dabei die Nachverfolgbarkeit der logistischen Prozesse. Alle Produktbewegungen werden zuverlässig erledigt und protokolliert. Dadurch entsteht eine lückenlose Prozesshistorie, die für interne Prüfungen, aber auch im Sinne der Produkthaftung sinnvoll und erforderlich ist. Zusammengefasst lässt sich sagen, dass ein FTS ein mächtiges Werkzeug zur Abwicklung und vor allem Optimierung intralogistischer Abläufe darstellt. Die aufgeführten Eigenschaften und Vorteile gelten dabei branchenunabhängig und branchenübergreifend! Die im Abschn. 3.2 beispielhaft vorgestellten Anwendungsfälle zeigen zwar u. U. branchenspezifische Fahrzeug-Lösungen, diese sind aber im Wesentlichen dem Transportgut bzw. dem branchentypischen Ladehilfsmittel geschuldet.

1.3 Die Sache mit der Verantwortung

Das FTS boomt. Die Vorzüge liegen auf der Hand, und die Euphorie bezüglich der scheinbar grenzenlosen Einsatzmöglichkeiten ist groß. Trotzdem: Hersteller und Betreiber tragen Verantwortung für das Wohl der Mitarbeiter, die mit dem FTS direkten Kontakt haben. Der VDI-Fachausschuss FTS bearbeitet das Thema Sicherheit. Das ist besonders wichtig, weil mitunter tonnenschwere fahrerlose Transportfahrzeuge im Zusammenspiel mit Mitarbeitern prinzipiell ein Sicherheitsrisiko mit sich bringen. Dabei trägt zunächst der Hersteller, dann aber auch der Betreiber eine große Verantwortung.

1.3.1 Aktuelle Relevanz

Dies ist ein Aufruf an alle FTS-/AMR-Anbieter, Ihre Verantwortung ernst zu nehmen und an alle Betreiber, im Zweifel von einer neutralen Stelle einen Safety-Check Ihrer neu installierten Anlage durchführen zu lassen. Auf den sozialen Netzwerken findet man Videos von realisierten FTS-/AMR-Anlagen, die sicherheitstechnisch fragwürdig sind. Gezeigt werden beispielsweise

- Fahrzeuge, die einen mehr als zwei Meter hohen Leerpalettenstapel von 15 Europaletten mit 2 m/s Geschwindigkeit transportieren – ungesichert wohlgemerkt. Wir wissen, dass eine Leerpalette ca. 22 kg wiegt, was sie bei einer Notbremsung zu einer echten Gefahr werden lässt;
- Fahrzeuge, die scheinbar völlig unmotiviert und unberechenbar die gesamte zur Verfügung stehende Fläche beanspruchen und abrupt die Richtung ändern (siehe Abschn. 1.4);
- Fahrzeuge, die mit unverminderter Geschwindigkeit ohne Einhaltung von Sicherheitsabständen an Säulen und anderen festen Einbauten vorbeifahren;
- Lastaufnahme-Situationen mit Quetschgefahren für Mitarbeiter ohne Maßnahmen zur Risikominderung, die also keiner Risikobeurteilung standhalten.

Vor Ort beim Betreiber sieht man „moderne" Anlagen,

- mit Konformitätserklärungen der Fahrzeuge ohne Nennung der 3691-4,
- die ein Blocklager im direkten Mischbetrieb mit manuellen Staplern bedienen,
- bei denen ein überforderter „Integrator" während der Inbetriebnahme die Konformitätserklärung erteilt hat, weil der Hersteller sich dazu nicht in der Lage sieht und deshalb die Fahrzeuge einfach als unvollständige Maschinen ausliefert;

- deren Fahrzeuge auf Basis einer 2D-Sensorik „autonom" einem Hindernis ausweichen, indem sie plötzlich und rücksichtslos auf die Gegenspur fahren, ohne das Schutzfeld auf die doppelte Geschwindigkeit anzupassen;
- mit Fahrzeugen mit unsicherer Umschaltung von Schutzfeldern (geschaltet durch Software oder Transponder)

Warum tun Hersteller so etwas? Wissen sie es nicht besser, oder kalkulieren sie das Risiko ein, dass etwas passiert und es zu Reklamationen oder sogar gerichtlichen Schritten kommt?

In jedem Fall ist der Betreiber der Leidtragende, denn er trägt letztendlich die Verantwortung für den sicheren Betrieb der Anlage! Eigentlich muss er die genannten Punkte in seiner regelmäßig durchzuführenden Gefährdungsbeurteilung behandeln – kann er das? Vom Lieferanten bekommt er diesbezüglich sicher keine Unterstützung oder Hinweise, denn der hat ihm die Probleme ja geliefert bzw. eingebaut.

Zur Einordnung: Dies ist keine Verallgemeinerung! Es gibt genügend viele und seriöse FTS-/AMR-Anbieter, die sich dem Kunden gegenüber kompetent und verantwortungsvoll verhalten!

Es gibt also genügend Gründe und Anlässe, sich etwas intensiver mit dem Thema FTS-Sicherheit zu beschäftigen. Das tut in vorbildlicher Weise der VDI-Fachausschuss FTS, indem er VDI-Richtlinien, VDI-Statusreports und Leitfäden erarbeitet, die Hersteller, Integratoren und vor allem die Betreiber unterstützen sollen. Insbesondere soll auf die VDI 2510-2 und die beiden Dokumente „Sicherheit von mobilen Robotern – Leitfaden für Betreiber" und „Sicherheit von mobilen Robotern – Leitfaden für Planer" verwiesen werden. Während die VDI-Richtlinien in den jeweils aktuellen Fassungen beim Beuth-Verlag zu beziehen sind, gibt ist die Statusreports und die Leitfäden kostenlos als Download.[4]

Die beiden Sicherheits-Leitfäden (Abb. 1.4) beschreiben die Anforderungen für den sicheren Betrieb von FTS innerhalb der Europäischen Union. Hersteller von fahrerlosen Fahrzeugen bestätigen mit der Erklärung der Konformität, dass die Sicherheits- und Gesundheitsanforderungen aller relevanten Europäischen Richtlinien zum Zeitpunkt des Inverkehrbringens eingehalten sind.

Mit der Abnahme der Anlage übernimmt dann der Betreiber die volle Verantwortung und ist verpflichtet, die Anforderungen aus der Arbeitsmittelbenutzungsrichtlinie umzusetzen und die Sicherheit der Mitarbeiter über den gesamten Lebenszyklus der Anlage zu gewährleisten. Der Leitfaden „FTS-Sicherheit für Betreiber" gibt dem Betreiber Hinweise für die Inbetriebnahme, den laufenden Betrieb sowie die Wartung und Instandhaltung.

1.3.2 Rechtlicher Rahmen

In Abb. 1.5 sind die Richtlinien beschrieben, die in der EU zum Schutz der Gesundheit ihrer Bürger erlassen wurden. Dazu gehören in den Bereichen Maschinensicherheit und Arbeitsschutz vor allem die Maschinenrichtlinien (für Hersteller) und die Arbeitsmittelbe-

---

[4] Auf den Seiten des Forum-FTS, www.forum-fts.com.

Abb. 1.4 Der Statusreport „FTS-Sicherheit" (Aus Aktualitätsgründen wurde der hier abgebildete Statusreport kurz vor Erscheinen dieses Buchs zurückgezogen und durch die beiden Sicherheits-Leitfäden für Pllaner und Betrieber ersetzt.)

Abb. 1.5 In der EU geltende Vorschriften und Richtlinien zum Gesundheitsschutz

nutzungsrichtlinie (für Betreiber) sowie zusätzliche Richtlinien wie die Niederspannungs-richtlinie oder die EMV-Richtlinie.

Diese müssen von den Mitgliedsstaaten in nationale Gesetze umgesetzt werden. Das geschieht z. B. in Normen:

- internationale Normen wie die IEC- und ISO-Normen, die von einer Vielzahl von Nationen auf der ganzen Welt anerkannt werden
- europäische Normen, etwa die EN-Normen in der Europäischen Union
- nationale Normen, etwa die DIN-Normen in Deutschland

Die bekannte Norm für fahrerlose Fahrzeuge war die Europäische Norm „Fahrerlose Flurförderzeuge und ihre Systeme" (DIN EN 1525). Im Jahr 2020 wurde die DIN EN 1525 durch die DIN EN ISO 3691-4 abgelöst.

Diese Normen beschreiben die anerkannten Regeln der Technik und sollten deshalb angewendet und in der CE-Konformitätserklärung referenziert werden. In jedem Fall müssen Hersteller eine Risikobeurteilung durchführen. Der Betreiber sollte diese Unterlagen des Herstellers prüfen und hinterfragen. Er muss aber in jedem Fall selbst eine Gefährdungsbeurteilung durchführen; darin prüft er insbesondere, ob die realen Einsatzbedingungen den Vorgaben des Herstellers entsprechen.

Von besonderer Wichtigkeit ist das Verständnis der Begrifflichkeiten „Hersteller" und „Betreiber". Der Leitfaden „FTS-Sicherheit für Planer" beschreibt verschiedene mögliche Szenarien, die berücksichtigen, dass die gesamte Lieferkette unterschiedlich aussehen kann. In jedem Fall kommt es zum Gefahrenübergang, nämlich nach dem in Betrieb nehmen durch den Hersteller. Ab dem Zeitpunkt nutzt der Betreiber die Anlage und trägt dafür die Verantwortung. Aber auch kritische Zeiträume wie der Probebetrieb, die Inbetriebnahme und die Wartung werden im Leitfaden betrachtet.

1.3.3 Verantwortung des Betreibers

In Deutschland wird die Arbeitsmittelbenutzungsrichtlinie durch das Arbeitsschutzgesetz (ArbSchG) und die Betriebssicherheitsverordnung (BetrSichV) in nationales Recht umgesetzt. Gemäß diesen Gesetzen hat der Arbeitgeber eine Gefährdungsbeurteilung durchzuführen und zu ermitteln, welche Maßnahmen des Arbeitsschutzes erforderlich sind.

In die Beurteilung sind alle Gefährdungen einzubeziehen, die bei der Verwendung von Arbeitsmitteln ausgehen, und zwar von

- den Arbeitsmitteln selbst,
- der Arbeitsumgebung und
- den Arbeitsgegenständen, an denen Tätigkeiten mit Arbeitsmitteln durchgeführt werden.

So ist beispielsweise beim Einsatz fahrerloser Fahrzeuge besonderes Augenmerk auf die Gestaltung der Verkehrswege (z. B. Kennzeichnung), die Ausführung der am Fahrzeug angebrachten Personenerkennungssysteme und auf die Ausführung der Lastübergabestellen zu legen. Der Betreiber muss dabei bereits in der Planungs- bzw. Angebotsphase entscheiden, welche Anforderungen die Geräte erfüllen müssen und entsprechende Absprachen mit Herstellern und Planern treffen.

Vom Hersteller vorgegebene Anforderungen (z. B. Kennzeichnung von Gefahrbereichen, Reinhaltung des Bodens) sind durch den Betreiber entsprechend umzusetzen. Der Betreiber hat die Vorgaben bezüglich der bestimmungsgemäßen Verwendung des Arbeitsmittels aus der Original-Betriebsanleitung des Herstellers zu beachten. Die Verantwortung für die hier genannten Punkte bleibt immer beim Betreiber. Er kann diese nicht abgeben oder abtreten. Er kann lediglich Unterstützung bei einem kompetenten Hersteller/Dienstleister suchen.

Ergibt sich aus der Gefährdungsbeurteilung, dass Gefährdungen durch technische Schutzmaßnahmen nach dem Stand der Technik nicht vermieden werden können, hat der Betreiber geeignete organisatorische und personenbezogene Schutzmaßnahmen zu treffen. Technische Schutzmaßnahmen haben aber immer Vorrang vor organisatorischen; diese haben wiederum Vorrang vor personenbezogenen Schutzmaßnahmen. Die Verwendung persönlicher Schutzausrüstung ist für jeden Beschäftigten auf das erforderliche Minimum zu beschränken.

Wichtig für den langjährigen Betrieb des FTS: Sollte sich der Stand der Technik für ausgeführte Sicherheitslösungen ändern, ist im Rahmen einer regelmäßigen Überprüfung der Gefährdungsanalyse zu prüfen, ob die Sicherheitsmaßnahmen angepasst werden müssen. Im Sicherheits-Leitfaden für Betreiber ist ein Ablaufplan zum Erhalt der Betriebssicherheit enthalten, mit dem die Überprüfung der Gefährdungsanalyse durchgeführt werden kann.

1.3.4 Technische Sicherheitsaspekte

Fahrerlose Fahrzeuge fahren meist in Bereichen, die nicht ausschließlich dem automatischen Verkehr vorbehalten sind. Lastübergabestationen müssen so ausgebildet sein, dass Personen durch die Bewegung des Fahrzeugs und seiner Last nicht gefährdet werden können. Die Sicherheitsmaßnahmen sind mit dem Amt für Arbeitsschutz abzustimmen. Dies geschieht häufig mit Vertretern der gesetzlichen Unfallversicherung.

Im Idealfall erfolgt die Lastübergabe in einem abgeschlossenen Bereich, zu dem Personen keinen Zuritt haben. Wo dies nicht möglich ist, können zur Vermeidung der Gefährdung von Personen z. B. folgende Maßnahmen in Betracht gezogen werden:

- Bodenmarkierungen zur Kennzeichnung von Gefahrenbereichen
- Stehverhinderer oder Leitbleche an der Einfahrt zur Lastübergabestation
- mobile Schutzeinrichtungen zur Personen-/Hinderniserkennung am Fahrzeug
- stationäre Schutzeinrichtungen zur Gefahrbereichsabsicherung, z. B. Sicherheits-Schaltmatten und Sicherheits-Laserscanner
- optische und akustische Warnsignale durch das Fahrzeug bei der Anfahrt an eine Lastübergabestation

Am fahrerlosen Fahrzeug sind üblicherweise mobile Schutzeinrichtungen angebracht. Es kann erforderlich sein, zusätzliche stationäre Schutzmaßnahmen einzusetzen; diese kön-

nen sein: Spiegel in Kreuzungsbereichen, Ampelanlagen, Schranken, Leuchten, Lichtschranken und weitere.

Für den sicheren und störungsfreien Betrieb von FTS ist die Einhaltung bestimmter
Qualitätsmerkmale des Bodens von grundlegender Bedeutung. Diese Anforderungen sind
insbesondere bei der Herstellung neuer Böden einzuhalten. Bestehende Böden erfüllen
oftmals nicht alle diese Anforderungen. Hier ist in der Regel eine Abstimmung mit dem
FTS-Hersteller notwendig. Gegebenenfalls sind weitere Prüfungen der Bodenbeschaffenheit durch Dritte erforderlich.

Der Boden muss also zum FTS-Einsatz passen. – er muss FTS-tauglich sein. Die wesentlichen Kriterien sind:

- Ebenheit
- Festigkeit
- Oberflächenbeschaffenheit
- Bodenabdeckungen
- Metallgehalt
- Unterflur/Untergrund Einrichtungen und deren Lage
- Elektrische Leitfähigkeit
- Lage, Breite/Tiefe und Art von Fugen
- Zulässige unterschiedliche Bodenhöhen (Stufen/Steigungen/Niveauunterschiede)

Wichtig ist, dass die fahrerlosen Fahrzeuge bei einem Not-Halt unter allen Last- und Fahr-
bedingungen sicher zum Stehen kommen. Dazu ist der aktuelle Haftreibungskoeffizient
wichtig; dieser sollte unter allen Umständen einen Wert von $\mu H > 0{,}6$ aufweisen.

Der Betreiber muss folgende Anforderungen umsetzen:

- Sicherstellen von Trockenheit und Sauberkeit der Fahrwege und Fahrwegmarkierungen
- Freihalten des Fahrweges von Hindernissen, die Bewegungen des fahrerlosen Fahr-
  zeugs behindern könnten;
- Entfernen von Nässe, Abfall, Staub, Eis, etc. vom Fahrweg, um Rutschen des fahrerlo-
  sen Fahrzeugs, besonders während Notbremsungen, zu vermeiden;
- Instandhaltung der Bodenbeschaffenheit und der Einrichtungen, die mit fahrerlosen
  Fahrzeugen in Verbindung stehen.

In der Arbeitsstättenverordnung werden die Kriterien angegeben, wann Verkehrsflächen,
Arbeits- und Lagerflächen markiert werden müssen. Zudem werden die verschiedenen
Markierungsformen genannt. Auch kann es erforderlich sein, Wege für Fußgänger durch
Geländer oder Leitplanken abzugrenzen.

Die Betriebssicherheitsverordnung schreibt die Prüfung jeden einzelnen Fahrzeugs vor.
Die Prüfungen müssen durch den Betreiber vor der erstmaligen Verwendung, nach Veränderungen, wiederkehrend in regelmäßigen Intervallen und nach außergewöhnlichen Ereig-

nissen, wie Unfällen oder Beinahe-Unfällen, durchgeführt werden. Hier geht es vor allem um die getroffenen Schutzmaßnahmen.

Bei einer Veränderung an einem FTS hat der Betreiber die Pflicht zu prüfen, ob die vorhandenen fahrerlosen Fahrzeuge und peripheren Einrichtungen bestimmungsgemäß weiterverwendet werden können oder ob Veränderungen an diesen durchgeführt werden müssen. Veränderungen können sein:

- Veränderung des Layouts (Fahrwege, Fahrwegbreiten, …),
- Änderung der Verwendung (Nutzlast, Lastschwerpunkt, Fahrgeschwindigkeiten, …),
- Änderung der Umgebungsbedingungen (klimatische Bedingungen, Außenbereich, …),
- zusätzliche Fahrzeugtypen,
- Umzug einer Anlage in eine neue Umgebung (andere Halle oder Hallenbereich).

Durch solche Veränderungen können die Fahrzeuge ggf. als neue Maschinen angesehen werden – dann ist eine neue Risikobeurteilung durchzuführen, die zeigen soll, ob sich ein bereits vorhandenes Risiko erhöht hat. Hier zeigt der Sicherheits-Leitfaden für Betreiber detailliert auf, wie der Betreiber wesentliche von nicht-wesentlichen Veränderungen abgrenzen kann und wie er damit adäquat umgeht. Grundlegend ist, dass „derjenige", der die wesentlichen Veränderungen verantwortet, damit zum Hersteller wird und die Herstellerpflichten zu erfüllen hat.

Er führt also für die wesentlich veränderte Maschine das entsprechende Konformitätsbewertungsverfahren durch und erstellt insbesondere die vorgeschriebenen technischen Unterlagen, mit denen er die Durchführung des Konformitätsbewertungsverfahrens nachweisen kann. Weiterhin stellt dieser Hersteller die an die Veränderungen angepasste Betriebsanleitung zur Verfügung und versieht erforderlichenfalls die wesentlich veränderte Maschine mit Warnhinweisen für die Restrisiken, die aufgrund des Standes der Technik mit technischen Schutzmaßnahmen nicht weiter minimiert werden können. Abschließend stellt dieser Hersteller die EG-Konformitätserklärung aus, fügt diese bei und bringt die CE-Kennzeichnung und ein neues Typenschild an allen wesentlich veränderten Fahrzeugen an.

Abgerundet wird der Leitfaden durch Begriffsbestimmungen sowie eine Übersicht über alle relevanten technischen Regelwerke.

1.4 Buzzword Autonomie – Eine berechenbare Größe

Autonomie gehört zu den Buzzwords unserer Zeit. Auch in der Intralogistik beansprucht die Autonomie gerade bei mobilen Systemen sehr viel Platz. Wo es früher nur FTS und FTF gab, gibt es heute zusätzlich noch AMR, MR, aAGV, IGVs und weitere Begrifflichkeiten, die weitgehend dem Marketing entsprungen sind. Dabei wird insbesondere durch Verwendung der Begriffe Autonomie/autonom versucht, neuen Produkten mit neuen Funktionen einen höheren Wert und Anwendernutzen zuzuschreiben. Eine ganze Reihe von Herstellern solcher Systeme wenden sich von den vermeintlich antiquierten Begriffen „automatisch" und „Fahrerloses Transportsystem (FTS)" ab und bieten lieber autonome

Roboter (AMR) an. Sie versprechen dem Kunden ein moderneres, zeitgemäßes Produkt, ohne den Nachweis erbringen zu müssen, wie autonom ihr Produkt nun wirklich ist und ob es zu den Anforderungen des Kunden passt. Beim Kunden führt das in der Folge zu Missverständnissen und enttäuschten Erwartungen.

1.4.1 Begriffswelt der Autonomie

Zu Beginn des Kap. 1 haben wir im Abschn. 1.1 Begriffe und Abkürzungen erläutert sowie Abgrenzungen der vielfältigen, inzwischen gebräuchlichen Begriffe der FTS-Welt vorgenommen. Mit Blick auf die Fahrzeuge, die in solchen Systemen zum Einsatz kommen, kann man zusammenfassen, dass diese üblicherweise „Fahrerlose Transportfahrzeuge" (FTF, engl. AGV; auch Fahrerlose Flurförderzeuge (FFZ), engl. Driverless Trucks) genannt werden und sich technologisch hinsichtlich ihrer Funktionalitäten (mechanisch, mechatronisch, elektrisch), aber auch hinsichtlich Ihrer „Intelligenz" (Sensorik, Steuerungsfunktionen) stark unterscheiden können.

Wurden diese Fahrzeuge in der Vergangenheit praktisch ausschließlich als Teil des Gesamtsystems betrachtet und immer ein Gesamtsystem beschafft, so gibt es seit einigen Jahren Bestrebungen, den Fokus auf die Fahrzeuge zu legen und lediglich diese zu beschaffen. Diese Fahrzeuge werden häufig nicht (mehr) als FTF, sondern als *Mobiler Roboter* (Mobile Robot – MR), *Autonomer Mobiler Roboter* (Autonomous Mobile Robot – AMR), oder schlicht *Robot* bezeichnet. Im Vordergrund steht also der mobile Roboter, der „einfach" (= schnell, ohne großen Aufwand) in eine bestehende Industrieumgebung integriert werden kann und nach kurzer Inbetriebnahmezeit einfache Dienstleistungen (wie Transportieren, Handhaben, Reinigen, Informieren) übernimmt.

Es stellt sich nun die Frage, worin sich diese als autonom bezeichneten Fahrzeuge technisch von ihren automatischen „Brüdern" unterscheiden. Ist es nur ein gerne vom Marketing genutzter, möglicherweise aber sogar unpassender, Begriff – oder ist es mehr? Können autonome Fahrzeuge mehr und wenn Ja: Was? Und es muss dann auch die Frage erlaubt sein: Ist dieses Mehr technische Spielerei, oder hat es auch einen Nutzen für den Anwender – denn er muss dieses Mehr letztlich bezahlen. Man kann sich auch die Frage stellen, ob Autonomie von Fahrzeugen nur vorhanden oder nicht vorhanden ist, oder ob sie graduell unterschiedlich ausfallen kann – was dann direkt zur Frage der Messbarkeit und objektiven Vergleichbarkeit führt. Schließlich sollte auch der zuvor bereits angesprochene Aspekt der Sicherheit nicht außer Acht gelassen werden, denn es handelt sich bei einem autonomen Fahrzeug ebenso wie beim FTF immer auch um eine Maschine, deren Betrieb den einschlägigen Vorschriften und Regeln unterliegt.

Mitglieder des VDI-Fachausschusses 309 – FTS haben sich mit all diesen Fragen befasst und zum Ende des Jahres 2021 einen Leitfaden „Autonomie bei mobilen Robotern" veröffentlicht, in dem die genannten Aspekte und Fragen ausführlich diskutiert werden.

Im Folgenden werden die wesentlichen Ergebnisse vorgestellt sowie an zwei Beispielen die Anwendung eines im Rahmen der Arbeiten entstandenen Tools zur „Autonomie-Berechnung" gezeigt.

Als *Autonomie* bezeichnet man in nicht-technischen Bereichen einen Zustand der Selbstbestimmung, Unabhängigkeit, Selbstverwaltung oder Entscheidungs- bzw. Handlungsfreiheit. Sie ist in der idealistischen Philosophie die Fähigkeit, sich als Wesen der Freiheit zu begreifen und aus dieser Freiheit heraus zu handeln. Eine direkte Übertragbarkeit des Begriffs in die Welt der Technik ist offensichtlich schwierig und bietet daher viel Raum für Interpretationen.

In der breiten Öffentlichkeit wurde der Begriff Autonomie im technischen Kontext erstmals ab etwa 2010 im Zusammenhang mit autonomen Pkw (selbstfahrende Autos im öffentlichen Straßenverkehr) wahrgenommen. In technisch interessierten Kreisen erregte die vom US-amerikanischen Verteidigungsministerium als Wettbewerb angelegte DARPA Grand Challenge, mit der die Entwicklung autonom fahrender Landfahrzeuge vorangetrieben werden sollte, bereits vorher (2004, 2005, 2007) große Aufmerksamkeit.

Beim Begriff des autonomen Pkw handelt es sich bei genauem Hinsehen um eine sprachliche Ungenauigkeit, denn die zuständige Norm SAE J3016, die auch die Grundlage für das jüngst vom Bundestag verabschiedete Gesetz zum automatischen Fahren (auf dafür frei gegebenen Streckenabschnitten öffentlicher Straßen) bildet, kennt bzw. erwähnt den Begriff „autonom" gar nicht. Es werden vielmehr fünf verschiedene Automatisierungsstufen (Level) beschrieben. Die höchste Stufe, in der kein Fahrer mehr einzugreifen braucht und auch nicht kann (mangels Bedienelementen wie Lenkrad, Gas-/Bremspedal etc.), wird als „Full Automation" („Vollautomatisierung") bezeichnet. Dieser Level 5 wird häufig (vor allem umgangssprachlich) im deutschsprachigen Raum auch als autonomes Fahren bezeichnet.

Stellvertretend für viele Wissenschaftler, die sich – z. T. bereits seit etlichen Jahren – mit dem Themenkomplex Autonomie in technischen Systemen befassen, seien im Folgenden einige ausgewählte Fachleute mit ihren Kernaussagen zitiert:

Prof. Hans-Jörg Kreowski, Professor (i. R.) für Theoretische Informatik, Universität Bremen „… Autonomie in technischen Systemen ist heute immer von Menschen gemacht und daran wird sich vorläufig nichts ändern. Es handelt sich also nicht um Autonomie im Sinne von Philosophie und Biologie, sondern um Artefakte, um eine Analogiebildung, ähnlich wie künstliche Intelligenz nicht mit menschlicher Intelligenz vergleichbar ist und maschinelles Lernen mit dem Lernen von Lebewesen wenig bis gar nichts zu tun hat. Autonome technische Systeme haben kein Bewusstsein, sind nicht vernunftbegabt, können nicht denken.

Das „Kind" braucht einen Namen. Im technisch-wissenschaftlichen Bereich bedient man sich dabei gern bekannter Begriffe, wenn ihre eigentliche Bedeutung gewisse Ähnlichkeiten mit dem neu Benannten aufweist. Von technischer, künstlicher, maschineller Autonomie zu sprechen, ist also durchaus nachvollziehbar, aber darf nicht mit dem ursprünglichen Autonomiebegriff verwechselt werden. Wenn dieser Unterschied nicht beachtet oder sogar bewusst vertuscht wird, ist das Irreführung. Leider passiert das im Zusammenhang mit technischer Autonomie häufig – teils unbedacht, teils absichtsvoll. ..." [5]

Dr. Rasmus Adler, Program Manager „Autonomous Systems", Fraunhofer IESE, Kaiserslautern „... Sowohl autonom als auch vollautomatisiert beziehen sich darauf, dass etwas zielgerichtet und ohne menschliche Weisung passiert. Die Begriffe werden neuerdings – insbesondere beim Thema „automatisiertes Fahren" – häufig synonym verwendet. ...

Wenn alles im Vorfeld genau durchgedacht ist, auch wenn es noch so kompliziert ist, und wir dem System die durchdachten kausalen Zusammenhänge einprogrammieren, dann reden wir von automatisiert. Wenn wir die kausalen Zusammenhänge aber gar nicht richtig erfassen und dem System mit KI-Ansätzen nur indirekt sagen, wie es sich in einer bestimmten Situation verhalten soll, dann reden wir von autonom. ..." [6]

Deutsches Zentrum für künstliche Intelligenz – DFKI „Autonome Systeme handeln selbstständig, lernen, lösen komplexe Aufgaben und können auf unvorhersehbare Ereignisse reagieren. Dabei handelt es sich nicht nur um klassische Roboter, sondern ebenso um intelligente Maschinen, Geräte oder Softwaresysteme, die im Interesse des Menschen in speziellen Bereichen eingesetzt werden. So wird beispielsweise die Mobilität der Zukunft von autonomen Fahrzeugen bestimmt werden. ... Künstliche Intelligenz liefert die Schlüsseltechnologien in den Bereichen Maschinelles Lernen, Cyber-Sicherheit und agiler IT-Infrastrukturen, die für die Weiterentwicklung und den Einsatz autonomer Systeme maßgeblich sind." [7]

1.4.2   Abgrenzung von automatischen und autonomen Funktionen

Im Autonomie-Leitfaden gehen die Autoren nicht von einem Entweder/Oder – AGV oder AMR – aus, sondern betrachtet im Detail die Funktionen eines Systems mit automatischen Fahrzeugen. Es geht also um Fahrzeuge mit mehr oder weniger vielen verschiedenen autonomen Funktionen mit der Beschränkung auf Fahren, Lasthandling und Sicherheit. Dabei ist es unerheblich, ob die Funktionen als Software lokal im Fahrzeug, in einer zentralen Leitsteuerung, in einer externen Cloud oder einer geeigneten Kombination realisiert werden.

---

[5] Ausschnitt aus einer schriftlichen Ausarbeitung eines Vortrags zu „Autonomie in technischen Systemen", der im Rahmen einer Veranstaltung der Leibniz-Sozietät der Wissenschaften zu Berlin am 10. Dezember 2015 gehalten wurde; im März 2018 veröffentlicht.

[6] Quelle: https://www.iese.fraunhofer.de/blog/autonom-oder-vielleicht-doch-nur-hochautomatisiert-was-ist-eigentlich-der-unterschied/.

[7] Quelle: https://www.dfki.de/web/forschung/forschungsthemen/autonome-systeme/.

Zur Abgrenzung und Klarstellung sollen zunächst Funktionen genannt und kurz erläutert werden, die seit langem bekannte und realisierte Automatikfunktionen darstellen. Sie werden bereits seit vielen Jahren eingesetzt, wurden in der Vergangenheit aus gutem Grund nie als autonom bezeichnet und sollten es auch in Zukunft nicht, da sie bei genauer Betrachtung den Anforderungen an autonomes Agieren nicht genügen. Denn autonome Funktionen sind komplex. In der Regel handelt es sich dabei um situatives Reagieren auf sich verändernde Umgebungs-/Rahmenbedingungen und Systemzustände, welche mittels mehrdimensionaler Sensorinformationen erfasst und anschließend geeignet ausgewertet werden. Probate Mittel hierfür sind Verfahren der künstlichen Intelligenz, z. B. „Machine Learning". Vorstellbar ist aber auch, dass in aufwendiger Hochsprachenprogrammierung vergleichbare Ergebnisse erzielt werden.

AUTOMATISCHE Funktionen
Fahren auf bzw. Spurführung mittels kontinuierlich vorhandener, physischer Spur
Die Spurführung mittels kontinuierlich vorhandener physischer Spur – induktiver Leitdraht im Boden, optische Leitlinie oder Magnetband auf dem Boden – erlaubt dem Fahrzeug keinerlei Freiheiten bezüglich seiner Bewegung, d. h. das Fahren abseits der vorgegebenen Leitspur ist nicht möglich. Somit können Fahrzeuge mit dieser Art der Spurführung zwar automatisch Güter von A nach B transportieren, führen aber keine Bewegung aus, die ein Programmierer nicht zuvor festgelegt hat.

Fahren auf bzw. Spurführung mittels virtueller Spur Bei der Spurführung mittels virtueller Spur liegt die Fahrspur als Software vor und wird zusätzlich gestützt durch Transponder oder Magnete im Boden (die sog. „Rasternavigation") oder durch für den FTFEinsatz zusätzlich geschaffene Merkmale (Reflektormarken für die „Lasernavigation") oder bereits vorhandene Umgebungsmerkmale (die sog. „Umgebungsnavigation"). Virtuelle Spurführung bietet dem Nutzer im Vergleich zur physischen Spur mehr Freiheiten bezüglich der Fahrkursgestaltung bei gleichzeitig geringerem Aufwand für Erstellung und Änderungen. Nachdem die virtuelle Spur festgelegt (=programmiert) wurde, werden ihr die Fahrzeuge präzise folgen, d. h. das Fahren abseits der vorgegebenen Spur ist hier ebenfalls nicht üblich. Somit transportieren auch Fahrzeuge mit dieser Art der Spurführung zwar automatisch Güter von A nach B, führen aber keine Bewegung aus, die ein Programmierer nicht zuvor festgelegt hat. Von den zuvor genannten Technologien ist die Umgebungsnavigation diejenige, die es am ehesten ermöglicht, situationsabhängig und für begrenzte kurze Streckenabschnitte von der zuvor programmierten Spur abzuweichen, um beispielsweise einem Hindernis auszuweichen.

Automatisches Energie-Management Typischerweise das automatische Wechseln oder Nachladen des Onboard-Energiespeichers an einer Wechsel- oder Ladestation in Verbindung mit Speichertechnologien (z. B. Batterien, Power-Caps, Tanks zum Nachfüllen).

Automatisches Lasthandling Eigenständiges Aufnehmen und Abgeben von Last/Ladungsträgern durch das Fahrzeug an genau definierten Positionen und nach exakt festgelegten Abläufen. Hierzu können auch Funktionen gehören wie z. B. das Aufstapeln und Abstapeln von Paletten/Ladungsträgern.

Geführtes Kartieren der Einsatzumgebung bei Inbetriebnahme und Erweiterungen/Änderungen Aufnahme der Kartendaten für eine konturbasierte Navigation in bisher unbekannter Umgebung. Dies erfolgt typischerweise manuell mit einem Fahrzeug oder mit einer dafür geeigneten mobilen Messeinrichtung (3D-Scanner, Kamera(s)) und wird in der Regel durch Fachpersonal durchgeführt.

Mit den aufgenommenen Daten wird automatisch eine Karte erstellt. In der Regel ist eine manuelle Nachbearbeitung dieser Karte erforderlich. Diese automatische Kartierung erfolgt ausschließlich im Rahmen einer Erstinbetriebnahme, im Rahmen der Erweiterung des Einsatzbereiches oder im Rahmen einer umfangreicheren Änderung des Einsatzbereiches.

Lageerfassung Bestimmung der Pose (Position und Ausrichtung) eines Fahrzeuges im Raum entweder mit zusätzlichen Einrichtungen wie Bodenmarkierungen, Magnete, Reflektoren, Funkanker oder andere Landmarken, die für den Betrieb des Systems angebracht/montiert werden, oder mittels bereits vorhandener Umgebungsmerkmale (Säulen, Wände, Tore, Regale, Maschinen …).

Situationsbedingte dynamische Verteilung der Transportaufträge Situationsabhängige, dynamische Zuweisung von Transportaufträgen an die gesamte FTF-/AMR-Flotte unter Berücksichtigung der aktuellen Anlagensituation (z. B. Fahrzeugverfügbarkeit, Fahrzeugposition, Fahrzeugzustand, Batterieladezustand, Auftragspriorität, Verkehrsverhältnisse usw.).

Situationsbedingtes Umplanen von Routen durch das System (Dynamic Routing) Dynamische Routenplanung für die gesamte FTF-/AMR-Flotte unter Berücksichtigung der aktuellen Verkehrsverhältnisse und/oder der Systemauslastung sowie aktives Reagieren auf Verkehrsstörungen durch die eigene Flotte.

Situationsbedingte Verkehrsregelung Situationsbedingte, dynamische Verkehrsregelung der FTF-/AMR-Flotte unter Berücksichtigung der aktuellen Verkehrs- und Anlagensituation (z. B. Verkehrsaufkommen, Verkehrsverhältnisse, Auftragspriorität, Fahrzeugposition, Fahrzeugbeladezustand/-Batterieladezustand usw.).

Selbstdiagnose für eine vorbeugende Wartung Fahrzeuge führen eine Selbstdiagnose zur vorbeugenden Wartung durch mit dem Ziel, rechtzeitig vorab Verschleiß oder Ausfallgefahr zu melden, um rechtzeitig und situationsbedingt eine Wartung durchführen zu können. Somit kann ein vorzeitiger Ausfall vermieden werden.

Reagieren auf besondere Betriebszustände Betriebszustände werden durch externe elektrische Signale oder intern fest parametrierte Ereignisse umgeschaltet. Beispiele hierfür sind:

- Reaktion auf Brandalarm, i. d. R. das Freifahren von Flucht- und Rettungswegen sowie Brandschutztüren
- Erkennen von Betriebsunterbrechungen (Schichtende, Wochenende, Feiertage, Betriebsurlaub) und Abschalten in einen energiesparenden Schlummermodus
- Erkennen von Betriebsbeginn (nach Schichtende, nach Wochenende, nach Feiertagen, nach Betriebsurlaub) und Wiedereinschalten in den Normalmodus
- Erkennen des Ausfalls einer nicht fahrrelevanten Funktion (z. B. Defekt eines Lastaufnahmemittel-Sensors) führt zu einer automatischen Fahrt zum Service-/Wartungsbereich.

Aktuell bekannte AUTONOME Funktionen

Im Folgenden werden Funktionen eines mobilen Roboters in der Intralogistik beschrieben, die der VDI-Fachausschuss als autonom einstuft. Diese werden funktional beschrieben und hinsichtlich ihrer Vor- und Nachteile kurz bewertet. Zusätzlich werden sicherheitstechnische Aspekte aufgezeigt, als wichtige Hinweise für Hersteller und Betreiber, die diese Punkte ggf. in ihren Risiko- oder Gefährdungsbeurteilungen berücksichtigen müssen. Denn auch Fahrzeuge mit autonomen Funktionen unterliegen grundsätzlich der Maschinenrichtlinie! Somit ist immer eine Risikobeurteilung gemäß DIN EN ISO 12100 erforderlich. Hinweise zur Risikominimierung finden sich insbesondere in den entsprechenden Typ B-Normen oder der Typ C-Norm DIN EN ISO 3691-4.

1. *Selbstständige, dynamische Aktualisierung der Modellierung der Einsatzumgebung im laufenden Betrieb*

Fortlaufende Aufnahme von Kartendaten durch die Fahrzeuge in Verbindung mit einer dynamischen Aktualisierung der Karte der Einsatzumgebung.

Ziel dabei ist es, neue markante Umgebungsmerkmale zu erkennen, in das Umgebungsmodell aufzunehmen und für die Navigation zu nutzen. Weiter werden nicht mehr vorhandene Umgebungsmerkmale aus der Karte entfernt und nicht mehr für die Navigation genutzt. Im Idealfall werden die aktualisierten Kartendaten zwischen den Fahrzeugen ausgetauscht, um alle Fahrzeuge in allen Bereichen zur dynamischen Aktualisierung zu nutzen und zugleich alle Kartendaten auf allen Fahrzeugen auf aktuellem Stand zu halten.

Positiv: Durch stets aktuelle Kartendaten erreicht man eine robuste Lokalisierung und ggf. weniger Störungen bei der Lokalisierung.
Da keine bei der Erstkartierung erfassten temporären Objekte durch manuelle Nachbearbeitung gelöscht werden müssen, sinkt der Inbetriebnahme- und Wartungsaufwand.

Negativ: Es besteht ein Risiko, dass sich Ungenauigkeiten in die Lokalisierung einschleichen und erst (zu) spät erkannt werden.
Sicherheit: Die Funktion hat keine besonderen sicherheitstechnischen Aspekte.

2. *Fahren auf freigegebenen Flächen ohne vorgegebene physische oder virtuelle Spuren*

Das Fahrzeug kann auf dafür freigegebenen Flächen seine Fahrtroute eigenständig, i. d. R. unter Berücksichtigung von Regeln wie Rechtsfahrgebot, Einhalten von seitlichen Mindestabständen zu festen Einbauten, anderen Fahrzeugen, Personen etc., planen und abfahren.

Positiv: Diese Funktion sorgt für einen geringeren Inbetriebnahme-Aufwand, insbesondere bei heterogenen Fahrzeugflotten, da (Abstands-) Regeln automatisch eingehalten werden. Auch ist der laufende Aufwand bei Änderungen der freigegebenen Flächen und/oder der Anordnung von Layout-Elementen (z. B. Quellen, Senken, Ladeplätze etc.) geringer.
Negativ: Wenn die freigegebene Fläche genutzt wird, wird auch der Flächenbedarf größer im Vergleich zu geplanten festen Spuren.
Auch sollte man mit dem Vergeben der Freiflächen vorsichtig sein, da die gesamte freigegebene Fläche über die komplette Höhe des Fahrzeugs inkl. Last frei sein muss. Die Wahrscheinlichkeit von Kollisionen mit zum Zeitpunkt der Inbetriebnahme nicht bekannten Objekten (z. B. Dreiecksleiter, Gabelspitze, Deichsel, schwebende Last etc.) ist auf freigegebenen Flächen größer als auf fest vorgegebenen Spuren.
Die Vorhersagbarkeit von Fahrzeugbewegungen nimmt ab, was zu Irritationen bei den Mitarbeitern führen kann.
Sicherheit: Die freigegebenen Flächen müssen über die komplette Höhe des Fahrzeugs inkl. Last frei sein. Für die Einhaltung der Sicherheitsabstände sind Maßnahmen mit dem erforderlichen Sicherheitsniveau zumindest gemäß der Typ B-Norm DIN EN ISO 13854 umzusetzen.

3. *Umfahren von Hindernissen*

Eigenständiges Ausweichen vor statischen und dynamischen Hindernissen mit dem Ziel, um diese herum zu fahren.
   Die Hindernisse werden zumindest zweidimensional mit geeigneter Sensorik erfasst, die Umfahrung erfolgt mit eigenständiger Bahnplanung ohne vorgegebene Fahrspuren oder Ausweichbuchten.

Positiv: Störungen im Ablauf durch temporäre Hindernisse werden vermieden.
Negativ: Diese Funktion hebt den generellen Vorteil des FTS auf, als Organisationsmittel die Abläufe der Produktionslogistik zu optimieren: Der Zwang zur Sauberkeit und Ordnung (aufgeräumte Einsatzumgebung) lässt nach und die Abläufe werden chaotischer.
Die Vorhersagbarkeit von Fahrzeugbewegungen nimmt ab, was zu Irritationen bei den Mitarbeitern führen kann.

Die Gefahr von Deadlocks nimmt zu.

Sicherheit: Die bei der Hindernisumfahrung benutzte Fläche muss über die komplette Höhe des Fahrzeugs inkl. Last frei sein. Das Fahrzeug muss hierbei die erforderlichen Sicherheitsabstände entsprechend der Typ B-Norm DIN EN ISO 13854 oder einer C-Norm wie der DIN EN ISO 3691-4 einhalten.

Wird beim Umfahren eines Hindernisses die Gegenfahrbahn benutzt, ist ggf. für die Reichweite der Personenerkennungseinrichtungen die Summe der Bremswege der beteiligten Fahrzeuge zu berücksichtigen (insbesondere bei heterogenen Flotten). Das erforderliche Sicherheitsniveau ergibt sich aus der Risikobeurteilung. Diese muss Personenschäden, die durch die Kollision entstehen können, berücksichtigen.

Dem Betreiber obliegt die Verantwortung, organisatorische Maßnahmen zum Schutz der Mitarbeiter zu formulieren und deren Einhaltung sicherzustellen. Abhängig von der sensorischen Ausstattung der Fahrzeuge können diese Maßnahmen ggf. sehr umfangreich ausfallen.

4. *Situationsbedingtes Umfahren von Hindernissen mit 3D-Umfelderfassung*

Eigenständiges Ausweichen vor statischen und dynamischen Hindernissen mit dem Ziel, um diese herum zu fahren.

Die 3D-Umfelderfassung deckt dabei die Kontur des Fahrzeugs einschließlich der zu transportierenden Last ab. Die Umfahrung erfolgt unter Beachtung der Fahrzeugkontur mitsamt Last sowie unter Berücksichtigung von Informationen über andere Fahrzeuge, die ggf. der momentan beabsichtigten Umfahrung entgegenstehen. Diese Informationen können von der Leitsteuerung oder direkt von anderen Fahrzeugen zur Verfügung gestellt werden. Die Bahnplanung wird vom Fahrzeug eigenständig und ohne vorgegebene Fahrspuren oder die Nutzung von Ausweichbuchten durchgeführt.

Positiv: Entsprechend Nr. 3.
Die positiven Aspekte sollten durch die 3D-Umfelderfassung und dem damit möglichen intelligenteren Agieren stark verbessert werden.

Negativ: Diese Funktion hebt den generellen Vorteil des FTS auf, als Organisationsmittel die Abläufe der Produktionslogistik zu optimieren, d. h. der Zwang zur Sauberkeit und Ordnung (aufgeräumte Einsatzumgebung) lässt nach.

Die Vorhersagbarkeit von Fahrzeugbewegungen nimmt ab, was zu Irritationen bei den Mitarbeitern führen kann. Weitere Nachteile sollten bei guter Implementierung nicht auftreten.

Sicherheit: Entsprechend Nr. 3. Da die sensorische Ausstattung der Fahrzeuge hier umfangreicher als im vorigen Punkt ist, sind voraussichtlich weniger organisatorische Maßnahmen erforderlich.

5. *Agieren auf Basis von Objekterkennung und Klassifizierung*

Erkennung von unterschiedlichen Objekten (z. B. Paletten, Personen, Flurförderzeuge, Kraftfahrzeuge) und, sofern vorhanden, deren Bewegungsrichtung, sowie damit verbunden angepasstes Reagieren auf diese.

Typisches Verhalten: Statische Hindernisse umfahren, auf bewegende Personen reagieren und ausweichen, z. B. von rechts kommenden Fahrzeugen die Vorfahrt gewähren, nicht aber das reine Lasthandling. Dies setzt in der Regel eine 3D-Umfelderfassung voraus. Die hierfür erforderliche Sensorik befindet sich wahlweise am Fahrzeug oder ist (flächendeckend) stationär montiert.

Positiv: Das Fahrzeug kann sich an seine Umgebung anpassen und angemessen reagieren. Es kommt auch mit anspruchsvolleren Umgebungen zurecht.
Negativ: Nutzt man dieses Potenzial lediglich für die Umfahrung von Hindernissen, gelten die gleichen Nachteile wie in Nr. 3 und 4.
Sicherheit: Die Anforderungen an die Sicherheit entsprechen den Angaben in Nr. 4. mit einem der Risikobeurteilung entsprechenden Sicherheitsniveau.

6. *Lasthandling auf Basis von Objekterkennung und Klassifizierung*

Eigenständiges Anfahren, Aufnehmen und Abgeben von Last/Ladungsträgern durch das Fahrzeug an grob definierten Positionen, einschließlich Anpassen an die genaue Lastposition auf Basis der Erkennung der Objekte und deren Klassifizierung.

Hierzu können auch Funktionen gehören wie das eigenständige Einstellen des Lastaufnahmemittels auf die klassifizierte Last (Gabelzinken auf erkannten Ladungsträger angepasst einstellen). Die Klassifizierung der Last hinsichtlich ihrer Transportierbarkeit (Lastgewicht, Lastabmessungen/Überstände, ggf. Lastsicherung, Qualität des Ladehilfsmittels etc.) und der lastabhängigen Auswahl der Personenschutzfelder setzt eine speziell dafür geeignete Sensorlösung voraus.

Bei sicherheitsrelevanten Funktionen muss diese Lösung den dafür erforderlichen Performance-Level gemäß Maschinenrichtlinie erreichen. Auch hier kann diese Sensorik wahlweise am Fahrzeug oder stationär montiert sein.

Positiv: Diese Funktion ist die Basis für mehr Fehlertoleranz beim Lasthandling: Die Lastbereitstellung vereinfacht sich dadurch deutlich. Bei der manuellen Bereitstellung (z. B. mit Gabelhubwagen/Stapler …) muss die Ladeeinheit nicht mehr so genau positioniert werden. Bei der automatischen Bereitstellung (z. B. durch Rollen-/Kettenförderer) unterschiedlicher, ggf. auch verschieden breiter Ladeeinheiten, können Zentriervorrichtungen entfallen.
Die Störanfälligkeit sinkt, und die Verfügbarkeit steigt.
Negativ: Fahrzeuge brauchen ggf. mehr Platz zum Rangieren vor ungenau bereitgestellten Ladeeinheiten.
Sicherheit: Die sicherheitsrelevanten Anforderungen werden anspruchsvoller.

Das Fahrzeug hat bei der Annäherung an Lasthandling-Positionen die erforderlichen Sicherheitsabstände einzuhalten. Unterschreitet es die Sicherheitsabstände, sind zusätzliche Maßnahmen mit dem entsprechenden Sicherheitsniveau umzusetzen.

Achtung: Ggf. ist die Umschaltung von Schutzfeldern aufgrund unterschiedlicher Ladeeinheiten mit dem entsprechenden Sicherheitsniveau umzusetzen.

Bei der Planung und Inbetriebnahme ist der Fokus auf die technischen Schutzeinrichtungen (z. B. Sicherheitslichtvorhang, Zäune, Stehverhinderer) zu legen. Weiterhin sind organisatorische Schutzmaßnahmen (z. B. Bodenmarkierung, Beschilderung, Mitarbeiterunterweisung) zu ergreifen.

7. *Situationsbedingtes Umplanen von Routen im Mischbetrieb*

Dynamische Routenplanung für die gesamte FTF-/AMR-Flotte unter Berücksichtigung der anderen Flurförderzeuge und Verkehrsteilnehmer. Berücksichtigt werden die aktuellen Verkehrsverhältnisse und/oder die Systemauslastung sowie das aktive Reagieren auf Verkehrsstörungen durch die eigene Flotte, andere Verkehrsteilnehmer oder durch sonstige Objekte.

Hier wird vorausgesetzt, dass die Automatikfunktion „Situationsbedingtes Umplanen von Routen durch das System (Dynamic Routing)" vorhanden ist.

Hinweis: die Wirksamkeit der Funktion ist abhängig von der Qualität der Daten, insbesondere der Ortungsinformationen der anderen Verkehrsteilnehmer.

Positiv: Bei einer Behinderung/Störung auf der geplanten Route zum Zielpunkt können Transportaufträge dennoch erledigt werden.

Negativ: Der Zeitzuschlag für die Alternativroute kann ggf. länger dauern als die durch die Behinderung versachte längere Fahrzeit auf der ursprünglichen Strecke. Es besteht das Risiko, dass die Funktion von den Mitarbeitern missbräuchlich genutzt wird, indem sie z. B. Hindernisse im Fahrweg zur Regel machen und/oder nicht zeitnah beseitigen.

Eine genaue Planbarkeit der Transportaufträge hinsichtlich der Durchführungszeit pro Auftrag ist nicht mehr möglich. Genau geplante Abläufe mit dem Ziel einer exakten bedarfsgerechten Anlieferung werden erschwert.

Sicherheit: Es sind keine zusätzlichen Maßnahmen erforderlich, solange das Wegenetz nur aus geeigneten Routen besteht.

8. *Verkehrsregelung unter Berücksichtigung des Mischbetriebs*

Verkehrsregelung, die auf Regeln (allgemeine, temporäre oder räumlich begrenzte) oder Zeichen (Verkehrsschilder, Ampeln) basiert und die nicht nur die eigene FTF-/AMR-Flotte berücksichtigt, sondern auch den Mischverkehr aus Flurförderzeugen und anderen Verkehrsteilnehmern.

Hier wird vorausgesetzt, dass die Automatikfunktion „Situationsbedingte Verkehrsregelung" vorhanden ist.

Positiv: Es kann ein höherer Durchsatz des Gesamtsystems erreicht werden.

Negativ: Es wird eine umfangreiche Sensorik und Software zur Erfassung der Umgebung und Klassifizierung benötigt, um ein gutes Ergebnis zu erreichen. Das bedeutet einen hohen Realisierungsaufwand (Kosten).

Sicherheit: Genauso wie bei der Automatikfunktion „Situationsbedingte Verkehrsregelung" muss die Risikobeurteilung Personenschäden, die durch eine Kollision entstehen können, berücksichtigen.

9. *Selbstständiges Erkennen und Reagieren auf Fahrzeugzustandsdaten ohne Beeinträchtigung des laufenden Betriebes*

Fahrzeuge werten Zustandsdaten aus (z. B. schwergängige Antriebe, stark erhöhter Schlupf, keine ausreichend genaue Lokalisierung, Probleme der Energieversorgung) und reagieren situationsabhängig auf unvorhergesehene Zustände. Sie versuchen beispielsweise selbstständig, sich aus dem Verkehrsfluss und aus dem System herauszunehmen, ggf. mit reduzierter Geschwindigkeit, um für den Rest der Flotte kein Hindernis darzustellen.

Positiv: Es kann ein höherer Durchsatz für die verbliebenen Fahrzeuge erreicht werden.

Negativ: Um dies zu ermöglichen sind zusätzliche Sensoren samt intelligenter Auswertung im Fahrzeug erforderlich.

Sicherheit: Es sind keine zusätzlichen Sicherheitsanforderungen gegenüber dem Normalbetrieb erforderlich.

10. *Teilweises oder komplettes Verlagern von Leitsteuerungsfunktionen auf die Fahrzeugseite*

Gemeint ist hiermit bei einer Flotte von zwei oder mehr Fahrzeugen die Auslagerung von Entscheidungsaufgaben an die Fahrzeuge unter Verzicht auf zentrale Leitsteuerungsfunktionen.

Beispiele für derartige Entscheidungsaufgaben sind die Verteilung von Transportaufträgen an einzelne Fahrzeuge (vollständiger Verzicht auf eine Leitsteuerung) oder die Regelung des Verkehrs in einzelnen Verkehrsbereichen wie Kreuzungen und Einmündungen oder an Übergabestationen (ohne Einbeziehung der Leitsteuerung). Hierbei können Multiagentensysteme oder dezentrale Verhandlungsstrategien zum Einsatz kommen. Zwingende Voraussetzung für derartige dezentrale Entscheidungsaufgaben ist ein leistungsfähiges (breitbandiges, schnelles, latenzarmes) und flächendeckend vorhandenes Funkkommunikationssystem.

Ein Sonderfall ist die gemeinsame Ausführung von speziellen Aufgaben, wie der Transport von Lasten, die vom Gewicht und/oder den Abmessungen her nicht von einem Fahrzeug allein ausgeführt werden können. Hierbei bilden zwei oder mehr Fahrzeuge physisch durch Ankoppeln oder virtuell durch softwareseitige Synchronisierung einen entsprechenden Verbund, der den Transport der Last bewältigen kann. Nach Abschluss der Aufgabe löst sich der Verbund eigenständig wieder auf.

Positiv: Durch die Verteilung der Funktion auf mehrere Rechner wird eine höhere Resilienz erreicht.

Negativ: Jedes Fahrzeug benötigt einen entsprechend leistungsfähigen Rechner, und es ist ein leistungsfähiges Funkkommunikationssystem erforderlich. Beides führt ggf. zu höheren Kosten.

Sicherheit: Es ist zu prüfen, ob durch die Verlagerung ein sicherheitstechnischer Zusammenhang entsteht. Trifft dies zu, dann ergibt sich die Notwendigkeit einer CE-Zertifizierung nicht nur für die einzelnen Fahrzeuge, sondern für das komplette System (s. Leitfaden „FTS-Sicherheit für Planer").

Im Falle eines Fahrzeugverbundes besteht unabhängig von der Verlagerung von Leitsteuerungsfunktionen immer ein sogenannter sicherheitstechnischer Zusammenhang.

1.4.3 Bestimmung von Autonomie-Index und Anforderungserfüllungs-Index

Im Folgenden wird eine Möglichkeit vorgestellt zur Beurteilung der Fragen,

- welche Autonomiefunktionen bei dem betrachteten (entweder bereits vorhandenen oder geplanten/in der Beschaffungsphase befindlichen) System vorhanden sind
- und inwieweit die jeweilige Funktion für den Anwendungsfall relevant (sinnvoll, nützlich, erforderlich) ist.

Im Ergebnis entstehen dann

- der **Autonomie-Index** (AIx): eine Klassifizierung des Fahrzeugs bzw. des Fahrzeugsystems hinsichtlich seiner Autonomie und
- der **Anforderungserfüllungs-Index** (AEIx): eine Beurteilung der Lösung hinsichtlich der Eignung für eine konkrete Aufgabenstellung.

Der AIx errechnet sich aus der Summe der vorhandenen, bezogen auf die aktuell zehn zuvor beschriebenen Autonomiefunktionen.

Der AEIx ergibt sich aus dem Abgleich des AIx mit den Anforderungen der Anwendung. Dabei müssen vom Benutzer des Tools alle Autonomiefunktionen hinsichtlich ihrer Notwendigkeit für die betrachtete Anwendung bewertet werden: erwünscht – egal – nicht erwünscht.

Aus der Sicht der Autoren des Autonomie-Leitfadens ist es sinnvoll und erforderlich, über das reine Vorhandensein einer Autonomiefunktion hinaus auch ihre Eignung bzw. Notwendigkeit für eine spezifische Anwendung zu betrachten – denn:

**Eine autonome Funktion ist nicht grundsätzlich gut oder schlecht –
sie muss vielmehr zur jeweiligen Anwendung passen!**

Beispielsweise ist die autonome Hindernisumfahrung für den Reinigungsroboter in der Flughafenhalle sicherlich eine die Produktivität steigernde und daher notwendige Funktion – für ein FTF in einer durchgetakteten und auf größtmögliche Effizienz des Transportsystems ausgelegten Produktion ist sie aber möglicherweise nicht zielführend.

Das oben erwähnte Analyse- und Bewertungstool ist ein EXCEL-Arbeitsblatt, das auf der Web-Seite des VDI und des Forum-FTS zum kostenlosen Download bereitgestellt wird (ebenso wie der gesamte Autonomie-Leitfaden).

Die Wirkungsweise des Verfahrens und die Benutzung des Tabellenblatts werden nun an zwei Praxisbeispielen des FTS-/AMR-Lieferanten DS Automotion aus Österreich vorgestellt. Das erste Beispiel beschreibt eine innerbetriebliche Anwendung, nämlich eine moderne Montagelinie für Akkumulatoren für E-Autos. Das zweite Beispiel ist eine Anwendung im öffentlichen Bereich, nämlich Kurierfahrten in einem Krankenhaus. Anhand dieser völlig verschiedenen Use Cases wird deutlich, wie unterschiedlich die Anforderungen und die zum Einsatz kommenden Lösungen sein können.

Fallbeispiel 1: Montage-FTF in Batteriemontage
Bei der Deutschen Akkumotive in Kamenz werden Akkus (Hochvoltspeicher) für E-Autos produziert. Die Montageanlage ist mit Fahrerlosen Transportfahrzeugen (FTF) ausgerüstet, auf denen die Hochvolt-Akkus transportiert und montiert werden. Eine FTF-Flotte von 50 freifahrenden FTF übernimmt die Logistik-Prozesse im Taxibetrieb in den verschiedensten Bereichen des gesamten Werkes. Eine weitere Flotte von ca. 100 Fahrzeugen der gleichen Bauart unterstützt die Montage-Prozesse im Linienbetrieb (Abb. 1.6).

Tab. 1.1 zeigt, wie der verhältnismäßig niedrige Autonomie-Index der FTF von 30 % zur Anwendung passt: Der Anforderungerfüllungs-Index liegt bei über 83 %. Die Bemerkungen enthalten zu jeder Autonomie-Funktion weitere fallspezifische Details. Hier wird auch begründet, warum bestimmte Autonomie-Funktionen in dieser Anwendung unerwünscht sind.

Fallbeispiel 2: Kurierfahrten im Krankenhaus
Im Uniklinikum Köln werden mobile Roboter für Kurierfahrten zwischen der zentralen Apotheke und verschiedenen Stationen eingesetzt. Die Be- und Entladung der Roboter mit

Abb 1.6 Fahrerloses Transportfahrzeug in einer Montagelinie für Auto-Batterien. (Quelle: DS Automotion, A-Linz)

Tab. 1.1 Autonomie-Index und Anforderungserfüllungs-Index für das Montage-FTF

Pos.	Bezeichnung der autonomen Funktion	Funktion (laut Anbieter)		Funktion (in der Anwendung / im Use Case)			Erfüllungsgrad (für Anwendung)	Bemerkungen (Relevanz der autonomen Funktion für den Usecase unter Berücksichtigung der Stärken und Schwächen) Montage-FTF (nicht spurgeführt) in Batteriemontage
		vorhanden	nicht vorhanden	erwünscht	egal (nicht relevant)	unerwünscht		
1	Dynamische Aktualisierung der Modellierung der Einsatzumgebung	●		●			1	Für stabile Navigation wichtig!
2	Fahren auf freigegebenen Flächen		●			●	1	Im Montageumfeld kritisch!
3	Umfahren von Hindernissen		●			●	1	Im Montageumfeld kritisch!
4	Umfahren von Hindernissen mit 3D-Umfelderfassung		●			●	1	Im Montageumfeld kritisch!
5	Agieren auf Basis von Objekterkennung und Klassifizierung		●		●		0	Wäre wünschenswert, FTF kann aber auf Grund vorgegebener Fahrwege nur bedingt reagieren!
6	Lasthandling auf Basis von Objekterkennung und Klassifizierung		●		●		0	Last ist klar definiert, somit kein Vorteil!
7	Situationsbedingtes Umplanen von Routen im Mischbetrieb	●		●			1	Sofern Alternativrouten möglich sind, wünschenswert!
8	Verkehrsregelung unter Berücksichtigung des Mischbetriebs		●	●			0	Im Montageumfeld durchaus von Vorteil!
9	Erkennen und Reagieren auf Fahrzeugzustandsdaten		●		●		0	Wäre wünschenswert, FTF kann aber auf Grund vorgegebener Abläufe nur bedingt reagieren!
10	Leitsteuerungsfunktionen in den Fahrzeugen	●			●		0	Neutral
	Autonomie-Funktionen	**3 (von 10)**		3	4	3	**5 (von 6)**	
		Autonomie-Index AIx 30,0%		Bemerkung: AIx ist bezogen auf alle Autonomiefunktionen, AEIx ist bezogen auf die relevanten Autonomiefunktionen			**Anforderungs-Erfüllungs-Index AEIx** 83,3%	Die gewünschten Anforderungen werden zum Großteil erfüllt!

Abb. 1.7 Autonomer Mobiler Roboter (AMR) für Kurierfahren auf einer Krankenhaus-Station. (Quelle: DS Automotion, A-Linz)

Medikamenten erfolgt durch zugriffsberechtigtes Apotheken-/Stationspersonal. Die Fahrt führt durch öffentliche Bereiche mit Patienten, Besuchern und Stationspersonal (Abb. 1.7).

Diese Anwendung erfordert deutlich mehr Autonomiefunktionen als die im ersten Beispiel. So weist Tab. 1.2 einen Autonomie-Index der mobilen Roboter von vergleichsweise hohen 60 % aus. Der Abgleich mit den Erfordernissen des Use Case führt zu einem hohen Anforderungserfüllungs-Index von über 70 %. Damit ist die Eignung des Roboters für die Anwendung (bezogen auf die Autonomie) eindeutig nachgewiesen!

Dieser Kurier-Roboter verfügt über sechs der insgesamt zehn Autonomiefunktionen, was eine hohe Anzahl ist. Es soll an dieser Stelle betont werden, dass die Realisierung der Autonomiefunktionen technisch anspruchsvoll ist und manche Funktionen zurzeit noch nicht zur Standard-Ausrüstung von AMRs gehören. So ist in diesem Fall die Ehrlichkeit der Angaben zu beachten, dass die Funktionen 5 und 9 durchaus wünschenswert wären, allerdings (noch) nicht im Funktionsumfang der Roboter verfügbar sind.

1.4.4   Zusammenfassung und Fazit

Eine klare, prägnante Definition des Begriffs *Autonomie von technischen Systemen* fällt den Fachleuten, die sich mit dem Thema seit Jahren beschäftigen, schwer und wurde letztlich bei unseren Recherchen nicht gefunden. Die Verwendung des Begriffs *Autonomie* im Zusammenhang mit fahrerlosen Fahrzeugen ist weder durch ein Gesetz noch durch Verordnungen, Richtlinien o. ä. reglementiert – es darf also jeder Hersteller sein Produkt ohne

Tab. 1.2 Autonomie-Index und Anforderungserfüllungs-Index für den Kurier AMR

Pos.	Bezeichnung der autonomen Funktion	Funktion (laut Anbieter)		Funktion (in der Anwendung / im Use Case)			Erfüllungsgrad (für Anwendung)	Bemerkungen (Relevanz der autonomen Funktion für den Usecase unter Berücksichtigung der Stärken und Schwächen) SALLY Kurier im Krankenhaus (öffentlicher Bereich)
		vorhanden	nicht vorhanden	erwünscht	egal (nicht relevant)	unerwünscht		
1	Dynamische Aktualisierung der Modellierung der Einsatzumgebung	●	○	●	○	○	1	Im Krankenhaus unverzichtbar!
2	Fahren auf freigegebenen Flächen	●	○	●	○	○	1	Im Krankenhaus unverzichtbar!
3	Umfahren von Hindernissen	●	○	●	○	○	1	Im Krankenhaus unverzichtbar!
4	Umfahren von Hindernissen mit 3D-Umfelderfassung	●	○	●	○	○	1	Im Krankenhaus unverzichtbar!
5	Agieren auf Basis von Objekterkennung und Klassifizierung	○	●	●	○	○	0	Wäre sehr wünschenswert!
6	Lasthandling auf Basis von Objekterkennung und Klassifizierung	○	●	○	○	●	1	Für Kurier, der von Hand be- und entladen wird, nicht relevant!
7	Situationsbedingtes Umplanen von Routen im Mischbetrieb	●	○	○	●	○	0	Neutral
8	Verkehrsregelung unter Berücksichtigung des Mischbetriebs	○	●	○	●	○	0	Neutral, da kein hohes Verkehrsaufkommen an Kurieren und anderen Fahrzeugen zu erwarten ist!
9	Erkennen und Reagieren auf Fahrzeugzustandsdaten	○	●	●	○	○	0	Wäre wünschenswert!
10	Leitsteuerungsfunktionen in den Fahrzeugen	●	○	○	●	○	0	Neutral
	Autonomie-Funktionen	**6 (von 10)**		**6**	**3**	**1**	**5 (von 7)**	
		Autonomie-Index AIx 60,0%		Bemerkung: AIx ist bezogen auf alle Autonomiefunktionen, AEIx ist bezogen auf die relevanten Autonomiefunktionen			Anforderungs-Erfüllungs-Index AEIx 71,4%	Die gewünschten Anforderungen werden zum Großteil erfüllt!

Probleme oder Nachteile befürchten zu müssen als autonom bezeichnen. Mit der Erstellung des Leitfadens[8] „Autonomie von mobilen Robotern" wurde im Rahmen einer fachlichen Auseinandersetzung mit dem Thema

- eine Abgrenzung der Begriffe automatisch und autonom vorgenommen,
- aktuell bekannte und in der Praxis eingesetzte Automatik- und Autonomiefunktionen vorgestellt,
- die Autonomiefunktionen hinsichtlich ihrer Eigenschaften und ihres Nutzens für den Anwender bewertet und dabei auch auf Sicherheitsaspekte hingewiesen sowie
- ein einfach zu bedienendes Analyse- und Bewertungstool erstellt.

Damit ist einerseits die Basis geschaffen für eine versachlichte Diskussion des Themas als auch andererseits die Möglichkeit für die Anwender, die Angebote verschiedener Hersteller zu vergleichen und hinsichtlich der Eignung für seine aktuelle Applikation zu prüfen. Die Veröffentlichung ist auch als Aufruf an die Akteure der Branche zu verstehen, sich kritisch mit der Thematik auseinanderzusetzen und die Verwendung des Begriffs *autonom* wieder auf ein angemessenes und fachlich begründetes Maß zurückzuführen.

---

[8] Der Leitfaden kann bis zur offiziellen Veröffentlichung durch den VDI, die sich derzeit (Erscheinungsdatum dieses Buchs) aus technischen Gründen verzögert, von der Seite www.forum-fts.com heruntergeladen werden. Die zip-Datei enthält das 35-seitige Textdokument sowie zwei EXCEL-Dateien mit unterschiedlich zu bedienenden Versionen des Analyse- und Bewertungstools.

Technologische Standards

Zusammenfassung

Im Verlauf der inzwischen fast 70-jährigen Geschichte des FTS mit tausenden Anlagen und Fahrzeugen, die in den unterschiedlichsten Branchen weltweit erfolgreich eingesetzt wurden und werden, hat sich ein stabiler Technologiestandard entwickelt, mit dem kundenspezifische verlässliche Systemlösungen realisiert werden. Um die Beschreibung dieses Technologiestandards geht es in diesem Kapitel.

Die Gliederung des Kapitels mag auf den ersten Blick zunächst unlogisch erscheinen. Wir betrachten das System FTS hier nicht streng systemhierarchisch, sondern setzen Schwerpunkte dort, wo der Automatisierungsgedanke die Technik bestimmt, also bei den fahrerlosen Aspekten. Diese ergeben sich aus den funktionalen Unterschieden zu fahrerbedienten Fahrzeugen, wie z. B. den klassischen Gabelstaplern:

- Fahrerlose Fahrzeuge orientieren sich in einer bekannten Umgebung, ohne von einem Bediener direkt gesteuert zu werden.
- Fahrerlose Fahrzeuge garantieren ihr sicheres Agieren, d. h. sie tragen Sorge für jeglichen Personenschutz sowie für den Schutz vor Beschädigungen der Last und Umgebungseinrichtungen.
- Fahrerlose Transportsysteme organisieren sich selbst im Sinne einer optimalen Bearbeitung der Transportaufträge.
- Fahrerlose Transportsysteme integrieren sich in vorhandene Umgebungen und sind in der Lage, on-demand mit angrenzenden Systemen zu kommunizieren.

Deshalb beginnen wir mit der Navigation und der Sicherheit, letztlich die beiden wichtigsten Funktionen eines FTF. Anschließend betrachten wir die FTS-Systemarchitektur und gehen dabei insbesondere auf die FTS-Leitsteuerung ein, weil sie für das Organisations-

© Springer Fachmedien Wiesbaden GmbH, ein Teil von Springer Nature 2023
G. Ullrich, T. Albrecht, *Fahrerlose Transportsysteme*,
https://doi.org/10.1007/978-3-658-38738-9_2

mittel FTS noch wichtiger als das einzelne Fahrzeug ist. Dieses behandeln wir danach mit seinen Hauptkomponenten im dritten Abschnitt. Der vierte Abschnitt beschäftigt sich – last but not least – mit dem stationären Umfeld des FTS, worunter die Infrastruktur und peripheren Einrichtungen zu verstehen sind.

2.1   Navigation und Sicherheit als zentrale Systemfunktionen

Aus unserem menschlichen Tun verstehen wir die beiden Funktionen „Navigieren" und „Sicherheit" nicht unbedingt als separat, sondern integriert angelegt. Wenn wir gehen oder laufen, dann versuchen wir, auf den Wegen zu bleiben und das Ziel zu erreichen (Navigation). Gleichzeitig, und zwar stets und ununterbrochen, achten wir darauf, mit niemanden zu kollidieren oder irgendwo gegenzulaufen (Sicherheit). Wir praktizieren also das sichere Navigieren, und das immer und mit allen Sinnen – wenn alles gut geht.

Bei den aktuell am Markt angebotenen FTS ist das nicht so: Es sind immer noch ganz verschiedene Funktionen, die mit unterschiedlichen Techniken und Komponenten ausgeführt werden. Das fahrerlose Fahrzeug folgt nämlich einer physischen oder virtuellen Spur so lange, bis ein separates Sicherheitssystem das Anhalten befiehlt. Bestimmte Navigationskomponenten und Steuerungsteile agieren so lange, bis z. B. ein Personenschutz-Scanner und seine Notauskreise ansprechen.

Dass diese beiden Funktionen zukünftig integriert sein werden, ist Gegenstand aktueller Entwicklungen. Hier nutzen wir die Ist-Situation für eine vereinfachende sequenzielle Beschreibung der Funktionalitäten, was eben auch dem aktuell üblichen technischen Standard entspricht.

2.1.1   Navigation

Unter Navigation werden nach DIN[1] Maßnahmen zur Fahrzeugführung verstanden, mit deren Hilfe ermittelt wird,

a) wo sich das Fahrzeug befindet (Ortung),
b) wohin das Fahrzeug gelangen würde, wenn keine seine Bewegung verändernden Maßnahmen ergriffen werden, und
c) was zu tun ist, um ein gewünschtes Ziel sicher zu erreichen, gegebenenfalls auf einem vorgegebenen Weg.

Wenn wir uns für einen kurzen Moment in die Rolle eines Staplerfahrers versetzen, der eine Palette z. B. im Lager abholen und zum Warenausgang bringen soll, dann erkennen wir, dass der Fahrer – evtl. unbewusst – ständig navigiert: er weiß jederzeit, wo er sich be-

---

[1] DIN 13312:2005-02 „Navigation – Begriffe, Abkürzungen, Formelzeichen, graphische Symbole".

Level Up Your Mobile Robots.

Rexroth ROKIT Locator – Ihre leicht zu bedienende Laserlokalisierungssoftware

Der ROKIT Locator von Bosch Rexroth ist eine Softwarekomponente für die zuverlässige Bestimmung der Position und Orientierung unterschiedlichster Fahrzeugtypen in zahlreichen sich verändernden Umgebungen. Ermöglicht wird dies durch einen leistungsstarken Algorithmus, der mit Hilfe eines Lasersensors am Fahrzeug automatisch die natürliche Umgebung erfasst und kartiert. Bosch Rexroth liefert damit eine Schlüsseltechnologie und löst mit höchster Flexibilität sowie Benutzerfreundlichkeit das Thema Lokalisierung für Ihre mobilen Roboter.

Bosch Rexroth AG
boschrexroth.de/rokit-locator

rexroth
A Bosch Company

findet und er kennt den (kürzesten/besten) Weg zum Ziel – sofern er eingearbeitet und orts-
kundig ist. Und er weiß natürlich auch, wo er beschleunigen, bremsen und lenken muss.
Bei einem automatischen Fahrzeug gibt es diesen menschlichen Fahrer nicht – dessen
Aufgaben müssen nun durch einen Rechner mit Software sowie diverse Sensoren und Aktoren ausgeführt werden. Damit dies gelingt und zu einem vergleichbaren Ergebnis führt,
muss auch ein FTF bzw. die Fahrzeugrechnersoftware navigieren, d. h. es muss ständig die
aktuelle Fahrzeugposition ermittelt werden, mit dem Soll-Fahrweg abgeglichen und ggf.
kleine (Lenk-)Korrekturen vorgenommen werden, und es muss an den richtigen Stellen
beschleunigt, gebremst und gelenkt werden. Dass diese Aufgabe zwar technisch heraus-
fordernd, aber grundsätzlich lösbar ist, leuchtet vermutlich jedem ein – schließlich konnte
man bereits in den 60er-Jahren des letzten Jahrhunderts computergesteuert zum Mond
fliegen. Das Ziel mit wirtschaftlich vertretbarem Aufwand zu erreichen, was i. d. R. den
Einsatz von am Markt erhältlichen Komponenten voraussetzt, ist dann aber noch eine
weitere Herausforderung. Daher wurden im Laufe der Jahre technisch sehr unterschiedliche Navigationsverfahren für FTF entwickelt, die sich in den verwendeten Komponenten,
deren Kosten sowie in den technischen Möglichkeiten zum Teil deutlich unterscheiden.

Es sei an dieser Stelle noch erwähnt, dass wir den Begriff der Navigation nicht eng im
Sinne der zuvor genannten Definition verstehen wollen, sondern stellvertretend für die
verschiedenen Spurführungs- und Ortungsverfahren von FTF – was eher dem in der Branche üblichen Sprachgebrauch entspricht.

Zurück zur Theorie, zu einigen Grundzusammenhängen und wichtigen Fachbegriffen:

Das FTF bewegt sich in einem ortsfesten Koordinatensystem, dessen Grundfläche dem
Fahrbereich des FTS entspricht (z. B. eine Lagerhalle). Auf dem Fahrzeug selbst kann ein
Fahrzeugkoordinatensystem aufgespannt werden, dessen Ursprung sich üblicherweise im
Schwerpunkt der Grundfläche oder im Zentrum einer der Fahrzeugachsen befindet. Inner-
halb dieses mobilen Koordinatensystems werden nicht die Fahrzeugbewegungen, sondern
Bewegungen relativ zum Fahrzeug, also z. B. Lastbewegungen, oder auch die Bewegun-
gen der Fahr- und Lenkmotoren beschrieben.

Das ortsfeste Koordinatensystem – Ingenieure und Vermessungstechniker nennen
dies „Weltkoordinatensystem" – ist üblicherweise ein kartesisches Koordinatensystem
und wird seinen Ursprung in der Regel in einer Hallenecke bzw. an der äußersten Ecke
des Einsatzbereiches haben. Das FTF fährt dann ausschließlich in der Grundfläche des
Koordinatensystems. Bewegungen in der ortsfesten Höhenachse kommen eigentlich
nicht vor, sieht man von Fahrten des FTF im Lift/Aufzug von einer Ebene auf die nächste
einmal ab, wo ja die Angabe einer Ebenen-Nummer zur Beschreibung der „Höhe" ausreicht (Abb. 2.1).

Denkbar ist es, dass Hallen oder Hallenteile, in denen FTF fahren, auf verschiedenen
Höhenniveaus liegen und durch Rampen miteinander verbunden sind. Auch dies wird man
im ortsfesten Koordinatensystem nicht berücksichtigen (müssen), da ein FTF stets auf
dem Boden verfährt und die Kenntnis der absoluten Höhe, z. B. über N.N., oder der relativen Höhe im Vergleich zum Ursprung des Koordinatensystems, für die Fahrmanöver
nicht relevant ist.

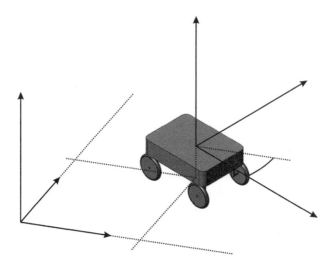

Abb. 2.1 Das FTF im ortsfesten und mit seinem eigenen Koordinatensystem

Wichtig für die Vorgänge ist nun die Bestimmung der Position[2] des Fahrzeugs im ortsfesten Koordinatensystem. Diese wird üblicherweise durch die beiden translatorischen Koordinaten der Grundfläche und eine rotatorische Koordinate, also die Orientierung in der Grundfläche, beschrieben. Nun laufen zwei fundamentale Vorgänge ab, die je nach Verfahren mehr oder weniger ausgeprägt sind: das Koppeln und das Peilen.

Das Koppeln – bei Landfahrzeugen auch Odometrie genannt – meint die Positionsbestimmung mittels interner Sensoren zur Fahrtrichtungs- sowie Fahrtstrecken- oder Geschwindigkeitsmessung, ausgehend von einer bekannten Startposition. Die Koppelnavigation hat ihren Ursprung in der Seefahrt und wird dort seit Jahrhunderten angewendet. Bei einem Schiff wird mit Hilfe von Kompass, Uhr oder Logge[3] gekoppelt, bei einem FTF nutzt man Drehwinkelgeber und Inkrementalgeber an den Rädern, Zeitzähler und ggf. einen Drehratensensor.

Das Koppeln ist prinzipbedingt fehlerbehaftet, z. B. durch Schlupf der Räder, Veränderung der Radumfänge aufgrund von Abnutzung und wechselnder Lastgewichte sowie schwieriger Kalibrierung des Geradeauslaufs. Hier treiben die FTS-Hersteller oft enormen Aufwand, um die Genauigkeiten und die Verlässlichkeit zu erhöhen. So werden spezielle Messräder (eins oder zwei) ins Fahrwerk integriert, die unabhängig von Antriebs- oder Lenkeinflüssen möglichst genau die Bewegung des Fahrzeugs registrieren. Um zudem möglichst exakt die Drehung des Fahrzeugs um seine Hochachse – während einer Kurvenfahrt beabsichtigt, als Folge einer fehlerhaften Einstellung des Geradeauslaufs aber auch während einer Geradeausfahrt möglich – erfassen zu können, wird zusätzlich ein Gyroskop/Drehratensensor eingebaut. Diese Systeme verbessern zwar alle die Genauigkeit, ge-

---

[2] Auch als Lage oder Pose bezeichnet.

[3] Gerät zur Geschwindigkeitsmessung von Schiffen, misst die Geschwindigkeit durchs Wasser.

nau wie bei einem Schiff summieren sich aber letztlich trotz allen Aufwands die Fehler irgendwann zu inakzeptablen großen Werten. Deshalb sind rechtzeitig und regelmäßig Peilungen erforderlich.

Diese Peilungen verwenden entweder ortsfeste passive Marken oder aber sogar aktive Technologien. Ortsfeste Marken können künstlich sein: Auf einem Schiff wird man ein Leuchtfeuer, eine Fahrwassertonne oder ein markantes Gebäude an Land mit dem Kompass vermessen, das FTF vermisst im oder auf dem Fußboden angebrachte Markierungen oder an Säulen oder Wänden angebrachte Reflexmarken. Ortsfeste Marken können aber auch natürlich sein: Der Skipper auf dem Segelboot erkennt vielleicht Landzungen oder andere markante Merkmale an Land, die er mit dem Kompass anpeilen und als Peillinien in die Seekarte eintragen kann. Das FTF kann unter Umständen bestimmte Gebäudekonturen erkennen und zur Positionsbestimmung verwenden. Die Begriffe künstlich und natürlich sind beide gebräuchlich, aber wohl nicht sonderlich gut gewählt: Was ist an einer Wand oder einer Gebäudekontur natürlich? Treffender ist vermutlich eine Charakterisierung der zur Navigation verwendeten Markierungen in Referenzmarken (für künstliche Marken) und Umgebungsmerkmale (für „natürliche" Marken).

Der bekannteste moderne Vertreter einer aktiven Technologie zur Peilung ist das GPS-System. Hier nutzt der GPS-Empfänger die von den GPS-Satelliten abgestrahlten Funksignale zur Errechnung seiner aktuellen Position in einem Weltkoordinatensystem (z. B. WGS84). Das FTF verwendet diese Messungen zur eigenen Positionsbestimmung – ähnlich wie beim Navigationsgerät im Pkw. Ein anderes, bereits sehr viel älteres aktives System zur Peilung nutzt Transponder (i. d. R. im Boden), die aber erst und nur dann aktiv werden, wenn sie von einer am FTF montierten Antenne ein entsprechendes Signal empfangen, auf das sie dann antworten.

Abschließend soll noch der Begriff der Standortbestimmung erklärt werden: Der Standort ist eine mitunter andere Beschreibung der Position. Während die Position eine exakte Koordinatendarstellung meint, kann der Standort andere Informationen beinhalten, z. B. wenn bestimmte Aktionen erforderlich sind. Dies können sein: Abzweigungen, Lastübergaben, Andockstellen, Bahnhöfe oder Punkte im Layout, die gesonderte Blink- oder Warnsignale sowie eine geänderte Fahrgeschwindigkeit notwendig machen. So können also einzelne, bestimmte Positionen im Layout als Standorte definiert und vielleicht durchnummeriert sein.

Wir wollen uns nun den Navigationsverfahren zuwenden. Dabei werden wir nicht zu detailliert in die Theorie der Verfahren einsteigen, sondern uns auf den Nutzen für den Anwender konzentrieren. Dazu werden abschließend im Abschn. 2.1.1.6 die relevanten Verfahren mit ihren charakteristischen Eigenschaften tabellarisch gegenübergestellt.

2.1.1.1 Die physische Leitlinie

Fahrerlose Transportsysteme, die auf physischen Leitlinien navigieren bzw. fahren (Abb. 2.2a), benutzen Einrichtungen am oder im Fußboden. Die gängigsten Varianten sind:

- Die aktiv-induktive Leitspur, bei der stromdurchflossene Leiter im Boden eingelassen werden. Mit einem sog. Frequenzgenerator wird ein Wechselstrom (4–20 kHz, typ.

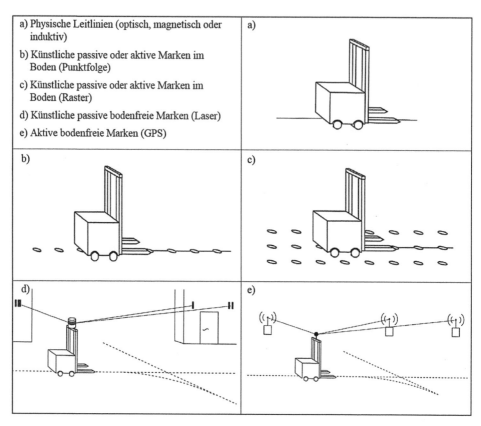

Abb. 2.2 Gängige Spurführungs- und Navigationsverfahren: **a)** die starren Verfahren mit physischer Leitlinie und **b)** bis **e)** die freien Verfahren mit virtueller Leitlinie. **a)** Physische Leitlinien (optisch, magnetisch oder induktiv). **b)** Künstliche passive oder aktive Marken im Boden (Punktfolge). **c)** Künstliche passive oder aktive Marken im Boden (Raster). **d)** Künstliche passive bodenfreie Marken (Laser). **e)** Aktive bodenfreie Marken (GPS)

100 mA) durch die Leiterschleife getrieben. Den stromdurchflossenen Leiter umgibt ein magnetisches Wechselfeld, das weder durch Schmutz, Regen, Schnee noch durch die Fahrbahn (Beton, Asphalt) beeinflusst wird. Es ist lediglich ein gewisser Abstand zu metallischen Abdeckungen und Einbauten (z. B. Stahlmatten zur Bewehrung) einzuhalten. Das magnetische Wechselfeld wird von einer „Antenne" ausgewertet, die unter dem Fahrzeug angebracht wird. In der Antenne sind zwei Spulen so angeordnet, dass das magnetische Wechselfeld in jeder Spule eine Spannung induzieren kann, deren Höhe vom seitlichen Abstand zum Leiter abhängt. Befindet sich der Leiter mittig unter der Antenne, sind die beiden induzierten Spannungen gleich groß, bei Abweichungen zur linken oder rechten Seite ist eine der beiden Spannungen entsprechend höher oder niedriger. Diese Differenzspannung wird dann zur Ansteuerung des Lenkmotors genutzt. Der erlaubte Abstand zwischen Antenne und Leitdraht, was in etwa der Boden-

freiheit des Fahrzeugs entspricht, beträgt je nach eingesetztem Sensor und in die Leiterschleife eingespeistem Strom 30–70 mm (Abb. 2.3). Die induktive Spurführung war bis in die 90er-Jahre des letzten Jahrhunderts die wichtigste Spurführungstechnik. In modernen Anlagen gibt es sie allerdings in der hier beschriebenen ursprünglichen Ausprägung kaum noch.

- Die *magnetische Leitspur*, bei der ein Metallstreifen von ca. 5 bis 10 cm Breite auf dem Fußboden verklebt wird. Ein Sensor, bestehend aus zwei bis drei Magnetfeldsensoren unterhalb des Fahrzeuges, erkennt die Feldänderung an den Kanten des Metallbands. Das Sensorausgangssignal entspricht damit wieder der seitlichen Abweichung des Sensors von der Mitte des Metallbands und kann zur Ansteuerung des Lenkmotors genutzt werden. Es gibt auch Verfahren, bei denen anstelle einfacher Metallstreifen Magnetbänder verlegt werden. Der Leseabstand beträgt typischerweise 30 bis 50 mm.
- Die *optische Leitspur*, bei der ein Farbstrich mit deutlichem Farbkontrast zum umgebenden Boden entweder lackiert oder mit einem speziellen selbstklebenden Farbband aufgebracht wird. Eine geeignete Kamerasensorik unter dem Fahrzeug + Auswertesoftware – entweder direkt in der Kamera oder in einem externen Auswerterechner – nutzt ebenfalls Kantendetektions-Algorithmen und errechnet so die seitliche Abweichung von der Mitte der Spur und erzeugt damit wiederum Ansteuerungssignale für den Lenkmotor. Die heute übliche digitale Signalverarbeitung erlaubt auch das Erkennen von stark beschädigten Spuren, dadurch wird dieses Verfahren recht robust – ist aber sicherlich nicht für Arbeitsumgebungen mit viel Schmutz und Schmiere auf dem Boden gedacht bzw. geeignet. Zusätzlich können die Kameras neben der Spur aufgebrachte Codierungen in Form von Barcode- oder QR-Code-Labeln für die Standortbestimmung auswerten. Der Leseabstand liegt i. d. R. zwischen 30 und 70 mm (Abb. 2.4).

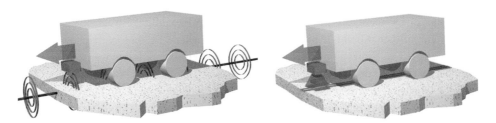

Abb. 2.3 Prinzipskizze zur induktiven und optischen Spurführung. (Quelle: Götting)

Abb. 2.4 Geräte für die induktive und optische Spurführung. (Quelle: Götting)

Abb. 2.5 Prinzipskizze zur Spurführung auf einem Doppelleiter bei der berührungslosen Energie-übertragung. (Quelle: Götting)

Wenn das Layout einfach – d. h. ohne viele Verzweigungen – ist, bietet sich aus Kostengründen eher die magnetische oder die optische Spur an. Es sei denn, man setzt auf die berührungslose Energieübertragung, die mit einem im Boden verlegten Doppelleiter arbeitet und neben der Energie quasi als Nebenprodukt auch die Navigation bereitstellt. Diese Technologie wird in Abschn. 2.2.5.2 „Berührungslose Energieübertragung" näher betrachtet (Abb. 2.5).

Metall- oder Farbstreifen werden meist in einfachen Layouts sowie in FTS des Niedrigpreissegments verwendet. Typische Anwendungen finden sich dort, wo FTF zur Verknüpfung von Montagearbeitsplätzen oder als sog. „rollende Werkbänke" eingesetzt werden.

In komplexen Layouts verwendet man heute eher die freien Spurführungsverfahren, d. h. diejenigen mit sogenannter virtueller Leitspur, wie sie im nächsten Abschnitt beschrieben werden.

2.1.1.2 Navigation mit Stützpunkten

Wenn man aus Kostengründen sowie zur Erhöhung der Flexibilität der Fahrkursgestaltung auf die im vorigen Abschnitt beschriebene kontinuierliche Leitlinie verzichten möchte, kann man die sog. Stützpunkt- oder Rasternavigation einsetzen. Dabei werden künstliche Marken im oder auf dem Boden entlang des Fahrwegs in einem mehr oder weniger regelmäßigen Raster angeordnet. Zwischen diesen Rasterpunkten fahren die Fahrzeuge „frei", d. h. ohne Bindung an eine physisch vorhandene Fahrspur. Man spricht daher auch von der so genannten freien Navigation. Die FTF nutzen also einerseits die Koppelnavigation, zusätzlich aber auch die Peilung zur Standortbestimmung. Die hierfür verwendeten Marken können Dauermagnete, Transponder oder QR-Code-Label sein (Abb. 2.6).

Die kostengünstigen Dauermagnete sind meist aus Neodym-Eisen-Bor (NdFeB) und haben eine zylindrische Form mit einer Länge von 5 bis 30 mm und einem Durchmesser von 8 bis 20 mm, je nach Hersteller. Sie haben eine einfache Nord-/Süd-Polung und sind mit 1100 bis 1250 mT[4] außerordentlich stark. Die Verlegung geschieht in eigens gebohrte Löcher, in denen der Magnet mit Hilfe von Epoxidkleber fixiert wird. Anschließend kann

---

[4] Tesla (T) – Einheit der magnetischen Feldstärke.

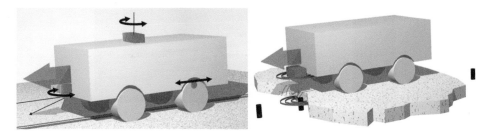

Abb. 2.6 Prinzipskizze zur Koppelnavigation (links) und zur Magnet- bzw. Transpondernavigation (rechts). (Quelle: Götting)

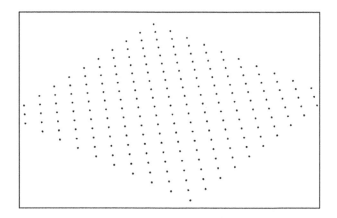

Abb. 2.7 Ein versetztes Magnetraster (engl.: staggered grid)

der Boden mit einer Epoxid- oder Vinylschicht wieder versiegelt werden, wodurch die Magnete gegen mechanische Einflüsse und Beschädigungen geschützt sind.

Die Magnete können als Flächenraster oder als linienförmige Punktfolge verlegt werden. Das flächendeckende Raster erlaubt eine höhere Layoutflexibilität, bei Verlegung als Punktfolge benötigt man prinzipbedingt weitaus weniger Magnete. Der Punkt- oder Rasterabstand ergibt sich aus den Genauigkeitsanforderungen an die Fahrbewegungen, der Fahrzeugkinematik und den Fahrzeugabmessungen. Einfluss hat auch die Güte der Lagekopplung, die durch Einsatz eines Drehratensensors (Gyroskop) verbessert werden kann.

Anzahl und Lage der Bohrungen werden vom FTS-Hersteller festgelegt. Magnete in Punktfolge haben meist einen Abstand von 1 bis 10 m. Die Verlegung im Flächenraster geschieht im Abstand von weniger als der Fahrzeugbreite, wobei i. d. R. aus Aufwands- und Kostengründen auf jeder Verlegelinie nur jeder zweite Magnet gesetzt und die Linien gegeneinander versetzt angeordnet werden (Abb. 2.7).

Abb. 2.8 zeigt eine typische Magnetsensorleiste (MSL), die eigens für den Einsatz in FTF entwickelt wurde. Zur Messung der Magnetfelder der Bodenmagnete kommen hier Hall-Sensoren zum Einsatz. Diese wandeln das sie durchfließende Magnetfeld in eine Spannung um, die proportional zur Feldstärke ist.

Abb. 2.8 Eine Magnetsensorleiste für den Indoor-Einsatz; Standardlänge: 387 mm, Höhe: 43 mm, Breite: 50 mm. (Quelle: MLR)

Abb. 2.9 Eine Magnetsensorleiste (MMS: Magnet Measurement Sensor) für den In- und Outdoor-Einsatz; Längen von 530 bis 2210 mm, Höhe: 30 mm, Breite: 60 mm. (Quelle: Oceaneering)

Die Länge einer MSL ist konfigurierbar. Die Leiste besteht aus einer oder mehreren Gruppen von jeweils acht Hall-Sensoren. Ihre maximale Länge ist auf die Breite des Fahrzeuges beschränkt, weil sie quer zur Fahrspur unter dem Fahrzeug montiert wird.

Leseabstände, also der Abstand zwischen der MSL und dem Magneten, von 10 bis 60 mm liefern eine Messgenauigkeit von kleiner als ±2 mm.

Ein weiteres Produkt am Markt ist die MMS (Magnet Measurement Sensor), die sowohl für den Innen- als auch den Außeneinsatz konzipiert ist. Sie erreicht nicht die sehr hohe Genauigkeit der MSL, sondern nur ca. ± 5 mm. Dafür schafft sie diese aber auch bei hohen Leseabständen (bis zu 200 mm) und bei Überfahr-Geschwindigkeiten von bis zu 80 km/h. Sie ist also nicht nur für den klassischen FTS-Einsatz gedacht, sondern auch für schnellfahrende teilautomatisierte Fahrzeuge im Außeneinsatz, wie z. B. Linienbusse, bei denen der Fahrer Unterstützung bei der Anfahrt an Haltestellen bekommt (Abb. 2.9).

Im Außenbereich werden häufig anstelle der passiven Magnete quasi-aktive Transponder in den Boden eingelassen. Diese werden von der Leseeinheit unter dem Fahrzeug per Induktion mit Energie versorgt, die sie dann dazu nutzen, ihre Kennung (Codierung) an die Leseeinheit zu senden. Gleichzeitig sorgen Antennen in der Leseeinheit dafür, dass die Position des Transponders relativ zur Antenne exakt vermessen wird (Abb. 2.10).

Vorteilhaft gegenüber der Magnetnavigation ist neben der absoluten Codierung und der Möglichkeit, zusätzlich Layout-Informationen zur Standortbestimmung zu hinterlegen, auch der größere Leseabstand, der für mehr Bodenfreiheit bei den Fahrzeugen sorgt. Allerdings sind die Geräte deutlich teurer und größer als eine Magnetsensorleiste.

Abb. 2.10 Leseeinheiten für Transponder. (Quelle: Götting)

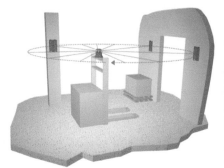

Abb. 2.11 Prinzipskizze (links) und Laserscanner samt Reflektor (rechts) für die Lasernavigation mit Reflektoren an Wänden und Säulen. (Quelle: Götting)

2.1.1.3 Die Lasernavigation

Die Lasernavigation – genauer: Lasertriangulation, Laserortung – ist der prominenteste und derzeit am weitesten verbreitete Vertreter der freien Navigation. Marken aus retrore-flektierendem Material werden an Wänden, Säulen oder Maschinen montiert, in der Regel in einer Höhe oberhalb der Köpfe der Mitarbeiter. Sie werden von einem rotierenden La-serscanner, der auf dem Fahrzeug in gleicher Höhe montiert ist, auch über größere Entfer-nungen genau vermessen (Abb. 2.11).

Je nach Messverfahren des Sensors (mit oder ohne Entfernungsmessung) müssen min-destens zwei oder drei Marken gleichzeitig zur Positionsbestimmung sichtbar sein. Um Mehrdeutigkeiten zu vermeiden, ist es ggf. erforderlich, die Marken zu codieren. Basie-rend auf den Sensormesswerten errechnet dann die Auswertesoftware in Echtzeit, also während das FTF sich bewegt, die jeweils aktuell resultierende Absolutposition (x, y, Win-kel α) des Fahrzeugs im ortsfesten Koordinatensystem der Halle. Je nach eingesetztem Sensor und Anbieter steht diese Absolutposition fünf- bis zehnmal pro Sekunde zur weite-ren Verarbeitung durch den Fahrzeugrechner zur Verfügung.

Das Verfahren bietet hohe Flexibilität bzgl. der Fahrkursgestaltung, da die Positionen der Reflektormarken keinerlei Bezug zum Fahrweg der Fahrzeuge haben. Der Fahrkurs für die Fahrzeuge existiert „nur" als Software, also rein virtuell, und kann daher beliebig oft und

einfach geändert werden, ohne an den Reflektormarken etwas ändern zu müssen. Neue Fahr-
kurse lassen sich entweder offline, also ohne Fahrzeug mit einem Software-Tool am Laptop
programmieren oder durch eine Lernfahrt mit dem Fahrzeug (das sog. Teach-In) erstellen.

Die Auswahl zwischen den beiden Verfahren – Rasternavigation oder Lasertriangulation – trifft man nicht zuletzt anhand folgender Kriterien: Bodenmagnete erfordern (geringfügige) Arbeiten am Boden; die Sicht auf ausreichend viele Reflektormarken muss
von jeder Layoutposition aus frei sein und die Montage des Lasersensors in ausreichender
Höhe am Fahrzeug muss möglich sein.

2.1.1.4 Die Umgebungsnavigation

In Ergänzung zu oder auch anstatt von künstlichen Peilmarken lassen sich „natürliche"
Peilmarken (Landmarken wie Wände, Pfeiler, Türnischen etc.) zur Spurführung von Fahr-
zeugen verwenden. Es ist wichtig, dass diese Marken deutlich zu erkennen sind und ihre
Position unveränderlich ist.

Auf dem FTF angebracht, scannt ein Laserscanner während der Fahrt berührungslos
seine Umgebung und vermisst fortlaufend die Positionen der ortsfesten Landmarken.
Durch Vergleich mit den zuvor bei der Inbetriebnahme und Konfiguration in einer Karte
im Fahrzeugrechner gespeicherten Koordinaten dieser Landmarken erkennt die Auswertesoftware dann gültige Landmarken entlang des Fahrweges. Diese werden zur Bestimmung der eigenen momentanen Position und Ausrichtung im Parcours verwendet und dem
Fahrzeugrechner zur Verfügung gestellt. Der Fahrzeugrechner gleicht fortlaufend diese
aktuelle Position mit der Sollposition ab und korrigiert die Kursabweichungen des Fahrzeuges, welche durch Toleranzen in der Fahrzeuggeometrie, unterschiedliche Beladungen,
Radverschleiß etc. verursacht werden (Abb. 2.12 und 2.13).

Da es weit verbreitet ist, optische Sensoren zur Hinderniserkennung zu verwenden,
bietet es sich an, diese Sensoren auch zur Führung des Fahrzeugs durch natürliche Peilmarken zu nutzen. Eine technisch eher einfache Anwendung ist die Nutzung eines entfer-
nungsmessenden Sicherheitslaserscanners, um parallel zu einer Wand zu fahren. Dabei
dient die Wand nur zur Hilfsorientierung, eine vollständige Positionsbestimmung/Naviga-
tion ist erst möglich, wenn zusätzliche Verfahren, wie z. B. Kantendetektion oder bei
Bedarf auch künstliche Peilmarken hinzukommen.

Die Verwendung eines Sicherheitslaserscanners zum Vermessen der Umgebung ist
zwar – aus Kostengründen, da ein zusätzlicher Sensor gespart werden kann – naheliegend,
hat aber den nicht zu unterschätzenden Nachteil, dass in der Höhe, in der solche Scanner
montiert sind (Scanebene ca. 10–15 cm parallel bzw. leicht geneigt zum Fußboden), die
Umgebung relativ starken Änderungen unterliegt: entlang der Fahrwege werden häufig
alle möglichen Gegenstände für mehr oder weniger lange Zeiträume abgestellt, die den
Abgleich zwischen den gespeicherten Kartendaten und der aktuell vom Sensor wahrge-
nommenen Umgebung unter Umständen erheblich erschweren. Hinzu kommt, dass bis
etwa Ende 2017 – dann kam der microScan3 der Fa. SICK auf den Markt – die Winkel-
und Entfernungsauflösung der Sicherheitslaserscanner zumindest für Navigations- bzw.
FTF-Anwendungen, die eine hohe Präzision der Fahr- und Positioniervorgänge erforder-

Abb. 2.12 Laserscanner zur Bestimmung der Position anhand von Reflektoren (künstliche Landmarken) sowie von Umgebungskonturen (natürliche Landmarken); *links:* Funktionsprinzip, *rechts:* NAV350. (Quelle: SICK)

Abb. 2.13 Positionierung durch Konturvermessung am Beispiel einer Lkw-Beladung. (Quelle: SICK)

ten, nicht geeignet bzw. nicht ausreichend genau war. Wenn dagegen der Navigationsla-serscanner – als zusätzlicher und präzise messender Sensor – oben auf dem FTF in einer Höhe von 2 Metern oder mehr montiert werden kann, ist die in dieser Höhe auswertbare Umgebung deutlich weniger volatil, und die Ergebnisse sind entsprechend stabiler und genauer. Es gibt allerdings mit den Unterfahr-FTF (s. a. Abschn. 2.3.1.5) eine in jüngerer Vergangenheit stark nachgefragte und häufig eingesetzte Fahrzeuggattung, bei der nur die bodennahe Montage des Sensors möglich ist, sodass man dann die genannten Nachteile in Kauf nehmen muss.

Ein im Zusammenhang mit der Umgebungsnavigation häufig verwendeter Fachbegriff ist das *Simultaneous Localisation and Mapping,* abgekürzt *SLAM* (deutsch: gleichzeitiges Orten und Erstellen einer Karte). Dies beschreibt genau die Herausforderung, dass die Or-tung auf der Basis einer Umgebungskarte erfolgt (die zu einem früheren Zeitpunkt, bei-spielsweise im Rahmen einer Lernfahrt, erstellt wurde), die gleichzeitig durch die aktuellen Messwerte, die aus den zuvor genannten vielfältigen Gründen von den in der Karte gespei-cherten Informationen abweichen können, aktualisiert werden muss. Die erreichbare Or-tungsgenauigkeit sowie die Robustheit in der praktischen Anwendung bei sich ändernder Einsatzumgebung hängen dann von vielen Details der Implementierung der Algorithmen ab. Es gibt am Markt nicht die eine Umgebungsnavigation, sondern sehr viele verschiedene Verfahren, die Spanne reicht von Open Source Software aus dem „ROS[5]-Universum" über Entwicklungen von FTS-Herstellern, die für die eigenen Fahrzeuge, aber nicht für den ge-samten Markt zur Verfügung stehen, bis zu „Black-Box-Lösungen" von Navigationstech-nik-Anbietern mit Nutzung auf der Basis von Runtime Lizenzen.

Eine Weiterentwicklung der 2D-Laserscanner stellen die Mehrlagenscanner dar: Bei ihrem Einsatz entstehen auch 2D-Messwerte der Umgebung – allerdings nicht nur in einer Messebene, sondern in mehreren. Die am Markt erhältlichen Geräte bieten im einfachsten (preiswertesten) Fall vier, High-End-Geräte derzeit bis zu 128 Messebenen (Abb. 2.14). In Anlehnung an den Begriff „RADAR" (Radio Detection and Radiation) wird diese Geräte-gattung bzw. das Funktionsprinzip „LiDAR" (Light Detection and Ranging) genannt.

Weiter ist es möglich und üblich, statt der zuvor genannten Laserscanner eine oder mehrere Kameras am FTF zu montieren, um die Umgebung zu erfassen, zu vermessen und die aufgenommenen und durch Software aufbereiteten Daten in einem 3D-Kartenabbild der Umgebung zu speichern. Hier spricht man dann auch vom sog. *Visual SLAM.*

Handelt es sich bei den eingesetzten Kameras nicht um „normale" (bildgebende) Ka-meras, sondern um *ToF-Kameras* (Time-of-Flight), die jedem Bildpunkt aufgrund des Messprinzips einen Entfernungswert zuordnen können, erhält man ebenfalls ein 3D-Abbild der Einsatzumgebung. Dies ist im Vergleich zu den normalen Kameras hinsichtlich

---

[5] ROS – Robot Operation System: eine 2007 entstandene Initiative aus dem (US-amerikanischen) Universitätsumfeld, die Steuer- und Regelungsalgorithmen, Software für Bahnplanung, Treiber für Sensoren und Aktoren etc. als Open Source Software im Internet bereitstellt; seit 2012 gibt es eine weitere Community, die mit ROS-Industrial auch ernsthafte industrietaugliche Software-Lösungen für stationäre und mobile Roboter als Open Source Software entwickelt.

Abb. 2.14 Mehrlagen-Laserscanner, *links* MRS1000 und LMS1000, *rechts* VLP-16 Puck und AlphaPuck-VLS128. (Quellen: Sick und Velodyne)

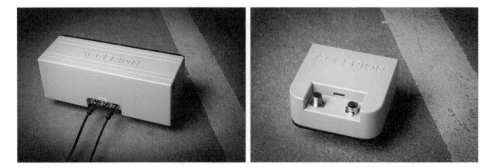

Abb. 2.15 Bodensensoren „Jupiter" (links) und „Triton" (rechts). (Quelle: ACCERION)

der Entfernungsinformation erheblich genauer (Sub-Zentimeter) und im weiten Rahmen unabhängig von den Lichtverhältnissen), hat allerdings den Nachteil eines erheblich kleineren Bildausschnitts (Messbereichs) und deutlich geringerer Pixelzahl.

Schließlich soll noch die neueste, im Jahr 2019 in den Markt eingeführte Art der Umgebungsnavigation vorgestellt werden, die ebenfalls auf der Auswertung von Kamerabildern basiert – und zwar von hochaufgelösten Bildern des Fußbodens unterhalb des FTF. Die holländische Fa. ACCERION hat auf der LogiMAT 2019 mit dem Sensorsystem „Jupiter" ein Ortungssystem vorgestellt, das 100-mal pro Sekunde mit einer Genauigkeit von bis zu ± 1 mm und ± 0,1° Odometriedaten (Veränderung der Sensor- bzw. Fahrzeugposition in Längs- und Querrichtung sowie Drehlagenänderung) liefert (Abb. 2.15). Da diese Daten „nur" aus den Veränderungen der Bodenbilder abgeleitet werden, sind sie von erheblich besserer Qualität/Genauigkeit als radbasierte Messwerte, da schlupffrei. Darüber hinaus liefert das System auch absolute Positionsdaten, wenn – nach einer Teach-Fahrt, die an einem Startpunkt mit vom Bediener vorgegebenem X-, Y- und Drehlagenwert begonnen wurde – das FTF bzw. der Sensor eine zuvor eingelernte beliebige Bodenstelle erneut überfährt und wiedererkennt.

Mit dem Gerät „Triton" ist bereits ein weiterer Sensor am Markt verfügbar, der bei deutlich kleineren Abmessungen insbesondere auf Anwendungen in kleinen FTF zielt. Er liefert bei höherer Messrate (150 pro Sekunde) aber gleicher Genauigkeit wie der größere „Jupiter" lediglich Absolutpositionswerte, d. h. die relativen Odometriedaten müssen dann wie bisher auf der Basis anderer Sensorik erfasst werden.

2.1.1.5 Funkortung

Kommen wir nun zu den aktiven Technologien mit künstlichen bodenfreien Marken. Um sich in sehr großen Räumen oder auch auf dem freien Feld zu orientieren, reichen passive Marken in der Regel nicht aus. Aktiv sendende Marken, z. B. Leuchttürme in der Seefahrt, haben den Vorteil, dass sie auch über sehr große Entfernungen eindeutig in ihrer Richtung in Bezug auf das Fahrzeug bestimmt werden können. Bei Verwendung mehrerer dieser Marken lassen sich Ort und Richtung des Fahrzeugs bestimmen.

Bedeutender sind jedoch Verfahren, bei denen eine Selbstortung z. B. mittels Laufzeit-messung zu Satelliten (GPS – Global Positioning System) oder stationären, codierten Ra-darreflektoren vorgenommen wird. Voraussetzung für eine genaue und zuverlässige Or-tung ist, dass eine freie Sicht zwischen der Ortungsantenne am Fahrzeug und den Satelliten bzw. den Radarreflektoren besteht. Daher ist die Satellitennavigation grundsätzlich nur im Freien auf unbebautem Gelände einsetzbar.

Allgemeine Informationen zum GPS finden sich leicht im Internet, weshalb wir hier nicht darauf eingehen müssen. Im Vergleich zu dem aus dem Pkw bekannten „Navi" muss man sich aber klarmachen, dass die mittels solcher (recht preiswerten) Geräte erzielbare Genauigkeit auf keinen Fall ausreichend ist für den Betrieb eines automatischen Fahr-zeugs. Hier sind in der Regel Positionsgenauigkeiten im einstelligen Zentimeterbereich und Winkelgenauigkeiten von etwa $0,1°$ notwendig. Für solch eine Genauigkeit ist das sog. „Real Time Kinematic dGPS" erforderlich, was aber auch einen freien Sichtkegel nach oben zu den Satelliten von ca. $15°$ benötigt (Abb. 2.16). Enge Häuserschluchten, Metallkräne und Brücken schränken die Einsatzmöglichkeiten stark ein.

In bebauter Umgebung, z. B. zwischen hohen Gebäuden oder auch in großen, offenen Hallen, ist das GPS ungeeignet. Hier kann nur ein sog. LPR (Local Positioning Radar), also ein „Indoor-GPS" aufgebaut und verwendet werden. Statt hoch genauer, beweglicher und teurer Satelliten werden relativ preiswerte Funkbaken stationär in dem Aktionsbereich eingesetzt. Auch hier wird die Laufzeit zu den Baken gemessen und damit der Standort des Fahrzeugs ermittelt. Mit einer günstigen Anordnung der Baken kann man auch ein bebau-tes Gelände ausreichend „ausleuchten". Das System ist allerdings deutlich ungenauer als das aufwendige GPS, selten werden ±10 cm, meist nur ±30 cm Messgenauigkeit erreicht. Dies ist beispielsweise zur Ortung von mannbedienten Staplern oder anderen Flurförder-zeugen i. d. R. ausreichend, für die FTF-Navigation allerdings zu ungenau.

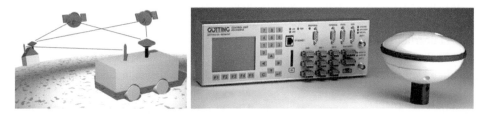

Abb. 2.16 Prinzipskizze zur Navigation mittels GPS (links) und GPS-Empfänger. (Quelle: Götting)

2.1.1.6 Gegenüberstellung der Verfahren

Im Folgenden sind die verschiedenen Navigationsverfahren sowie ihre Vor- und Nachteile tabellarisch aufgeführt (Tab. 2.1).

Abschließend soll noch erwähnt werden, dass es selbstverständlich möglich und auch üblich ist, ein FTF mit Sensorik und Auswertesoftware für zwei der oben genannten Verfahren auszustatten und innerhalb der Anlage, abhängig beispielsweise von den Umgebungsbedingungen (drinnen/draußen) oder den Genauigkeitsanforderungen (gering beim Fahren, hoch beim Positionieren und Lastwechsel), zwischen zwei Verfahren umzuschalten. Da so ein Ortungskonzept die Kosten des Fahrzeugs erhöht, wird man aber i. d. R. versuchen, solch eine „hybride" Lösung zu vermeiden.

2.1.2 Sicherheit

Wenn in Europa eine Maschine – und darum handelt es sich bei einem FTF zweifellos – in Verkehr gebracht bzw. betrieben wird, müssen zahlreiche Vorschriften beachtet werden, die sich mit der Sicherheit solch einer Maschine befassen. Die Gesetzeslage in der Europäischen Union ist vermutlich die strengste der Welt. Der Gesetzgeber, die normgebenden Institute, der VDI und die Berufsgenossenschaften sorgen mit ihren technischen Regelwerken dafür, das Gefährdungspotenzial durch Fahrerlose Transportsysteme zu minimieren. Das gelingt so gut, dass es nahezu keine meldepflichtigen Unfälle, verursacht durch FTS, gibt.

Man mag der Meinung sein, dass in Europa sogar über das Ziel hinausgeschossen wird, was dazu führt, dass die EU-Produkte für den Weltmarkt zu teuer sind. Aber diese hohen Anforderungen werden von den heimischen Herstellern nicht nur bei den Sicherheitssystemen umgesetzt, sondern übertragen sich auch auf die Gesamtqualität ihrer Produkte. Außerdem ist diese Situation sicher mitverantwortlich dafür, dass Anbieter aus Asien und Amerika sich bisher schwergetan haben, auf dem Markt der EU Fuß zu fassen. Also haben unsere hohen Sicherheitsanforderungen Vor- und Nachteile.

Wir wollen das Thema auf vier Abschnitte aufteilen: Zunächst wollen wir Verständnis für die Gesetzeslage wecken, dann die Pflichten für den Hersteller und den Betreiber hervorheben, um anschließend die eingesetzte Sicherheitstechnik näher zu betrachten.

2.1.2.1 Gesetzgebung

Wichtig ist vielleicht gleich zu Beginn dieses Abschnitts ein rechtlicher Hinweis: Aus den folgenden Ausführungen lassen sich keinerlei Ansprüche an die Autoren ableiten – erstens, weil die Gesetzeslage ständigen Änderungen unterliegt und zweitens, weil jedes FTS eine spezifische Lösung erfordert. Wir verweisen auf die Leitfäden zur FTS-Sicherheit,[6] die vom Fachausschuss FTS der VDI-Gesellschaft „Produktion und Logistik" herausgegeben und auf dem neuesten Stand gehalten werden, sowie auf die VDI-Richtlinie 2510 Blatt 2 „Sicherheit von FTS".

---

[6] Diese Leitfäden sind kostenlos erhältlich auf den Internet-Seiten des Forum-FTS (www.forum-fts.com).

Tab. 2.1 Gegenüberstellung der Navigationsverfahren

Verfahren	Vorteile	Nachteile
Leitdraht (aktiv induktiv)	• bewährte Technik • einfache Fahrzeug-Steuerung • komplexe Layouts mit vielen Verzweigungen möglich mit Mehrfrequenz-/Mehrleiter-anlagen • integrierte Sicherheit: Stopp, wenn Leitdraht stromlos	• veraltete Technik • unflexibel • aufwendige Bodeninstallationen • Layoutänderungen extrem teuer • störanfällig wg. Leitdrahtbruch
optische oder (passiv) magnetische Leitspur	• preiswerte Technik (Low Cost, „simple solution") • einfaches Layout ist schnell in Betrieb genommen • einfachste Systemsteuerung: stopp, wenn Leitspur unterbrochen oder bei zusätzlichen Bodenmarkierungen	• wenig flexibel • störanfällig wg. Beschädigungen des Farbstriches oder des Metallbandes
Induktive Energieübertragung (doppeltes Stromkabel im Boden für die Energieübertragung, aber auch für die Spurführung)	• keine (oder nur kleine) Batterie erforderlich • gut geeignet für einfache Liniensysteme (FTF als Montagefahrzeug)	• aufwendige Installation • keine komplexen Layouts möglich
Magnetnavigation in Punktfolge (Linienraster): Leitdraht wird durch Dauermagnete oder Transponder in Punktfolge nachgebildet	• einfachere Bodeninstallation gegenüber Leitdraht • begrenzt flexibel: mögliche seitliche Abweichung von der „Magnetspur" bis zu ca. ± 30 cm	• Fahrkurs-Änderungen nur mit Änderungen der Bodeninstallationen möglich • Einschränkungen bzgl. Bodenfreiheit und Boden-zustand (je nach verwendeter Magnetsensorleiste)
Flächenraster (optisch oder magnetisch)	• freie Navigation • flexibel innerhalb des Rasterbereiches • Layout rein software-mäßig anpassbar	• Boden muss vorbereitet werden, z. B. Verlegung der Magnete • Einschränkungen bzgl. Bodenfreiheit und Bodenzustand • Rasterverlegung bedeutet hohen Aufwand
Transponder anstatt Magnete	• Außeneinsatz möglich ohne Einschränkungen bzgl. Bodenfreiheit • geeignet für große, schwere Fahrzeuge • hohe Prozesssicherheit wg. absolut codierten Rasterpunkten	• teurer als Magnete • aufwendige Installation

(Fortsetzung)

Tab. 2.1 (Fortsetzung)

Verfahren	Vorteile	Nachteile
Freiflug, bzw. Koppelnavigation ohne Peilung, aber ggf. mit Gyroskop	• keine ortsfesten Installationen notwendig	• unsicher, weil Freiflug = Blindflug • Genauigkeit nur für kurze Strecken ausreichend
Klassische Lasernavigation (mit Reflektormarken)	• keine Bodeninstallation • liefert Absolutposition • ermöglicht freie Navigation • einfache Layouts werden schnell „angelernt" • hoch flexibel innerhalb der mit Reflektoren ausgestatteten Bereiche • durch geschicktes Positionieren der Reflektoren hohe Genauigkeiten möglich (besser als ±10 mm, ±0,1°) • kleine Layoutänderungen können vom Betreiber selbst durchgeführt werden	• Reflektoren an den Wänden, Säulen, Maschinen erforderlich • Reflektorpositionen müssen (von einem Vermesser) exakt eingemessen werden • Laserkopf muss oberhalb der Last und der Mitarbeiter freie Rundumsicht haben • wegen des hohen Mastes für den Laserkopf ist ein (sehr) ebener Boden erforderlich • Reflektoren können verschmutzen • Fremdlichteinflüsse können System stören • Außeneinsatz nur sehr bedingt möglich
Lasernavigation ohne künstliche Marken als Umgebungsnavigation	• keine Reflektoren oder andere künstliche Marken erforderlich • Systeme der Gebäudenavigation verwenden i. d. R. den Personenschutz-Laserscanner gleichzeitig für die Navigation (→ Kosteneinsparung)	• erhöhter Software-Aufwand • Gebäudenavigation anfällig für Veränderungen entlang des Fahrkurses, nur geeignet für einfache Szenarien ohne viel Verkehr • oft Anbringung zusätzlicher markanter Merkmale entlang des Fahrwegs erforderlich
Umgebungsnavigation mit „normalen" Kameras oder ToF-Kameras	• frei von zusätzlich anzubringenden ortsfesten Installationen • hohe relative und absolute Genauigkeit (bis zu ±10 mm/±0,1°)	• Kosten der ToF-Kamera • Verfahren fehleranfällig bei zu starken Veränderungen der Umgebung entlang des Fahrwegs
Umgebungsnavigation mit Bodenkamera/Bodenbildern	• frei von ortsfesten Installationen: „infrastrukturfrei" • sehr hohe relative und absolute Genauigkeit (bis zu ±1 mm, ±0,1°)	• Kosten des Sensors • Bodenoberfläche muss ein gewisses Maß an optisch auswertbarer Struktur aufweisen • Boden darf nicht zu stark verschmutzen

(Fortsetzung)

Tab. 2.1 (Fortsetzung)

Verfahren	Vorteile	Nachteile
Satellitennavigation (GPS) besser: dGPS (differential GPS) noch besser: RTK-dGPS (Realtime Kinematic dGPS)	• frei von ortsfesten Installationen • flexibel	• nur im Außenbereich einsetzbar • nach oben muss ein freier Öffnungswinkel von mind. 15° vorhanden sein • hohe Fahr- und Positioniergenauigkeit sind nur mit großem technischen Aufwand realisierbar
Funknavigation „Indoor GPS"	• funktioniert auch Indoor	• Aufwand für Installation (Montage + Verdrahtung) der stationären Funksender • erzielbare Genauigkeit selbst unter Idealbedingungen i. d. R. nicht ausreichend für FTF-Anwendungen

Tab. 2.2 Die FTS-relevanten Gesetze und Vorschriften

GPSG	Geräte- und Produktsicherheitsgesetz Gesetz über technische Arbeitsmittel und Verbraucherprodukte
9. GPSGV	Neunte Verordnung zum Geräte- und Produktsicherheitsgesetz (Maschinenverordnung)
BGV D 27	Unfallverhütungsvorschrift „Flurförderzeuge"
ArbSchG	Arbeitsschutzgesetz Gesetz über die Durchführung von Maßnahmen des Arbeitsschutzes zur Verbesserung der Sicherheit und des Gesundheitsschutzes der Beschäftigten bei der Arbeit
BetrSichV	Betriebssicherheitsverordnung Verordnung über Sicherheit und Gesundheitsschutz bei der Bereitstellung von Arbeitsmitteln und deren Benutzung bei der Arbeit, über Sicherheit beim Betrieb überwachungsbedürftiger Anlagen und über die Organisation des betrieblichen Arbeitsschutzes

Tab. 2.2 listet sämtliche (FTS-relevanten) Gesetze und Vorschriften auf, anschließend folgen in Tab. 2.3 die Normen und in Tab. 2.4 dann die Richtlinien.

2.1.2.2 Pflichten des Herstellers/Lieferanten

Die Hersteller sind verpflichtet, ihre Fahrzeuge so zu bauen, dass die Sicherheitsanforderungen der Maschinenrichtlinie eingehalten werden. Der FTF-Hersteller muss für sein Produkt eine so genannte „Originalbetriebsanleitung" erstellen. Mit jedem installierten System muss – ggf. zusätzlich – eine Betriebsanleitung in der Amtssprache des Verwendungslandes mitgeliefert werden.

Tab. 2.3   Die FTS-relevanten Normen

DIN EN ISO 3691-4	Flurförderzeuge – Sicherheitstechnische Anforderungen und Verifizierung – Teil 4: Fahrerlose Flurförderzeuge und ihre Systeme
DIN EN 954-1	Sicherheit von Maschinen, sicherheitsbezogene Teile von Steuerungen
DIN EN ISO 14121	Sicherheit von Maschinen, Leitsätze zur Risikobeurteilung (ehem. 1050)
DIN EN 1175-1	Sicherheit von Flurförderzeugen, elektrische Anforderungen
DIN EN 1175-2	Sicherheit von Flurförderzeugen, elektrische Anforderungen – Teil 2: Allgemeine Anforderungen für Flurförderzeuge mit Verbrennungsmotoren
DIN EN 1175-3	Sicherheit von Flurförderzeugen, elektrische Anforderungen – Teil 3: Besondere Anforderungen für elektrische Kraftübertragungssysteme von Flurförderzeugen mit Verbrennungsmotoren
DIN EN ISO 12100-1	Sicherheit von Maschinen, Grundbegriffe, allgemeine Gestaltungsleitsätze, Teil 1: Grundsätzliche Terminologie, Methodologie
DIN EN ISO 12100-2	Sicherheit von Maschinen, Grundbegriffe, allgemeine Gestaltungsleitsätze, Teil 2: Technische Leitsätze
DIN EN ISO 13849-1	Sicherheit von Maschinen, sicherheitsbezogene Teile von Steuerungen, Teil 1: Allgemeine Gestaltungsleitsätze
DIN EN ISO 13849-2	Sicherheit von Maschinen, sicherheitsbezogene Teile von Steuerungen, Teil 2: Validierung
DIN EN 1755	Sicherheit von Flurförderzeugen, Einsatz in EX-Bereichen
DIN EN 982	Sicherheit von Maschinen – Sicherheitstechnische Anforderungen an fluidtechnische Anlagen und deren Bauteile – Hydraulik
DIN EN 983	Sicherheit von Maschinen – Sicherheitstechnische Anforderungen an fluidtechnische Anlagen und deren Bauteile – Pneumatik

Tab. 2.4   Die FTS-relevanten Richtlinien

2004/108/ EG	EMV-Richtlinie/EMV Gesetz Elektromagnetische Verträglichkeit (von Elektro- und Elektronikprodukten)
VDI 2510	Fahrerlose Transportsysteme (FTS) > Ausführungsrichtlinie Technik > mit allen Blättern
VDI 2510 Blatt 2	Fahrerlose Transportsysteme (FTS) – Sicherheit von FTS
VDI 2710	Ganzheitliche Planung von Fahrerlosen Transportsystemen (FTS); Grundlagen > Planungsrichtlinie > mit allen Blättern
VDI 4452	Abnahmeregeln für Fahrerlose Transportsysteme (FTS)

Der FTF-Hersteller muss eine technische Dokumentation erstellen. Diese

- sollte alle Pläne, Berechnungen, Prüfprotokolle und Dokumente beinhalten, die für Einhaltung der grundlegenden Sicherheits- und Gesundheitsanforderungen der Maschinenrichtlinie relevant sind,
- muss mindestens zehn Jahre nach dem letzten Tag der Herstellung des FTS aufbewahrt werden und
- muss auf berechtigtes Verlangen den Behörden vorgelegt werden.

Aus der Maschinenrichtlinie kann eine Verpflichtung des Herstellers, die technische Dokumentation an den Käufer (Anwender) zu liefern, nicht hergeleitet werden. Der Maschinenhersteller muss durch die Ausstellung einer Konformitätserklärung und die Kennzeichnung des FTF mit dem CE-Zeichen die Einhaltung der geltenden Vorgaben rechtsverbindlich bestätigen. Dann darf das FTF im europäischen Wirtschaftsraum in Verkehr gebracht werden.

Der FTF-Hersteller ist verpflichtet eine Risikobeurteilung durchzuführen. Dazu ist eine Gefahrenanalyse vorzunehmen, um alle mit dem Betrieb des Systems verbundenen Gefahren zu ermitteln. Zur Festlegung der erforderlichen Maßnahmen muss er die Risikoanalyse nach ISO 14121[7] durchführen.

Die Risikoanalyse umfasst die Schritte Abgrenzung des Systems, Gefährdungsanalyse und Risikoabschätzung. Dann erfolgt die zentrale Frage, ob das System ausreichend sicher ist. Falls „Ja", ist die Risikobeurteilung (positiv) beendet, falls „Nein", muss eine „Risikominderung" eingeleitet werden, und zwar nach der 3-Stufen-Methode:

1. Sicheres Gestalten: Beseitigung oder Minimierung der Risiken so weit wie möglich (Integration der Sicherheit in Konstruktion und Bau der Maschine)
2. Technische Schutzmaßnahmen: Ergreifen der notwendigen Schutzmaßnahmen gegen Risiken, die sich konstruktiv nicht beseitigen lassen
3. Benutzerinformation über Restrisiken

Technische Schutzmaßnahmen werden realisiert durch Schutzeinrichtungen (Abdeckungen, Zäune, Sicherheitstüren, Lichtvorhänge) oder Überwachungseinheiten (auf Position, Geschwindigkeit bzw. Stillstand etc.), welche eine Sicherheitsfunktion ausführen. Wo die Wirkung einer Schutzmaßnahme von der korrekten Funktion einer Steuerung abhängt, spricht man von funktionaler Sicherheit.

Für die Realisierung der funktionalen Sicherheit am FTF existiert die C-Norm DIN EN ISO 3691-4. Sie berücksichtigt die grundsätzlichen Sicherheitsanforderungen der Maschinenrichtlinie und der EFTA[8]-Regeln und dient als grundlegender, einheitlicher Maßstab. Die konstruktiven und technischen Maßnahmen beschreiben wir in Abschn. 2.1.2.4.

---

[7] EN ISO 14121 – Sicherheit von Maschinen – Risikobeurteilung, März 2008.

[8] EFTA = Europäische Freihandelsassoziation, engl. *European Free Trade Association*.

Zu den Benutzerinformationen gehören die Betriebsanleitung und ggf. darüber hinaus alle Informationen zum ordnungsgemäßen und sicheren Betrieb der Anlage (Betreiberinformationen).

2.1.2.3 Pflichten des Betreibers

In der Betriebsanleitung und den Betreiberinformationen sind die Vorgaben an den Betreiber enthalten. Diese betreffen das Umfeld des FTS sowie die Fahrzeuge.

Die Mindestanforderungen an das Umfeld der Flurförderzeuge sind der DIN EN ISO 3691-4 zu entnehmen. Insbesondere sind folgende Punkte zu beachten:

Gefahrenstellen sind durch Bodenkennzeichnungen abzusichern. Die Anbringung von Bodenkennzeichnungen ist durch den Hersteller anzuweisen und durch den Betreiber auszuführen! Das korrekte Verhalten muss durch den Hersteller in der Bedienungsanleitung beschrieben sein. Der Betreiber hat sich an diese Anweisungen bindend zu halten! In den gekennzeichneten Bereichen dürfen sich keine Personen aufhalten!

Der Betreiber hat die vom Hersteller gestellten Anforderungen in Bezug auf die Freihaltung, Reinhaltung und Instandsetzung der Fahrwege zu erfüllen. Die Details der Anforderungen müssen durch den Hersteller in der Bedienungsanleitung beschrieben sein. Der Betreiber hat sich an diese Anweisungen bindend zu halten!

Beim Einsatz von FTF hat der Betreiber besonderes Augenmerk auf die am Fahrzeug eingesetzten Personenerkennungssysteme sowie auf die Lastaufnahmemittel zu legen. Der Betreiber hat sicherzustellen, dass Anlagen mit FTF nach der Montage und vor der ersten Inbetriebnahme geprüft werden. Die Prüfung hat den Zweck, sich von der ordnungsgemäßen Montage und der sicheren Funktion der Arbeitsmittel zu überzeugen. Dazu kann ein externer Gutachter bestellt oder eine der in Deutschland tätigen Prüforganisationen (TÜV, Dekra etc.) beauftragt werden.

Der Betreiber hat weiter dafür zu sorgen, dass FTF und ihre Anbaugeräte in Abständen von längstens einem Jahr geprüft werden. Diese wiederkehrenden Prüfungen müssen sich auf die Prüfung des Zustandes der Bauteile und Einrichtungen, auf Vollständigkeit und Wirksamkeit der Sicherheitseinrichtungen sowie auf Vollständigkeit der Prüfnachweise erstrecken.

2.1.2.4 Komponenten und Einrichtungen

Die sicherheitstechnischen Anforderungen an Fahrerlose Transportfahrzeuge stehen in der DIN EN ISO 3591-4. Für die Umsetzung dieser Anforderungen durch sicherheitsbezogene Steuerungen gilt die DIN EN ISO 13849-1 – „Sicherheit von Maschinensteuerungen". Hierin werden fünf Steuerungskategorien gebildet, die das Systemverhalten bei Ausfall oder Fehlfunktion der eingesetzten Steuerung beschreiben. Je höher die Kategorie, desto gravierender sind die Auswirkungen im Fehlerfall – und desto höherer Aufwand muss betrieben werden, um dem möglichen Ausfall entgegenzuwirken (z. B. durch Verwendung hochwertiger Bauteile, Selbstüberwachung, Redundanz etc.). In Tab. 2.5 sind den bei FTF relevanten Funktionen die zugeordneten und durch die eingesetzten Komponenten zu erfüllenden Steuerungskategorien gegenübergestellt.

Kommen wir nun zu den wesentlichen technischen Sicherheitseinrichtungen am FTF. Diese sind:

Tab. 2.5 Steuerungskategorien gemäß DIN EN ISO 13849-1

Steuerungssystem		Kategorie
Geschwindigkeitskontrolle	Allgemein	1
	Sofern die Standsicherheit beeinflusst wird	2
	Sofern die Wirkung des Personenerkennungssystems beeinflusst wird	3
Lasthandhabung	Allgemein	1
	Sofern die Standsicherheit beeinflusst wird	2
Lenkung	Allgemein	1
	Sofern die Standsicherheit beeinflusst wird	2
Batterieladesystem		1
Warnlampen		1
NOTHALT		3
Personenschutzsystem		3
Seitenschutz		2
Umgehen des Hinderniserkennungssystems		2
Anhalten des Flurförderzeuges vor dem Hindernis		2

- Wie jede Maschine verfügt auch das FTF über Not-Aus-Taster, die leicht erkennbar und frei zugänglich sein müssen. Bei Betätigung stoppt das Fahrzeug unverzüglich und bleibt so lange im Stillstand, bis der Taster entriegelt wird.
- Damit Personen das FTF im Betrieb hinreichend wahrnehmen können, verfügen die Fahrzeuge in der Regel über eine Kombination aus optisch (blinkende/rotierende Warnlichter) und akustisch wirkenden Warneinrichtungen. So werden z. B. Fahrtrichtungsänderungen wie beim Kfz über entsprechende Blinker angezeigt, Fahrtrichtungswechsel akustisch unterstützt.
- Den sicheren Halt gewährleisten mechanische, selbsttätig wirkende Bremsen. Diese werden eigensicher ausgelegt, d. h. für die Fahrt benötigen sie Energiezufuhr, um freigegeben zu sein. Im Notfall, d. h. bei Ausfall der Energiezufuhr kommt es zu sofortiger Bremswirkung (umgekehrtes Prinzip zur Bremse beim Kfz). Die Bremsen müssen so konstruiert sein, dass sie das FTF auch unter Maximallast und auch bei maximaler Längsneigung des Fahrwegs (Gefälle) sicher zum Stehen bringen können.
- Seitlich angebrachte Sicherheitsschaltleisten und spezielle Sicherheitseinrichtungen für das Lasthandling sorgen für Sicherheit während des Betriebs.
- Ganz essenziell ist das Personenschutz-System. Es muss sicherstellen, dass Personen oder Gegenstände, die sich im Fahrweg respektive innerhalb der Hüllkurve des FTF samt Last befinden, sicher erkannt werden. Tritt dieser Fall ein, dann muss das Fahrzeug sicher und schnellstmöglich zum Stillstand kommen, bevor Personen oder Gegenstände zu Schaden kommen. Mechanische Systeme reagieren auf Berührung und sind z. B. als Kunststoffbügel oder Softschaum-Bumper ausgelegt. Berührungslos arbeitende Sensoren scannen den Gefahrraum vor dem Fahrzeug mit Laser, Radar oder Ultraschall bzw. einer Kombination aus mehreren Technologien.

Der Personenschutz wurde in den Anfangsjahren des FTS mechanisch realisiert. Man setzte Metallbügel oder Drahtgeflechte wie in den Abb. 5.2 und 5.3 ein, oder dann in den 1970er- und 80er-Jahren Kunststoffbügel (Abb. 2.17). Etwas fortschrittlicher sind da schon die Softschaum-Bumper (auch Abb. 2.17), weil sie auch ansprechen, wenn man von oben Kraft ausübt, d. h. ein Eintreten in die Sicherheitseinrichtung ist damit ausgeschlossen.

Die mechanischen Bügel oder Bumper müssen gemäß DIN EN ISO 3691-4 so ausgelegt sein, dass bei einem Kontakt bei maximaler Geschwindigkeit und Zuladung die Betätigungskraft auf einen Prüfkörper 400 N nicht überschreitet. Der zylindrische Prüfkörper mit einem Durchmesser von 70 mm und einer Länge/Höhe von 400 mm ist letztlich dem Schienbein eines Erwachsenen nachgebildet. Der Reibwert zwischen den Rädern und dem Boden, die Bremsleistung und die Länge der Sicherheitseinrichtung bestimmen dann die zulässige Höchstgeschwindigkeit des FTF.

Die Kunststoffbügel werden entweder durch Seilzüge und mechanische Zugschalter im Innern der Konstruktion betätigt oder aber durch eine Lichtschranke, die unterbrochen wird, wenn ein auf der Innenseite des Bügels aufgeklebter Reflektor durch Deformation des Bügels den Strahlgang verlässt. Softschaum-Bumper sind Stoßfänger aus einem Schaumstoff-ähnlichen Material, die mit Lichtleitern durchzogen sind. Die Lichtdurchlässigkeit der Lichtleiter wird bei einer Deformation so verändert, dass der Notaus-Schaltkreis unterbrochen wird.

Heute findet man an den Fahrerlosen Fahrzeugen meist berührungslos arbeitende Laserscanner, und hier wiederum meist Produkte der Firma Sick, da diese in den 90er-Jahren des letzten Jahrhunderts diese Sensoren entwickelt und sich mit einem europaweiten Patent vor Nachbauten geschützt hatte.

Seit einigen Jahren, d. h. seit Ablauf des Patentschutzes gibt es weitere Anbieter, deren Marktanteile ständig wachsen. Wichtig für die berührungslosen Geräte ist die berufsgenossenschaftliche Zulassung für den Einsatz im FTF. Einige Vertreter dieser Gattung sind die Produkte in Abb. 2.18.

Ein wichtiges Unterscheidungsmerkmal der Geräte – neben der offensichtlich unterschiedlichen Baugröße – ist ihre Reichweite bzw. die Größe (Länge) der programmierbaren Schutzfelder, die zwischen 3 und bis zu 7 Metern liegt. Da die Schutzfeldlänge dem zu erwartenden Anhalteweg des Fahrzeugs entsprechen muss, hat dieses Maß wiederum

Abb. 2.17 Einrichtungen für den Personenschutz; *links:* Kunststoffbügel plus Sicherheits-Laserscanner. (Quelle: Dematic); *rechts:* Softschaum-Bumper plus Ultraschall-Sensoren. (Quelle: MLR)

Abb. 2.18 Sicherheits-Laserscanner für den Personenschutz; oben (v.l.n.r.): S3000, S300, S300 mini und microScan3. (Quelle: Sick); unten (v.l.n.r.): OS32C. (Quelle: Omron), RS-4. (Quelle: Leuze electronic), UAM-05LP. (Quelle: Hokuyo)

Einfluss auf die erlaubte Höchstgeschwindigkeit. Um den unterschiedlichen Fahrsituationen, wie bei Geschwindigkeitsänderungen, Richtungswechseln, Kurvenfahrten oder Andockmanövern gerecht zu werden, lassen sich die Schutzfeldgrößen situativ anpassen (Abb. 2.19). Die Anpassung erfolgt völlig automatisch und erlaubt damit eine wesentlich dynamischere Fahrweise. Diese Eigenschaft macht übrigens den wesentlichen Unterschied zu den taktil arbeitenden Sensoren aus, die bauartbedingt nur eine, nämlich die entsprechend der möglichen Höchstgeschwindigkeit maximal nötige Länge haben. Andererseits darf der berührungslos arbeitende Sicherheitslaserscanner – anders als der taktil arbeitende Sensor – ein Hindernis (z. B. das Bein eines Menschen) nicht berühren, d. h. hierfür muss durch geeignete Montage und richtige Dimensionierung der Schutzfelder gesorgt werden.

Die Sicherheitslaserscanner besitzen eine sichere Datenkommunikationsschnittstelle, über die Steuersignale untereinander – beim Einsatz mehrerer Sensoren an einem FTF – sowie mit einer geeigneten Sicherheitssteuerung ausgetauscht werden können. In Verbindung mit sicheren Wegmess- oder Geschwindigkeitssensoren können dann auch komplexe Überwachungsfunktionen abgedeckt werden (Abb. 2.20).

Abb. 2.19 Schutz- und Warnfelder zur Absicherung des FTF-Fahrwegs

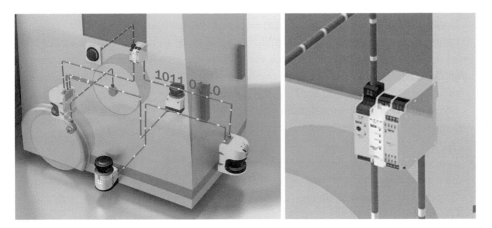

Abb. 2.20 Fahrzeuginterne sichere Datenkommunikation mit Sicherheits-Kleinsteuerung Flexi-soft. (Quelle: Sick)

Außerdem verfügen einige Geräte über eine Datenschnittstelle, über die die Messdaten der Laserscanner in Echtzeit ausgegeben werden, um so eine unterstützende Funktion bei der Navigation oder der automatischen Lastaufnahme zu ermöglichen.

2.1.2.5 Mischbetrieb mit betriebsfremden Personen

Im vorangegangenen Abschnitt haben wir die technischen Sicherheitseinrichtungen zum Personenschutz im innerbetrieblichen Verkehr erläutert. Bei einem Mischbetrieb mit be-triebsfremden Personen, also z. B. Handwerkern, Lieferanten und dgl. im Arbeitseinsatz, stoßen die vorhandenen Sicherungsmittel eventuell auf Grenzen. Dies gilt insbesondere bei kritischen Situationen, wie sie beispielsweise durch eine schwebende Last, eine ange-hobene Gabel, ein Gerüst oder eine Leiter ausgelöst werden können (Abb. 2.21).

Abb. 2.21 Kritische Situationen für Sicherheitseinrichtungen im betrieblichen Umfeld

Deshalb ist in solchen Fällen darauf zu achten, dass betriebsfremde Personen vor Arbeitsbeginn auf sicherheitsrelevante Umstände am Ort ihres Einsatzes und im Umgang mit der FTS-Technologie hingewiesen werden und auf das Tragen von Sicherheitsschuhen geachtet wird.

Darüber hinaus kann es sinnvoll sein, zusätzlich zu den obligatorischen Sicherheitslaserscannern für den Personenschutz (üblicherweise gelb) weitere Sensoren an der FTF-Front und ggf. auch an den Längsseiten vorzusehen, die eine 3D-Hinderniserkennung ermöglichen. Hier ist aber stets zu unterscheiden zwischen Sensoren für den Personenschutz (zertifiziert) und Sensoren für die Hinderniserkennung.

Die Suche nach geeigneten Sensoren zur 3D-Hinderniserkennung ist seit einiger Zeit in vollem Gange, Gründe dafür sind:

- Das Sicherheitsbewusstsein der Menschen steigt.
- Es wird zunehmend mehr von der Technik (hier: Intelligenz der Fahrzeuge) erwartet.
- Es nehmen die Einsatzfälle zu, wo man es mit betriebsfremden Personen zu tun hat (Beispiel: Kliniklogistik).

Es werden ToF[9]-Kameras, Radar- und Ultraschallsensoren untersucht. Hier gibt es erheblichen Entwicklungsbedarf und Standardlösungen zeichnen sich hierfür derzeit noch nicht ab.

2.2   Systemarchitektur des FTS

Die Abb. 2.22 und 2.23 zeigen beispielhaft zwei unterschiedlich komplexe Systeme. In Abb. 2.22 ist eine typische Kleinanlage dargestellt: Es gibt eine geringe Anzahl von FTF, mit denen die Leitsteuerung per WLAN[10] in Verbindung ist. Außerdem gibt es ein LAN,[11]

---

[9]ToF – Time of Flight = Lichtlaufzeitmessung.

[10]WLAN = Wireless Local Area Network, ein drahtloses Rechnernetz in einem Gebäude.

[11]LAN = Local Area Network, ein Rechnernetz in einem Gebäude oder auf einem Firmengelände.

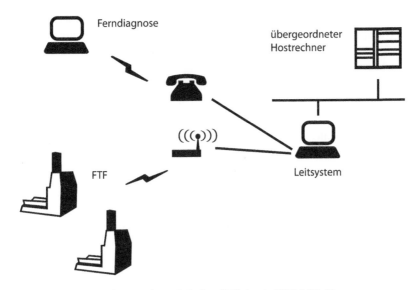

Abb. 2.22 Die Systemarchitektur eines einfachen FTS (nach: VDI 4451-7)

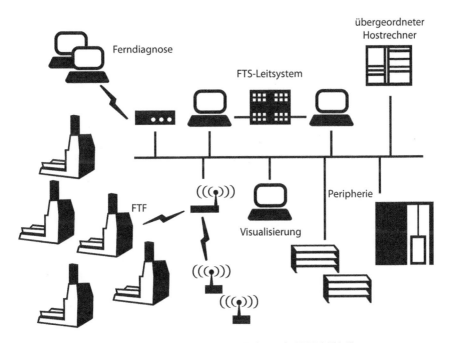

Abb. 2.23 Die Systemarchitektur eines komplexen FTS (nach: VDI 4451-7)

über das es eine direkte Verbindung mit einem übergeordneten Rechnersystem gibt, von dem die Transportaufträge kommen. Über die angedeutete Telefonleitung ist eine VPN[12]-Verbindung zur Ferndiagnose eingerichtet.

Abb. 2.23 zeigt die High-End-Ausbaustufe eines FTS. Hier findet man ein Multiserver-System und separate Bedien- und Visualisierungsrechner (Clients). Eine sichere Datenhaltung mit einem entsprechenden RAID[13]-Level ist ebenso vorhanden wie eine Fernkommunikation über das Internet.

Unabhängige, drahtlose Kommunikationssysteme stellen nicht nur die Verbindung mit der großen Anzahl von Fahrzeugen her, sondern beziehen auch Kommissioniergeräte und andere periphere Systeme und Geräte mit ein. Beispielhaft seien hier automatische Türen, Tore (evtl. Brandabschnitts-Tore) und Aufzüge genannt.

Die Datenübertragung zu den übergeordneten Host-Rechnern erfolgt meist über lokale Ethernet-basierte Netzwerke mit dem Protokoll TCP/IP. Solche Host-Rechner können sein:

- Materialflusssteuerungssysteme zur Produktionssteuerung (z. B. SAP),
- Produktionsplanungssysteme (PPS),
- Lagerverwaltungssysteme (LVS).

2.2.1 FTS-Leitsteuerung

Die FTS-Leitsteuerung (Synonyme: Flottenmanager, englisch: Fleet Management System, AGV Master Control System) hat die wichtige Aufgabe, das FTS in die Einsatzumgebung zu integrieren. Außerdem koordiniert sie die fahrerlosen Transportfahrzeuge, die sich im System befinden. Damit ist das FTS dann in der Lage, die ihm übertragenen Aufgaben zu erfüllen.

Der VDI definiert eine FTS-Leitsteuerung wie folgt:[14] *„Eine FTS-Leitsteuerung besteht aus Hard- und Software. Kern ist ein Computerprogramm, das auf einem oder mehreren Rechnern abläuft. Sie dient der Koordination mehrerer Fahrerloser Transportfahrzeuge und/oder übernimmt die Integration des FTS in die innerbetrieblichen Abläufe."*
Die Leitsteuerung

- *integriert das FTS in seine Umgebung (Abschn. 2.2.1),*
- *nimmt Transportaufträge entgegen (Abschn. 2.2.2),*
- *bietet den Bedienern vielfältige Service-Möglichkeiten und*
- *stellt den Aufgaben entsprechende Funktionsblöcke zur Verfügung (Abschn. 2.2.3).*

---

[12]VPN = Virtual Private Network, eine Verbindung zweier örtlich getrennter, unabhängiger Netzwerke.
[13]RAID = Redundant Array of Independent Disks, also ein „logisches" Laufwerk mit mehreren voneinander unabhängigen realen Laufwerken zur Erhöhung der Datenverfügbarkeit.
[14]VDI 4451-7 „Kompatibilität von Fahrerlosen Transportsystemen (FTS) – Leitsteuerung für FTS, Stand: 2005–10, VDI/Beuth-Verlag".

Praktisch alle in der Vergangenheit ausgelieferten und erfolgreich eingesetzten FTS sowie die ganz überwiegende Mehrheit der aktuell in Planung oder Auslieferung befindlichen FTS bilden ein hierarchisches System. Das bedeutet, dass die einzelnen FTF zwar durchaus intelligent, aber nicht autark agieren. Die FTF kommunizieren nicht oder nur wenig miteinander und fällen auch kaum eigene Entscheidungen. Die eigentliche Entscheidungsbefugnis liegt bei der übergeordneten FTS-Leitsteuerung. Damit hat sie die Gesamtverantwortung und die Regeln, die notwendig sind, um das Gesamtsystem FTS zu managen.

Nun gibt es Anlagen, die über gar keine Leitsteuerung verfügen – wie geht das? Zum einen sind das Anlagen, die sehr einfach sind und keine komplexen Entscheidungen benötigen. Man denke sich im Extremfall ein einzelnes Zugfahrzeug, das lediglich eine vorgeschriebene Wegstrecke hin und wieder zurück fahren kann. Wenn es am Ziel angekommen ist, hält es an und wartet darauf, dass ein Mitarbeiter die Anhänger wechselt. Der drückt anschließend auf den Startknopf am FTF, das sich daraufhin auf die Rückfahrt begibt. Am Ziel angekommen stoppt es und wartet wieder. Solche „Anlagen" haben sicher ihre Berechtigung, aber eben eine ganz eingeschränkte Funktionalität. Es sind nicht mehrere Fahrzeuge zu koordinieren, keine Transportaufträge zu verwalten und keine peripheren Schnittstellen zu bedienen.

Andererseits muss eine Leitsteuerung nicht unbedingt zentral und damit physisch als solche erkennbar sein. Denn es geht nicht um den Rechner/Computer, sondern um Funktionalitäten, die dezentral, also „versteckt" oder verteilt auf den Fahrzeugrechnern ablaufen können. Dann hätten wir dezentral realisierte Leitsteuerungsfunktionalität, was aber technisch aufwendig und derzeit – von ganz wenigen Ausnahmen abgesehen – eher unüblich ist.

Funktionsbausteine einer FTS-Leitsteuerung
Die wesentliche Aufgabe einer FTS-Leitsteuerung besteht darin, eine Flotte von Fahrerlosen Transportfahrzeugen so zu koordinieren, dass ein optimales Ergebnis (= maximale Transportleistung mit geringstmöglicher Anzahl an Fahrzeugen) erzielt wird. Um dies zu erreichen, sind die im Folgenden beschriebenen und in Abb. 2.24 dargestllten Teilaufgaben zu bearbeiten, die üblicherweise durch verschiedene Funktionsblöcke der Leitsteuerungssoftware abgebildet werden.

Bei mobilen Robotern, die nicht vorrangig für Transportaufgaben eingesetzt werden, können andere Optimierungsziele im Vordergrund stehen (z. B. beim Reinigungsroboter maximale Reinigungsfläche pro Zeiteinheit); in solchen Fällen können ggfs. einige der unten dargestellten Funktionsblöcke entfallen oder auch weitere hinzukommen.

Quellen für Transportaufträge
Transportaufträge, die vom FTS ausgeführt werden sollen, können auf unterschiedlichen Wegen zum FTS gelangen: sie können von Menschen/Mitarbeitern manuell eingegeben werden oder im weitesten Sinne automatisch, also durch Computer/Software/Sensoren/Schalter etc., erzeugt werden. Eine Beauftragung des FTS zielt auf seine zentrale Aufgabe, nämlich die Erledigung von Transportaufträgen. In diesem Sinne kommen als Quellen für Transportaufträge alle Personen und Geräte in Frage, die es ermöglichen, Transporte zu veranlassen. Dies sind beispielsweise

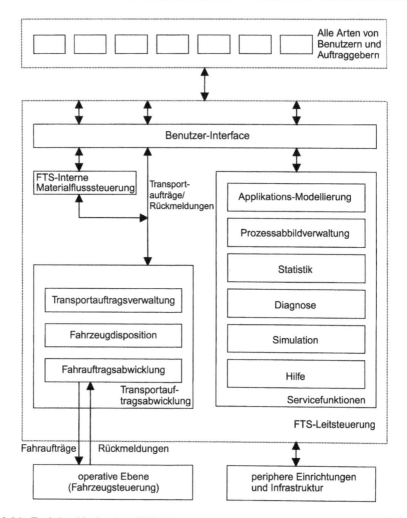

Abb. 2.24 Funktionsblöcke einer FTS-Leitsteuerung. (Quelle: VDI 2510)

- Anlagen-Bedienpersonal, Service- und Instandhaltungspersonal, z. B. via Terminal oder Monitor,
- Service-Techniker des FTS-Herstellers, auch via Datenfernübertragung,
- Anlagen-Bedienpersonal/Werker via Betriebsdatenerfassungsgeräte, wie z. B. Barcode-Scanner, Meldeleuchten mit Freigabetaster oder Ruftaster, Tablet oder Smartphone mit entsprechender App etc.,
- Host-Rechnersysteme, wie z. B. Produktionsplanungssysteme, Fertigungssteuerungs-systeme oder Materialflussrechner,
- Platz-Belegtmelder, automatische Übergabestationen, Lastwechsel- bzw. Übersetzvor-richtungen, fördertechnische Hub- und Senkstationen, Bearbeitungsstationen, Roboter.

In Abb. 2.24 wird dies durch den Funktionsblock „Benutzer und alle Arten von übergeordneten Systemen" zusammengefasst

Transportaufträge enthalten – mindestens – eine eindeutige Kennzeichnung (ID), die
Abholstelle (Quelle), das Auftragsziel (Senke), ggf. die Bezeichnung der Lastaktionen an
der Quelle und an der Senke und darüber hinaus zusätzlich ggf. eine Angabe zur Auftragspriorität, zum spätestens erlaubten Start- oder Endezeitpunkt und ggf. weitere Ladungsbe-
gleitdaten.

Über die Transportaufträge hinaus werden folgende Informationen zwischen der Leitsteuerung und den Fahrzeugen ausgetauscht:

- Statusanfragen und entsprechende Rückmeldungen der Fahrzeuge,
- Anlagensteuerungs- bzw. Zustandsinformationen,
- Änderung von Transportaufträgen (Abbruch/Stornierung, Änderung der Priorität etc.),
- Störmeldungen und Statusmeldungen bzgl. der Fahrzeuge und des Layouts.

Die **interne Materialflusssteuerung** ist eine Vorstufe der Transportauftragsabwicklung
und wird (nur) dann benötigt, wenn die Transportaufträge nicht mit allen erforderlichen
Daten/Informationen zur Leitsteuerung übertragen werden, sondern von ihr für die Fahrzeuge aufbereitet werden müssen. Eine Anforderung wie z. B. „Benötige Ware A an Maschine B" erfordert eine Umsetzung in einen oder mehrere Transportaufträge nach dem
klassischen Muster „Hole von C und bringe nach D". Die FTS-interne Materialflusssteuerung kombiniert also Quelle und Senke über die in ihr hinterlegten Informationen und
Transportbeziehungen zu einem Transportauftrag und schickt diesen zur Durchführung an
die Transportauftragsverwaltung. Solch eine regelbasierte Erzeugung von Transportaufträgen kann beispielsweise auf folgende Arten erfolgen:

- Bei der Lastübernahme durch das FTF wird die Last durch einen Barcode-Scanner oder
  RFID-Leser identifiziert; für diese Last ist dann in der internen Materialflusssteuerung
  ein Ziel, also die Transportauftragssenke hinterlegt.
- Werker geben an einem BDE-Terminal eine Materialanforderung ein; die FTS-interne
  Materialflusssteuerung weiß, wo dieses Material zu holen ist und generiert einen entsprechenden Transportauftrag (Fahrt zur Quelle).
- Lastübergabeplätze können mit Belegtsensoren ausgestattet sein, über die Bedarfe erkannt werden können: „Platz leer" = Nachschub bringen, „Platz belegt" = Palette abholen. Das nötige Hintergrundwissen dazu befindet sich in der internen Materialflusssteuerung, die dadurch Transportaufträge generieren kann.

Die **Transportauftragsabwicklung** umfasst die folgenden drei Funktionsblöcke:

Die **Transportauftragsverwaltung** nimmt Transportaufträge („Hole von – bringe
nach") entgegen und sorgt für ihre Abarbeitung unter Berücksichtigung von weiteren, im
Transportauftrag vorgegebenen Details, wie z. B. Priorität, späteste Abholzeit/Ankunfts-
zeit, Reihenfolgen (also Abhängigkeiten von weiteren Transporten) etc. Zur Verwaltung

der Transportaufträge gehört auch, dem beauftragenden System Rückmeldungen über den Auftragsstatus zu geben (Auftrag erhalten, geprüft und akzeptiert, in Arbeit (= Holefahrt begonnen, Bringefahrt begonnen), erledigt, abgebrochen mit Fehler). Üblich ist auch die Funktionalität, dass im System befindliche Transportaufträge über die Datenschnittstelle oder über eine Bedienerschnittstelle verändert werden können (z. B. gelöscht, in ihrer Priorität herauf- oder heruntergesetzt, abgebrochen …). Eine weitere Funktion besteht darin, einen Transportauftrag in eine Sequenz von sog. Fahraufträgen aufzuteilen – im einfachsten Fall also „Hole von – bringe nach" in die zwei Schritte „fahre zum Holeziel und nimm die Last auf" und anschließend „fahre zum Bringeziel und gib die Last ab". In komplexen Systemen können hier Regeln hinterlegt sein, um z. B. ein (oder mehrere) Zwischenziel(e) anzufahren und z. B. vor der Fahrt in den Warenausgang die Palette – oder nur ausgewählte Paletten, die ein bestimmtes Merkmal haben – zum Stretchen zu bringen.

Die **Fahrzeugdisposition** ermittelt für die von der Transportauftragsverwaltung freigegebenen Transportaufträge das jeweils geeignetste Fahrzeug, mögliche/übliche Kriterien dafür sind z. B.

- kürzester Anfahrtsweg zur Quelle,
- Aufnahme mehrerer Lasten an unterschiedlichen Orten,
- Prognosen über den Systemzustand in naher Zukunft (z. B. Blockungen auf den Fahrstrecken/an Kreuzungen).

Bei der Fahrzeugauswahl berücksichtigt werden die grundsätzliche Eignung des jeweiligen Fahrzeugs, also z. B. der aktuelle Betriebszustand (bereit/frei/nicht in Störung), die Größe/Gewichtsklasse, die aktuell verfügbare Energiemenge im Energiespeicher jedes Fahrzeugs (z. B. State-of-Charge einer Batterie oder auch State-of-Health oder Füllgrad des Dieseltanks) etc.

Das Ergebnis der Fahrzeugauswahl muss dabei nicht als „endgültig" verstanden werden, d. h. es ist sinnvoll und wird von vielen Leitsteuerungen auch so praktiziert, dass während der Holefahrt eine Re-Disposition erfolgen kann: Falls sich herausstellt, dass ein FTF, das seinen aktuellen Auftrag als erledigt meldet und damit für die Fahrzeugdisposition verfügbar wird, günstiger zum Holeziel positioniert ist als ein FTF, was sich für diesen Transportauftrag bereits auf der Holefahrt befindet, kann dieser Auftrag dem einen FTF entzogen und dem anderen zugeteilt werden, da sich dadurch ein besseres Ergebnis bzgl. Fahrzeiten, Energieverbrauch und Transportleistung des Gesamtsystems ergeben kann.

Eine wichtige Funktion der Fahrzeugdisposition ist das **Energiemanagement**, d. h. auf der Basis der in jedem FTF ermittelten und zur Leitsteuerung übertragenen Information bzgl. der aktuell verfügbaren Energiemenge wird entschieden, ob ein Fahrzeug einen Auftrag für eine Fahrt zum Aufladen des Energiespeichers (z. B. an einer automatischen Batterieladestation) erhält. Ebenfalls hier wird entschieden, wann der Energiespeicher eines Fahrzeugs ausreichend aufgefüllt ist, um dieses FTF wieder mit Transportaufträgen zu versorgen. Falls die Anzahl von Batterieladestationen geringer als die Gesamtzahl der FTF ist, sorgt das Energiemanagement auch dafür, dass ein FTF mit fast leerer Batterie ein FTF mit voll oder auch noch nicht vollständig geladener Batterie von einem Ladeplatz „verdrängt".

Ein Teil der **Fahrauftragsabwicklung** ist die **Verkehrsleitsteuerung**, sie sorgt für eine sichere Verkehrsregelung, insbesondere im Bereich von Kreuzungen und Einmündungen. Die Verkehrsleitsteuerung basiert in der Regel – in Anlehnung an die klassischen Verfahren im Bahnverkehr – auf einer Einteilung des Fahrkurses in Blockungsbereiche die sogenannten Blockstrecken. Diese können im Allgemeinen nur von einem einzigen Fahrzeug belegt werden. Nach Anforderung und Zuteilung einer Blockstrecke wird diese für alle anderen FTF gesperrt. In gewissen Bereichen, beispielsweise um Kreuzungen herum, ist es sinnvoll, mit Voraus-Reservierungen zu arbeiten, um Deadlocks sicher zu vermeiden.

Eine weitere Teilfunktion der Fahrauftragsabwicklung ist die Kommunikation und ggf. Synchronisation der Fahrzeuge mit der Einsatzumgebung, den sog. peripheren Einrichtungen und der Infrastruktur. Dazu gehören beispielsweise (Automatik-)Tore/Türen, Brandschutz-/Brandabschnittstore, Ampeln, Aufzüge, Schranken, Lastwechselstationen, Batterieladestation, Pallettenstretcher/-wickler etc. Es ist üblich, Teile dieser Kommunikation, z. B. mit einer Torsteuerung, aus Performancegründen direkt zwischen Fahrzeug und Torsteuerung, also ohne den „Umweg" über die FTS-Leitsteuerung, abzuwickeln.

Das **Routing** ist eine für Fahrzeugdisposition und Verkehrsleitsteuerung gleichermaßen erforderliche Grundfunktionalität. Sie benötigt für optimale Ergebnisse, also das Finden der bestmöglichen Fahrstrecke für den jeweils anstehenden Transportauftrag, möglichst präzise Kenntnisse über das Wegenetz (statisch) und seinen aktuellen Zustand (dynamisch), d. h. die Belegung von Streckenabschnitten mit Fahrzeugen, aber auch durch Hindernisse oder auch mehr oder weniger lang anhaltende Streckensperrungen. Grundsätzlich kann ein Routingalgorithmus auch in der näheren Zukunft zu erwartende Streckenbelegungen bei der Wahl der bestmöglichen Route berücksichtigen (die dann ggfs. nicht mehr die kürzeste, aber trotzdem die schnellste ist) – diese Funktionalität wird aber nicht von allen FTS-Herstellern angeboten.

Moderne FTS-Leitsteuerungen verfügen über umfangreiche **Service-Funktionen**. Diese lassen sich wie folgt einteilen:

- Die Applikations-Modellierung, z. B. zur bedienerfreundlichen Veränderung des Layouts oder zur Aktivierung bzw. Deaktivierung einzelner FTF.
- Die Prozessabbildverwaltung (oft auch als Anlagenvisualisierung bezeichnet) zur Information des Anwenders über Fahraufträge, Fahrzeugzustände und -positionen etc.
- Die Statistik, um leicht an aussagekräftige Daten zu gelangen bezüglich der Auslastung der Anlage (Fahrzeuge, Strecken, Quellen und Senken), Anzahl an Störungen, Häufigkeit bestimmter Fehler etc.
- Die Diagnose zur effizienten Fehlererkennung sowie Hilfefunktionen zur Unterstützung des Bedieners.
- Die Simulation bzw. Emulation, z. B. zur Analyse des Systemverhaltens.

Die **Applikationsmodellierung** schafft die Datenbasis für die Programmierung des Gesamtsystems. Für die Inbetriebnahme eines FTS muss vorrangig das Layout, in dem sich die FTF bewegen sollen, modelliert werden. Dies umfasst u. a. die Fahrwege mit Fahrtrichtungsangaben, Blockungsbereichen, Lastübergabepunkten, Haltepunkten, Ladestationen etc. Abhängig von den Spurführungsverfahren der Fahrzeuge sind ggf. weitere Merkmale der Anlage, wie z. B. die Lage von Referenzmarken, zu modellieren. Neben dem Layout werden hier auch weitere wichtige Informationen modelliert. Dazu gehören:

- Fahrzeugmodelle: beschreiben die Kinematik des/der Fahrzeuge, Anbringung von Sensoren, technische Ausstattung sowie logische Verhaltensmuster (z. B. Verhalten im Fehler- oder Brandschutzfall).
- Peripheriemodelle: geometrische Beschreibung ihrer Form und ihrer Lage im Raum sowie ggf. logische Verhaltensmuster. Hier sind insbesondere Lastübergabestationen zu nennen; es sind jedoch auch alle anderen peripheren Einrichtungen enthalten, wie z. B. Aufzüge oder Ampeln.
- Simulationsmodelle: Informationen zur applikationsspezifischen Konfiguration der Simulations- und ggf. der Visualisierungsmodule.

Die ersten Informationen fließen bereits in sehr frühen Projektphasen in die Applikationsmodellierung ein und werden kontinuierlich angepasst und ergänzt. Mehr und mehr werden diese Modellinformationen in relationalen Datenbanksystemen abgelegt, die dann auf dem Leitrechner eine konsistente Datenhaltung unterstützen.

Die Hüllkurvensimulation dient der grafischen Überprüfung des Layouts auf Kollisionsfreiheit mittels zugrunde gelegten Fahrzeugmodellen. Standard einer FTS-Planung ist die Durchführung von Hüllkurvensimulationen, die sicherstellt, dass sich Fahrzeuge auf ihrem Fahrkurs kollisionsfrei bewegen können. Unter Zugrundelegung des CAD-Layouts der Einsatzumgebung kann die Kollisionsfreiheit des gesamten Fahrkurses überprüft werden.

Die **Prozessabbildverwaltung/Anlagenvisualisierung** ist eine für das Bedienpersonal hilfreiche, aber für den Betrieb eines FTS nicht zwingend erforderliche Funktionalität.

Sie dient zur Information des Anwenders (Leitstandspersonal, Servicepersonal etc.) über Fahr- und Transportaufträge, Fahrzeugzustände, Fahrzeugpositionen usw. Bei der Gestaltung eines Leitstand-Terminals reicht die Spanne von einfachen Textein-/ausgaben in Listen-/Tabellenform bis hin zu aufwändigen Grafikoberflächen mit maßstabsgetreuem Anlagenabbild und modernen Bedienkonzepten (Abb. 2.25).

Statistikfunktionen unterstützen bei der Analyse und Optimierung des Materialflussgeschehens und dienen zur Beurteilung der Systemauslastung. Die Statistik bietet für den Anwender wertvolle Informationen und ist wichtig zur effizienten Führung der Anlage.

Meist wird im FTS eine kleine Anzahl immer gleich strukturierter Basisstatistiken erzeugt, während andere Daten zur weiteren Auswertung über externe Statistikprogramme an andere Computersysteme weitergegeben werden. Eine Bereitstellung der Daten erfolgt dann meist auf kundeneigenen Statistikservern (dies kann auch ein einfacher Arbeitsplatz-

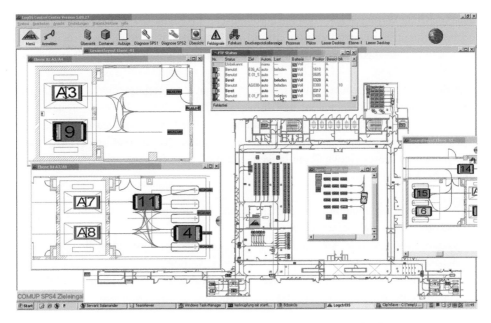

Abb. 2.25 Beispiel einer Benutzeroberfläche einer FTS-Leitsteuerung. (Quelle: MLR)

rechner sein), sodass der Kunde selbst, unabhängig vom FTS und vom FTS-Hersteller, seine Auswertungen fahren kann.

Typische Basisstatistiken sind: Fehlerstatistik, Auftragsstatistik, Durchsatz, System-/ Fahrzeugauslastung, Stillstandszeiten, Transportstreckenauslastung, Pufferauslastung, Auftragsdurchlaufzeit, Fahrzeug- und Systemverfügbarkeit, Energiebilanz.

Aus FTF-Fehler-Statistiken können auch Diagnose-Informationen abgeleitet werden. Tritt z. B. ein Sensorfehler bei einem FTF wesentlich häufiger auf als bei den anderen Fahrzeugen, deutet dies auf einen defekten oder nicht korrekt eingestellten Sensor hin.

Diagnosesysteme leisten inzwischen zur sicheren und schnellen Erkennung von Problemen und deren Behebung unverzichtbare Dienste. Die Ferndiagnose bietet eine Möglichkeit, komplexe Systeme von Experten „aus der Ferne" zu analysieren bzw. zu warten.

Die **Systemdiagnose** ist eine geführte Diagnose, die den Bediener im Dialog durch den Diagnoseablauf führt. Alle durchzuführenden Diagnosen werden vom Bediener definiert, konfiguriert und aktiviert. Darauf aufbauend führen Automatismen die gewünschten Prüfungen am Fahrzeug bzw. der Anlage durch und erstellen Auswertungen der Prüfergebnisse. Der Bediener ist in der Lage, den Diagnoseablauf zu beeinflussen, zu aktivieren oder zu deaktivieren. Die Diagnosefunktionen basieren, vor allem bei mehr „standardisierten" FTS-Leitsteuerungen, auf Fehlersuchbäumen.

Im Vergleich zur Systemdiagnose beinhaltet die **Selbstdiagnose** automatische Verfahrensweisen, die zyklisch, auf Anweisung oder permanent das System auf Fehler und Inkonsistenzen überprüfen. Die Resultate werden in geeigneter Form gespeichert und an den Bediener weitergegeben. Bei schwerwiegenden Fehlern löst die Selbstdiagnose entweder entsprechende Verfahren aus, die eine automatische Korrektur des Problems durchführen oder den Benutzer zu einer Reaktion auffordern. Zumindest werden die Sicherheitsfunktionen aktiviert, die das Gesamtsystem bzw. die betroffenen Komponenten in einen sicheren Zustand überführen.

Hilfefunktionen „Jederzeit die richtige Information am richtigen Ort" – dieser Leitspruch gilt für das Dokumenten- und Informationsmanagement. Prozess-, system- und plattformübergreifend sind hier jederzeit alle notwendigen Informationen für den jeweiligen Benutzer in multimedialer Form abrufbar. Vor allem das Internet und HTML haben maßgeblich zu dieser Entwicklung beigetragen. Folgende Dokumentenbereiche können unterschieden werden:

- Anwenderdokumentation: Sie enthält Maskenbeschreibungen, Bedienungshinweise und eine funktionale Beschreibung.
- Systemdokumentation: Sie enthält Informationen über die Systeminstallation und den Betrieb und ist für den Systemadministrator von Wichtigkeit.
- Programmdokumentation: Sie ist nicht für den Kunden erhältlich; hier sind alle Programme entsprechend dem jeweiligen Dokumentationsstandard beschrieben.
- Installationsdokumente: Sie sind individuell für jede Anlageninstallation vorhanden und beschreiben die Spezifika der Anlage.
- Service- und Wartungsdokumente: Durch die Servicetechniker erfasste Informationen über Fehler, Reparaturen und durchgeführte Wartungen.

Die **Simulation/Emulation**[15] hat eine Reihe unterschiedlicher Aufgaben. Relevant für FTS-Anwendungen sind hauptsächlich die folgenden drei Simulationsarten:

Die funktionale Systemsimulation simuliert den Einfluss von Veränderungen im FTS. Durch eine enge Kopplung an die Leitfunktionen können Abschätzungen über das Systemverhalten mit einer großen Umsetzungssicherheit durchgeführt werden. Selten sind hier jedoch Realzeitsimulationen oder Simulationen in individuell definierbaren Zeittakten verfügbar. Die Basis für die Systemsimulationsdurchführung bildet die Leitsteuerung selbst; dieses Vorgehen wird auch Emulation genannt.

Materialflusssimulationen werden mittels komplexer und abstrakter Programmpakete durchgeführt, bei denen der Schwerpunkt auf der eigentlichen Logistikaufgabe liegt. Das einzelne Transportsystem – in diesem Fall FTS – ist hier nur ein Mittel zum Zweck. Bei kommerziellen Simulationssystemen kann jede Art von Simulation durchgeführt werden, die Software ist unabhängig vom jeweiligen Transportmittel und der Transportaufgabe. Abläufe im Zeitraffermodus sind hier Standard, damit auch langfristige Abschätzungen durchgeführt werden können.

Eine besondere und bislang eher selten eingesetzte Art der Simulation dient zur Projektplanungsunterstützung. Sie bietet Funktionen zur groben Auslegung und Bestimmung des Funktionsumfanges eines FTS sowie zur Ermittlung der prinzipiellen Systemabläufe.

---

[15] siehe auch VDI-Richtlinie 2710-7 zum Thema „Einsatzgebiete der Simulation für Fahrerlose Transportsysteme (FTS)".

Diese Simulationskomponente soll den technischen Vertrieb während der Angebotsphase unterstützen, sie kann jedoch auch bereits für die Generierung einiger Verhaltensregeln und Systemdefinitionen eingesetzt werden. Diese Informationen können dann für eine erste vollständige Simulation der Anlage genutzt werden.

In manchen Anlagen ist eine **Stellplatz-/Pufferplatzverwaltung** notwendig. Sie stellt eine in die FTS-Leitsteuerung integrierte, sehr einfache Lagerverwaltung im Sinne einer Platzverwaltung dar. An dieser Stelle ist im Bedarfsfall auch die Anbindung an ein externes Lagerverwaltungssystem möglich.

Neben dem regulären Betrieb stellt die Leitsteuerung ggfs. weitere spezielle **Betriebsarten** mit spezifischen Verhaltensweisen zur Verfügung, wie z. B. Brandalarm, Pausen, Schichtende, Werksferien.

An dieser Stelle sei noch einmal auf Folgendes hingewiesen: Häufig wird mit dem Begriff der FTS-Leitsteuerung auch ein „Leitstand" verbunden, also ein Raum, in dem ein oder mehrere Mitarbeiter auf einem oder mehreren Monitoren das Fahrerlose Transportsystem überwachen und bei Bedarf sogar steuernd eingreifen (müssen). Bei großen Anlagen, d. h. räumlich weit ausgedehnt, mit komplexem Layout und mit vielen Fahrzeugen, mag es sinnvoll und für das Servicepersonal hilfreich sein, solch einen Raum zu haben – erforderlich für den Betrieb eines FTS ist er aber nicht! Auch benötigt eine moderne FTS-Leitsteuerung keinen eigenen Rechner, sondern läuft als Software auf einem (virtuellen) Server auf irgendeinem Rechner beim Betreiber oder ggf. sogar in einem externen Rechenzentrum eines Dienstleisters.

Kommunikation der Leitsteuerung mit den Fahrzeugen Es ist derzeit in der Regel nicht möglich, dass die FTS-Leitsteuerung des Herstellers A Fahrzeuge des Herstellers B verwaltet/koordiniert, da es sich bei den FTS-Leitsteuerungen (und auch bei den Fahrzeugsteuerungen, s. Abschn. 2.3.2) um herstellerspezifische, proprietäre (nicht-standardisierte) Software handelt. Dadurch ist die Kommunikation zwischen Leitsteuerung und Fahrzeugen eines Herstellers problemlos möglich – herstellerübergreifend aber schwierig bis unmöglich. Seit 2019 gibt es allerdings mit der Richtlinie **VDA 5050** einen Vorschlag für die Standardisierung der Kommunikation zwischen FTF und FTS-Leitsteuerung, was als ein Schritt in Richtung herstellerunabhängiger FTS-Leitsteuerungen zu sehen ist.

Nun muss aber einschränkend festgestellt werden, dass die Standardisierung der Kommunikationsschnittstelle allein noch nicht alle Kompatibilitätsprobleme löst und auch noch kein „Plug-and-Play" ermöglicht, wie man es beispielsweise von der USB-Schnittstelle oder von Feldbussen kennt. Bei optimistischer Betrachtung kann man annehmen, dass die Absprache zwischen zwei oder mehr Lieferanten eines großen/komplexen FTS bzgl. der Leitrechner-Fahrzeug-Kommunikation vereinfacht und beschleunigt wird, wenn man sich auf den Einsatz des Standards VDA 5050 (einschließlich der richtigen Versionsnr., denn es gibt inzwischen mindestens drei, zueinander nicht kompatible Versionen und weitere sind in Arbeit bzw. angekündigt) verständigt. Es bleibt aber Aufwand bestehen, wenn beispielsweise für die Applikation erforderliche Funktionalität (noch) nicht im Standard-Protokoll enthalten ist oder wenn das Navigationssystem des Fahrzeugs spezielle

Daten von der Leitsteuerung benötigt. Von dieser Problematik ist insbesondere die derzeit in Neu-Anlagen sehr häufig eingesetzte Umgebungsnavigation (s. a. Abschn. 2.1.1.4) betroffen, da für die wichtigen Kartendaten noch kein herstellerübergreifendes oder gar standardisiertes Datenformat existiert. Die aktuelle Situation ist vergleichbar mit der aus dem Pkw-Sektor in den Jahren von ca. 2005–2015, als es zahlreiche Hersteller von Navigationssystemen gab, von denen jeder sein eigenes Kartenformat entwickelt hatte. Hier gibt es immerhin inzwischen „nur" noch drei Formate (HERE, TomTom, OpenStreetMap). Eine weitere Herausforderung besteht darin, auf der Basis der Kartendaten eine fahrzeugspezifische Beschreibung des Soll-Fahrwegs (Bahnbeschreibung, Trajektorie) vorzugeben – auch hierfür gibt es noch keinen allgemeingültigen Standard, sodass der „kleinste gemeinsame Nenner" derzeit ein Knoten-und-Kanten-Modell ist. Für die jeweilige Fahrt von einem Knoten zum nächsten hat das einzelne FTF dann große Freiheiten – insbesondere, wenn die Knoten weit auseinander liegen. Bei engen räumlichen Verhältnissen und großer Fahrzeugdichte ist dies nicht unproblematisch, da die Fahrzeuge verschiedener Hersteller im Detail durchaus unterschiedliche Bereiche zum Fahren nutzen können.

Aber selbst die Vorstellung, dass ein vergleichsweise einfaches FTF wie ein automatisierter Gabelhochhubwagen des Herstellers A – weil dieser beispielsweise diese Produktreihe eingestellt hat – gegen ein vergleichbares Gerät des Herstellers B durch den Endanwender „einfach so" ausgetauscht und ohne großen Aufwand und vor allem ohne Unterstützung des Lieferanten B in Betrieb genommen werden kann, muss derzeit noch enttäuscht werden. Das liegt allerdings nicht nur an der Kommunikationsschnittstelle, sondern auch an den Besonderheiten der Fahrzeugsteuerungen, die ja ebenfalls herstellerspezifisch, proprietär und nicht standardisiert sind (s. a. Abschn. 2.2.3).

2.2.2   Exkurs: Standardisierte FTS-Leitsteuerung

Im vorigen Abschnitt wird „ein Schritt in Richtung herstellerunabhängiger Leitsteuerungen" erwähnt. Warum ist diese Herstellerunabhängigkeit – man könnte auch von einer Standardisierung sprechen – eigentlich erforderlich oder zumindest von einigen FTS-Betreibern, insbesondere aus der Gruppe der großen Automobilhersteller, gewünscht?

Auf der Podiumsdiskussion der FTS-Fachtagung 2018 wurden die Hintergründe öffentlich deutlich gemacht: Riesige neue Herausforderungen kommen auf die Automobilindustrie zu. Eugen Vogt konstatierte, dass zukünftige FTS-Projekte durch unvollständige Lastenhefte und größte FTF-Flotten geprägt sein werden (Abb. 2.26).

Der Strukturwandel von den herkömmlichen Autos mit Verbrennungsmotoren zu den neuen E-Autos bedeutet tiefe Einschnitte in der Produktionstechnik und Produktionslogistik. Die Elektroautos haben eine geringere Fertigungstiefe und verlangen nach neuen Strukturen in der Produktionslogistik. Die ungewisse Zukunft verlangt gleichermaßen höchste Flexibilität bezüglich der Produkte und Produktionszahlen. Der Einsatz von FTS ist damit gesetzt, denn nur mit ihnen sind Intralogistik-Planungen an sich ständig und bis zuletzt verändernde Planzahlen anpassbar (Abb. 2.27).

Abb. 2.26 Die Podiumsdiskussion auf der FTS-Fachtagung am 26. September 2018. Teilnehmer: Links: Andreas Forster, MLR System GmbH (Ludwigsburg) – Leiter Projektierung und Projektabwicklung und Dr. Hubertus Wabnitz, E&K Automation GmbH (Rosengarten) – Leiter Projektierung und Projektabwicklung. Mitte: Dr.-Ing. Günter Ullrich, Forum-FTS GmbH (Voerde) – Moderator. Rechts: Eugen Vogt, Daimler AG (Böblingen) – Leiter FTS Strategie Mercedes-Benz-Cars und Stefan David, Siemens AG (Nürnberg) – Global Account Manager Intralogistics

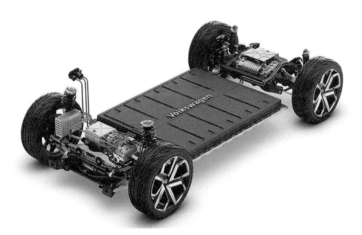

Abb. 2.27 Geringere Fertigungstiefe bei den Elektroautos der Zukunft; hier der modulare Elektrobaukasten (MEB) von Volkswagen. (Quelle: Volkswagen)

Abb. 2.28 Smart-Factory nach Audi: mobile, fahrerlose Fertigungsinseln und Fertigungsmaschinen sowie mobile Roboter und Drohnen zur Materialanlieferung. (Quelle: Audi)

Die entsprechend großen Fahrerlosen Transportsysteme können nicht mehr von einem einzigen FTS-Hersteller allein geliefert werden, weil ihm die Kapazitäten, aber auch die Angebotsvielfalt fehlen. In einer Produktionshalle werden also die FTS-Produkte unterschiedlicher Hersteller betrieben werden – was bedeutet, dass nicht jeder FTS-Hersteller seine eigene, proprietäre FTS-Leitsteuerung einsetzen kann. Denn das würde heißen, dass an einem überlagerten ERP-System mehrere FTS-Leitsteuerungen angedockt werden müssten, was einen erheblichen Aufwand bedeuten würde. Außerdem müssten sich die FTF der verschiedenen Hersteller und die Leitsteuerungen ein Layout teilen, was zu komplizierten und leistungszehrenden System-Schnittstellen führen würde.

Die Smart Factory, wie sie seit ca. 2016 von Audi als Zukunftsvision propagiert wird, ist von äußerster Flexibilität und ausnahmslos mobilen Systemen geprägt (Abb. 2.28. Hier wird dann zu fragen sein, ob eine FTS-Leitsteuerung, wie sie bisher bekannt ist, hier noch ausreicht.

Die Vorstellung der Automobilindustrie ist also eine Standard-FTS-Leitsteuerung, die von der Abhängigkeit eines einzelnen FTS-Herstellers befreien und eine riesige Auswahl an Fahrzeugen/Fahrzeuglieferanten bedeuten würde. Die Fahrzeuge könnten unabhängig von der vorhandenen FTS-Leitsteuerung weltweit eingekauft und unkompliziert in Betrieb genommen werden, wodurch man eine bisher unbekannte Flexibilität hätte.[16] Außerdem eröffnet sich damit die Möglichkeit, dass ein Anbietermarkt für FTS-Leitsteuerungen entsteht, der unabhängig von den FTS-Herstellern auch von reinen Software-Häusern bedient wird. Abb. 2.29 zeigt eine Struktur, wie so etwas aussehen könnte.

---

[16] Ullrich, G., Osterhoff, W.: FTS mit kompatiblen Schnittstellen für morgen. Fachvortrag anlässlich des 6. Technologieforums „Fahrerlose Transportsysteme (FTS) und mobile Roboter – Chance, Technologie, Wirtschaftlichkeit" am Fraunhofer Institut IPA Produktionstechnik und Automatisierung, am 20. September 2017 in Stuttgart. Tagungsband Fahrerlose Transportsysteme (FTS) und mobile Roboter, Fraunhofer IPA F335, Technologieforum 20. September 2017.

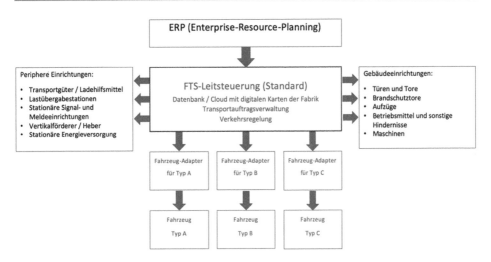

Abb. 2.29 Systemkonzept einer Standard FTS-Leitsteuerung mit drei Fahrzeug-Adaptern für unterschiedlich komplexe/intelligente FTF-Typen

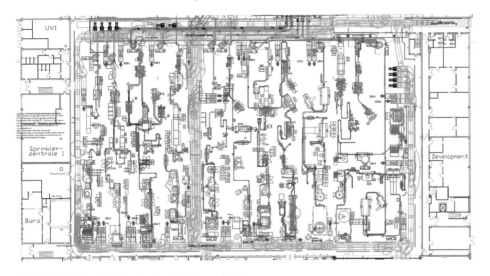

Abb. 2.30 Die digitalen Karten der Smart Factory

Basis der FTS-Leitsteuerung sind die digitalen Karten der Smart Factory gem. Abb. 2.30. Sie enthalten alle Informationen, die von den unterschiedlichsten mobilen Einheiten (mobile Plattformen, (autonome) mobile Roboter (A)MR, FTF) gemeinsam genutzt werden.

Eine der wichtigsten System-Schnittstellen ist die zwischen der FTS-Leitsteuerung und den FTF. Eine Standardisierung ist nicht einfach, weil es die unterschiedlichsten Formen der Intelligenzverteilung gibt, und zwar aufgrund der unterschiedlich intelligenten Fahrzeuge sowie der Philosophie der FTS-Hersteller. Im VDMA wurde im Jahr 2018 u. a. für die Definition einer Standard-Schnittstelle eine neue Fachabteilung gegründet, die oben beschriebene Richtlinie VDA 5050 entstand in der Folge.

Tab. 2.6 Bedeutung einer Standard-FTS-Leitsteuerung für die FTS-Hersteller

Herausforderungen aus der Sicht der Anbieter
• Das klassische FTS-Projekt umfasste bisher die technische Auslegung, Lieferung und Montage des Gesamtsystems FTS. Dazu gehörte die Verantwortung für die Sicherheit und Leistungsfähigkeit der Intralogistik-Lösung. Der Lieferant war ein kompetenter Systempartner; auf diese Kompetenz würde man in Zukunft verzichten.
• Wenn zukünftig die FTS-Komponenten einzeln eingekauft werden, muss IRGENDJEMAND die Rolle des Integrators übernehmen und „den Kopf hinhalten". Der FTF-Lieferant wird das genauso wenig tun wie der Programmierer der Standard-Leitsteuerung. Diese Rolle ist bislang unbesetzt. (s. a. Abschn. 4.1.3)
• Die Anbieter müssen ihre Rolle neu definieren.
• Horrorvision: Niedergang der FTS-Kultur und Einsatz von Billig-FTF aus China

Es gibt auch Vorbehalte gegen die Idee einer Standard-Schnittstelle; diese sind in Tab. 2.6 zusammengefasst. Es gilt im Sinne der Sache eine ganzheitliche Lösung des Problems zu finden. Das Ziel muss dabei sein, das heute ausschließlich bei den FTS-Herstellern vorhandene Wissen bezüglich einer funktionierenden FTS-Realisierung (Sicherheit und Leistung der Anlage) zu erhalten, damit der Transfer der Branche in eine wie auch immer geartete Zukunft funktioniert.

Von zentraler Bedeutung ist die Antwort auf die Frage, wo die gesuchte Standard-FTS-Leitsteuerung herkommen wird. Werden sich die großen Auto-Konzerne eigene SW-Lösungen bauen, die sie konzernweit einsetzen und vorgeben wollen? Wird es Unternehmen geben, die ausschließlich auf ein eigenes Produkt setzen und weltweit anbieten?[17] Beiden Varianten ist gemein, dass die FTS-Hersteller auf reine Fahrzeug-Lieferant reduziert würden und die Gesamtverantwortung von einem Dritten übernommen werden müsste.

Eine dritte Variante ist eine Open Source-Lösung, also eine offene, für Jeden verfügbare Standard-FTS-Leitsteuerung als Software, deren Quelltext öffentlich und von Dritten eingesehen, geändert und genutzt werden kann. Einen ersten Anlauf gab es bereits und steht als openTCS® seit 2005 zu Verfügung (Abb. 2.31).[18]

openTCS ist herstellerunabhängig, als Java-Software plattformunabhängig und als Open Source SW frei verfügbar; das System wird heute betreut vom Fraunhofer IML. Obwohl es bereits etliche Installationen (Referenzen) gibt, kann man nicht sagen, dass sich openTCS durchgesetzt hätte. Ein gelungener Auftritt in der Öffentlichkeit, der die Funktionen und die Leistungsfähigkeit der Software gezeigt hat, war das „FTS-Ballett" auf einem Gemeinschaftsstand auf der Hannover Messe Industrie im Jahre 2009, siehe Abb. 2.32.

Eine Open Source SW hat generell entscheidende Vorteile gegenüber allen anderen Varianten:

---

[17] Die ersten Beispiele sind: Synaos GmbH, Hannover (www.synaos.com) und movizon GmbH, Lehrte (www.movizon.de).

[18] openTCS ist das Ergebnis des vom BMWA geförderten Forschungsprojekts FAHRLOS, das 2003 bis 2005 lief; openTCS steht für Open Transportation Control System (www.openTCS.org).

Abb. 2.31 Die erste und
bisher einzige Open Source
Variante einer FTS-
Leitsteuerung: openTCS®

Abb. 2.32 FTF von sieben unterschiedlichen Herstellern unter der FTS-Leitsteuerung openTCS im
FTS-Ballett auf der Hannover Messe 2009. (Quelle: Forum-FTS)

FTS-Hersteller, die bisher ihre eigene Lösung eingesetzt haben, könnten diese als zweites Standbein verwenden oder als Haupt-Leitsteuerung verwenden, sodass sie auf die Auf-
wendungen bei Weiter- oder Neuentwicklungen ihrer Lösung verzichten könnten. FTS-Hersteller, die bisher nur Fahrzeuge angeboten haben, könnten als „kompletter" FTS-Hersteller
auftreten.

Alle Nutzer können die Open Source SW verwenden und selbst anpassen, verändern
und weiterentwickeln, sprich auf ihre Bedürfnisse zuschneiden. Sie können sie nutzen wie
ihre eigene: sie können damit planen, anbieten und Systemleistungen zusagen. In Anbe-
tracht dieser gravierenden Vorteile stellt sich die Frage, warum sich openTCS oder eine
andere Open Source Leitsteuerung bisher nicht durchgesetzt hat? Vermutlich, weil der
Druck von den großen FTS-Anwendern noch nicht groß genug war, sondern erst seit etwa
2017 stark zu spüren ist.

2.2.3 Fahrzeugsteuerung

In der klassisch-hierarchischen Steuerungsstruktur der aktuell am Markt erhältlichen FTF ist die Fahrzeugsteuerung der FTS-Leitsteuerung untergeordnet. Während sich die Leitsteuerung um das Ganze bemüht, nämlich um die Erfüllung der Aufgabe (effiziente Abarbeitung von Transportaufträgen), koordiniert die Fahrzeugsteuerung alle Aktionen innerhalb des FTF.

Die Fahrzeugsteuerung, bestehend aus Hard- und Software, ist damit eine der wichtigsten Baugruppen in einem FTS. Die Hardware kann sehr unterschiedlich ausgeprägt sein, entsprechend der Komplexität des Systems und der Intelligenz der Fahrzeuge findet man:

- Einplatinenrechner,
- Speicherprogrammierbare Steuerungen (SPS),
- eigens konzipierte integrierte Rechner auf Basis von Micro-Controllern (Abb. 2.33),
- Mehrplatinenrechner,
- Standard Industrie-PC mit Feldbus-Schnittstellen.

2.2.3.1 Anforderungen an eine Fahrzeugsteuerung

Aus dem Einsatz der Steuerung in einem Fahrzeug leiten sich einige spezielle Anforderungen ab. So muss sie mit Spannungsschwankungen der mobilen Energieversorgung zurechtkommen, gegen eindringende Feuchtigkeit und Staubpartikel geschützt sein, sowie auch bei starken Vibrationen und Erschütterungen zuverlässig funktionieren. Sollte das Fahrzeug outdoor eingesetzt werden, kommen ggf. klimabedingte erhöhte Anforderungen hinzu. Unter solchen Bedingungen werden die Steuerungen allerdings meist abgeschirmt eingebaut sowie gekühlt und/oder beheizt.

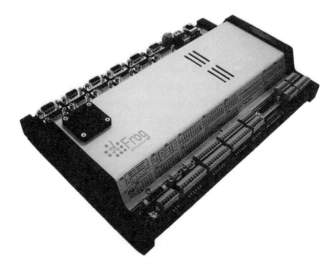

Abb. 2.33 Eine eigens konzipierte FTF-Steuerung. (Quelle: Frog/Syslogic)

Die Fahrzeugsteuerung ist von zentraler Bedeutung, wenn es um die sicherheitstechnischen Anforderungen geht. Entsprechend der geforderten hohen Sicherheitskategorien gemäß EN 954 bzw. der Sicherheits-Integritätslevel der IEC 61508 für den Personenschutz ist der funktionale Zusammenschluss der Fahrzeug-Elektrik/Elektronik aufwendig auszuführen:

- Hard- und Software der FTF-Steuerung (Personenschutz muss garantiert sein)
- Auswahl der Sensoren plus Auswerteeinheit (→ Ausfallsicherheit)
- Auslegung der Elektrik (→ 2-Kanaligkeit).

2.2.3.2 Schnittstellen der Fahrzeugsteuerung

Die Schnittstelle der Fahrzeugsteuerung und der Leitsteuerung ist technisch heute meist eine WLAN-Datenübertragung und logisch der Fahrauftrag, der über diese physikalische Schnittstelle ins Fahrzeug kommt und nach der Erledigung auf dem gleichen Wege zurückgemeldet wird. Die Schnittstellen der Fahrzeugsteuerung innerhalb des FTF betreffen folgende Fahrzeugkomponenten:

- Sicherheitssystem, also Notaus-Schaltkreis, Personenschutz-Scanner, Schaltleisten etc,
- Energiemanagement, also die Überwachung der Batterie-Ladestände,
- Lastaufnahmemittel, also die Position einer Hubgabel o. Ä,
- mechanische Antriebselemente für Fahren und Lenken,
- Bedieneinrichtungen, also das Bedienfeld (Abb. 2.34) und das Handbediengerät.

Eventuell gibt es darüber hinaus noch Schnittstellen zu externen Geräten oder Einrichtungen:

- Direkte Kommunikation zu anderen Fahrzeugen,
- Lastaufnahmestationen,
- Gebäudeeinrichtungen wie Aufzüge, Lifte, automatische Türen, Brandabschnittstore, Ampeln, Schranken usw.

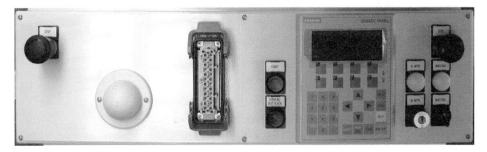

Abb. 2.34 Ein Bedienfeld am FTF mit: 2 schwarzen Stopp-Tastern (*kein* Notaus!), einer runden WLAN-Antenne, der Anschlussbuchse für die Handsteuerung, einem Eingabeterminal, Tastern und Leuchten. (Quelle: dpm Daum+Partner Maschinenbau)

2.2.3.3 Klassische Funktionsblöcke

Die Überschrift schränkt die hier betrachteten Funktionsblöcke bereits ein, und zwar deshalb, weil die funktionale Aufgabenverteilung zwischen Leitsteuerung und Fahrzeugsteuerung grundsätzlich sehr flexibel realisiert sein kann. Im Extremfall ist denkbar, dass alle Funktionsblöcke beider Steuerungshierarchien im Fahrzeugrechner laufen. Dies ist aber bis heute noch eher unüblich; deshalb wollen wir uns hier auf die klassische Aufteilung der Funktionsblöcke beschränken, wie in Abb. 2.35 dargestellt.

Der Funktionsblock **Manager** zerlegt den Fahrauftrag in Einzelbefehle und setzt die Fahrzeugkomponenten wie die Antriebe, Lenkung, Lastaufnahmemittel, Sicherheitseinrichtungen etc. zur Erfüllung des Fahrauftrages ein. Er ist deshalb mit einer Schaltzentrale im FTF gleichzusetzen.

Der Funktionsblock **Fahren** wendet die Verfahren der Navigation an, indem also Koppelnavigation und Peilung entsprechend der weiter vorn beschriebenen Möglichkeiten in Verbindung mit den mechanischen Fahreinrichtungen wie Antriebs- und Lenkaktorik gebracht werden. Alle Aufgaben der Positionsbestimmung, der Navigation, der Bahnführung und der Standortbestimmung laufen in diesem Block ab.

Der Funktionsblock **Lastaufnahme** übernimmt die Koordination der Lastaufnahme und -abgabe. Je nach Komplexität des LAM[19] werden die Sensorik abgefragt und die Aktorik angesteuert. Sollte auch die stationäre Lastübernahme-Einrichtung aktiv sein, übernimmt dieser Funktionsblock ebenfalls deren Ansteuerung.

Der Funktionsblock **Energiemanagement** hat die Aufgabe, das Energiesystem des Fahrzeugs mit höchster Verfügbarkeit einsatzfähig zu halten. Nun sind die Möglichkeiten der mobilen Energieversorgung vielfältig; grundsätzlich sind alle Kombinationen aus den folgenden Technologien denkbar:

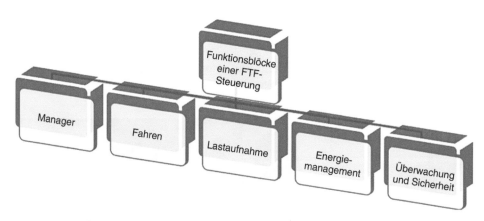

Abb. 2.35 Die Funktionsblöcke einer klassischen FTF-Steuerung

---

[19] LAM = Lastaufnahmemittel.

- klassische Akkumulatoren, wie Blei-Säure/Blei-Gel und NiCd,[20]
- alternative Akkumulatoren, wie Nickel-Metallhydrid (NiMh), Lithium-Ionen (LiIon),
- berührungslose Energieübertragung per Induktion,
- Doppelschichtkondensatoren,
- Brennstoffzelle,
- Verbrennungsmotorische Antriebe, wie Benziner oder Diesel.

Je nach eingesetzter Technik – auch Kombinationen sind denkbar – kann das Energiemanagement sehr unterschiedlich komplex realisiert sein.

Der Funktionsblock **Überwachung & Sicherheit** garantiert den Schutz von Personen und Sachwerten, weshalb seine Funktionserfüllung oberstes Gebot ist. Sichere Steuerungen und/oder ein sicherer Schaltungsaufbau sind erforderlich, um die Funktion der Personenschutzeinrichtungen in jedem Falle zu gewährleisten. Nicht so hohe Sicherheitsanforderungen werden an die zweite Funktionalität dieses Funktionsblocks gestellt: der Kollisionsverhinderung. Sie ist Teil der Verkehrsregelung und sorgt dafür, dass mehrere FTF eines FTS weder kollidieren noch sich gegenseitig blockieren. Dazu werden die Fahrzeuge entweder mit einer entsprechenden Kollisionsschutzsensorik ausgestattet, oder sie kommunizieren direkt miteinander.

2.2.3.4 Betriebsarten

Die Steuerungsstruktur einer Fahrzeugsteuerung kann abhängig von der gewählten/eingeschalteten Betriebsart unterschiedlich sein. Neben der Betriebsart „Automatikbetrieb" gibt es weitere Betriebsarten wie

- Handbetrieb,
- Halbautomatikbetrieb,
- Diagnose & Service,
- Lern-Modus.

Der Handbetrieb ermöglicht das manuelle Bedienen der Fahrzeugfunktionen über das Bedienfeld am Fahrzeug oder aber mit dem Handbediengerät. Das Handbediengerät ist ein externes, per Kabel und Stecker oder auch durch Funk an das FTF anschließbare Gerät, mit dem das FTF beispielsweise per Joystick verfahrbar ist. Fallweise ist es auch möglich, mit diesem Gerät manuell die Last aufzunehmen oder abzusetzen.

Der Halbautomatikbetrieb ist stets eine projektbezogene Einzellösung. Meist ist es eine Mischform aus dem Automatik- und dem Handbetrieb. Beispielsweise kann es bei Ausfall der FTS-Leitsteuerung oder aber der WLAN-Verbindung zwischen den Fahrzeugen und der Leitsteuerung sinnvoll sein, dass die Fahrzeuge (eingeschränkt) weiterfahren. Dazu

---

[20] NiCd = Nickel-Cadmium.

könnten die Fahraufträge direkt am Bedienfeld eingegeben und automatisch abgefahren werden. Wenn jedoch Schnittstellen zur Umgebung des FTS nicht direkt vom Fahrzeug bedient, sondern über die FTS-Leitsteuerung abgewickelt werden, stößt diese Intention schnell an die Grenzen ihrer Umsetzbarkeit.

Die Betriebsart Diagnose & Service erlaubt weitreichende Eingriffe und Bedienmöglichkeiten für das Servicepersonal.

Im Lern-Modus findet das Einlernen neuer Wegeinformationen statt. Dies kann direkt durch einmalig manuell durchgeführte Fahrten (Teach-In) oder aber durch ein Download von der FTS-Leitsteuerung geschehen. Diese Fahrten werden im Fahrzeugrechner abgespeichert und stehen dann im Automatikmodus zur Verfügung.

2.2.4 Mechanische Bewegungskomponenten

So vielfältig wie die im Abschn. 2.3.1 beschriebenen Fahrzeug-Kategorien sind auch die eingesetzten technischen Lösungen, die die Fahrzeugbewegungen ermöglichen. Dazu werden die Räder (wir betrachten selbstredend nur „Radfahrzeuge"), das Fahrwerk – also die Anzahl, die Bauart und die Anordnung der Räder – sowie die Antriebe und Lenkung benötigt.

2.2.4.1 Räder

Die meisten FTF – insbesondere nahezu alle Indoor-Fahrzeuge – haben Räder mit Bandagen aus Kunststoff (Elastomere), meist Vulkollan® (Bayer) oder Polyamid. Sie haben eine hohe Abriebfestigkeit und hinterlassen nur wenig Abrieb auf der Fahrbahn (nicht „kreidend").

Bei Outdoor-Fahrzeugen findet man darüber hinaus Vollgummi-Reifen oder auch gewöhnliche Lkw-Reifen (luftgefüllte Gummireifen). Je mehr Elastizität die Reifen bekommen, um z. B. bezüglich Komfort (eventuell für die Bordelektronik und/oder die Last wichtig) und/oder Geländegängigkeit (bei schlechtem Straßenzustand) zu punkten, desto anspruchsvoller wird die Bahnregelung des Fahrzeugs und desto schlechter die Positioniergenauigkeit.

2.2.4.2 Radkonfiguration

Die Radkonfiguration beschreibt die Auswahl, Anzahl, Anordnung und Ansteuerung der Räder eines FTF. Erhöht man den Aufwand bei der Radkonfiguration, gewinnt man bei der Beweglichkeit des Fahrzeugs. Eine gute Beweglichkeit bedeutet weniger Platzbedarf und Zeitgewinn beim Fahren auf der Geraden, in Kurven, beim Rangieren sowie beim Lastwechsel. Allerdings kostet alles, was für die Anwendung Vorteile bringt, einen Mehrpreis.

Aus der technischen Notwendigkeit und der Wirtschaftlichkeit des Projektes leitet sich das optimale Fahrwerk ab. Der Flächenbedarf kann mit Hilfe der Hüllkurvenanalyse beurteilt werden, mit der die gesamte, vom Fahrzeug überstrichene Fläche grafisch dargestellt wird. So kann im Vorfeld das vorgegebene Anlagenlayout überprüft werden, und zwar

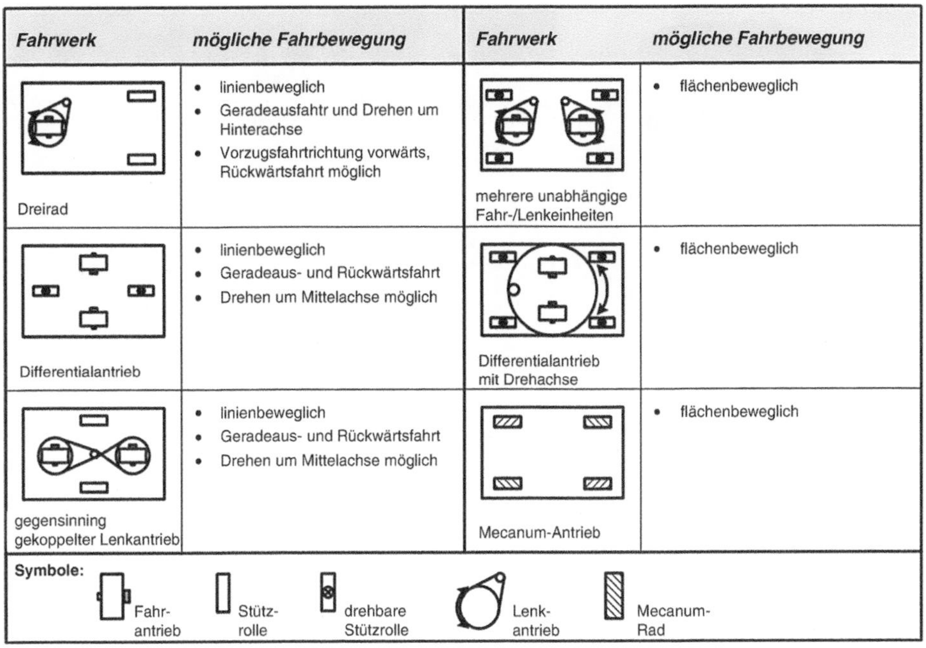

Fahrwerk	mögliche Fahrbewegung	Fahrwerk	mögliche Fahrbewegung
Dreirad	• linienbeweglich • Geradeausfahrt und Drehen um Hinterachse • Vorzugsfahrtrichtung vorwärts, Rückwärtsfahrt möglich	mehrere unabhängige Fahr-/Lenkeinheiten	• flächenbeweglich
Differentialantrieb	• linienbeweglich • Geradeaus- und Rückwärtsfahrt • Drehen um Mittelachse möglich	Differentialantrieb mit Drehachse	• flächenbeweglich
gegensinnig gekoppelter Lenkantrieb	• linienbeweglich • Geradeaus- und Rückwärtsfahrt • Drehen um Mittelachse möglich	Mecanum-Antrieb	• flächenbeweglich

Symbole:				
Fahr-antrieb	Stütz-rolle	drehbare Stützrolle	Lenk-antrieb	Mecanum-Rad

Abb. 2.36 Skizzen typischer Fahrwerke von FTF. (Quelle: VDI 2510)

hinsichtlich der räumlichen Situation an den Lastaufnahme- und -abgabestellen sowie der Kurven und Engstellen im Fahrkurs. Wenn es gelingt, die Fahrzeuge mit Hilfe eines technisch anspruchsvollen Fahrwerks schneller und damit leistungsfähiger zu machen, kann der höhere Fahrzeugpreis durch die Reduzierung der erforderlichen Zahl an FTF egalisiert werden.

Abb. 2.36 zeigt typische Radkonfigurationen. Man unterscheidet linienbewegliche Fahrzeuge mit zwei und flächenbewegliche mit drei Bewegungsfreiheitsgraden. Die Hüllkurve ist bei linienbeweglichen Fahrzeugen ungünstiger (größer) als bei flächenbeweglichen. So ist das klassische Dreirad-Fahrwerk mit dem bekannten Bewegungsverhalten eines Pkw vergleichbar, von dem jeder weiß, dass es ein Überschwingen bei Kurvenfahrten oder beim Einparken gibt und berücksichtigt werden muss. Hätte unser Auto ein flächenbewegliches Fahrwerk mit Allradlenkung, würde das Einparken jedem einfacher gelingen.

Ein besonderes Fahrwerk wird mit dem Mecanum-Rad[21] möglich. Damit entsteht ein verblüffend bewegliches Fahrzeug, das aus dem Stand heraus jede denkbare Bewegung in der Ebene ausführen kann. Die drei oder vier Räder eines Fahrzeugs arbeiten ohne geometrischen

---

[21]Das Mecanum-Rad wurde 1973 von Bengt Ilon, Mitarbeiter der schwedischen Firma Mecanum AB erfunden.

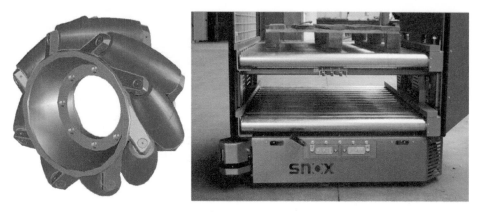

Abb. 2.37 *links:* Skizze des Mecanum-Rades, *rechts:* Einbau in einem Huckepack-FTF. (Quelle: Snox)

Lenkeinschlag. Über dem Umfang des Rades sind mehrere, einzeln drehbar gelagerte „Tonnen" angebracht, die sich frei drehen können. Jedes Rad hat einen eigenen Antrieb, dessen Drehzahl exakt nach den Vorgaben der Fahrzeugsteuerung geregelt werden muss. Durch die Überlagerung der drei bzw. vier – gleichen oder auch unterschiedlichen – Drehzahlen kommt es zu den jeweiligen resultierenden Bewegungen des Fahrzeugs (Abb. 2.37).

Ein weiteres Klassifizierungskriterium ist die Anzahl und Anordnung der Räder:

• Dreirad-Fahrwerk	→	Dreieck-Form
• Vierrad-Fahrwerk	→	Rechteck- oder Raute
• Fünfrad-Fahrwerk	→	Giebelform
• Sechsrad-Fahrwerk	→	Rechteck-Form.

Zur Erhöhung der Tragfähigkeit eines Fahrzeuges ist es jederzeit möglich, zusätzlich zu den erforderlichen Funktionsrädern weitere Stützräder anzubringen, die – meist gefedert – dabei helfen, das Gesamtgewicht bestehend aus Fahrzeug- und Lastgewicht zu stemmen. Zu beachten ist hierbei, dass ein Fahrzeug mit mehr als 3 Rädern ohne entsprechende Zusatzmaßnahmen statisch überbestimmt ist, d. h. dass bei unebenem Boden oder ungleicher Beladung nicht unbedingt immer alle Räder Bodenkontakt haben. Dies sollte aber zumindest für die angetriebenen/gebremsten Räder immer und in allen Fahrzuständen gegeben sein!

Ein zusätzliches Rad kann außerdem die Aufgabe eines Messrades haben. Solch ein leicht laufendes Rad ist federnd aufgehängt und überträgt keine Gewichtskräfte und auch keine Antriebs- oder Lenkkräfte. Es dient einzig dazu, die Bewegungen des Fahrzeuges zu messen, um der Navigationskomponente „Koppelnavigation" möglichst unverfälschte Werte zu liefern.

2.2.4.3 Lenkung

Hier wollen wir nur noch auf einen prinzipiellen Unterschied hinweisen: Es gibt Lenkungen mit und ohne geometrischem Lenkeinschlag.

Ein Beispiel für den geometrischen Lenkeinschlag ist ein Dreirad-Fahrwerk mit einem gelenkten und angetriebenen Vorderrad sowie zwei nachlaufenden feststehenden Rädern auf der Hinterachse.

Fahrwerke ohne geometrischen Lenkeinschlag sind z. B. der Differenzial- oder Drehzahldifferenzantrieb sowie ein Fahrwerk auf Basis von drei oder vier Mecanum-Rädern.

2.2.4.4 Antriebe

Der Spannungsbereich der elektrischen Antriebe reicht von 24 bis 96 V. Es kommen sowohl Gleichstrom- als auch wartungsfreie Drehstromantriebe zum Einsatz. Vor allem Radnabenantriebe mit sog. bürstenlosen Gleichstrommotoren (engl. BLDC Motor = Brushless DC Motor – entgegen der Bezeichnung eigentlich ein Drehstrommotor mit Erregung durch Permanentmagnete) erfreuen sich zunehmender Beliebtheit, da sie zwar in der Anschaffung teurer, allerdings im Betrieb wartungsfrei und damit kostengünstiger sind.

Selbstverständlich sind alle FTF mit mechanischen, hydraulischen und/oder elektrischen Haltebremsen ausgestattet.

Ein typischer Fahrantrieb besteht aus einem Elektromotor, einem Radnabengetriebe, einem Laufrad mit Vulkollan®-Bandage und einer Elektromagnetbremse (Abb. 2.38).

Von einer detaillierten Betrachtung verbrennungsmotorischer Antriebe für Outdoor-Fahrzeuge sehen wir hier ab. Meist sind es dieselhydraulische oder dieselelektrische Antriebskonzepte, d. h. der Verbrennungsmotor treibt das FTF lediglich indirekt, indem er ein Hydrauliksystem mit Druck versorgt oder einen elektrischen Generator antreibt, der dann wiederum elektrische Antriebe mit Energie versorgt.

Abb. 2.38 Typischer Radnabenantrieb für FTF: Der RNA 27 mit integrierter Lenkeinheit, 270 mm Raddurchmesser, 1300 kg Radlast, 24 o. 48 V, in DC- o. AC-Technik erhältlich. (Quelle: Schabmüller)

2.2.5   Energieversorgung der FTF

Fahrerlose Transportfahrzeuge müssen mit Energie versorgt werden, und zwar für

- die Fahrzeugsteuerung, die Elektrik, Elektronik und Sensorik,
- die Fahr- und Lenkantriebe sowie
- die Einrichtungen für die Lastaufnahme.

Outdoor-Fahrzeuge haben meist – ähnlich wie Lkw – sowohl eine Batterie (i. d. R. Blei-akkumulator) für die elektrischen Komponenten als auch einen Tank für Gas, Benzin oder Diesel. Darauf wollen wir hier nicht näher eingehen. Indoor-FTF können unter Umständen mit Schlepp- oder Schleifleitungen mit elektrischer Energie versorgt werden, was aber unüblich ist und deshalb auch nicht weiter verfolgt werden soll.

Eine weitere Sonderstellung nimmt das komplexe Antriebskonzept „Wasserstoff + Brennstoffzelle + Stützbatterie + Elektromotor" ein: im Fahrzeug befinden sich zwei Ener-giespeicher (Tank für Wasserstoff, Batterie) und zwei Energiewandler (Brennstoffzelle: Wasserstoff ➜ elektr. Energie und Elektromotor: elektr. Energie ➜ Bewegungsenergie). Die Batterie ist erforderlich, um die Brennstoffzelle von Leistungsspitzen, wie sie beim Losfahren oder beim Anheben einer Last benötigt werden, zu entkoppeln, da sie diese aufgrund der Technologie nicht bereitstellen kann. Außerdem kann die Batterie Energie, die beim Bremsen oder beim Absenken der Last „entsteht", aufnehmen („Rekuperation"), während die Brennstoffzelle elektrische Energie nicht in Wasserstoff zurückverwandeln kann. Neben den relativ hohen fahrzeugseitigen Kosten entstehen weitere Kosten für die Errichtung einer sicherheitstechnisch aufwändigen Tank- und Abfüllanlage für Wasser-stoff, sodass diese Technologie momentan (noch) nicht sehr weit verbreitet ist. Daher wird im Weiteren auch nicht detaillierter darauf eingegangen (Abb. 2.39).

An dieser Stelle wollen wir uns also auf die gängigen drei Technologien konzentrieren, die zur Energieversorgung von FTF eingesetzt werden:

1. Traktionsbatterie (Blei-, NiCd-, Lithium-Ionen-Akkumulatoren)[22]
2. Berührungslose Energieübertragung
3. Hybridsystem: Berührungslose Energieübertragung plus (kleine) Stützbatterie oder Doppelschichtkondensator

Alle diese Techniken haben ihre Berechtigung; wir wollen sie einzeln betrachten und dann auch gegeneinander abgrenzen bzw. ihre Eignung eingrenzen. Tab. 2.7 stellt die bisherigen Möglichkeiten gegenüber.

---

[22]Lithium-Ionen-Akkus haben im weltweiten Batteriemarkt seit Jahren die höchsten Wachs-tumsraten.

Abb. 2.39 Innerbetriebliche Wasserstoff-Tankstelle für ein FTF mit Brennstoffzelle. (Quelle: BMW Group)

Tab. 2.7 Gegenüberstellung der gängigen Techniken der Energieversorgung

Technik	Eigenschaft
Blei-Akkumulator	• preiswert • Einsatz im kapazitiven Betrieb (siehe unten) • lange Ladezeiten, daher entweder FTF „über Nacht" ans Ladegerät oder Batteriewechsel • hohes Gewicht als Gegengewicht oder für Stabilität vorteilhaft
NiCd-Akkumulator	• teurer als Blei-Akkus, dafür längere Lebensdauer • höhere Leistungsdichte als Blei-Akkus, also kleiner • Einsatz im Taktbetrieb (siehe unten) • schnellladefähig mit hohen Ladeströmen; Zwischenladen möglich • wg. Schwermetall-Problematik in Neuanlagen kaum noch eingesetzt
Lithium-Ionen-Akkumulator	• modernste derzeit am Markt erhältliche Batterie-Technologie; momentan noch (deutlich) teurer als alle anderen Batterietypen • positive Eigenschaften wie NiCd-Akku, aber kein Schwermetall, kein Memory-Effekt bei häufigem Zwischenladen • bei sehr niedrigen und sehr hohen Temperaturen (Outdoor) nicht einsetzbar bzw. Klimatisierung erforderlich • Entwicklung geht ständig weiter mit neuen Elektroden- und Elektrolyt-Materialien mit den Zielen höhere Zellspannung, höhere Kapazität sowie größere Anzahl Ladezyklen

(Fortsetzung)

Tab. 2.7 (Fortsetzung)

Technik	Eigenschaft
Doppelschichtkondensator (DSK) auch: „PowerCap", „SuperCap"	• verschleißfrei, d. h. nahezu unendlich hohe Anzahl an Lade-/Entladezyklen • Energiedichte deutlich geringer als bei Batterien • als alleiniger Energiespeicher nicht geeignet ($\rightarrow$ Hybrid-System)
Berührungslose Energieübertragung	• geeignet für einfache Layouts, z. B. Montagelinien • geringerer Platzbedarf als Traktionsbatterien • verschleiß- und wartungsfrei und betriebssicher • Verzicht auf Traktionsbatterien und damit auf deren Nachteile: – begrenzte Lebensdauer, regelmäßige Ersatzinvestitionen, Aufwand für Wartung – Umweltschutz: Gase, Entsorgung • Anlage kann einfach ein- und ausgeschaltet werden, Batterien dagegen müssen gepflegt und gewartet werden • auch lokal/stationär einsetzbar zur Übertragung der Energie für Batterieladung, vorteilhaft ist: – keine so exakte Positionierung der Fahrzeuge wie bei kontaktbehafteter Energieübertragung nötig (ähnlich wie bei Handy-Ladeschalen im Consumer-Bereich) – Anfahrt aus jeder Richtung bzw. mit jeder Ausrichtung/Drehlage möglich – wasserdichte Kapselung der externen Komponenten (IP67), kein Abrieb ($\rightarrow$ tauglich für Anwendungen im Reinraum, in Pharma- und Lebensmittelbranche)
Hybridsystem: berührungslose Energieübertragung + Xxx-Akkumulator	• Stützbatterie oder Doppelschichtkondensator hilft, kurzfristigen Leistungsbedarf abzudecken • Stützbatterie oder DSK verhindert den Ausfall, wenn die Position des Fahrzeugs über den Doppelleitern z. B. in Kurven oder beim Rangieren nicht optimal ist
oder berührungslose Energieübertragung + DSK	• Stützbatterie oder DSK als Energiequelle bei Stromausfall oder im Handbetrieb abseits der Fahrspur
Brennstoffzelle (Wasserstoff-basiert)	• momentan (noch) sehr selten • teure Infrastruktur: Wasserstofftank im FTF und Wasserstofftankstelle (Indoor) für die FTF + Wasserstofftank (Outdoor) zur Gasbevorratung • Stützbatterie zum Puffern von Leistungsspitzen (z. B. hohe Ströme beim Anfahren oder Anheben schwerer Lasten) erforderlich • Lebensdauer momentan noch zu gering (insbes. für 24/7-Einsatz)

Anmerkung: „Lithium-Ionen-Akku" wird hier als Sammel-/Gattungsbegriff verwendet. Es gibt sie in vielen Varianten, die sich im verwendeten Elektrodenmaterial (Anode, Kathode) unterscheiden. Abhängig von der Kombination der Elektrodenmaterialien ergeben sich Batterien, die für unterschiedliche Anwendungen besser oder schlechter geeignet sind.

Abb. 2.40 Vergleich wesentlicher Eigenschaften der derzeit am häufigsten eingesetzten Li-Ionen-Akkus. (Quelle: RKB electronic AG)

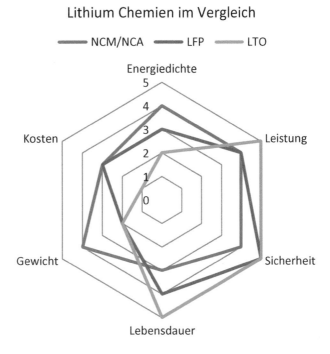

Beispiele für Kathodenmaterialien: Lithium-Cobalt-Oxid (LCO oder $LiCoO_2$), Lithium-Mangan-Oxid-Spinell (LMS, LMO oder $LiMn_2O_4$), Lithium-Nickel-Cobalt-Mangan (NMC, NCM oder $LiNiCoMnO_2$), Lithium-Eisen-Phosphat (LFP oder $LiFePO_4$), Lithium-Nickel-Cobalt-Aluminium-Oxid (NCA oder $LiNiCoAlO_2$); Anodenmaterialien: Graphit, Lithium-Titanat-Oxid (LTO oder $Li_4Ti_5O_{12}$), Silizium und Silizium-Kohlenstoff-Komposite, reines Lithium (Lithium-Metall-Anode und Polymer-Elektrolyt)

Das Elektrodenmaterial hat außer auf die Nennspannung der einzelnen Zelle (und damit auch auf die Batterie-Nennspannung) Einfluss auf die Energiedichte, die Leistung, das Gewicht, die Kosten, die Lebensdauer und die Betriebssicherheit. Das Diagramm in Abb. 2.40 stellt diese Eigenschaften für die drei derzeit am häufigsten eingesetzten Materialkombinationen NCM/NCA, $LiFePO_4$ und Lithium-Titanat-Oxid gegenüber.

Da Lithium-Ionen-Akkus im Vergleich mit den anderen Akku-Technologien viele positive Eigenschaften haben und auch deswegen seit einigen Jahren stark steigende Einsatzzahlen verzeichnen, soll im Folgenden noch auf einige technische Details und Besonderheiten eingegangen bzw. hingewiesen werden.

Tab. 2.8 zeigt einige charakteristische Eigenschaften, auch hier wieder abhängig von der eingesetzten Zell-Chemie, und empfohlene Einsatzfelder.

Wie jeder Akkumulator hat auch ein Lithium-Ionen-Akku eine begrenzte Lebensdauer. Man unterscheidet zwischen der kalendarischen und der zyklischen Lebensdauer: Eine kalendarische Alterung findet ab der Produktion während der Zeit statt, in der der Akku nicht genutzt wird, z. B. bei längeren Standzeiten oder während der Lagerung. Hier erfol-

Tab. 2.8 Eigenschaften unterschiedlicher Lithium-Akku-Typen und empfohlene Einsatzfelder

Chemie	Nennspannung je Zelle	Eigenschaften(positive Key-Features)	Nutzung/Anwendungsbeispiele
Li-NCM Li-NCA	3,6–3,7 Volt	- geringes Gewicht - sehr hohe Energiedichte	allgemein: - kleine Mobil-Geräte, z. B. Handy, Laptop - Elektromobilität, z. B. E-Bike, E-Roller, E-Auto FTF: - kleine leichte Fahrzeuge, z. B. für KLT-Transport
LiFePO	3,2 Volt	- hohe Zyklenzahl - sehr sichere Chemie	allgemein: - stationäre Speicher, „Home Storage" - als direkter Ersatz für Blei-Akkus FTF: - kleine Fahrzeuge im 24/7-Betrieb - mittelgroße bis schwere Fahrzeuge
LTO	2,4 Volt	- sehr hohe Zyklenzahl - sehr hohe Lade-/ Entladeströme - sichere Chemie	allgemein: - Starterbatterien FTF: - FTF füt Takt-Arbeitsplätzen

gen keine aktiven Lade- und Entladezyklen, es findet lediglich die (geringe) Selbstentladung der einzelnen Zellen statt. Diese reversible Selbstentladung beträgt in der Regel 1–3 % der Nennkapazität pro Monat und ist stark abhängig von der Lagertemperatur.

Wichtiger als die kalendarische Alterung ist jedoch die zyklische Alterung eines Lithium-Akkus. Sie gibt an, wie viele Lade- und Entladezyklen mit der Batterie durchgeführt werden können, bevor es zu einer signifikanten Verringerung der nutzbaren Kapazität kommt. Der Wert wird in sog. Vollzyklen angegeben, d. h. als Anzahl der Energieentnahmen der Nominalkapazität mit anschließendem vollständigen Wiederaufladen, und wird gezählt, solange die nutzbare Kapazität über 80 % der Nominalkapazität liegt. Typische Werte liegen bei kleinen Akkuzellen vom Typ NCM/NCA im Bereich von 300–500 Zyklen und bei größeren LFP-Zellen im Bereich von 2000–3000 Vollzyklen.

Die Zyklenlebensdauer lässt sich durch die Betriebs- und Ladeweise beeinflussen. Irreversible Kapazitätsverluste entstehen bei einer Entladungstiefe unter ca. 10 % und einem Überladen über 90 % der Nennkapazität. Diese Parameter sind über das Ladegerät bzw. den Verbraucher einstellbar übliche Praxis ist aber, sie über ein Batterie Management System (BMS) zu überwachen bzw. zu steuern. BMS gibt es in mehreren Ausführungen:

Reine Hardware-Lösung – Basis-Schutzschaltung:

Die Batterie wird durch eine elektronische Schaltung vor externen Einflüssen sowie vor Batteriezuständen geschützt, die der Batterie schaden können. In der Regel handelt es sich dabei um einen Schutz gegen Überladen, Tiefentladen, Überbelastung, Kurzschluss und Überhitzung. Eine Schutzschaltung ist aber nicht mit einer Lade oder Entladesteuerung gleichzusetzten. Das Einhalten der Betriebsgrenzen ist beim Laden von einem geeigneten Ladegerät und beim Entladen durch den Verbraucher zu steuern. Eine Schutzschaltung verhindert lediglich den Schaden am oder durch den Akku, falls die anderen Maßnahmen ausfallen, arbeitet also ähnlich wie ein Leitungsschutzschalter in der Haustechnik.

Schutzschaltung + Ladesteuerung:

In kleineren Akku-Packs, welche z. B. genutzt werden um Mobil-Geräte betreiben zu können, wird häufig zusätzlich zur Schutzschaltung auch eine Ladesteuerung verbaut, die den Akku mit dem richtigen Ladeverfahren (CC/CV) lädt.

Bei Batteriesystemen mit vielen Zellen wird häufig ein Zell-Balancing eingesetzt. Dieses gleicht leichte Kapazitätsunterschiede zwischen den einzelnen Zellen eines Verbundes aus, um dadurch den Komplett-Pack optimal auszunutzen bzw. diesen so schonend wie möglich betreiben zu können.

Schutzschaltung (+ Ladesteuerung) + Software („Smart BMS"):

In den letzten Jahren werden immer häufiger „smarte BMS" eingesetzt, die beispielsweise die Zellspannungen oder die Temperaturen nicht nur erfassen und überwachen, sondern auch weitergehend analysieren. Diese Messwerte können genutzt werden, um Rückschlüsse auf den aktuellen Batteriezustand (SOH – State of Health) oder die aktuell verfügbare Batteriekapazität zu ziehen, die dann über eine Kommunikationsschnittstelle an externe Geräte weitergegeben werden.

Die Informationen können von den externen Geräten, wie z. B. dem Fahrzeugrechner bei einem FTF, weiterverarbeitet werden, um beispielsweise Restlaufzeit oder Reichweite anzuzeigen und/oder zum Leitrechner zu übertragen, um auf diese Weise rechtzeitig, aber nicht unnötig früh die Batterieladestation anzufahren. Weiter können relevante Messwerte und Zustandsdaten im Speicher des BMS abgelegt werden („elektronisches Logbuch"), um so über die Lebenszeit des Akkus (Statistik-)Daten zu sammeln, die dann z. B. bei unerwartet frühem Kapazitätsverlust Hinweise auf die Fehlerursache geben.

2.2.5.1 Traktionsbatterie

Heute übliche Traktionsbatterien im FTF sind:

- Blei-Säure-Batterien (flüssiger Elektrolyt),
- Blei-Gel- oder Blei-Vlies-Batterien (gebundener Elektrolyt),
- Lithium-Ionen-Batterien.

Die Auswahl der Batterie hängt unter anderem von der Betriebsart der Fahrzeuge ab. Folgende Batteriebetriebsarten sind bei FTF üblich:

a) Kapazitive Entladung mit und ohne Batteriewechsel
b) Kapazitive Entladung mit Zwischenladungen
c) Taktbetrieb („Opportunity Charging")[23]

---

[23] Engl. Opportunity Charging – Gelegenheitsladen: jede sich im Ablauf bietende Gelegenheit wird zum Zwischenladen genutzt.

a) Kapazitive Entladung (Blei-Batterie)

Die kapazitive Entladung setzt voraus, dass zu Beginn der Arbeitsschicht die Batterie vollgeladen ist. Die Batteriekapazität ist so dimensioniert, dass die Betriebskapazität, d. h. max. 80 % der Nennkapazität, für die geplante Einsatzzeit (i. d. R. eine Arbeitsschicht) ausreichend ist. Beim Entladevorgang dürfen dabei die Grenzwerte nicht überschritten werden (Strom, Temperaturen etc.). Nach Entnahme der Betriebskapazität muss für eine Vollladung der Batterie genügend Zeit zur Verfügung stehen. In der Regel wird für das Laden die gleiche Zeit wie für das Entladen bzw. Fahren benötigt (mindestens 7,5 h). Das Nachladen findet entweder direkt im Fahrzeug (meist Einschicht-Betrieb) oder – einschließlich des manuellen oder automatischen Batteriewechsels – in einem extra Laderaum (meist Mehrschichtbetrieb) statt.

Diese Systeme sind die einfachsten und preiswertesten von den hier betrachteten. Der Einsatz ist vom 1-Schicht- bis zum 3-Schicht-Betrieb möglich, allerdings verlangen sie relativ viel Aufwand für das Wechseln und die Wartung im Mehrschichtbetrieb. Außerdem ist im Fall des Batteriewechsels und Ladens außerhalb des Fahrzeugs je FTF (mindestens) eine weitere Batterie vorzusehen.

b) Kapazitiver Betrieb mit Zwischenladung (Blei-Batterie)

Auch bei der kapazitiven Entladung mit Zwischenladungen geht man davon aus, dass die Batterie zu Beginn der Arbeitsschicht vollgeladen ist. Die Batteriekapazität ist so dimensioniert, dass die Betriebskapazität, d. h. max. 80 % der Nennkapazität einschließlich der Summe der Kapazitätserhöhungen durch Nachladungen, über die gesamte Arbeitsschicht ausreichend ist. Durch die Nachladungen während Betriebspausen mit einer Dauer von 30–60 Minuten erhöht sich der Energieumsatz der Batterien und es stellen sich höhere Temperaturen in der Batterie ein, wodurch die Lebensdauer der Batterie sinkt. Auch hier dauert das Nachladen in der Regel mindestens 7,5 h. Diese Betriebsart findet man meist nur im 1-Schicht-, selten im 2-Schicht-Betrieb.

c) Taktbetrieb (Li-Ionen- und mit Einschränkungen auch Blei-Batterien)

Für den Taktbetrieb ist die Betriebskapazität einer Batterie so ausgelegt, dass die Energiereserven bis zum nächsten Ladezeitpunkt ausreichen. Die Ladung der Batterie findet in oder neben der Anlage, meist sogar während eines Arbeitsprozesses statt (Opportunity Charging). Am Ladestandort muss genügend Zeit zur Verfügung stehen, die entnommene Energie wieder nachzuladen. Die Batterien verbleiben den gesamten Arbeitstag im Fahrzeug und werden nur durch Zwischenladungen geladen. Ein tägliches Nachladen oder Wechseln der Batterie entfällt. Für die Dimensionierung ist der tägliche Energiedurchsatz maßgeblich. Die für die Betriebsart Taktbetrieb besonders geeigneten Varianten der Lithium-Ionen-Batterie sind wartungsfrei und finden ihren Einsatz meist im 3-Schicht-Betrieb. Mit diesem System ist ein Rund-um-die-Uhr-Betrieb (24 Stunden pro Tag und 7 Tage pro Woche) üblich bzw. möglich. Die Erstinvestition ist zwar höher als bei den zuvor genannten Systemen, dafür sinken die Gesamtkosten (Betrachtung über die Nutzungszeit des FTS, auch TCO – „total cost of ownership" genannt) durch eine längere Lebensdauer und geringeren Wartungsbedarf.

2.2.5.2 Berührungslose Energieübertragung

Bei der berührungslosen Energieübertragung wird elektrische Energie von einem fest im Boden verlegten Leiter induktiv auf einen oder mehrere mobile Verbraucher (FTF) kontaktlos übertragen. Die elektromagnetische Kopplung erfolgt über einen Luftspalt und ist wartungs- und verschleißfrei. Der Primärkreis besteht nur aus einer Windung, die als „Doppelleiter" fest im Boden installiert wird, und zwar entlang der Fahrstrecke der FTF. Etwa zwei Zentimeter über dem Boden sitzt dann der Sekundärkreis im FTF, wo die induzierte Energie den Verbrauchern im Fahrzeug zur Verfügung gestellt wird. Die Übertragungsfrequenz beträgt üblicherweise 20 bis 25 kHz.

Dieses Verfahren, die FTF mit Leistung zu versorgen, eignet sich für einfache FTS-Layouts, so wie sie beispielsweise in der Pkw-Serienmontage vorkommen. Für komplexe Layouts, in denen das FTS im Taxibetrieb unterwegs ist, ist dies nur schwer realisierbar.

Auf die technischen Grundlagen[24] wollen wir hier verzichten. Dafür lohnt ein Blick auf die notwendigen Komponenten und die Installation der Doppelleiter.

Zu den mobilen Komponenten solcher Systeme gehören der Übertragerkopf (Sekundärteil, auch Pickup genannt) und der daran angeschlossene Anpass-Steller. Es können auch mehrere Übertragerköpfe am Unterboden des FTF verbaut sein, um die erforderliche Leistung übertragen zu können. Ein üblicher Wert für die Leistung eines Kopfes beträgt 800 W. Der Anpass-Steller wandelt dann den induzierten Strom in Gleichspannungen um, meist in eine Steuerspannung von 24 V und eine Leistungsspannung von 500 V DC (Abb. 2.41 und 2.42).

Die wichtigsten stationären Komponenten sind der Einspeise-Steller, das Anschaltmodul und die Kompensations-Kondensatoren. Der Einspeise-Steller wandelt die Eingangs-Wechselspannung (50/60 Hz) in eine Wechselspannung mit der genannten Übertragungsfrequenz von 20 bis 25 kHz um. Die Leistung beträgt typischerweise 16 kW. Das Anschaltmodul macht daraus einen konstanten sinusförmigen Wechselstrom.

Neben dieser – zumeist kontinuierlichen – Übertragung mittels Doppelleiter gibt es auch die Möglichkeit, an einzelnen ausgewählten Stellen eine Übertragerspule auf dem Boden zu platzieren oder in den Boden einzulassen, die dann ebenfalls eine kontaktlose Energieübertragung in das Fahrzeug hinein ermöglicht, um dadurch eine Batterie zu laden. Die erforderlichen stationären und mobilen Systemkomponenten sind – bis auf das Leiterpaar bzw. die Spule – sehr ähnlich wie bei der zuvor beschriebenen Doppelleiter-Technologie, allerdings wird hier mit deutlich höheren Frequenzen gearbeitet, was zu einem besseren Wirkungsgrad beim Überbrücken des Luftspalts beiträgt. Ein großer Vorteil dieser Technologie, die insbesondere auf Einsätze beim Opportunity Charging zielt, liegt darin, dass die vom Fahrzeug einzuhaltende Positioniergenauigkeit im Vergleich zu kontaktbehafteter Energieübertragung eher gering ist: Die Spulen im Fahrzeug und im Boden dürfen einen axialen Versatz von bis zu 10 Zentimetern haben, d. h. auf diese Weise können auch Fahrzeuge automatisch geladen werden, die aufgrund ihrer Navigations- und

---

[24] Weiterführendes Buch von Dirk Schedler: „Kontaktlose Energieübertragung – Neue Technologie für mobile Systeme", Verlag „Die Bibliothek der Technik", ISBN 978-3-937889-59-7.

Abb. 2.41 FTF mit berührungsloser Energieübertragung; die Bilder in der Mitte und rechts zeigen Verlegemöglichkeiten des Doppelleiters. (Quelle: SEW)

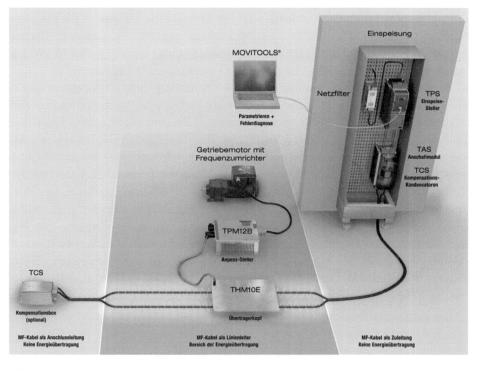

Abb. 2.42 Komponenten eines Systems zur kontinuierlichen berührungslosen Energieübertragung. (Quelle: SEW)

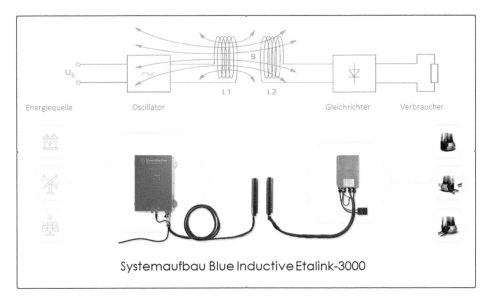

Abb. 2.43 System zur lokalen berührungslosen Energieübertragung. (Quelle: Wiferion)

Spurführungstechnik und der damit erzielbaren eingeschränkten Genauigkeit Ladekontakte nicht genau genug treffen können. Auch ist das Anfahren der Ladeposition – anders als bei Ladekontakten – aus jeder Richtung und mit jeder beliebigen Richtung/Drehlage möglich (Abb. 2.43).

2.2.5.3 Hybridsystem

Unter Hybridsystem wollen wir hier ein Energieversorgungssystem für FTF verstehen, dass aus einer Kombination der berührungslosen Energieübertragung und einer sog. Stützbatterie besteht. Stützbatterie deshalb, weil sie wesentlich kleiner als die typische Traktionsbatterie sein kann und weil sie nur eingeschränkte Aufgaben erfüllt. Es gibt zahlreiche Gründe, warum eine Stützbatterie sinnvoll bzw. erforderlich ist, die wesentlichen sind:

- Nicht alle Strecken eines Layouts lassen sich mit Doppelleitern ausstatten. Dort, wo besondere Anforderungen an den Boden oder die Layoutflexibilität gestellt werden, muss frei, d. h. ohne den Doppelleiter gefahren werden.
- Der Ablauf kann im FTF Leistungsspitzen erfordern, die mit einem zusätzlichen Energiespeicher bedient werden. Hier sind natürlich auch Hochleistungs-Kondensatoren denkbar.
- Im Störungsfall kann das Fahrzeug mit Hilfe der Stützbatterie vom Layout entfernt werden, um die anderen FTF nicht zu stören.
- In besonderen Layoutbereichen, z. B. in engen Kurven, kann die relative Lage von Primär- (stationär) und Sekundärkreis (mobil) so ungünstig sein, dass die übertragene Leistung zum Fahren allein nicht reichen würde – da hilft dann die Stützbatterie.

2.3   Das Fahrerlose Transportfahrzeug

So vielfältig, wie Fahrerlose Transportfahrzeuge einsetzbar sind, so vielfältig sind auch
die Ausführungsformen. Die Spannweite bezüglich einzelner Kriterien ist enorm, das
betrifft zum Beispiel

- die Größe, das Gewicht und die Traglast der Fahrzeuge,
- die Anzahl der Fahrzeuge in einer Anlage,
- die Komplexität des Systems hinsichtlich der Funktionen, der Steuerung, der verschiedenen Navigationsmöglichkeiten, des Lasthandlings,
- die unterschiedlichen, z. T. extremen Einsatzbedingungen,
- die verschiedenen Branchen.

Nun wollen wir vor dieser Vielfalt nicht kapitulieren, sondern wagen im ersten Abschnitt
eine Kategorisierung. Danach werden wir einige Belange der wichtigsten Fahrzeugkomponenten beleuchten, nämlich die Fahrzeugsteuerung, die mechanischen Komponenten
und die Energieversorgung der Fahrzeuge. Die beiden Kern-Funktionalitäten Navigation
und Sicherheit haben wir ja bereits weiter vorn beschrieben.

2.3.1   FTF-Kategorien

Für eine Kategorisierung bietet sich die Last an, die transportiert werden soll. Beschränken wir uns auf die Intralogistik, dann steht zunächst sicher die Palette (als Europalette
oder Sonderformen) im Vordergrund. Aber auch Anhänger, Rollcontainer oder Rollen (Pa-
pier oder Metall) wollen regelmäßig bewegt werden. Die folgende Tabelle kategorisiert
die Welt der FTF (Tab. 2.9):
    Die ersten acht Kategorien sind uneingeschränkt in der heutigen Welt der FTF üblich.
Die verbleibenden zwei Kategorien sind nicht ganz so selbstverständlich und auch nicht
ganz so selbsterklärend.
    Wir möchten an dieser Stelle darauf hinweisen, dass wir hier die gesamte Thematik
„Service-Robotik" ausklammern. Die Service-Robotik wird einen zunehmenden Stellenwert bekommen – so viel ist sicher, aber

- bisher ist die Bedeutung der Service-Robotik für die FTS-Welt sehr gering und weiterhin deutlich hinter den Erwartungen der 1980er- und 1990er-Jahre zurückgeblieben, und
- wir beschreiben hier den Einsatz des FTS in der Intralogistik, wo die allermeisten
  Service-Robotik-Anwendungen nicht hingehören.

2.3.1.1 Gabelhub-FTF – eigens konstruiert
Das Einsatzspektrum dieser Fahrzeuge ist groß. Im Mittelpunkt steht die Palette bzw. der
gabelfähige Behälter (Abb. 2.44). Die logistischen Aufgaben können sehr einfach (einfache Transporte zwischen zwei Orten ohne viele Verzweigungen), aber auch komplex

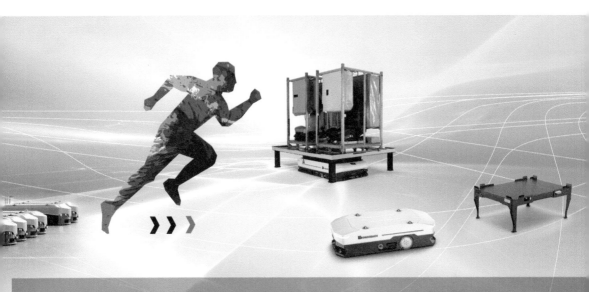

Tab. 2.9 Kategorien Fahrerloser Transportfahrzeuge

Kat.	Benennung	Typische Last	Beschreibung
1	Gabelhub-FTF, eigens konstruiert	Palette	Bodenebene Lastaufnahme, unterschiedliche Höhen, Standard- oder Sonderpaletten oder andere gabelfähige Behältnisse, stapelfähig, typisches Lastgewicht: 1 t; vom FTF-Hersteller konzipiert, konstruiert und hergestellt
2	Gabelhub-FTF als automatisiertes Seriengerät	Palette	wie 1, aber: der FTF-Hersteller setzt ein Seriengerät eines Gabelstapler-Herstellers ein und automatisiert dies mit der notwendigen FTF-Technik.
3	Huckepack-FTF	Palette	meist Beschränkung auf eine Übergabehöhe (z. B. 1 m), seitliche Lastaufnahme durch Rollenbahn oder Kettenförderer, typisches Lastgewicht: 1 t
4	Schlepper	Anhänger	engl. Tugger; zieht mehrere Anhänger, typisches Gesamtgewicht der Anhänger: 5 t
5	Unterfahr-FTF	Rollcontainer, Trolley	Das Standard-FTF u. a. in der Krankenhaus-Logistik: es unterfährt den Rollcontainer und hebt ihn zum Transport an, typisches Lastgewicht: 500 kg, Fahrzeughöhe ca. 350 mm In jüngerer Vergangenheit zunehmend auch in industriellen Anwendungen mit bis zu 1000 kg oder sogar mehr Lastgewicht und (max.) 220 mm Fahrzeughöhe
6	Montage-FTF	Montageobjekt	Einsatz in der Serienmontage: auf einem Unterbau sitzt die Aufnahme für das Montageobjekt, typisches Lastgewicht: bis zu 1 t
7	Schwerlast-FTF	Rollen, Coils (Papier oder Metall)	Transport schwerer Papierrollen oder Stahlcoils bis 35 t; Transport von (Hochsee-)Containern, Werkstücken/Bauteilen etc.
8	Mini-FTF	KLT	Einsatz in größeren Flotten, z. B. zur Kommissionierung
9	Outdoor-FTF	diverse	i. d. R. Outdoor-Fahrzeuge, meist dieselelektrischer oder dieselhydraulischer Antrieb, typische Lastgewichte $\geq$3 t. Beispiele: Diesel-Stapler, Lkw, Radlader, Hafen-FTF für Seecontainer
10	Sonder-FTF	diverse	Sonderlösungen für Sonderaufgaben; alle FTF, die nicht in eine der obigen zehn Kategorien passen

KLT Kleinladungsträger, unterschiedlichste Behältnisse für Kleinteile

(Taxibetrieb) sein. Die Fahrzeuge können als unabhängige Fahrzeuge (stand-alone) eingesetzt werden oder, geführt von einer FTS-Leitsteuerung, im Verbund mit (vielen) anderen FTF arbeiten.

Abb. 2.44 FTF-Kat. 1: Gabelhub-FTF – eigens konstruiert. (Quellen: *links* DS AUTOMOTION, *rechts* Logisnext/Rocla)

2.3.1.2 Gabelhub-FTF als automatisiertes Seriengerät

Grundsätzlich ähnelt sich das Einsatzspektrum dieser Fahrzeuge denen der Kat. 1. Wesentlich ist der Einsatz von Serienfahrzeugen aus den Standardbaureihen der Gabelstapler-Hersteller, die mit möglichst wenigen Eingriffen automatisiert werden. Die in Abb. 2.45 dargestellten FTF sind auch nach der Automatisierung noch manuell zu bedienen – darin liegt sein besonderer Vorteil. Es gibt Deichsel- und Aufsitz-Fahrzeuge.

Das Seriengerät wird um die Sicherheitseinrichtungen, die Steuerung und die Navigationskomponenten ergänzt. Für die Koppelnavigation müssen z. B. die Antriebe mit Inkremental- und Drehwinkelgebern ausgestattet werden. In modernen Seriengeräten kommen standardmäßig elektronische Baugruppen und Bussysteme zur Ansteuerung der Antriebe zum Einsatz, sodass sie für eine Automatisierung bereits gut vorbereitet sind.

In der FTS-Welt gibt es zwei unterschiedliche Lager: die einen präferieren eigens konstruierte Fahrzeuge, die anderen sehen die Vorteile bei den automatisierten Seriengeräten. Als Vorteile der eigens konstruierten FTF (Kat. 1) gelten:

- Optimale Integration der zusätzlich notwendigen Komponenten (Platzproblematik),
- Auslegung auf einen Dauereinsatz und eine verlängerte Lebensdauer,
- Berücksichtigung eines automatisierungsgerechten Energiekonzeptes (automatischer Batteriewechsel oder -ladung).

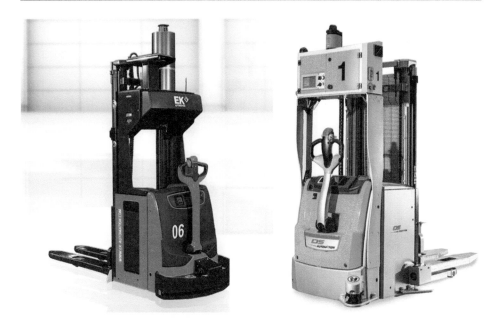

Abb. 2.45 FTF-Kat. 2: Gabelhub-FTF, Basis: Seriengerät. (Quellen: *links* E&K Automation –
Linde L14, *rechts* DS AUTOMOTION – Still EXV14)

Als Vorteile der automatisierten Seriengeräte werden genannt:

• Kostenvorteile aufgrund der Serienfertigung,
• Bewährter Service und kostengünstige Ersatzteilhaltung.

Seriöse FTS-Hersteller werden bei der Automatisierung von Seriengeräten immer prüfen,
ob nicht Komponenten für den jahrelangen Dauereinsatz im FTF getauscht werden müssen (dazu gehören z. B. Räder und elektrische Komponenten).

2.3.1.3 Huckepack-FTF

Diese Fahrzeuge transportieren ebenfalls die klassischen Ladehilfsmittel wie die Palette,
die Behälter oder Gitterboxen. Im Gegensatz zu den beiden vorgenannten Kategorien können die Huckepack-FTF das Ladehilfsmittel jedoch nicht vom Boden aufnehmen, sondern
benötigen eine bestimmte Höhe von meist mehr als 60 cm, die dann in der gesamten Anlage als Standard-Übergabehöhe eingehalten werden muss – von aufwändigen mobilen
oder stationären Einrichtungen, um die Übergabehöhe anzupassen, sei hier einmal abgesehen (Abb. 2.46).

Der große Vorteil dieser Fahrzeuge liegt beim Lasthandling: die seitliche Lastaufnahme
ermöglicht es, ohne zu rangieren – wie es die Gabelhub-Fahrzeuge müssen – direkt an die
stationäre Lastübergabestelle heranzufahren und mittels des Förderers (Rollenbahn, Kettenförderer o. Ä.) die Last zu übernehmen. Dies geschieht schnell und mit weniger
Platzbedarf.

Abb. 2.46 FTF-Kat. 3:
Huckepack-FTF. (Quelle:
Oceaneering)

Abb. 2.47 FTF-Kat. 4: 2 Schlepper. (Quellen: *links* E&K Automation, *rechts* dpm)

2.3.1.4 Schlepper

Genau genommen sind auch hier die eigens konstruierten FTF und die automatisierten Seriengeräte zu unterscheiden. Da die stückzahlbezogene Bedeutung der Anhänger-Schlepper aber wesentlich geringer ist als die der Gabelhub-FTF, verzichten wir auf separate Kategorien (Abb. 2.47).

Auch hier gilt bei den automatisierten Seriengeräten, dass üblicherweise die Einrichtungen für den manuellen Betrieb (Fahrerplattform mit Lenkrad und Gaspedal oder Joystick) erhalten bleiben und dadurch ein – zeitweiser – manueller Betrieb problemlos möglich bleibt.

Weniger problemlos stellt sich bei diesem FTF-Typ der Sicherheitsaspekt dar: wenn ein Schleppzug, bestehend aus Zugfahrzeug und drei bis vier Anhängern losfährt, gibt es in allen Zwischenräumen eine Gefahrenstelle, die sensorisch praktisch nicht erfasst bzw.

INNOVATIVE MOBILE ROBOTIK-LÖSUNGEN

Oceaneering Mobile Robotics (OMR) ist ein verlässlicher Partner für autonome Transportaufgaben im Healthcare- und Industriebereich.

überwacht werden kann. Daher ist i. d. R. vor dem Start einer Automatikfahrt – und das bedeutet auch nach einem Stopp wegen eines Hindernisses im Fahrweg – die Bestätigung durch Tastendruck durch einen Bediener erforderlich, dass alle Zwischenräume frei von Menschen sind und das Losfahren ohne Gefährdung von Personen möglich ist.

2.3.1.5 Unterfahr-FTF

Bei den Unterfahr-FTF kann man im Wesentlichen zwischen den beiden Anwendungsfeldern „Krankenhaus" und „Industrie" unterscheiden. Aufgrund der beim Krankenhauseinsatz einzuhaltenden Hygienestandards ergibt sich, dass die Chassis dieser FTF komplett aus Edelstahl gefertigt werden – was für ein Industrie-FTF eher ungewöhnlich ist und dort ggf. noch beim Einsatz in der Lebensmittel- oder Pharmaindustrie gefordert wird.

Beiden Einsatzfällen gemeinsam ist, dass die Fahrzeuge die bereitgestellte Last komplett unterfahren und dann mittels integrierter Hubmechanik einige Zentimeter anheben, sodass die Räder der Transportbehälter frei vom Boden sind. Auf diese Weise erreicht man eine deutlich bessere Spurstabilität, da der Zustand der Räder – beschädigte Oberfläche der Radbandagen, schwergängige Rad- und Lenklager – keinen Einfluss auf das Fahrverhalten des FTF hat (Abb. 2.48).

Die Lastaufnahme kann – unterstützt durch entsprechende Sensorik am Fahrzeug – automatisch erfolgen oder manuell durch Schieben des Rollbehälters über das zur Abholung bereitstehende Fahrzeug. Das Absetzen des Transportbehälters am Zielort geschieht fast immer automatisch.

Abb. 2.48 FTF-Kat. 5: Unterfahr-FTF. (Quellen: *oben links* Swisslog, *oben rechts* und *unten links* DS AUTOMOTION, *unten rechts* E&K Automation)

Abb. 2.49 FTF-Kat. 5: 3 Unterfahr-FTF. (Quellen: *oben links* Swisslog, *oben rechts* Grenzebach, *unten* Amazon Robotics)

Ein weiterer Anwendungsfall für Unterfahr-FTF, der sich in den letzten Jahren etabliert hat, ist der Einsatz in Distributionszentren zur Unterstützung des Kommissionierprinzips „Ware zur Person". Die Ware ist in diesem Fall in ca. 2 m hohen Fachbodenregalen angeordnet, die eine quadratische oder rechteckige Grundfläche von etwa 80–100 × 80–100 cm haben und vom FTF unterfahren und angehoben werden können (Abb. 2.49). Die Regale stehen dicht an dicht auf einer Bereitstellfläche und werden von den FTF durch schmale Gänge in den Kommissionierbereich gebracht. Nach Entnahme des oder der Artikel wird das Regal (vom selben Fahrzeug) wieder zurück in die Bereitstellfläche gebracht, allerdings nicht unbedingt an dieselbe Stelle wie zuvor, da das gesamte Lager ständig hinsichtlich der Pickhäufigkeit der bevorrateten Artikel optimiert wird: das Lagerverwaltungssystem entscheidet bei jeder Rücklagerung eines Regals aufs Neue, an welche Stelle (= mit welcher Distanz zur Kommissionierzone) es gestellt werden soll.

2.3.1.6 Montage-FTF

FTF, die in Montagelinien eingesetzt werden, unterscheiden sich erheblich. Hier bestimmt das Montageobjekt mit seiner Größe und seinem Gewicht wesentlich das Fahrzeug. Aber auch die Montageschritte spielen für die Konzeption des FTF eine Rolle: Sind reine manuelle Montageschritte vorgesehen oder gibt es auch automatische Stationen? Dadurch ergeben sich z. B. unterschiedliche Anforderungen an die Positioniergenauigkeit. Und: Wie groß sind die Kräfte, die bei der Montagetätigkeit auf das Objekt und damit das FTF wirken? Dadurch ergeben sich unterschiedliche Anforderungen an die Kippstabilität. Außerdem muss die erforderliche Zugänglichkeit zum Montageobjekt gewährleistet werden.

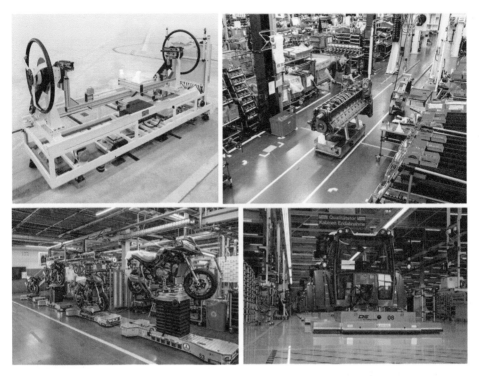

Abb. 2.50 FTF in der Montage; *oben links* bei Daimler in Bremen. (Quelle: CREFORM), *oben rechts* bei Rolls Royce Power Systems in Friedrichshafen. (Quelle: dpm), *unten links* bei BMW in Berlin. (Quelle: DS AUTOMOTION), *unten rechts* bei Fendt in Asbach-Bäumenheim. (Quelle: DS AUTOMOTION)

Meist sind solche Anlagen steuerungstechnisch einfacher als Taxisysteme. Die Fahrge-schwindigkeiten sind extrem niedrig und die Anforderungen an den Personenschutz häufig anders. So sind die Werker ständig in unmittelbarer Nähe der Fahrzeuge. Sie sollen ohne Einschränkungen ihrer Arbeit nachgehen können, aber trotzdem vor Verletzungen ge-schützt sein. Das hat oft Auswirkungen auf die Verwendung eines Personenschutz-Scanners, auf die Einstellung seiner Schutz- und Warnfelder und auf den seitlichen Tritt-schutz. Die Sicherheitsauslegung muss so sein, dass der Werker sicher arbeiten kann, aber trotzdem die Sensorik nicht laufend unbegründet anspricht (Abb. 2.50).

2.3.1.7 Schwerlast-FTF

Hier wollen wir diejenigen Schwerlast-Fahrzeuge eingruppieren, die indoor agieren. Bei-spielhaft genannt seien hier Fahrzeuge, die Rollen transportieren, und zwar entweder in der papiererzeugenden bzw. -verarbeitenden Industrie (Papierrollen mit einem Gewicht von mehreren Tonnen) oder in der Stahlindustrie als Erzeuger von Stahlcoils bzw. die Automo-bilindustrie als deren Verbraucher (Stahlcoils wiegen üblicherweise bis zu 30 t) (Abb. 2.51). Es können aber auch große/schwere Maschinenteile transportiert werden oder hohe/lange/schwere Behälter für große Mengen fester oder flüssiger Stoffe (auch Abb. 2.51).

Abb. 2.51 FTF-Kat. 7: Schwerlast-FTF. (Quellen: *oben links* Frog/Siemag; Frog gehört heute zu Oceaneering, Siemag zu AMOVA; *oben rechts* MLR, *unten* Alcoa Mosjøn)

Fahrzeuge für solche Lastgewichte stellen hohe Anforderungen an alle Konstruktionen und Bauteile. Das gilt für die Antriebe, für die Energieversorgung und für die Sicherheitstechnik. Es liegt in der Natur der Sache, dass die Anzahl der Einsatzfälle solch extremer Gewichte vergleichsweise niedrig sind.

Das hohe Gewicht der gesamten Fuhre bestimmt die Anstrengungen der Entwickler, Unfälle mit Personen oder Sachen unter allen Umständen zu vermeiden. Dies klingt zunächst selbstverständlich, deshalb soll hier ausdrücklich auf den direkten Vergleich zur FTF-Kategorie 6 hingewiesen werden, in der es auch insbesondere um die Sicherheitsauslegung geht – jedoch mit einer ganz anderen Zielsetzung.

2.3.1.8 Mini-FTF

Die achte Kategorie findet man noch eher selten – wenn auch mit steigender Tendenz. Hier geht es darum, dass viele kleine und preiswerte Fahrzeuge eine große Anzahl Transporte – i d. R. KLT oder Kisten/Kartons vergleichbarer Größe mit Gewichten bis 25 kg – durchführen (Abb. 2.52).

Die Forderung nach einem geringen Stückpreis wird mit Hilfe von intelligenten Konstruktionen und neuen Bauteilen (Elektrik, Elektronik und Sensorik) gelöst. Ein Knackpunkt ist auch hier wieder der Personenschutz, weil die heutigen zertifizierten und für den

Abb. 2.52 FTF-Kat. 8: Mini-FTF. (Quellen, v.l.n.r.: BITO – „Leo Locative", Götting – „KATE", SSI Schäfer – „Weasel")

Personenschutz zugelassenen Laserscanner jeden gesetzten Preisrahmen sprengen würden. Einen Lösungsweg zum Einsatz preiswerter Sensorik beschreibt folgende Argumentation, die in dieser Weise auch von der BG[25] akzeptiert wird: wenn die Fahrzeuge (inkl. Last) nicht zu schwer sind und zudem nicht besonders schnell fahren, ist im Falle einer Kollision mit einem Menschen die mögliche Verletzung eher gering und auf keinen Fall tödlich. Daher dürfen bei diesen FTF auch Sensoren eingesetzt werden, deren sog. Performance Level (PL) unterhalb des ansonsten geforderten Levels „d" liegt. Beispielsweise stoppt ein Sicherheitslaserscanner mit Performance Level „b" das FTF ebenfalls rechtzeitig vor einer Kollision mit einem Menschen, er hat aber keine eingebaute Selbstüberwachung seiner ordnungsgemäßen Funktion und seine theoretische Ausfallwahrscheinlichkeit ist etwas höher als die eines teureren Geräts mit PL-d. Daher ist es theoretisch möglich, dass das Gerät unbemerkt ausfällt und in der Folge das FTF nicht rechtzeitig vor einem Hindernis stoppt, sondern mit diesem kollidiert.

Viele unkonventionelle Einsatzfälle sind für diese Mini-FTF denkbar. Die bekannteste Aufgabe liegt in einer fortschrittlichen Art der Kommissionierung, bei der nicht der Mitarbeiter die Ware sucht und einsammelt, sondern die Ware selbstständig – mit Hilfe der Mini-FTF – zum Mitarbeiter kommt und ihm Hilfestellung bei der Zusammenstellung der kundenspezifischen Lieferungen gibt. Aber auch die Ver- und Entsorgung von Produktionsarbeitsplätzen, z. B. in der Elektronikfertigung, kann mit diesen Mini-FTF preiswert realisiert werden.

Es ist eine Vision, an der nicht mehr nur Forscher in Universitäten arbeiten: Ganze „Schwärme" von kleinen FTF arbeiten intelligent miteinander – ähnlich wie beispielsweise Ameisen oder Bienen im Kollektiv Transporte durchführen. Die Fahrzeuge sollen – dann sogar ohne eine eigene, separate FTS-Leitsteuerung – miteinander kommunizieren, Strategien entwickeln und gemeinsam Aufgaben lösen. Die zugehörigen Forschungsge-

---

[25] BG = Berufsgenossenschaft.

biete heißen Multi-Agentensystem und Schwarmintelligenz, erfordern allerdings fahr-
zeugseitig eine Menge an Sensoren bzw. Sensordaten sowie erhebliche Rechenleistung für
ihre Auswertung – dies entspricht dann eher nicht mehr der eingangs genannten Fahrzeug-
eigenschaft „preiswert". Es sei an dieser Stelle auch auf Kap. 1 und den Abschn. 1.4 zu
autonomen FTF verwiesen.

2.3.1.9 Outdoor-FTF

In dieser Kategorie fassen wir unterschiedliche Fahrzeuge zusammen, die im Außenbe-
reich eingesetzt werden. Es handelt sich meist um größere FTF, die Lasten von mehreren
Tonnen transportieren. Wegen der großen Fahrzeug- und Lastgewichte kommen häufig
Verbrennungsmotoren zum Einsatz, die dann einen dieselelektrischen oder dieselhydrau-
lischen Antrieb ermöglichen, aber auch rein elektrische Outdoor-FTF sind im Einsatz
(Abb. 2.53 und 2.54).

Über die Besonderheiten des Outdoor-Einsatzes wird im Abschn. 3.3 „Anwendungsgebiete – Außeneinsatz" detailliert berichtet.

2.3.1.10 Sonder-FTF

In dieser Kategorie sammeln wir alle Fahrzeuge, die speziell für ganz konkrete Projekte
konzipiert und gebaut wurden, die also nicht in eine der vorderen Kategorien passen
(Abb. 2.55).

2.4   Umfeld des FTS

Ein FTS ist **das** flexible automatische Fördermittel. Es kann in fast jede vorgegebene in-
dustrielle Umgebung integriert werden. Das bedeutet, dass während der Projektierung der
Anlage das stationäre Umfeld analysiert werden muss, sodass das FTS an seine Einsatzumgebung adaptiert werden und entsprechende Schnittstellen zu Nachbargewerken geschaffen werden können.

Abb. 2.53 FTF-Kat. 9: 2 Outdoor-FTF, *links:* Radlader *rechts:* im Containerhafen. (Quelle:
Götting)

Abb. 2.54 *oben links:* Automatisierter Lkw mit Diesel-Antrieb, taktilem Bumper und Laserscanner. (Quelle: Götting), *oben rechts:* Nachfolge-Projekt beim selben Anwender, FTF mit elektrischem Antrieb und ohne Fahrerkabine. (Quelle: Kamag); *unten:* Unterfahr-FTF zum Tank-Transport. (Quelle: BASF SE)

Abb. 2.55 FTF-Kat. 11: Sonder-FTF. (Quelle: Hencon; weltweit erstes FTF zum Einsatz in der Elektrolysehalle (Potroom) bei der Aluminium-Schmelzelektrolyse mit extrem starken elektromagnetischen Feldern)

Es muss aber jedem klar sein, dass diese Integration eine nicht zu unterschätzende Bedeutung hat. In vielen Projekten wird viel zu spät repariert, was im Vorfeld zu klären versäumt wurde.

2.4.1 Einsatzumgebung

Die Einsatzumgebung wird einerseits durch die umgebende Atmosphäre bestimmt und andererseits durch räumliche Restriktionen. Die Atmosphäre gilt es immer dann zu beachten, sobald sie von der Norm abweicht; das ist gegeben, wenn mit folgenden Bedingungen zu rechnen ist:

- Besonders hohe oder niedrige Temperaturen, d. h. unterhalb von 5 °C und oberhalb von 30 °C,
- große Temperaturschwankungen,
- erhöhte Luftfeuchtigkeit oder extrem trockene Luft,
- Zusatzstoffe in der Atmosphäre, wie Ölnebel, Lösungsmittel, Wasserdampf, Farbpartikel, Staub oder aggressive Gase,
- Starke elektrische oder magnetische Felder,
- explosive Gase.

Diese Liste gilt nur für den Indoor-Einsatz der Fahrzeuge.

Räumliche Restriktionen können zum Beispiel begrenzte Raumhöhen oder Traglasten der Böden sein.

Sollten die obigen Bedingungen keinerlei Auffälligkeiten aufweisen, bleibt die Notwendigkeit, den Fahrweg und dabei insbesondere den Boden zu untersuchen. Denn dieser ist für den sicheren und störungsfreien Betrieb des FTS von grundlegender Bedeutung. Die meisten Einflussmöglichkeiten hat man, wenn der Boden neu hergestellt wird. Dann können entsprechende Normen und Richtlinien herangezogen werden, die z. B. in der VDI-Richtlinie 2510-1 zu finden sind.

Eine exakte Beschreibung eines „FTS-gerechten" Bodens würde hier zu weit führen. Ganz allgemein gesprochen definiert er sich über die Einhaltung bestimmter Standards in folgenden Kriterien:

- Druckfestigkeit des Fahrbahnbelages: Wichtig sind die hohe Flächenpressung sowie die ebenfalls hohen Scherkräfte.
- Reibung: Der Haftreibungskoeffizient sollte zwischen 0,6 und 0,8 liegen. Ist er niedriger, ist eine ordnungsgemäße Not-Bremsung nicht gewährleistet; bei höheren Werten kommt es zu übermäßigem Verschleiß an den Rädern des FTF.
- Ebenheit des Bodens: diese ist umso wichtiger, desto höher die Anforderungen an die Genauigkeit der Lastübergabe sind, z. B. beim Einstapeln in Regale.

- Steigungs- und Gefällestrecken: Steigungen müssen vom Fahrzeugantrieb beherrschbar sein, und Gefälle bergen Risiken bei einer eventuellen Not-Bremsung – hier darf es weder zum Kippen der Fuhre noch zu verlängerten Bremswegen kommen. Es ist auch auf ausreichend große Übergangsradien (Größenordnung: 25 m) zu achten, sodass die FTF beim Auffahren auf die Steigung und beim Verlassen nicht mit dem Rahmen aufsetzen, denn die Bodenfreiheit der Fahrzeuge beträgt aus Sicherheitsgründen nur wenige Zentimeter. Fünf bis sieben Prozent Steigung sind normalerweise kein Problem.
- Elektrische Ableitfähigkeit: Zur Vermeidung von elektrostatischen Aufladungen sollten die Böden einen maximalen Erdableitwiderstand von 1 MΩ aufweisen. Häufig sind es gerade Kunststoffböden, die sowohl extrem glatt als auch extrem isolierend sind.
- Sauberkeit: Die Böden müssen während des Betriebs des FTS regelmäßig gereinigt werden; dabei ist darauf zu achten, dass die Böden nach der Reinigung vollständig abgetrocknet werden, weil nasse Böden zu unsicheren Fahr- und Bremsmanövern führen können.

Die Verkehrswege, auf denen die FTF fahren, dürfen normalerweise von anderen Verkehrsteilnehmern wie z. B. Fußgängern, Radfahrern und Staplern mitbenutzt werden. Sie müssen als solche optisch gekennzeichnet sein. Die Mindestbreite des Fahrweges errechnet sich aus der Breite des FTF (inklusive Last), einem Randzuschlag von 50 cm auf jeder Seite und ggf. einem Zuschlag für Begegnungsverkehr von weiteren 40 cm. (Beispiel: Ein FTF von 1 m Breite, das eine Strecke zweispurig – also im Begegnungsverkehr – nutzt, benötigt eine reguläre Fahrwegbreite von 2 × 1 m plus 2 × 0,5 m plus 0,4 m = 3,4 m)

Ob zusätzliche Sicherheitsmaßnahmen oder -einrichtungen aufgrund eingeschränkter Verkehrswegbreiten erforderlich sind, muss in der Projektphase mit der staatlichen Arbeitsschutzbehörde (Amt für Arbeitsschutz) und der zuständigen Berufsgenossenschaft abgeklärt werden.

2.4.2 Systemspezifische Schnittstellen

Das angewendete Verfahren zur **Navigation und Standortbestimmung** erfordert ggf. besondere Markierungen (Farbstreifen, Metallbänder, Bodenmagnete, Transponder etc.) auf oder im Boden und/oder auch an den Säulen und Wänden (Reflektoren, Reflexmarken, Peilsender etc.).

Eine wichtige systemspezifische Schnittstelle ist die zu den stationären **Lastübergabeeinrichtungen**. Diese können aktiv oder passiv sein. Von einer aktiven Lastübergabeeinrichtung spricht man, wenn sie über einen oder mehrere elektrische Antriebe verfügt. In diesem Fall ist dann zur Ansteuerung und ggf. Synchronisierung der Antriebe mit dem Lastaufnahmemittel des Fahrzeugs eine direkte Kommunikation vom FTF aus oder aber eine zentrale Ansteuerung über die FTS-Leitsteuerung erforderlich.

Tab. 2.10 Stationäre Sicherheitseinrichtungen gemäß VDI 2510-1

Sicherheitselement/ -maßnahme	Einsatzzweck
Parabolspiegel	Immer sinnvoll bei schwer einsehbaren Kreuzungen besonders dann, wenn außer den FTF auch Stapler und andere FFZ die gleichen Verkehrswege benutzen.
Ampelanlage	Für nicht einsehbare Kreuzungen. In der Regel wird von dem FTF die Vorfahrt angefordert und so schnell zugeschaltet, dass es nicht anhalten muss.
Schranken	Der Einsatz von Schranken kann sinnvoll sein, wenn zu bestimmten Zeiten (Schichtwechsel, Feierabend, Mittagszeit etc.) ein großer Personenfluss den Verkehrsweg des FTF kreuzt.
Rundumleuchte	Zur Warnung von Personen vor herannahenden FTF in unübersichtlichen Streckenabschnitten.
Lichtschranke/Lichtvorhang	z. B. zur Absicherung von Lagergassen.
Abgehängte Flatterbänder oder Ketten	Um das Begehen von Flächen zu erschweren.
Weitere Schutzmaßnahmen	Rammschutz, Abweiser, Schaltmatte, Bodenmarkierung, Pendelklappe.

Die Lastübergabe stellt eine sicherheitsrelevante Situation dar, die mit der staatlichen Arbeitsschutzbehörde und der zuständigen BG abgestimmt sein muss. In jedem Fall ist die Gefährdung von Personen zu vermeiden. Am einfachsten gelingt dies, wenn der sicherheitsrelevante Bereich ein abgeschlossener Bereich ist, für den sichergestellt ist, dass sich darin – zumindest unmittelbar vor und während der Lastübergabe – keine Personen aufhalten.

Wo dies nicht möglich ist, sind besondere Maßnahmen üblich:

- Bodenmarkierungen zur Kennzeichnung von Gefahrenbereichen,
- Stehverhinderer oder Leitbleche an der Einfahrt zur Lastübergabestation,
- stationäre Sicherheitseinrichtungen gemäß Tab. 2.10,
- optische und akustische Warnsignale am FTF,
- spezielle Sensoren zur Erkennung von Personen oder anderen Hindernissen.

In vielen Anlagen müssen die Fahrzeugbatterien gewechselt werden. Dies kann manuell geschehen oder auch in automatischen Batteriewechsel-Anlagen. Zu solchen automatischen Anlagen muss der FTS-Lieferant die Schnittstelle auslegen und mitliefern. Verbleiben die Batterien während des Ladens in den FTF, empfehlen sich **automatische Batterieladestationen,** zu denen die Fahrzeuge von der FTS-Leitsteuerung zur Nachladung geschickt werden. Hier gibt es in der Regel eine zentrale Schnittstelle über LAN zur FTS-Leitsteuerung (Abb. 2.56).

Da es bei der Ladung von Batterien zu eventuell gesundheitsschädlicher Gasung kommen kann, ist für die Auslegung der entsprechenden Räumlichkeiten eine Reihe von Vorschriften zu beachten, die auch in der VDI 2510-1 zu finden sind. Im Wesentlichen geht es hier um eine ausreichende Belüftung, damit die Gaskonzentration keine unzulässigen Werte annimmt.

Abb. 2.56 Typische Batterieladestation: Ladegeräte an der Wand montiert und Ladekontakte aus Kupfer im Boden eingelassen. (Quelle: DS AUTOMOTION)

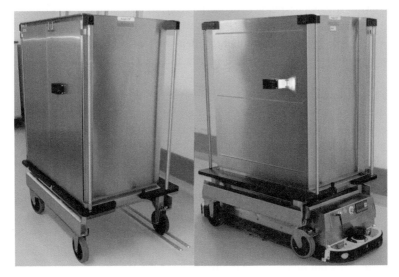

Abb. 2.57 Ein Rollcontainer in einem Krankenhaus; rechts mit eingefahrenem FTF. (Quelle: Hupfer, Coesfeld)

Sollte der Einsatzfall in der Krankenhauslogistik liegen, gibt es mit großer Wahrscheinlichkeit eine Schnittstelle zu **Rollcontainern** (Abb. 2.57). Diese müssen von einem Unterfahr-FTF unterfahren, angehoben und transportiert werden. Beim Unterfahren muss die genaue Position des Containers erkannt werden, damit er sicher aufgenommen werden kann. Außerdem muss – in den meisten Fällen – eine Container-Codierung gelesen werden, die sich an der Unterseite des Containers befindet.

Aus Sicht des automatischen Transports mit Unterfahr-FTF ergeben sich an die Rollcontainer folgende Anforderungen:

- Lichte Einfahrfläche stirnseitig: 660 mm (Breite) × 365 mm (Höhe).
- Gesamtgewicht (gefüllt) max. bis 500 kg.
- Vier drehbare Rollen mit Richtungsraste in Längsrichtung, davon zwei Rollen mit Bremse und ein oder zwei Rollen als Antistatik-Rad.

- Die drehbaren Containerräder müssen im angehobenen Zustand in der Parallelposition zum Fahrzeug selbsttätig einrasten, um nicht mit dem Fahrzeug seitlich zu kollidieren. Das wird meist mit einer integrierten Feder gemacht.
- Hochwertige und leichtgängige Rollen, ca. 180 mm Durchmesser.
- Glattflächiger Boden, tragfähig und dicht gegenüber dem Container-Inneren.
- Mittig im Boden ist eine Vertiefung zur eventuellen Aufnahme von Transpondern, Magneten oder anderen ID-Tags vorzusehen.
- Verschlossene Türen und Klappen müssen „einrasten", damit ein ungewolltes Öffnen während der Fahrt unterbleibt.
- Öffnungswinkel der Türen 270°; zusätzlich eine Raste für rückseitiges Waschen der Türen.
- CWA[26]-Anforderungen separat (Edelstahl, Temperaturbeständigkeit etc.).

Als letzte der systemspezifischen Schnittstellen werden Einrichtungen genannt, die zur **Datenübertragung** erforderlich sind. Eine Datenübertragung erfolgt zwischen

- der FTS-Leitsteuerung und den FTF,
- den Lastübergabestationen und der Leitsteuerung, aber auch zu den Fahrzeugen,
- der Leitsteuerung und der automatischen Batterieladestation,
- den Fahrzeugen untereinander,
- der FTS-Leitsteuerung und anderen peripheren Einrichtungen.

Die Datenübertragung zwischen der FTS-Leitsteuerung und stationären Einrichtungen erfolgt heute meist per LAN. Für die Datenübertragung zum (mobilen) FTF gibt es verschiedene Möglichkeiten: Induktiv, Infrarot, Funk. Am weitesten verbreitet ist bei modernen Anlagen die WLAN-Technologie, es kann allerdings zu Einschränkungen, Auflagen bis hin zu Einsatzverboten durch den Betreiber kommen, falls im Betrieb bereits WLAN in großem Umfang eingesetzt wird. Dann muss evtl. auf alternative Technologien wie Schmalbandfunk, Bluetooth oder ZigBee ausgewichen werden. Auf eine vollständige Funkausleuchtung des gesamten FTS-Einsatzbereichs ist zu achten.

2.4.3 Periphere Schnittstellen

Die dritte Gruppe der Berührungspunkte des FTS mit seiner Umgebung betrifft die peripheren Einrichtungen, also die Türen, Tore, Aufzüge und andere automatische Fördersysteme.

---

[26] CWA = Container-Waschanlage.

2.4.3.1 Türen und Tore

Türen und Tore können von den Fahrerlosen Transportfahrzeugen durchfahren werden, sofern sie automatisch funktionieren. Dazu gibt es unterschiedliche Möglichkeiten:

- Die FTS-Leitsteuerung ist in der Lage, die Tür anzusteuern; dazu muss es eine LAN-Verbindung geben.
- Das FTF kommuniziert direkt per Infrarot oder Bluetooth mit der Türsteuerung.
- Die Tür ist mit einer eigenen Sensorik ausgestattet und bemerkt das sich nähernde FTF. Als Sensorik eignen sich: Kontaktschleifen im Boden, Lichtschranken an den Wänden oder Bewegungsmelder.

In jedem Fall sollte sichergestellt sein, dass das Öffnen der Tür so schnell geschieht, dass die heranfahrenden FTF nicht verzögern oder gar stoppen und warten müssen. Nach erfolgter Durchfahrt des FTF kann die Tür mittels Signalaustausch wieder geschlossen werden.

Handelt es sich bei den Türen um Brandtore (auch Brandschutztore oder Brandabschnittstore), werden diese im Normalfall ähnlich bedient, wie die oben beschriebenen. Häufig sind Brandtore auch ständig offen und schließen – entweder lokal von angeschlossenen Brandmeldern oder aber zentral von einer Brandmeldezentrale angesteuert – nur im Brandfall automatisch. Diese automatische Ansteuerung hat eine höhere Priorität als die Anforderung des FTF oder der FTS-Leitsteuerung.

Es muss aber sichergestellt sein, dass sich die Tür nicht schließt, wenn sich gerade ein FTF in der Durchfahrt befindet und eingeklemmt würde. Das hätte zur Folge, dass das Brandschutztor nicht vollständig schließen und damit seine Aufgabe nur bedingt erfüllen würde. Deshalb werden Brandtore bzw. deren Steuerungen üblicherweise mit einer Zeitverzögerung ausgestattet, die dem FTF ca. eine halbe Minute nach Auslösen des Alarms Zeit gibt, den Torbereich zu verlassen.

2.4.3.2 Aufzüge

Wenn sich die Fahrzeuge des FTS in stockwerkübergreifenden Layouts bewegen, sind Aufzüge (auch Lifte, Heber oder Vertikalförderer) zu benutzen. Zunächst ist wichtig zu prüfen, ob diese Aufzüge auch von Personen benutzt werden. Wenn dies der Fall ist, müssen folgende Punkte im Vorfeld geklärt werden:

- Um welche Personen handelt es sich: geschulte Mitarbeiter, ungeschultes Personal, Besucher, Kinder, Patienten etc.?
- Wie hoch ist die Frequentierung durch Personen und das FTS?
- Sind Zeitfenster denkbar, in denen Personen- und FTF-Verkehr getrennt werden können?
- Kann die Personenbeförderung mit Schlüsselschaltern reglementiert werden, sodass nur geschultes Personal den Aufzug bedient?

Ein eventueller Mischbetrieb (FTF und Personen) ist in jedem Fall eingehend zu bespre-
chen und bedarf unter Umständen auch spezieller Sicherheits-Features in den FTF (Erkennen von Personen im Aufzug und situationsbedingtes „Platzmachen", damit die Personen
den Aufzug verlassen können).

Die Anforderungen, die aus FTS-Sicht an einen Aufzug zu stellen sind, teilen sich in
mechanische und steuerungstechnische Anforderungen. Die mechanischen sind:

- Die lichte Länge sowie die lichte Breite der Kabine errechnen sich aus der größten
  Länge bzw. Breite eines FTF (samt Last) plus 1000 mm. So hat ein eingefahrenes FTF
  zu allen Seiten des Fahrkorbs 500 mm Platz. Dieser Wert kann mit Sondergenehmigung
  der zuständigen Berufsgenossenschaft auf minimal 200 mm reduziert werden.
- Die lichte Tür- bzw. Kabinenhöhe muss die größte Höhe eines FTF (samt angehobener
  Last) plus 100 mm betragen.
- Die lichte Türbreite ergibt sich aus der größten Breite des FTF (samt Last) und einem
  Randzuschlag von 200 mm an beiden Seiten.
- Die geforderte Fußbodenqualität entspricht der des FTS-gerechten Bodens.
- Der Höhenunterschied zwischen Kabine und festem Boden darf max. ±5 mm betragen.
  Die Kabine darf beim Befahren nicht „absacken" und bei der Ausfahrt nicht „hoch-
  rucken" – eventuell ist ein Niveauausgleich erforderlich.
- Das Spaltmaß zwischen Kabinenboden und festem Boden darf 30 mm nicht über-
  schreiten.
- Falls die Ein- und Ausfahrt auf derselben Seite der Kabine erfolgen, muss vor der Kabine ausreichend Platz für eine Warteposition eines FTF vorhanden sein, damit es nicht
  zu gegenseitiger Blockierung eines ausfahrbereiten und eines wartenden Fahrzeugs
  kommt.

Die Aufzugsschnittstelle ist die Verbindung zwischen dem FTS-Leitrechner und der Auf-
zugssteuerung, hierüber beauftragt das FTS den Aufzug und bekommt Zustandsmeldun-
gen. Folgende typische Signale kommen vom FTS zun Aufzug:

- Anforderung Automatikbetrieb
- Fahre zur Startetage, also zu der Etage, in der die Transportfahrt starten soll
- Fahre zur Zieletage, also zu der Etage, in der die Transportfahrt enden soll
- Kabinentür darf nicht schließen.

Folgende Signale kommen typischerweise vom Aufzug zum FTS:

- Automatikbetrieb
- Aufzug angekommen in Startetage, die Tür ist geöffnet
- Aufzug angekommen in Zieletage, die Tür ist geöffnet
- Aufzugsstatus: Betriebsbereit
- Aufzugsstatus: Kein Feueralarm.

Folgende Randbedingungen sind einzuhalten:

- Im FTS-Betrieb darf der Aufzug nicht durch die Etagen-Ruftasten oder Tableaus in der Kabine bedienbar sein.
- Während der Ein- und Ausfahrt durch das FTF darf der Aufzug keine Bewegung ausführen, insbesondere nicht die Tür schließen.
- Die Aufzugstür muss sofort nach Ankunft auf der Zieletage automatisch öffnen.
- Im Brandfall müssen die Aufzüge ohne FTS-Leitsteuerung funktionieren. Die FTS-Leitsteuerung übernimmt in diesem Fall nicht die Steuerung der Aufzüge.
- Es ist mit den örtlichen Genehmigungsstellen zu klären, ob der FTS-Betrieb außen auf den Etagen und/oder im Innern der Kabine optisch (Lampe oder Anzeige) signalisiert werden muss.

2.4.3.3 Andere automatische Fördersysteme

Unter Umständen arbeiten in der direkten Umgebung des FTS noch andere automatische Fördersysteme. Das können Krananlagen oder Einschienenhängebahnen an der Decke ebenso sein wie Gleiswagen bzw. andere Schienenfahrzeuge am Boden.

Die Zusammenarbeit von FTS mit Krananlagen muss hinsichtlich der Überlappungen der Arbeits-/Fahrbereiche überprüft werden. Hängende Kranhaken oder auch -lasten werden von den üblichen Personenschutzscannern am FTF nicht erkannt! Soll ein Lastwechsel von FTF auf Kran und/oder umgekehrt realisiert werden, sind die dazu erforderlichen Schnittstellen projektspezifisch zwischen den Beteiligten abzustimmen.

Müssen die FTF Gleisanlagen oder andere Unterflursysteme überqueren, muss ein Signalaustausch jegliche Kollisionen vermeiden. Außerdem ist darauf zu achten, dass die Anforderungen an den Boden bzw. an die Koppel-Sensorik und den Bremsweg eingehalten werden.

2.4.4 Mensch und FTF

Und wie läuft das Zusammenspiel zwischen den Menschen und den automatischen Fahrzeugen? Das hängt davon ab, ob es überhaupt eine Schnittstelle gibt und wenn ja, mit was für Menschen gerechnet werden muss. Wir können folgende Fälle unterscheiden:

2.4.4.1 Abgeschottete Bereiche

Es gibt den seltenen Fall, dass der Einsatzbereich des FTS von dem der Menschen abgegrenzt ist, der Arbeitsbereich also abgeschottet ist. Mechanische Grenzen, wie Zäune, oder virtuelle Begrenzungen, wie Lichtvorhänge, halten das Layout des FTS frei von (unbefugten) Personen. Die sicherheitstechnische Situation ist mit derjenigen vergleichbar, die wir von den Arbeitsbereichen der Industrieroboter kennen – sobald ein Mensch, oder auch nur ein Arm in diesen Bereich eindringt, gibt es einen Alarm und die Anlage wird gestoppt.

Nun gibt es solche Fälle im Indoor-Einsatz kaum. Denn hier geht es ja gerade um die „Mitbenutzung" der Wege durch die FTF. Ganz unsinnig ist eine Trennung von Wegen aber auch hier nicht. Es mag möglich sein, einige spezielle Fahrwege für die FTF zu reservieren, vielleicht, um darauf relativ lange Strecken mit „überhöhter" Geschwindigkeit zurückzulegen.

Im Außenbereich ist die Schaffung von expliziten FTF-Strecken oder ganzen Bereichen durchaus üblich. Im Abschn. 3.3 „Anwendungsgebiete – Außeneinsatz (Outdoor-. FTF)" werden die Besonderheiten von Outdoor-FTF detailliert erläutert, an dieser Stellt soll der Hinweis reichen, dass es im Außenbereich Einschränkungen des FTS-Einsatzes aufgrund der verfügbaren Sicherheitstechnik gibt. So ist es hier in jedem Fall ratsam, genau zu prüfen, ob nicht eine Trennung der Aufenthaltsbereiche von Menschen und FTF möglich ist. Dann kann auch ohne eine weitreichende zertifizierte Sicherheitstechnik gefahren werden, was die große FTS-Anwendung (fast 100 Outdoor-FTF für den Transport von Hochseecontainern) im HHLA[27]-Container-Terminal Altenwerder in Hamburg beweist.

In solchen Fällen erübrigt sich die Frage nach der Schnittstelle zum Menschen.

2.4.4.2 Mitarbeiter

Für den Indoor-Bereich ist es selbstverständlich, dass die automatischen Fahrzeuge sich die Wege mit den Mitarbeitern teilen. Wir sprechen von Anwendungen der Intralogistik, wo es bestimmte Vorstellungen bzw. Anforderungen bezüglich der Mitarbeiter gibt – zumindest hinsichtlich der hier besprochenen Thematik. Ein Mitarbeiter ist ein erwachsener gesunder Mensch, der sich verantwortungsvoll im Betrieb bewegt. Er ist im Umgang mit dem FTS unterwiesen und hat sich an die automatischen Verkehrsteilnehmer gewöhnt.

So sind die Intralogistik-Anwendungen auch sicherheitstechnisch beherrschbar. Die Mitarbeiter wissen, wie sich die FTF bewegen und wo sie langfahren. Die Erfahrung lehrt, dass die Mitarbeiter sich innerhalb der ersten zwei Einsatzwochen des FTS selbst davon überzeugen, dass die Sicherheitssensorik auch auf ihre Person reagiert. In dieser Zeit kommt es zu unverhältnismäßig vielen Stopps, manchmal sogar mit Einbußen bei der Systemleistung. Danach gibt es kaum noch Probleme beim Umgang mit dem FTS.

---

[27] HHLA = Hamburger Hafen und Logistik AG.

Für die Mitarbeiter, die als Fußgänger unterwegs sind, legen die FTF ein leicht vorhersagbares und angenehmes Verhalten an den Tag:

- Die normale Fahrgeschwindigkeit der Fahrzeuge beträgt meist 1 m/s (= 3,6 km/h), was der üblichen Gehgeschwindigkeit der Mitarbeiter entspricht. So kommt es nicht zu der Situation, dass Mitarbeiter durch von hinten sich nähernde Fahrzeuge erschreckt werden.
- Die FTF fahren immer exakt die gleichen Wege und umfahren in der Regel auch keine Hindernisse.[28] Wenn Mitarbeiter auf dem Fahrweg den FTF im Weg stehen, stoppen diese sanft bis zum völligen Halt und warten solange, bis der Weg frei ist. Dann fahren die FTF selbstständig wieder an.
- Die FTF werden den Mitarbeitern erfahrungsgemäß sympathischer, wenn sie Namen haben. Es gibt eine Anlage, deren drei Fahrzeuge Tick, Trick und Track heißen. Aber auch die Vornamen der obersten Chefs sollen schon an FTF vergeben worden sein.
- Elektrische Fahrzeuge fahren nahezu lautlos, was nicht immer gewollt ist. Eine Alternative zum nervtötenden Dauer-Piepen einer Warneinrichtung ist der Einbau von Autoradios in die FTF. Dann muss sich die Belegschaft nur noch auf einen Sender einigen, und die Fahrzeuge sorgen für Information und gute Laune und sind zudem rechtzeitig zu bemerken.

Für Gabelstapler-Fahrer stellt sich die Situation mitunter anders da. Fahrerlose Transportfahrzeuge gelten oft als Jobkiller. Hier geht es also darum, frühzeitig, d. h. lange vor der FTS-Einführung, über den Sinn und Zweck der Maßnahmen zu informieren. Zunehmend wird in Unternehmen aber sogar automatisiert, weil man manuelle Prozesse nicht mehr mit geeignetem Personal besetzen kann (Fachkräftemangel).

Die „Zusammenarbeit" von Gabelstaplern und FTF kann sehr gut funktionieren – Voraussetzung ist, dass die Gabelstapler-Fahrer „wollen". Sonst kommt es z. B. zu Kollisionen, bei denen die Gabel des Staplers das FTF „aufspießt" und dabei z. B. den teuren und empfindlichen Personenschutzscanner außer Gefecht setzt. Dabei ist – bei entsprechender Rücksichtnahme – ein problemloses Miteinander möglich, weil der Gabelstapler-Fahrer wegen seiner erhöhten Sitzposition das Bewegungsverhalten der FTF sehr gut beobachten und einschätzen kann. Üblich ist die Verkehrsregel, dass FTF prinzipiell Vorfahrt haben, und außerdem fahren sie häufig langsamer und „benehmen" sich vorsichtiger als die mannbedienten Stapler. FTF bedürfen deshalb besonderer Rücksichtnahme, was den Staplerfahrern nicht immer leichtfällt.

---

[28] Technisch ist eine automatische Hindernisumfahrung heute möglich – ob sie sinnvoll bzw. gewünscht ist, muss im Einzelfall zwischen FTS-Lieferant und Betreiber abgeklärt werden; selbstverständlich müssen auch bei der Hindernisumfahrung alle geltenden Sicherheitsrichtlinien und -vorschriften eingehalten werden.

2.4.4.3 Publikumsverkehr

Es gibt Einsatzfälle, da gibt es neben unterwiesenen Mitarbeitern und geschultem Personal noch weitere Personenkreise, die mit den FTF in Kontakt kommen. Als Beispiel sei hier die Krankenhauslogistik genannt, wo es stellenweise immer wieder Publikumsverkehr gibt. Der weitaus größte Streckenanteil im Krankenhaus wird sicher abseits der Patientenwege verlaufen – aber eben nicht ausschließlich. Dann begegnet ein FTF plötzlich frisch-operierten Patienten mit Infusionsständern oder Rollatoren, die sicher in ihren Bewegungen eingeschränkt sind. Neugierige Kinder oder krabbelnde Kleinkinder sind ebenfalls nicht auszuschließen.

Solche Situationen stellen eine große Herausforderung für die Sicherheitstechnik der FTF da. Die berufsgenossenschaftliche Zulassung eines Personenschutzscanners verliert hier ihre Bedeutung, weil wir uns eben abseits des erlaubten Einsatzbereiches bewegen. Hier sind technische und organisatorische Maßnahmen zu treffen, um größtmögliche Sicherheit zu garantieren, ohne dass die Systemleistung des FTS zu sehr leidet.

Anwendungsgebiete

3

Zusammenfassung

Nachdem wir im letzten Kapitel die technologischen Standards kennengelernt haben, die die Grundlage für die vielen erfolgreichen FTS-Realisierungen der letzten Jahre darstellen, wollen wir uns nun mit den heute üblichen Anwendungsgebieten des FTS beschäftigen und beispielhafte Anlagen sowie die dabei eingesetzten Techniken vorstellen. Zunächst werden wir die Anwendungen prozessbezogen einteilen und uns dann Einsatzbeispiele aus bestimmten Branchen anschauen. Dem Sonderfall „Outdoor-FTF" ist im Anschluss ein eigener Abschnitt gewidmet, in dem die Besonderheiten des Außeneinsatzes mit dem Schwerpunkt auf Navigation und Sicherheit beschrieben und anhand einiger Beispiele erläutert werden.

Alle vorgestellten Beispiele wurden im Zeitraum zwischen den Jahren 2000 und 2020 realisiert und sollen stellvertretend für ihre jeweilige Gruppe verstanden werden – und nicht als besonders gelungenes Projekt des jeweiligen Herstellers.

Den Abschluss dieses Kapitels bilden dann Beschreibungen und einige eher grundsätzliche Betrachtungen zu Einsatzfällen, die sich erst in der jüngsten Vergangenheit, also etwa seit Anfang der 20er-Jahre dieses Jahrhunderts zu etablieren beginnen oder unmittelbar an der Schwelle zum Industrieeinsatz stehen: Sortieren mit FTF, Automatische Lkw-Beladung sowie automatische Routenzüge.

© Springer Fachmedien Wiesbaden GmbH, ein Teil von Springer Nature 2023
G. Ullrich, T. Albrecht, *Fahrerlose Transportsysteme*,
https://doi.org/10.1007/978-3-658-38738-9_3

3.1   Aufgabenbezogene Aspekte des FTS-Einsatzes

Die Haupteinsatzgebiete des FTS liegen in der Intralogistik, also der Organisation, Steuerung, Durchführung und Optimierung des innerbetrieblichen Waren- und Materialflusses,
der Informationsströme sowie des Warenumschlags in Industrie, Handel und öffentlichen
Einrichtungen (Definition gemäß VDMA).[1]

Einige Einschränkungen sind damit verbunden: So betrachten wir nicht die sogenannten People Mover, also die automatischen Fahrzeuge für den Personentransport. Das ist
zum gegenwärtigen Zeitpunkt auch noch schwierig: Zum einen gibt es nur sehr wenige
Applikationen und zum anderen fehlen verbindliche Regelungen und Gesetze weitgehend.

Viele Sonderanwendungen[2] bleiben ebenfalls unberücksichtigt: Anwendungen in der
Raumfahrt, im oder unter Wasser, in der Militärtechnik, Fassaden- und Fußbodenreinigung,
mobile Auskunfts- und Infosysteme für Besucher von Museen, Ausstellungen, Einkaufszentren etc. sowie Geh- oder Klettermaschinen.

Wir beschränken uns also auf den Transport von Material, insbesondere in der Intralogistik.

3.1.1   Das FTS in Produktion und Dienstleistung

Zu Beginn wollen wir uns etwas näher mit den Aufgaben der Intralogistik beschäftigen,
denn in diesem Umfeld bewegt sich das klassische FTS.

Die Bewegung von Gütern (Stückgut, Flüssigkeiten, Ware, Material, Versorgungsmaterial etc.) erfolgt in unterschiedlichen Bereichen innerhalb eines Betriebes bzw. eines
Betriebsgeländes, zwischen örtlich differenzierten Unternehmen oder Betriebsteilen, zwischen Unternehmen und Verbraucher.

Die Organisation, Durchführung und Optimierung dieser Güter-, Waren- und Materialflüsse innerhalb eines Unternehmens der Industrie, des Handels oder einer öffentlichen
Einrichtung werden dabei als Intralogistik bezeichnet. Wesentliche Aspekte dieses umfassenden Themengebiets sind

- die Prozesse der Handhabung von Gütern und Material, im Besonderen im Wareinein-
  gang und -ausgang, in der Lagerhaltung und Kommissionierung, beim Transport sowie
  bei der Übergabe und Bereitstellung derselben;
- die Informationsströme, also die Kommunikation von Bestands- und Bewegungsübersichten, der Auftragssituation, den Durchlaufzeiten und Verfügbarkeitsprognosen, die
  Darstellung von Daten zur Unterstützung der Verfolgung, Überwachung und ggf. Ent-

---

[1] VDMA = Verband Deutscher Maschinen- und Anlagenbau.
[2] Ein erstes automatisches Pkw-Parksystem mit FTF wurde 2013 von Serva Transport Systems und
dem Fraunhofer IML, Dortmund, am Flughafen Düsseldorf realisiert. Quelle: Hebezeuge Fördermittel, Berlin, Heft 53 (2013), S. 6.

ÜBER
50 JAHRE
FTS
ERFAHRUNG

Die MLR System GmbH ist der Experte für Fahrerlose Transportsysteme. Wo immer es gilt, den Transport von Waren & Gütern von A nach B effizient zu planen und umzusetzen, sind wir der kompetente Partner. Wir handeln ganzheitlich und verantwortlich, sind vertraut mit den Anforderungen in unseren Kernbranchen und entwickeln auf Wunsch auch Sondertransportlösungen, die exakt auf den Kundenbedarf und das Transportgut angepasst sind. Im Verbund mit unseren Partnern der ROFA Group stehen wir für den perfekten Workflow und eine Maximierung der Produktivität bei hoch effizientem Ressourceneinsatz.

Als Pionier im Bereich der Fahrerlosen Transportsysteme stellen wir unser über Jahrzehnte gewachsenes Knowhow für die Planung, Entwicklung und Umsetzung Ihrer innerbetrieblichen Transport- bzw. Materialflussaufgabe zur Verfügung. Wir kennen die neuesten Technologien, die spezifischen Anforderungen einzelner Branchen und Kunden, und kümmern uns um die Schnittstelle zur Software. Als Generalunternehmer begleiten wir Sie von A bis Z: Wir erstellen Planungs- und Ausschreibungsunterlagen, beauftragen und beaufsichtigen Lieferanten, übernehmen das Projektmanagement während der Realisierung und übergeben Ihnen nach Fertigstellung eine schlüsselfertige Anlage. Sie profitieren dabei nicht nur von unserer Projekterfahrung, sondern auch von unseren langfristigen Beziehungen zu Lieferanten, Planern und Baupartnern.

MLR System GmbH
Voithstraße 15 | 71640 Ludwigsburg
Deutschland

Tel: +49 7141 9748 0
Fax: +49 7141 9748 113

info@mlr.de

scheidung von Maßnahmen, sowie auch die Auswahl und der Einsatz von Mitteln zur Datenkommunikation;

- die Verwendung von Transportmitteln (Hebezeuge, Stetigförderer, Flurförderzeuge usw.) sowie von Überwachungs- und Steuerungselementen (Sensorik/Aktorik);
- und schließlich der Einsatz von Techniken für die aktive/passive Sicherheit, das Datenmanagement, die Güter-, Waren- und Materialerkennung/-identifikation, die Bildverarbeitung, den Warenumschlag (also das Bereitstellen, Sortieren, Kommissionieren, Palettieren, Verpacken).

In den allermeisten Fällen sind Transportprozesse nicht wertschöpfend, verursachen aber einen unter Umständen erheblichen Aufwand. Da Transporte andererseits aber für die innerbetrieblichen Abläufe notwendig sind, besteht sowohl die Herausforderung als auch die Chance zu ihrer Optimierung! Im Wirkungsverbund der Produktionsmittel beeinflusst die Auswahl und Gestaltung der Transportsysteme die Effizienz des Produktionsprozesses und damit dessen Ertragspotenzial.

Den **Produktionsbereich** charakterisiert die Prozesskette vom Wareneingang bis zum Versand. Beeinflusst durch die Auftragssituation gestalten Einkauf, Disposition, Fertigungsleitung und Verwaltung kontinuierlich verschiedene Elemente dieser Prozesskette, also im Wesentlichen

- den Auf- und Abbau der Lagerbestände und den dazu notwendigen Güter-, Waren-, Materialumschlag (Warenein- und -ausgang, Materiallager),
- die Rüstzeiten und Durchlaufzeiten unter Berücksichtigung des Ausgleichs von Über- und Unterkapazitäten sowie der Lieferzielvorgaben der Leistungsempfänger,
- die Festlegung respektive Änderung von Auftragsprioritäten und
- die Optimierung von Losgrößen.

Diese Aufgaben erfordern permanente Steuerung, Überwachung, Kontrolle und zumeist Anpassung an die sich stetig verändernde Lage. Um einen möglichst großen Gestaltungsspielraum für eine effiziente Wahrnehmung dieser Aufgaben zu erreichen, ist daher neben der arbeitsschrittorientierten Fertigungsplanung eine sorgsame Planung (ggf. Simulation) und ein ausgewogener Einsatz geeigneter Transportmittel unerlässlich.

Gleiches gilt für Anwendungen im **Dienstleistungssektor**. Wenn wir dort den „Produktionsbereich" als den Bereich verstehen, der seine Leistungen dem Empfänger zur Verfügung stellt, dann sehen wir vergleichbare Aufgabenstellungen in der Prozesskette, auch wenn Verantwortliche eventuell andere Funktionsbezeichnungen tragen.

Im betriebswirtschaftlichen Unternehmensbereich hat die Auswahl der Produktionsmittel hauptsächlich Auswirkungen auf

- die finanztechnische Mittelplanung und -verwendung und
- die Kapazitäts- und Auslastungsanalysen und -planungen, was sowohl die technischen Mittel als auch vor allem die personellen Ressourcen betrifft.

Die technische und betriebswirtschaftliche Unternehmensleitung ist darum bemüht, im Spannungsfeld der betrieblich notwendigen Leistungserfordernisse und den dazu benötigten Mitteln die verfügbaren finanziellen und personellen Ressourcen ständig zu optimieren. Dazu werden geeignet definierte und erfasste Betriebsdaten und Kennzahlen, wie z. B. Lagerumschlagszeiten, Durchlaufzeiten mit Standzeiten, Produktionsmittelauslastung und dergleichen mehr, benötigt.

Das soll an dieser Stelle zur Einordnung des FTS in die Intralogistik genügen, um im Folgenden konkreter auf die Rolle des FTS eingehen zu können.

3.1.2 FTS als Organisationsmittel

Häufig werden Fahrerlose Fahrzeuge (FTF) mit dem FTS gleichgesetzt. Schnell ist die Diskussion bei den unterschiedlichen Fahrzeugtypen oder anderen konkreten Themen:

- Welcher FTF-Typ, z. B. Gabelfahrzeug oder Unterfahr-FTF, ist vorzuziehen?
- Welches ist das zu präferierende Navigationsverfahren (z. B. Lasertriangulation oder Magnetnavigation)?
- Welches Konzept für den Personenschutz soll eingesetzt werden?

Natürlich sind die automatischen Fahrzeuge wichtige Komponenten eines FTS, aber eben nur Komponenten. Wenn wir korrekt sein wollen, müssen wir das Gesamtsystem FTS betrachten, das gemäß VDI 2510[3] aus den Fahrzeugen, der Leitsteuerung und der Bodenanlage besteht. In dieser Richtlinie sind wesentliche globale Eigenschaften des FTS aufgeführt (Abb. 3.1).

Abb. 3.1 Ein FTS verknüpft verschiedene Prozesse beim Papierrollenhandling. (Schema; Quelle: Rocla)

---

[3] VDI 2510 „Fahrerlose Transportsysteme (FTS)", VDI 10/2005, Beuth-Verlag, Berlin.

Hier muss betont werden, dass ein FTS als Organisationsmittel eine weitreichende und nachhaltige Wirkung auf die Intralogistik hat. Anfangs scheint die Ordnung, die als Voraussetzung für den FTS-Betrieb erforderlich ist, lästig. Dann aber wird klar, dass diese Ordnung eben auch die Folge eines FTS ist, sodass hier eine Chance liegt, im Sinne einer ständigen Verbesserung, die Abläufe immer weiter zu optimieren.

Wenn es zum Beispiel darum geht, einen typischen „Gabelstaplerbetrieb", also eine Intralogistik mit manuell bedienten Flurförderzeugen (FFZ), mittels FTS zu automatisieren, mag der Betreiber zunächst den vermeintlichen Vorteilen des Gabelstaplers nachtrauern: die kurzfristig abrufbare hohe Systemleistung und hohe Flexibilität bezüglich der Aufgabenstellung. Schaut er dann aber genauer hin, stellt er fest, dass ein FTS ebenfalls eine hohe Systemleistung hat, nämlich genau die, die während der Planung „eingestellt" wurde; und zwar ganz selbstverständlich als Dauerleistung mit einer extrem hohen Verfügbarkeit.

Die hohe Flexibilität der Stapler wird nur dann benötigt, wenn die Aufgabenstellung nicht optimal strukturiert wurde (Aufgabe der Planung) oder aber in seltenen Fällen nicht strukturierbar ist. Meist bergen die Prozesse aber genügend Optimierungspotenzial, sodass die Abläufe derart organisiert werden können, dass ein FTS eingesetzt werden kann. Der immer wieder unterschätzte Vorteil des FTS liegt dann darin, dass die geschaffene Ordnung auf Dauer eingehalten wird, weil sie eingehalten werden muss! Beispiele hierfür sind die klare Definition von Fahrwegen und Stellplätzen.

Bis vor wenigen Jahren (bis ca. 2015) konnten Fahrerlose Fahrzeuge nicht um Hindernisse, die sich auf/im Fahrweg befinden, herumfahren, d. h. sie blieben dann davor stehen; Hindernisse wie eine Gruppe Mitarbeiter beim Gespräch oder aber eine durch Mitarbeiter „mal eben" abgestellte Palette. Das ist auch durchaus akzeptabel, weil in einem durchorganisierten, automatisierten Betrieb weder Mitarbeiterbesprechungen noch vereinzelt falsch platzierte Paletten auf den Wegen stören sollten!

Neue Navigationsverfahren in Verbindung mit Sensorik + komplexer Software auf den Fahrzeugen ermöglichen es heute, dass ein FTF auf solch eine Störung reagiert, indem es – sofern ausreichend Platz zur Verfügung steht – selbstständig, aber vorsichtig und langsam, um ein Hindernis herumfährt. Im Einzelfall wird dies häufig als positive Eigenschaft angesehen, wenn aber das Hindernis-Umfahren zum Dauerzustand wird, sinkt die Transportleistung des FTS signifikant.

Durch Beobachtung des Ist-Zustandes und durch die Adaption einfacher Regeln in der FTS-Leitsteuerung gelingt es dann, positive Veränderungen beizubehalten bzw. negative rückgängig zu machen. Den laufenden Veränderungen in den Abläufen/im Produktspektrum/bei den Stückzahlen usw. kann so mit einer angepassten Intralogistik unmittelbar Rechnung getragen werden. So kann ein FTS mit einfachen Regeln Logistikabläufe optimieren und mit den Anforderungen wachsen.

3.1.3 Argumente für den FTS-Einsatz

An dieser Stelle wollen wir die Vorteile des FTS zusammenfassen. Sie tauchen vereinzelt oder in abgewandelter Form sicher an anderen Stellen dieser Fibel wieder auf, hier wollen wir die Argumente gebündelt darstellen. Dabei geht es nicht um die Betrachtung der Wirtschaftlichkeit, die ja in jedem Fall gegeben sein muss, sondern um die technischen und organisatorischen Argumente:

- Organisierter Material- und Informationsfluss; dadurch produktivitätssteigernde Transparenz innerbetrieblicher Logistikabläufe
- Jederzeit pünktliche und kalkulierbare Transportvorgänge
- Minimierung von Angstvorräten und Wartebeständen im Produktionsbereich
- Verringerung der Personalbindung im Transport und dadurch Senkung der Personalkosten (insbesondere beim Mehrschichtbetrieb)
- Minimierung von Transportschäden und Fehllieferungen; dadurch Vermeidung von Folgekosten
- Hohe Verfügbarkeit und Zuverlässigkeit
- Verbesserung der Arbeitsumgebung; sichere und angenehmere Arbeitsbedingungen durch geordnete Abläufe, saubere und leise Transportvorgänge
- Positive Innenwirkung auf die Belegschaft
- Positive Außenwirkung innerhalb des Konzernverbundes (Standortsicherung)
- Positive Außenwirkung gegenüber den Kunden
- Hohe Präzision bei automatischer Lastübergabe
- Geringfügige Infrastrukturmaßnahmen erforderlich
- Leichte Realisierung von Kreuzungen und Verzweigungspunkten
- Mehrfachbenutzung der Förderebene möglich
- Einsatzmöglichkeit eines Ersatzfördermittels (Gabelstapler)
- Eignung sowohl für geringe als auch für große Raumhöhen
- Hohe Transparenz des Fördergeschehens
- In der Regel kein zusätzlicher Verkehrsflächenbedarf
- Benutzung vorhandener Fahrwege
- Innen- und Außeneinsatz möglich
- Vielfältige Zusatzfunktionen realisierbar:
  Ordnen/sortieren, entscheiden, Daten erheben, Daten weiterleiten, Transportgut wiegen, Abläufe organisieren, Lager verwalten, Stellplätze verwalten, Lasten erkennen, verschiedene Layouts beherrschen, Paletten finden, Lkw beladen, intelligente Sicherheit, sich intelligent und situationsbedingt verhalten (Feuerwehr-Schaltung, verschiedene Einsatz-Modi), zusätzliche Aktivitäten in betriebsarmen Zeiten (z. B. nächtliches Umlagern), intelligente Batterieladestrategien, mobiler Roboter, Kommissionier-Funktionen usw.

Äußerst zeitgemäß ist dabei die Nachverfolgbarkeit der logistischen Prozesse. Alle Produktbewegungen werden zuverlässig erledigt und protokolliert. Dadurch entsteht eine lückenlose Prozesshistorie, die für interne Prüfungen, aber auch im Sinne der Produkthaftung sinnvoll und erforderlich ist. Zusammengefasst lässt sich sagen, dass ein FTS ein mächtiges Werkzeug zur Abwicklung und vor allem Optimierung intralogistischer Abläufe darstellt. Die aufgeführten Eigenschaften und Vorteile gelten dabei branchenunabhängig und branchenübergreifend! Die im Abschn. 3.2 beispielhaft vorgestellten Anwendungsfälle zeigen zwar u. U. branchenspezifische Fahrzeug-Lösungen, diese sind aber im Wesentlichen dem Transportgut bzw. dem branchentypischen Ladehilfsmittel geschuldet.

3.1.4 Mischbetrieb von mannbedienten FFZ und FTF

Wenn in einem Unternehmen die grundsätzliche Entscheidung zur Beschaffung und zum Einsatz eines FTS getroffen wurde, dann bedeutet das in den seltensten Fällen, dass ab dann *alle* Transporte automatisiert erfolgen und keine manuell bedienten FFZ mehr eingesetzt werden. In diesem Abschnitt wollen wir uns daher näher mit dem Mischbetrieb von manuell bedienten Flurförderzeugen mit Fahrantrieb – Gabelhubwagen, Stapler mit Standplattform oder Fahrersitz, Routenzüge – und fahrerlosen Fahrzeugen befassen. Gemeint ist damit, dass entweder die Fahrwege ganz oder teilweise gemeinsam genutzt werden oder sogar darüber hinaus Lastaufnahmen und -abgaben gemischt, also abwechselnd durchgeführt werden.

Grundsätzlich wird die Möglichkeit des Mischbetriebes als ein fundamentaler Vorteil des FTS genannt. Allerdings kann ein Mischbetrieb in mehrfacher Hinsicht kritisch sein. Insbesondere braucht es Regeln zu Fahrverhalten und Rücksichtnahme für die menschlichen Fahrer, ohne die es schnell zu Beschädigungen (vor allem der FTF), zu schlechter Performance des FTS und im schlimmsten Fall auch zu sicherheitskritischen Situationen kommt.

Gemeinsam genutzte Fahrwege in einer Produktionshalle, in einer Lagerhalle, auf Fluren/Gängen, die zwei solcher Hallen miteinander verbinden, oder in Kommissionierbereichen: Hier liegt das Konfliktpotenzial insbesondere in dem großen Geschwindigkeitsunterschied, der üblicherweise, also ohne besondere Schutz- und Vorsichtsmaßnahmen, zwischen FTF und den anderen FFZ mit Fahrantrieb und mitfahrendem Fahrer besteht. Diese FFZ erreichen eine Endgeschwindigkeit, die beim 4- bis 5-fachen von der eines FTF liegen kann – m.a.W. das FTF „bremst den Stapler(fahrer) aus". Aber nicht nur bei der eigentlichen Transportfahrt, sondern auch beim Manövrieren und bei der Lastaufnahme und -abgabe ist der FFZ-Fahrer deutlich agiler. Er wird, wenn sich aus seiner Sicht solch eine Situation des langsamen Hinterherfahrens anbahnt, einiges unternehmen, um diese zu vermeiden: Stark beschleunigen, maximal schnell fahren (auch dort, wo es eigentlich nicht angeraten ist), „Kurven schneiden" und/oder waghalsige Überholmanöver durchführen mit dem Ziel, „vor das FTF zu kommen". Die Folgen von solchen Manövern können gefährliche Situationen bis hin zu Unfällen mit Sach- und/oder Personenschaden sein. Sachschäden entstehen am FFZ, an der mitgeführten Ladung, am Gebäude oder der Infrastruktur sowie am FTF – insbesondere dann, wenn sich der FFZ-Fahrer beim Überholvorgang „verschätzt" hat und beim Einscheren vor das FTF dieses berührt. Sofern es nur bei Blechschäden bleibt, ist es ärgerlich – es können aber auch wichtige Komponenten wie z. B. der Sicherheitslaserscanner beschädigt werden, was zum einen eine teure Reparatur zur Folge hat und zum anderen zum Stillstand des FTF bis zum Ende der Reparatur führt.

Aber auch ein stillstehendes FFZ kann zur Gefährdung eines FTF führen, wenn nämlich eine oder beide Gabel(n)/Gabelspitze(n) des FFZ in den Fahrweg des FTF ragen und dies in einer Höhe, in der sie vom Sicherheitslaserscanner nicht bzw. nicht zuverlässig erkannt werden können und daher nicht zum Stopp des FTF bei Annäherung führen. Dann können die Gabeln des FFZ den Laserscanner des FTF touchieren, was häufig gleichbedeutend mit der Zerstörung des Scanners ist.

Beim **gemeinsamen Arbeiten** im Lager (Bodenlager mit Block- oder Zeilenlagerung, Regallager) gibt es sehr unterschiedliche Betriebskonzepte, die dazu führen, dass sich die manuell bedienten FFZ und die FTF entweder häufig oder möglichst gar nicht begegnen. In den folgenden Tabellen sind diese Betriebskonzepte aufgeführt und hinsichtlich ihrer Eignung für einen Mischverkehr bewertet. Die verwendeten Symbole sollen dabei folgende Bedeutung haben:

++ keine Probleme zu erwarten o kann funktionieren, aber Spielregeln sind erforderlich
-- nicht empfohlen

Szenario: Bodenlager, Block- oder Zeilenlagerung mit oder ohne Stapelbildung	
Betriebskonzept	Bewertung
ein Block wird ausschließlich durch ein (oder mehrere) FTF gebildet und ein anderer (auch direkt benachbarter) Block ausschließlich durch ein (oder mehrere) manuell bediente Stapler bearbeitet; wenn zu einem späteren Zeitpunkt die Blöcke abgebaut werden, wird in gleicher Weise gearbeitet, dabei bearbeitet ein FTF ausschließlich diejenigen Blöcke, die FTF erstellt haben	++
ein Block wird durch FTF gebildet und zu einem späteren Zeitpunkt durch manuell bediente(n) Stapler abgebaut	++
ein Block wird durch manuell bediente(n) Stapler gebildet und zu einem späteren Zeitpunkt durch FTF abgebaut	o
ein Block wird durch FTF und manuell bediente(n) Stapler gleichzeitig aufgebaut	--
ein Block wird durch FTF und manuell bediente(n) Stapler gleichzeitig abgebaut	--

Anmerkung: Eine wichtige Voraussetzung für das Stapeln (gilt allgemein, auch ohne Mischbetrieb ist stapelfähiges Ladegut, d. h. es ist so stabil, dass sich auch nach längerer Lagerzeit keine Verschiebung oder Neigung des Stapels einstellt).

Szenario: Regallager	
Betriebskonzept	Bewertung
Ladungsträger werden von FTF ins Regal eingelagert und zu einem späteren Zeitpunkt von FTF wieder ausgelagert; die jeweils aktuelle Regalgasse steht dem FTF *exklusiv* zur Verfügung, d. h. manuell bediente(s) FFZ arbeiten zur selben Zeit in anderen Regalgassen	++
Ladungsträger werden von FTF ins Regal eingelagert und zu einem späteren Zeitpunkt von manuell bedienten FFZ wieder ausgelagert; in einer Regalgasse halten sich zur selben Zeit nie beide Fahrzeugtypen gleichzeitig auf	++
Ladungsträger werden von FTF ins Regal eingelagert und zu einem späteren Zeitpunkt von manuell bedienten FFZ wieder ausgelagert; in einer Regalgasse können (dürfen) sich beide Fahrzeugtypen *gleichzeitig* aufhalten	--

Szenario: Regallager	
Betriebskonzept	Bewertung
Ladungsträger werden von FFZ ins Regal eingelagert und zu einem späteren Zeitpunkt von FTF wieder ausgelagert; in einer Regalgasse halten sich zur selben Zeit nie beide Fahrzeugtypen gleichzeitig auf	o
Ladungsträger werden von FFZ ins Regal eingelagert und zu einem späteren Zeitpunkt von FTF wieder ausgelagert; in einer Regalgasse können (dürfen) sich beide Fahrzeugtypen *gleichzeitig* aufhalten	--

Die exklusive Nutzung eines Blocklagerbereichs oder einer Regalgasse durch nur einen Fahrzeug-Typ ist technisch-organisatorisch sinnvoll und mit vertretbarem Aufwand lösbar. Voraussetzung dafür ist aber der Einsatz einer FTS-Leitsteuerung, idealerweise ergänzt durch ein Echtzeit-Ortungssystem für die manuell bedienten Flurförderzeuge. Die Transportaufträge werden dann durch das Leitsystem so auf das FTS und die FFZ-Flotte verteilt, dass die – temporär separierten – Arbeitsbereiche (zeitlich/örtlich) eingehalten werden.

Bei gemischtem Ein- und Auslagern im Regal oder gemischtem Auf- und Abstapeln gibt es eine empfohlene und eine eher nicht empfehlenswerte Variante: Wenn ausschließlich das FTF einlagert bzw. den Stapel bildet und das anschließende Auslagern bzw. Abstapeln durch manuell bediente FFZ erfolgt, sind keine Probleme zu erwarten. Wenn aber die umgekehrte Reihenfolge gewünscht bzw. gewählt wird, ist wg. der nicht zu vermeidenden Toleranzen bzw. Positionierfehler bei der manuellen Einlagerung – insbesondere in den höheren Etagen des Regals bzw. bei hohen Stapeln – damit zu rechnen, dass die Aufnahme der Ladung durch das FTF nur dann zuverlässig und störungsfrei abläuft, wenn ein erheblicher sensorischer und steuerungstechnischer Aufwand auf FTF-Seite getrieben wird. Das ist zwar technisch möglich, ist aber mit hohen Kosten verbunden und lässt die Wirtschaftlichkeit dieses Lösungswegs fraglich werden. Außerdem kann sich die Verfügbarkeit der FTF durch auftretende Störungen verringern.

Neben diesen technischen Aspekten soll auch noch auf die besondere psychologische Situation des Mischbetriebs hingewiesen werden: Es muss damit gerechnet werden, dass FTF von den Fahrern der manuell bedienten Flurförderzeuge als Konkurrenten gesehen werden, dies geht bis zur Bezeichnung als „Jobkiller". Wenn nun gemeinsam der Transportauftragspool bearbeitet werden soll, ist diese Konkurrenzsituation während der gesamten Arbeitszeit ständig präsent – was dazu führen kann, dass die Staplerfahrer bewusst Situationen herbeiführen, die die Leistungsfähigkeit der einzelnen FTF sowie des gesamten Fahrerlosen Transportsystems schlecht aussehen lassen. So werden dann die Planungsziele, die mit der Einführung und dem Betrieb des FTS verbunden waren, nicht erreicht.

Fazit Ein Mischbetrieb von manuell bedienten FFZ und FTF ist grundsätzlich möglich, es sind aber im Detail gute und weniger gute Realisierungen bekannt und bei allen Lösungen sollte „der Faktor Mensch" nicht unterschätzt werden. Je intensiver der Mischbetrieb ist, umso eher sind Probleme bei Transportleistung und Verfügbarkeit der FTF zu erwarten – und je deutlicher die Arbeitsbereiche voneinander getrennt werden können, umso besser wird die Gesamtbilanz ausfallen. Mit anderen Worten: die Einführung eines FTS ist eine vielschichtige und komplexe Aufgabe und ein beabsichtigter Mischbetrieb ist eine zusätzliche Herausforderung!

3.1.5   FTS im Taxibetrieb

Üblicherweise unterscheidet man FTS hinsichtlich der Einsatzformen in Fließlinien- und Taxibetrieb. FTF, die als Montageplattform durch Montagelinien getaktet werden, arbeiten im Fließlinienbetrieb, das wird im nächsten Abschnitt Thema sein.

Beim Taxibetrieb werden die Stationen (ähnlich Haltestellen) auch Quellen und Senken genannt. An einer Quelle beginnt der Materialtransport, an einer Senke endet er. Natürlich kann jede Station gleichzeitig Quelle und Senke sein (Abb. 3.2).

Fahrzeuge, die in einem Netz von Quellen und Senken unterwegs sind und viele einzelne Positionen frei und flexibel miteinander verknüpfen, sind Bestandteil eines Taxisystems. Solch ein FTS kann man sehr gut mit einem Taxiunternehmen in einer Stadt vergleichen.

Für ein Taxisystem sind aber nicht nur leistungsfähige Fahrzeuge wichtig. Von größter Bedeutung ist die Leitsteuerung (Taxizentrale), bei der alle Informationen zusammenlaufen und optimal ausgewertet werden. Hier liegt letztlich das Optimierungspotenzial begründet. Um im Abbildung des Taxiunternehmens in einer Stadt zu bleiben: Für die Gründung eines erfolgreichen Taxiunternehmens reicht die Anschaffung mehrerer Pkw eben nicht aus. Es bedarf einer Taxizentrale, bei der alle Fahraufträge eingehen und die jederzeit richtig informiert ist (Standorte der einzelnen Taxen, aktuelle Verkehrssituation in der Stadt …).

In der Taxizentrale passiert das Mitdenken, sodass unterschiedliche Fahrzeugtypen beauftragt werden können und alle Aufträge termingerecht ausgeführt werden. Dabei werden eine Fülle von Randbedingungen beachtet, wie zum Beispiel Prioritäten, zeitlich begrenzte Layoutrestriktionen (Baustellen), Tagespläne usw.

Der klassische Transportauftrag bei einem FTS im Taxibetrieb lautet: „Hole von Quelle X und bringe zu Senke Y". Dieser Auftrag wird in der FTS-Leitsteuerung verwaltet, d. h. sie nimmt ihn entgegen und wählt das bestgeeignete Fahrzeug zur Durchführung aus. Ganz ähnlich bestellt ein Fahrgast ein Taxi, um z. B. vom Hotel in die Innenstadt gebracht zu werden, indem er die Taxizentrale anruft. Diese sorgt dann dafür, dass ein geeignetes Taxi diesen „Transportauftrag" durchführt.

Über die genannten Funktionen der Auftragsverwaltung und Fahrzeugdisposition hinaus hat die klassische FTS-Leitsteuerung typischerweise noch weitere Aufgaben, diese wurden bereits in Abschn. 2.2 erläutert.

Solche Taxisysteme dienen üblicherweise zur Ver- und Entsorgung von Maschinen in der Produktion oder zur Verkettung von Produktion/Produktionsbereichen mit Lager und Versand.

Abb. 3.2 Prinzipskizze des Taxibetriebs nach VDI 2710-1 (VDI 2710 Blatt 1: Ganzheitliche Planung von FTS – Entscheidungskriterien für die Auswahl eines Fördersystems; VDI 08/2007, Beuth-Verlag, Berlin)

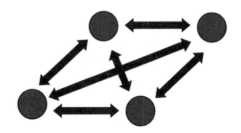

3.1.6 Fließlinienbetrieb und der Fokus auf die Serienmontage

Die ersten FTS konnten nur im Fließlinienbetrieb eingesetzt werden. Es fehlten die heutigen Möglichkeiten, komplexe Layouts zu realisieren und das Ganze anforderungsgerecht zu steuern. Heute findet man die Fließliniensysteme meist in Montagesystemen eingesetzt (Abb. 3.3).

Bei der Auslegung von Montagesystemen gibt es vielfältige Möglichkeiten, die Transporte zu realisieren. Dabei geht es hier um die Aggregate-Montage von Serien, wie z. B. die klassische Motorenmontage in der Automobilindustrie. Artverwandte Montagen in der Automobilindustrie betreffen Zylinderköpfe, Getriebe, Triebsätze, Lenkungen, Achsen, Türen und Cockpits.

Auch in vielen anderen Branchen gibt es vergleichbare Montagen, wie z. B. in der Elektro-/Elektronikindustrie, im Bereich der weißen und braunen Ware oder im Maschinenbau. Welches Transportsystem zum Einsatz kommt, unterliegt unterschiedlichen Kriterien, die technischer, wirtschaftlicher oder auch (firmen-) philosophischer Natur sind.

3.1.7 Lagern und Kommissionieren

Eine der Zentralaufgaben in der Intralogistik ist das Lagern und Kommissionieren. Im Folgenden wollen wir uns ausschließlich auf das Thema Blocklager fokussieren, weil eine freie Lagerfläche grundsätzlich prädestiniert für Fahrerlose Transportsysteme zu sein scheint.

3.1.7.1 Bodenebene Blocklager

Einfache bodenebene, mit FTF bediente Blocklager gibt es schon seit vielen Jahren mit unterschiedlichen Ausprägungen. Angefangen bei einzelnen Pufferzeilen für die Abgabe oder auch Aufnahme von bereit gestellten Paletten in der Produktion oder im Lager, bis hin zu Flächen füllenden Pufferzeilen (Abb. 3.4).

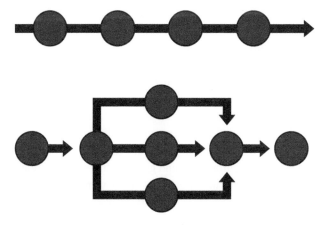

Abb. 3.3 Prinzipskizzen des Fließlinienbetriebs, linear und verzweigt (nach VDI 2710-1)

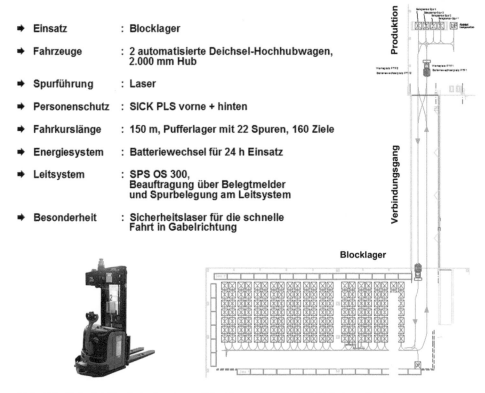

➡ **Einsatz**   : Blocklager

➡ **Fahrzeuge**   : 2 automatisierte Deichsel-Hochhubwagen,
                           2.000 mm Hub

➡ **Spurführung**   : Laser

➡ **Personenschutz**   : SICK PLS vorne + hinten

➡ **Fahrkurslänge**   : 150 m, Pufferlager mit 22 Spuren, 160 Ziele

➡ **Energiesystem**   : Batteriewechsel für 24 h Einsatz

➡ **Leitsystem**   : SPS OS 300,
                           Beauftragung über Belegtmelder
                           und Spurbelegung am Leitsystem

➡ **Besonderheit**   : Sicherheitslaser für die schnelle
                           Fahrt in Gabelrichtung

Abb. 3.4 Beispiel für ein bodenebenes Blocklager. (Quelle: E&K Automation)

Ein typisches Beispiel aus der Praxis ist eine über drei Schichten laufende Produktion und ein über zwei Schichten laufender Warenausgang. Das FTS puffert über Nacht die laufende Produktion in einem bodenebenen Blocklager beim Warenausgang. Das FTS wird also für den automatischen Transport und das Blocklager genutzt.

Eine typische Aufgabe für FTS kann auch die Bereitstellung für die Lkw-Beladung sein.

3.1.7.2 Hohe Blocklager

Blocklager sind häufig mehrstöckig, d. h. mehrere Paletten stehen gestapelt aufeinander. Die Automatisierung eines solchen „hohen Blocklagers" ist naturgemäß anspruchsvoll und setzt qualitativ hochwertige und mehr oder weniger einheitlich gepackte Paletten voraus. Mit leistungsfähigen Fahrzeugen und einer intelligenten Anlagensteuerung lassen sich hochflexible Blocklager mit Tausenden von Stellplätzen realisieren.

Besonders interessant ist dies in der Getränke- und Papierindustrie, wo man häufig große Stückzahlen relativ gleichförmiger und gut stapelbarer Ware findet. Beispielhaft sei die Brauerei Radeberger in Dortmund erwähnt. Dort werden über 10.000 Paletten auf 80 × 80 m Lagerfläche in vier Ebenen automatisch übereinander gestapelt, die oberste Bierkistenlage auf 6,6 m Höhe.

Dieses hohe Stapeln ist ohne Sensorunterstützung nicht mehr betriebssicher zu realisieren. Dafür hat man eine 3D-Palettenerkennung mit anschließender Auswertung der Ist-Position der Palette entwickelt und erstmalig eingesetzt (E&K 2011). Das FTF fährt die programmierte Soll-Position an, dann wird ein 3D-Foto erstellt und ausgewertet: Danach wird die Gabelposition seitlich und in der Hubhöhe entsprechend der tatsächlichen Palettenposition justiert und die Palette sauber, d. h. ohne die Palettenfüße zu berühren aufgenommen.

Durch die 3D-Palettenerkennung wird auch in großen Höhen sicher und reproduzierbar automatisch ein- und ausgelagert. Durch individuell zugeschnittene Ein- und Auslagerstrategien können vorhandene Flächen optimal genutzt werden.

Da ein Blocklager komplett auf Regale verzichtet, hat der Anwender die Freiheit, ohne großen technischen Aufwand sein Lager komplett umzubauen, Lagerzeilen zu verschieben oder zu drehen oder Flächen zeitweise zu sperren und für andere Zwecke zu nutzen (Abb. 3.5).

Voraussetzung für den zuverlässigen und erfolgreichen Einsatz ist, wie in jedem Automatikbetrieb, eine geprüfte Qualität der Paletten und zudem ein ausreichend ebener Fußboden gemäß den Technischen Bedingungen für FTS.

Die Aufteilung der Lagerblöcke ist abhängig von der Hallenform, den Ein- und Auslagerpunkten, der Artikelzahl, der Lagerstrategie und der Transportleistung. Für jede Anforderung gibt es eine optimale Lösung. Zur Planung eines FTS-bedienten Blocklagers gehört zwingend der Abgleich der besonderen Anforderungen mit der Hallenform und den möglichen Lagerstrukturen.

➡ **Mit der 3D-Palettenerkennung sind sehr kompakte Blocklager möglich, insbesondere in der Getränkeindustrie.**

➡ **Dabei ist das Layout des Blocklagers super flexibel und vom Kunden änderbar.**

➡ **Einsatz** : über 10.000 Palettenplätze in einer Halle mit 80 x 80 m

➡ **Fahrzeuge** : 10 voll automatische Gegengewichtsstapler mit 5 m Hub, Zinkenverstellung für 2 Pal. mit je 850 kg

➡ **Spurführung** : Magnetpunktnavigation

➡ **Personenschutz** : SICK S300 vorne + hinten

➡ **Energiesystem** : Batteriewechsel für 24 h

➡ **Leitsteuerung** : PC mit OS 820 Beauftragung über LVR

➡ **Kommunikation** : WLAN

➡ **Besonderheit** : 3D Palettenerkennung POS250

Abb. 3.5 Merkmale eines FTS mit 3D-Palettenerkennung im Blocklager. (Quelle: E&K Automation)

3.2   Branchenbezogene Aspekte und Beispiele

Anders als im vorangegangenen Abschnitt, bei dem wir uns den Anwendungsgebieten von der Transportaufgabe kommend genähert haben, sollen bei den nachfolgend beschriebenen Beispielen branchentypische Aspekte der jeweiligen FTS-Anwendung herausgearbeitet werden. Der Beispielcharakter ist dabei unabhängig vom Zeitpunkt der Realisierung gegeben, d. h. die Übertragbarkeit der Beispiele auf aktuelle Situationen im Unternehmen des Lesers dieser Fibel sollte jederzeit gegeben sein. Die dritte FTS-Epoche[4] ist dadurch gekennzeichnet, dass sich mehr und mehr Anwenderbranchen dem FTS öffneten. Das klingt zunächst gut, weil sich neue FTS-Anbieter Schritt für Schritt neue Märkte erschließen. Man darf aber nicht vergessen, dass diese dritte Epoche quasi aus dem Nichts entstand und der plötzliche Markteinbruch Anfang der 1990er-Jahre kompensiert werden musste. Der Neubeginn Mitte der 1990er-Jahre geschah mit einer neuen Bieterlandschaft, die dann erstmals von mittelständischen Unternehmen geprägt war, die meist zwischen 40 und 80 Mitarbeiter hatten. Erst ca. zwanzig Jahre später stiegen wieder große Unternehmen in das FTS-Geschäft ein.

Konzentrierten sich während der zweiten FTS-Epoche einige große Anbieter auf eine einzige Anwenderbranche, nämlich die Automobilindustrie, so haben es während der dritten FTS-Epoche viele kleine und mittelständische Unternehmen mit einer Fülle von unterschiedlichsten Anwenderbranchen zu tun. Das machte das FTS-Geschäft so vielseitig.

Das FTS-Geschäft ist überaus spannend, weil die Unternehmen ihre ganze Ingenieurkunst anwenden können, um ein anspruchsvolles Produkt in unterschiedlichste Märkte zu verkaufen. Das ist aber natürlich gleichzeitig auch schwierig, weil der Vertriebsprozess meist weitgehend passiv geschieht. Was bedeutet nun passiver oder aktiver Vertriebsprozess in dem hier vorherrschenden Projektgeschäft?

Ein passiver Vertriebsprozess ist dadurch gekennzeichnet, dass der Anbieter aufgrund seiner eingeschränkten Ressourcen und der unendlichen Branchenvielfalt lediglich auf eingehende Projektanfragen reagiert. Eine Ausschreibung, die per Post, Fax oder E-Mail beim Anbieter eingeht, wird bearbeitet. Der Vorteil besteht darin, dass alle Ressourcen für die Bearbeitung realer Anfragen verwendet werden und Kosten für aktiv-strategisches Tun gespart werden können.

Ein aktiver Vertriebsprozess bedeutet, dass sich der FTS-Anbieter auf einige wenige Zielbranchen konzentriert und dort aktives Marketing betreibt. Das heißt nicht, dass Anfragen aus anderen Branchen nicht bearbeitet werden dürfen. Es bedeutet nur, dass der Anbieter sich in den ausgesuchten Zielbranchen genauestens auskennt und als kompetenter mitdenkender und mitleidender Systempartner bessere Chancen bei der Projektvergabe erhoffen kann.

Wie aktiv oder passiv die einzelnen Anbieter ihr Geschäft betreiben, entscheiden diese selbst. Auf jeden Fall war das FTS-Geschäft immer anspruchsvoll. In der dritten Epoche

---

[4] Die vier FTS-Epochen werden ausführlich in Kap. 5 beschrieben; dazu siehe insbesondere Abb. 5.1 „Fahrerlose Transportsysteme entwickeln sich in und auf Evolutionsstufen (Epochen)".

gab es eine Vielzahl von kleinen und mittelständischen Unternehmen, die sich um jedes einzelne FTS-Projekt bemüht haben, und der Preisdruck war hoch. Die Vertriebsmannschaften erarbeiteten zu viele Angebote, die dann doch nicht zu einem Auftrag führten. Die Preise waren meist extrem verhandelt, sodass die Gewinnmargen in den Projekten niedrig waren, zumal viele Projekte aufgrund ihrer Komplexität unvorhergesehene Risiken enthalten. In der vierten Epoche sind zu den bisherigen Akteuren sowohl einige neue kleine, aber auch einige größere (Konzerne) hinzugekommen, und die Nachfrage nach FTS ist sehr stark angestiegen. Die Herausforderungen liegen nun nicht so sehr in den niedrigen Preisen, sondern in der extrem hohen Auslastung der FTS-Lieferanten.

Doch zurück zu den Anwenderbranchen und den wachsenden Möglichkeiten, die sich weltweit ergeben. Die Technik bietet einen Baukasten, mit dem zuverlässige und leistungsfähige FTS-Lösungen machbar sind. Die Qualitätsanforderungen in den Zielbranchen steigen und die Personalkosten ebenso – so weit also eine positive Prognose, was die Märkte angeht. Im Folgenden nennen wir beispielhaft Branchen und Projekte und geben branchenbezogene Hinweise.

3.2.1 Automobil- und Zulieferindustrie

Es erscheint zunächst paradox, hier mit der Automobilindustrie zu beginnen, hatte sie sich doch um 1990 herum komplett vom FTS verabschiedet. Doch nach einigen Jahren der Abstinenz hielten Ende der 1990er-Jahre doch wieder erste FTS-Projekte Einzug in die Autowerke. Heute ruft die Automobilindustrie nach extrem flexiblen Strukturen ihrer Produktionsstätten und ist damit wieder die weitaus größte Anwenderbranche für das FTS. Seit ca. 2015 haben sogar die Zulieferer das FTS entdeckt, gehörten sie doch in der Vergangenheit äußerst selten zu den FTS-Kunden. Wir bringen hier einige Beispiele um zu zeigen, dass es ganz unterschiedliche Einsatzfälle gibt, von betont einfach, also dem japanischen KAIZEN-Gedanken folgend, über funktional, technisch anspruchsvoll aber vernünftig, bis hin zu außergewöhnlichen Anwendungen.

3.2.1.1 FTS in der Gläsernen Manufaktur Dresden (Volkswagen)
In der „Gläsernen Manufaktur" in Dresden montierte die Volkswagen AG von 2002 bis 2016 das damals neue Oberklasse-Modell „Phaeton". Die Materialversorgung der Montagelinien übernahm ein Fahrerloses Transportsystem mit 56 frei navigierenden Fahrzeugen. Das FTS lieferte gemeinschaftlich Frog[5] (Leitsteuerung, Fahrzeug-Steuerung und Navigation) und AFT[6] (Mechanik) (Abb. 3.6).

Die „Gläserne Manufaktur" war nie ein gewöhnliches Automobilwerk. Der hohe Anspruch an das neue Produkt (zunächst das Modell Phaeton, heute der E-Golf) wurde ebenfalls an die Produktionsstätte gestellt. Die Anlagen und Einrichtungen präsentieren sich

---

[5] FROG – heute: Oceaneering AGV Systems B.V., NL-Utrecht.

[6] AFT – Automatisierungs- und Fördertechnik GmbH & Co. KG, D-Schopfheim.

Abb. 3.6 Blick auf die Montagelinie. Ein im Boden eingelassener Schuppenförderer schlängelt sich durch die Montage. (Quelle: Volkswagen)

hell und freundlich, die Platzverhältnisse sind großzügig und der Boden ist mit wertvollem Ahorn-Parkett ausgelegt. Einmalig war auch die Arbeitsorganisation: Die Betonung der handwerklichen „manufakturartigen" Tätigkeiten als Gegenpol zu rein leistungsbezogenen Fließbändern, kombiniert mit anspruchsvollster innovativer Technik, sollte dem Image des „Phaeton" entsprechen und seinen hohen Qualitätsstandard sicherstellen.

Die Produktion verteilt sich auf drei Ebenen. Die eigentliche Montage findet auf den beiden oberen Montageebenen statt. Die Rohkarosse steht dabei auf einer Montageplattform, die Teil des Schuppenbandes ist, das sich bündig in den Hallenboden einfügt und mit konstanter Geschwindigkeit durch die Montagetakte bewegt. Anschließend erfolgt die Übergabe der Rohkarosse an eine Elektrohängebahn (EHB) zur Hängemontage. Während der Hängemontage erfolgt die Hochzeit, d. h. das Zusammenfügen von Karosse und Triebsatz, wobei der Triebsatz von einem Fahrerlosen Transportfahrzeug herangebracht wird. Anschließend wird die Karosse wieder auf eine Schubplattform, die sog. Schuppe, zur Komplettierung und Qualitätskontrolle gestellt.

Im Untergeschoss, der Logistikebene, wird das zu verbauende Material bereitgestellt und kommissioniert. Das FTS übernimmt die Versorgung der Montagelinien mit diesem Material und damit eine wichtige logistische Funktion. Um zwischen den Ebenen zu wechseln, nutzen die automatischen Fahrzeuge Aufzüge.

FTS für Produktion und Logistik

Die dpm Maschinenbau GmbH entwickelt und produziert seit 1995 Fahrerlose Transportsysteme und ist heute ein etablierter Ansprechpartner für das Automatisieren von Montage- und Logistikprozessen. Bis heute wurden rund 2.500 Systeme geliefert, die in den modernsten Automobilproduktionen der Welt Einzug halten, mehr denn je auch in den Werken der Elektroautomobile. Darüber hinaus unterstützen wir unsere Kunden bei der Planung von vollautomatisierten Lösungen.

Vormontage

Endmontage

Hochzeit

Qualität MADE IN GERMANY

daumundpartner.de

Eine Besonderheit betrifft die Navigation: Auf den Montageebenen der „Gläsernen Manufaktur" ist als Fußboden statt des üblichen Estrichs Ahorn-Parkett in gleich großen Platten verlegt worden. Diese wurden vor der Verlegung mit je vier Dauermagneten ausgestattet. Die Magnete, die einen Durchmesser von 8 mm haben und 5 mm hoch sind, wurden in Sacklöcher an der Unterseite der Platten eingepresst und mit einer Füllmasse verschlossen. Als Folge dieser Maßnahme existiert heute auf den Montageebenen ein durchgängiges Magnetraster zur vollkommen flexiblen Fahrkursgestaltung.

Das FTS hat die grundsätzliche Aufgabe, die Montagelinien zu versorgen. Dabei müssen folgende Warentypen angeliefert werden:

1. Warenkörbe auf die Schuppe und zur Hängemontage
2. Schalttafeln (Cockpits)
3. Kabelstränge
4. Triebwerke mit Fahrwerk und Ausführung der Hochzeit
5. Türen plus zusätzliche Warenkörbe.

Die unterschiedlichen Warentypen erfordern zwei verschiedene Fahrzeugarten. Das kleine Fahrzeug (für die Positionen 1 bis 3) hat eine Tragfähigkeit von 800 kg und einen Differentialantrieb, d. h. zwei getrennt angetriebene, nicht gelenkte Räder in der Mitte des Fahrzeuges und jeweils ein frei drehbares Stützrad mittig vorn und hinten. Es kann damit vorwärts wie rückwärts gleichermaßen exakt fahren, sehr enge Kurvenradien realisieren und auf der Stelle drehen.

Das große Fahrzeug transportiert das Triebwerk mit Fahrwerk und die Türen (Positionen 4 und 5). Seine Tragfähigkeit beträgt 2500 kg und es ist 1 m länger als das kleine. Das große FTF hat eine 4-Rad-Fahrwerkskinematik − vorn links und hinten rechts jeweils ein angetriebenes und gelenktes Rad sowie vorn rechts und hinten links eine frei drehende Stützrolle. Mit diesem Fahrwerk ist das Fahrzeug voll flächenbeweglich, d. h. neben Geradeaus- und Kurvenfahrt sind auch Diagonal- und Querfahrten möglich. Vor allem die Querfahrt ist an der Hochzeitsstation erforderlich, wo das Triebwerk mit dem Fahrwerk (auf dem FTF) mit der Karosse (an der EHB) zusammengefügt wird (Abb. 3.7 und 3.8).

Der Transport der Warenkörbe zum Schuppenband ist völlig neuartig und stellt höchste Anforderungen an die FTS- und FTF-Steuerung. Die FTF nehmen auf der Logistikebene einen kommissionierten Warenkorb auf, indem sie ihn unterfahren und leicht anheben. Dann bringen sie ihn mit Hilfe des Aufzugs auf die Montageebene. Dort sollen sie den Warenkorb, der mit Montagematerial für ein bestimmtes Auto gefüllt ist, auf eine bestimmte Schuppe absetzen. Dazu muss das FTF vom festen Hallenboden auf die sich langsam bewegende Schuppe auffahren. Die FTS-Leitsteuerung beauftragt das ausgewählte FTF, einen Warenkorb zum Wartepunkt am Schuppenband zu transportieren und dort zu warten. Die Position der vorbeifahrenden Schuppe wird ständig von der Schuppensteuerung (SPS) an die Leitsteuerung gemeldet. Mit Hilfe einer Warenkorb-Identifizierung ist eine Überprüfung des richtigen Warenkorbs gewährleistet.

Abb. 3.7 Die Hochzeitsstation: Von oben nähert sich eine Karosserie im EHB-Fahrwerk, unten im Vordergrund wartet ein FTF mit dem Antriebsstrang, im Hintergrund fährt ein Warenkorb-FTF vorbei. (Quelle: Volkswagen)

Abb. 3.8 Noch einmal die Hochzeitsstation: vorne entfernt sich ein leeres FTF, dahinter die „Verheiratung": Antriebsstrang von unten, Karosserie von oben. (Quelle: Volkswagen)

Sobald sich die Halteposition auf der Schuppe gegenüber der Warteposition des FTF befindet, erhält das FTF den Auftrag, auf die Schuppe aufzufahren, und zwar mit einer von der
Schuppengeschwindigkeit abhängigen Vorlaufzeit. Nach dem Auffahren liegt die Positioniergenauigkeit bei ca. 10 mm, die aber sofort durch das Magnetraster, das auch auf den Schup-
pen existiert, korrigiert wird. Das Abfahren von der Schuppe erfolgt in analoger Weise.

3.2.1.2 Produktion des 3er BMW im Werk Leipzig

Im Jahre 2005 startete das neue BMW-Werk in Leipzig mit der Produktion der 3er
Reihe (E90). Im Bereich der Teileversorgung übernahm erstmals in der Geschichte der Pkw-
Produktion ein Fahrerloses Transportsystem umfangreiche Logistikfunktionen (Abb. 3.9).

Für die Teileversorgung der Montage wurden dabei folgende Standardprozesse definiert:

1. Direktanlieferung per Lkw: Große Teile mit geringer Komplexität (z. B. Bodenmatte
   oder Kofferraumverkleidung) werden per Lkw zeitnah und in unmittelbare Nähe des
   Verbauortes angeliefert.
2. Modulanlieferung per EHB: Große und komplexe Baugruppen (z. B. Cockpit) werden
   direkt auf dem Werksgelände von externen Lieferanten oder BMW-Mitarbeitern
   montiert.
3. Lagerware per FTS: Die Mehrzahl der Teile wird in einem Versorgungszentrum gelagert, kommissioniert und mit FTF an die jeweiligen Verbauorte in der Montage
   gebracht.

Das gesamte Streckenlayout hat eine Länge von 14,5 km mit ca. 400 Lastaufnahme-
und -abgabestationen. Es sind 74 FTF im Einsatz, als Ladehilfsmittel werden mehr als

Abb. 3.9 Unterfahr-FTF mit kleinen Rollwagen für Gitterboxen. (Quelle: DS AUTOMOTION)

Abb. 3.10 FTF mit übergroßen Rollwagen zur Aufnahme von Großbehältern. (Quelle: DS AU-
TOMOTION)

2000 Rollwagen in zwei unterschiedlichen Ausführungen eingesetzt. Je FTF werden entweder zwei kleine Rollwagen, zur Aufnahme von Behältern bis DIN-Größe, oder ein so
genannter übergroßer Rollwagen zur Aufnahme von Großbehältern eingesetzt. Zusätzlich
gibt es noch die Sequenziergestelle mit Sonderaufbauten (Abb. 3.10).

Um einen Rollwagen zu transportieren, wird dieser vom FTF unterfahren und angehoben.
In Hauptfahrtrichtung fahren die Fahrzeuge mit einer maximalen Geschwindigkeit von
1,2 m/s. Den Personenschutz und die Hinderniserkennung übernimmt dabei ein Laser-
Scanner, der den Bereich vor dem Fahrzeug überwacht. Rückwärts fahren die Fahrzeuge
lediglich um zu positionieren – und das mit maximal 0,3 m/s und eingeschaltetem akustischen
Warnsignal. Eine Tritt-Schaltleiste, die an der Rückseite des Fahrzeuges angebracht ist, verhindert, dass Mitarbeiter vom rückwärts rangierenden Fahrzeug verletzt werden.

Bereits in der Frühphase der Planung wurden Wirtschaftlichkeitsrechnungen und Simulationen durchgeführt. Manuelle Fahrzeuge, wie etwa Schleppzüge, waren die wesentlichen Wettbewerber des FTS. Die langen Wege vom Lager zur Montage sprachen für
automatische Fahrzeuge, außerdem sollte die Montage aus Gründen der Qualität und Betriebssicherheit staplerfrei sein. Das FTS überzeugte mit der Durchgängigkeit des Kon-
zepts und der Nachhaltigkeit aufgrund von Flexibilität und des Ausbleibens von Beschädigungen an peripheren Einrichtungen. Außerdem wiesen die Wirtschaftlichkeitsrechnungen der FTS-Lösung die höchste Rendite aus.

Die Fahrerlosen Transportfahrzeuge finden ihren Weg mit Hilfe der Magnetraster-
Navigation. Im gesamten Fahrweg der FTF sind im Abstand von ca. 5 Metern etwa 3000
Dauermagnete in den Boden eingelassen. Diese zylindrischen Magnete haben einen Durch-
messer von 20 mm und sind 10 mm hoch. Sie werden beim Überfahren von einer Magnet-

sensorleiste, die an der Unterseite des Fahrzeuges befestigt ist, erkannt und ausgewertet. Die fahrzeugseitige Koppelnavigation auf der Basis von (nicht angetriebenen) Messrädern wird durch den Einsatz eines faseroptischen Kreisels in ihrer Genauigkeit verbessert, sodass eine Positioniergenauigkeit der Fahrzeuge von ±5 mm erreicht wird. Dies ist insbesondere an den Lastübergabestellen bei der automatischen Lastaufnahme und -abgabe (Abb. 3.11) sowie bei der Einfahrt in die Batterieladestationen (Abb. 3.12) erforderlich.

Abb. 3.11 Ein FTF übernimmt einen Rollcontainer mit Audio-Komponenten. (Quelle: DS AU-TOMOTION)

Abb. 3.12 Links: Detailansicht auf ein Fahrzeug mit zwei Sequenziergestellen;. rechts: Batteriela-destationen für die NiCd-Batterien. (Quelle: DS AUTOMOTION)

Die Umsetzung der freien Navigation ist in dieser Anwendung notwendig, da das Stre-ckenlayout durch viele sich überschneidende Kurvenradien gekennzeichnet ist. Mit Leitdraht oder anderen physikalischen Leitspuren ist eine solche Streckenführung nicht realisierbar.

3.2.1.3 Frontendmontage bei der BMW AG in Dingolfing

In Dingolfing findet u. a. die Frontendmontage für die 5er und 7er Baureihe von BMW statt. Dazu gibt es zwei FTS-Kurse mit jeweils zwanzig FTF. Die maximale Traglast be-trägt 400 kg (Abb. 3.13).

Da die Anlage über ein einfaches Layout verfügt, das auf Jahre hinaus unverändert bleiben soll, hat man sich hier für die induktive Energieübertragung (s. a. Abschn. 2.2.5.2) entschieden. Die Fahrzeuge beziehen also den benötigten Strom berührungslos über die im Boden eingelassenen Leistungskabel; gleichzeitig werden diese Kabel zur Spurfüh-rung verwendet (Abb. 3.14).

Die Fahrt durch die Montage geschieht mit langsamen 30 m/min. An den einzelnen Arbeitsstationen wird gestoppt, nach Beendigung des Arbeitsganges startet der Werker das FTF per Fußtaster, damit es eine Station weiterfährt. Am Ende der Montage wird das fer-tige Frontend per Roboter vermessen und an eine EHB übergeben, die den Transport zum Einbau an die Hauptlinie übernimmt.

3.2.1.4 Montagelinie für Cockpits bei VW in Wolfsburg

In Halle 12 des Wolfsburger VW-Stammwerkes läuft auf einer Montagelinie die Fertigung der Cockpits für das SUV-Modell Tiguan. Diese Linie basiert auf einem FTS mit 30 FTF, die ebenfalls mit der Technik der induktiven Energieübertragung ausgestattet sind, und produziert seit März 2008 ca. 450 Cockpits pro Tag.

Abb. 3.13 Das Montagefahrzeug bei BMW in Dingolfing. (Quelle: dpm Daum+Partner Maschinenbau)

Abb. 3.14 20 FTF in einem einfachen Montage-Layout. (Quelle: dpm Daum+Partner Maschinenbau)

Abb. 3.15 30 FTF in einem einfachen Montage-Layout für Cockpits. (Quelle: SEW Eurodrive)

Die induktive Energieübertragung zur Versorgung der FTF war dabei eine feste Vorgabe von Volkswagen, weil man in früheren Projekten bereits gute Erfahrungen mit der verschleiß- und wartungsfreien Technologie gesammelt hatte (Abb. 3.15).

Die Aufgabe des FTS ist relativ einfach: Auf einem Rundkurs mit einer Streckenlänge von 190 m durchfahren die Montagewagen verschiedene Stationen, auf denen Stück für Stück das Cockpit des Tiguan zusammengesetzt wird. Am Ende der Cockpit-Montage läuft die Strecke parallel zu einer Skid-Anlage, auf der die Karosserien des Pkw gefördert werden. Ein Roboter versieht die Cockpits mit einer Klebstoffraupe, anschließend fährt der Montagewagen zur Einbaustation. Hier werden die Cockpits von einer Handlingsein-heit entnommen und in die Karosserie eingesetzt. Der leere Montagewagen wird einige Meter weiter wieder mit dem Grundmodul des Cockpits „beladen" und der Montagevor-gang wiederholt sich.

Die FTF bestehen aus einem Zugfahrzeug und einem Teileträgeranhänger. Alle Be-triebsmittel inklusive der Cockpit-Aufnahme sind optimal auf die Werker abgestimmt, und der Fertigungsablauf ist so flexibel gestaltet, dass die Cockpits mehrerer Fahrzeugtypen auf der gleichen Linie hergestellt werden können. Grundsätzlich wird dabei auf Umsetz-vorgänge, also Systemwechsel der Werkstückträger im Fördertechnikkreislauf verzichtet. Außerdem können bei Störungen oder Fehlfunktionen die einzelnen Komponenten – FTF-Zugfahrzeug und Teileträgeranhänger – innerhalb der Linie problemlos getauscht werden. Dadurch wird die Verfügbarkeit des Gesamtsystems erhöht.

Die Fahrzeuge durchfahren die Montagelinie nicht mit einer kontinuierlichen Ge-schwindigkeit, sondern die Strecke ist in vier Geschwindigkeitszonen aufgeteilt. In der Fließfertigung müssen die Wagen die entsprechende Taktgeschwindigkeit einhalten. Au-ßerdem hat der Meister die Möglichkeit, die Taktgeschwindigkeit flexibel einzustellen. Zwischen der letzten Montagestation und der Wartestation vor dem Kleberoboter legen die FTF eine „Schnellfahrt" von 0,5 m/s ein.

An die Klebe- und Einbaustation fährt der Wagen dann wieder mit einer niedrigen Ge-schwindigkeit von 0,05 m/s ein. Bei beiden Stationen ist eine exakte Positionierung von ±2 mm notwendig, auch wenn die endgültige Positionierung durch einen Positionierrah-men erfolgt. Ist der Transportwagen von seiner Last befreit, fährt er wieder mit Höchstge-schwindigkeit zum Anfang der Montagelinie (Abb. 3.16).

Das FTS wurde übrigens nicht von einem der klassischen FTS-Anbieter erstellt, son-dern in einem Gemeinschaftsprojekt von VW-Fachabteilungen und einem Systemliefe-ranten für Antriebs- und Energietechnik realisiert. Das Ziel von Volkswagen war es, basierend auf den Projekterfahrungen einen Standard für ähnlich geartete Montagelinien für die Zu-kunft zu generieren.

3.2.1.5 Einsatz von FTS in der Autositzfertigung

Toyota Boshuko setzt seit dem Jahre 2009 ein FTS zur automatischen Zuführung von Einzelkomponenten für die Sitzfertigung im Werk Somain in Frankreich ein. Die Anlage besteht aus elf Fahrzeugen, die in zwei Produktionslinien der Fertigung eingesetzt werden.

Zur Anforderung des Betreibers zählte, dass alle Einzelkomponenten wie Schaumstoffe und Blechteile ohne zusätzliche Behälter nach dem sogenannten Minomi-Prinzip anzulie-fern sind. Minomi bezeichnet ein Verfahren, bei dem die produzierten Teile direkt, z. B. mit

Abb. 3.16 Eine Kombination aus Schleppern und Montage-FTF. (Quelle: SEW Eurodrive)

einer Schwerkraft-Röllchenbahn, auf ein mobiles Rollgestell gefördert und ohne Zwi-
schenlagerung und Mehrfachhandling mit dem Fahrerlosen Transportfahrzeug weiterbe-
fördert werden.

Zur Umsetzung des Projekts war ein hoch flexibles Material-Handling-System notwendig. Die Einzelkomponenten werden direkt an die jeweiligen Produktionslinien angeliefert, die Lastübergabe erfolgt vollautomatisch und rein mechanisch nach dem Schwer-
kraftprinzip durch sog. „Shooter-Regale"

Da Materialien wie geformter Schaumstoff in der Regel sehr schwierig zu bewegen
sind, werden hochwertige Rollschienen eingesetzt, die dafür sorgen, dass die Schwer-
kraftübergaben produktionssicher funktionieren können.

In einem weiteren Produktionsteil der Anlage werden Unterfahr-FTF mit Schleppzylin-
dervorrichtung eingesetzt. Ein vom Mitarbeiter vorkommissionierter Materialwagen wird
vom FTF unterfahren und „mitgeschleppt" und schließlich an der Produktionslinie abgestellt (Abb. 3.17).

3.2.1.6 Einsatz von Unterfahr-FTF zur Produktionsversorgung bei BMW

Das im Folgenden beschriebene Projekt ist hinsichtlich seiner Ausgangssituation und auch
der Zielsetzung sicherlich kein typisches FTS-Projekt, soll aber auch aufgrund der Entwicklung, die dadurch im Markt initiiert wurde – man könnte sogar von einem Wettbewerb unter einigen FTF-Herstellern sprechen –, hier vorgestellt werden.

Abb. 3.17 Unterfahr-FTF schleppt Materialwagen mit seitlichem Schwerkraftübergabesystem, sog. „Shooter". (Quelle: CREFORM)

Die Ausgangssituation

In der Automobilindustrie sind Materialtransporte und -bereitstellung mit manuell gesteuerten Routenzügen weit verbreitet: eine Zugmaschine mit in der Regel vier angekoppelten Hängern pendelt dabei zwischen dem sog. Supermarkt, in dem die Transportbehälter durch Kommissionierer sequenzgenau befüllt werden, und den Verbrauchs-/Verbauorten entlang der Fertigungslinie. Zu den Aufgaben des Routenzugfahrers gehört neben der Wegefindung und pünktlichen Anlieferung (Just-in-Time – JiT, Just-in-Sequence – JiS) auch der Austausch der auf Rolluntersetzern (RU) stehenden Transportbehälter an den Verbrauchsorten. Unter Ergonomie-Aspekten stellt das Ziehen und Schieben der in Ausnahmefällen bis zu 1000 kg schweren RU eine erhebliche Belastung der Routenzugfahrer dar. Weiter besteht bei 4-fach-Transporten die Herausforderung, für alle vier Behälter den Gesamtfahrweg zu optimieren und dabei die JiT-/JiS-Anlieferung sicher zu stellen. In einem gemeinsamen F&E-Projekt der BMW-Group und des Fraunhofer IML wurden im Jahr 2016 Fahrerlose Transportfahrzeuge zum automatisierten Einzeltransport von Rolluntersetzern und damit als innovative Alternative zu Routenzugtransporten entwickelt.

Die Anforderungen

Für das Projekt waren vor allem die folgenden Vorgaben wichtig:

- Da die FTF die RU zum Transport komplett unterfahren und vom Boden frei heben sollten, war die max. Fahrzeughöhe auf ca. 22 cm und die max. Fahrzeugbreite auf etwa 60 cm beschränkt (Abb. 3.18). Wegen der sehr großen Zahl an RU, die im Konzern weltweit vorhanden sind, waren keinerlei Veränderungen der RU möglich und damit waren die genannten Abmessungen für die FTF gesetzt. Zum Zeitpunkt des Projektstarts war am Markt kein FTF mit dieser geringen Bauhöhe und einer Traglast bis 1000 kg erhältlich.
- Um die Kosten je FTF so gering wie möglich zu halten, gab es bereits vor Projektbeginn die strategische Entscheidung, dass BMW die Fahrzeuge (mit-)entwickeln und anschließend selbst fertigen wird. Darüber hinaus sollten in den FTF möglichst viele Komponenten, die auch in den Pkw der BMW Group verbaut werden, zum Einsatz kommen (beispielhaft genannt seien hier die Lithium-Batterie oder kamerabasierte Assistenzsysteme).
- Für die Fahrzeug-Spurführung und -Navigation soll möglichst wenig Infrastruktur installiert und insbesondere keinerlei Installation in den Boden eingebracht werden müssen.
- Die Aufnahme eines RU soll ebenso wie das Absetzen eines RU am Zielort automatisch erfolgen, dabei sollen die RU durch keinerlei Führungsschienen oder andere mechanische Hilfsmittel an feste Positionen gebunden sein.
- Die FTF sollen ein gewisses Maß an Autonomie besitzen, um selbstständig auf ungeplant im Fahrweg auftauchende Hindernisse durch Ausweichen bzw. Umfahren reagieren zu können.

Die Lösung

Eingesetzt wird eine hybride Ortungstechnik, bestehend aus Koppelnavigation (Messung der Radumdrehungen) und innovativer Funklokalisierung (Fa. Kinexon, München), bei der ortsfeste sog. „Anker", an Hallenwänden und Säulen montiert, als Referenzsender für je zwei Empfänger („Tags") auf den Fahrzeugen dienen. Auf diese Weise kann in Echtzeit und mit während der Fahrt ausreichender Genauigkeit die X- und Y-Position sowie die Drehlage (Ausrichtung) des Fahrzeugs im Hallen-Koordinatensystem ermittelt werden. Zur Erfül-

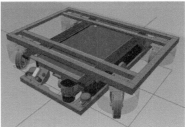

Abb. 3.18 Unterfahr-FTF zum Transport von Rolluntersetzern. (Quelle: Fraunhofer IML)

Abb. 3.19 Unterfahr-FTF zum Transport von Rolluntersetzern *oben* Prototyp (gebaut durch Fraunhofer IML), *unten* von BMW selbst gebaute Serien-Fahrzeuge im Einsatz in Wackersdorf. (Quelle: BMW)

lung der erhöhten Genauigkeitsanforderungen vor und während der automatischen Lastwechsel wird zusätzlich ein 3D-Sensorsystem zur Vermessung der Fahrzeugposition relativ zum RU bzw. zur Lücke, in der er abgesetzt werden soll, verwendet (Abb. 3.19).

Inzwischen sind zahlreiche FTF, die zunächst von BMW-Mitarbeitern unter dem Produktnamen STR (smart transport robot) selbst gefertigt und in Betrieb gesetzt wurden, an mehreren Standorten im Einsatz. Die besondere Situation, dass Hersteller und Betreiber der Fahrzeuge identisch waren, bot einerseits die (schnelle) Möglichkeit zu kontinuierlicher Veränderung/Verbesserung des Produkts und seiner Eigenschaften, erforderte andererseits aber auch die Beschäftigung mit einer Vielzahl von Details, um die sich ein „Nur-Betreiber" nicht kümmern muss:

- Technische Entwicklung von mechanischen und elektrischen Standard-Komponenten
- Entwicklung von technischen Highlights
- Planung und Realisierung eines Gesamtsystems (FTS), das dauerhaft Leistung und Verfügbarkeit erfüllen soll
- Inbetriebnahme und Abnahme, also insbesondere die Durchführung von Leistungs- u. Verfügbarkeitstests

- Übernahme der Rolle des Herstellers mit der Pflicht zur CE-Kennzeichnung, Garantie, Gewährleistung, Wartung, Instandhaltung

Diese Punkte werden leicht unterschätzt, sind aber sowohl für Anwendungen im eigenen Konzern als auch für Verkäufe an Kunden außerhalb der BMW Group gleichermaßen wichtig. So hat auch die BMW Group konsequenterweise in 2020 die FTS-Aktivitäten mit Ausgründung der IDEALworks GmbH, München ausgegliedert.

Der eingangs erwähnte „Wettbewerb" unter den FTS-Herstellern hat dazu geführt, dass es inzwischen am Markt eine Vielzahl von vergleichbaren flachen Unterfahr-FTF-Modellen gibt.

3.2.1.7 Verbesserung der Produktionseffizienz bei Denso in Tschechien

Die Denso Manufacturing in Liberec in der Tschechischen Republik ist ein Unternehmen der japanischen DENSO Corp., einem global agierenden Automobilzulieferer. Am Standort in Tschechien werden Klimaanlagen für Pkw hergestellt. Durch die Automatisierung und damit die Optimierung der Transporte innerhalb der Produktionshallen mittels FTS konnten die Effizienz und Flexibilität der Produktion gesteigert werden (Abb. 3.20).

Nach intensiven Planungsanalysen entschied man sich für ein FTS-Konzept mit zwei Schleppern vom Typ Linde P30C mit einer Anhängerkapazität von max. 3000 kg. Wichtig dabei war, die mannlosen Schlepper so unkompliziert wie möglich in das komplexe Produktionssystem zu integrieren. Eine weitere Forderung war, dass die Schlepper im Bedarfsfall auch manuell bedient werden können.

Zudem sollte eine der beiden vorhandenen Schlepperlinien komplett eingespart sowie Stillstandzeiten eliminiert werden.

Es werden acht Fertigungslinien durch zwei Fahrzeuge bedient und mit dem Lager verbunden, dabei kann ein Schleppzug bis zu zwanzig Zyklen pro Schicht durchlaufen.

Abb. 3.20 FTF als Schlepper auf der Basis umgebauter Seriengeräte. (Quelle: E&K Automation)

Die Fahrzeuge verfügen über eine kleine Fernbedienung, mit der sie (manuell) am Be- und Entladeplatz exakt positioniert werden. Um eine maximale Flexibilität zu garantieren, kann jedes Fahrzeug jede der Montagelinien bedienen. Eine FTS-Leitsteuerung gibt es nicht, trotz der vorhandenen Kreuzungen und Einmündungen konnte darauf komplett verzichtet werden. Die Beauftragung der Fahrzeuge erfolgt manuell am Bedienterminal per Tastendruck.

Die Schlepper werden auf einer in den Boden eingefrästen Induktionsspur geführt. Das Fahrkurslayout ist wenig komplex und bildet einen Rundkurs, deswegen konnte die induktive Spurführung gewählt werden.

Die Schlepper können auch außerhalb des geschlossenen Systems genutzt werden: Mit einem Knopfdruck am Terminal kann der Bediener von Automatik auf manuelle Steuerung umschalten. Die Schlepper sind damit flexibel einsetzbar und können auch für andere Aufgaben genutzt werden.

Die Amortisation des Systems rechnet sich über die Einsparung des Bedienpersonals in weniger als zwei Jahren. Zwei Mitarbeiter pro Schicht können heute anders eingesetzt werden – das sind bei dreischichtigem Betrieb sechs Vollzeitäquivalente.

3.2.2 Papiererzeugung und -verarbeitung

Das Papierrollen-Handling gehörte zu den ersten FTS-Anwendungen in Europa. Bereits in den 1970er-Jahren wollte man die Handhabung und den Transport der kostbaren Papierrollen vom Lager zu den Druckmaschinen automatisieren. Ein wesentlicher Grund dieser Bestrebungen war die Vermeidung von Beschädigungen an der Rolle, wodurch beim konventionellen manuellen Handling häufig die äußeren Papierbahnen unbrauchbar wurden – nicht selten bis zu 10 cm Außendurchmesser einer Rolle!

3.2.2.1 Transport und Handling von Papierrollen bei Einsa Print International

Einsa Print International gehört zu den führenden Unternehmen der spanischen Druckindustrie. Sie stellt Kataloge, Zeitschriften und Verzeichnisse her. Seit 2007 optimiert sie ihre Produktion und Lagerung erfolgreich durch den Einsatz von FTS.

Die Systemzusammenstellung bei Einsa – eine Kombination von vertikaler Papierrollenlagerung und horizontaler Auslieferung der Papierrollen an die Druckmaschinen – ist typisch für die Papierindustrie. Dank der Integration eines sog. Downender-Systems in die FTF ist es nicht länger notwendig, eine Schwenk-Vorrichtung auf der Förderanlage zu installieren, was zu einer beachtlichen Ersparnis von Platz und Kosten führt. Zudem verkürzt die Drehung der Rollen während des Transports die Produktionszeit (Abb. 3.21).

Das Downender-System ist eine von Dematic selbst entwickelte Technologie, die es dem FTF mit hydraulischen Klammern erlaubt, schwere Papierrollen vertikal zu heben, während des Transports zu drehen und in horizontaler Richtung in die Druckmaschinen abzulegen. In der Anlage laufen drei FTF mit Downender-Funktion und vier Gabelhub-

Abb. 3.21 Papierrollentransport mit multifunktionalem FTF. (Quelle: Dematic)

FTF, die den Transport von bedruckten und zugeschnittenen Papierbögen auf Paletten zu den Produktionsmaschinen übernehmen.

Abhängig von der Größe der Rollen stapelt ein Downender-FTF bis zu vier Rollen vertikal übereinander (bis zu einer Höhe von sechs Metern). Wenn die Software einen Transportbefehl sendet, nimmt eines der Fahrzeuge eine Rolle auf und bringt sie zu der Zielposition in der Produktionsanlage. Hier wird die Rolle in horizontaler Richtung abgelegt. Von diesem Platz aus werden sie von den Gabelhub-Fahrzeugen wieder aufgenommen und zu den Druckmaschinen gefahren.

3.2.2.2 Zeitungsdruck im Druckzentrum Braunschweig

Das Druckzentrum Braunschweig gehört zur WAZ Mediengruppe und produziert zahlreiche Tageszeitungen. Auf drei Offset-Rotationsmaschinen wird vierfarbig gedruckt. Neben dem Standard-Zeitungspapier stehen verschiedene höherwertige Papierqualitäten zur Auswahl.

2007 wurde ein bestehendes FTS durch ein neues ersetzt. Die Inbetriebnahme wurde im laufenden Betrieb durchgeführt. Die drei FTF verfügen über ein Hubgerüst, das mit zwei Gabelzinken ausgestattet ist, die stufenlos in der lichten Weite von bis zu 700 mm verstellbar sind. Damit sind verschiedene Papierrollen-Typen transportierbar. Die größtmögliche Rolle hat einen Durchmesser von 1500 mm, eine Länge von 1280 mm und ein Gewicht von 2000 kg. Die Rollen können bis auf eine Höhe von 3,5 m in ein Regalfach eingelegt und wieder entnommen werden (Abb. 3.22).

Die Anlage wird für folgenden Einsatz verwendet: Papierrollen werden tagsüber für den abendlichen Druck vorbereitet. Den Papierrollen werden an einer Auspackstation die

Abb. 3.22 Ein Regallager als Papiertageslager. (Quelle: DS AUTOMOTION)

Abb. 3.23 Ein FTF versorgt die Bereitstellplätze. (Quelle: DS AUTOMOTION)

Seitenteile abgeschlagen, um sie anschließend in das Papiertageslager einzulagern. Durch eine Scannung der Papierrolle wird ein Fahrauftrag an den FTS-Leitrechner übermittelt. In diesem Zeitraum werden auch die Fahraufträge hin zu den Rollenwechslern der Druckmaschine durchgeführt (Abb. 3.23).

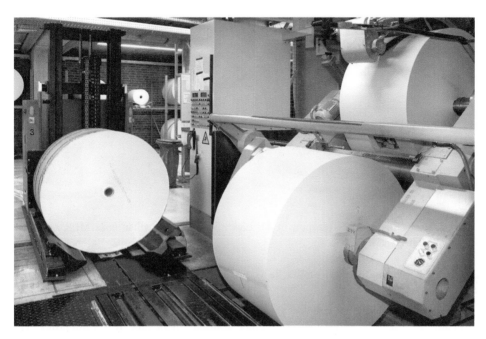

Abb. 3.24 Ein FTF versorgt den Rollenwechsler an der Druckmaschine. (Quelle: DS AU-TOMOTION)

Die Hauptproduktion beginnt kurz vor Mitternacht, wobei das FTS bereits vorher die Rollenwechsler mit Papierrollen aus dem Tageslager befüllt hat. Während der Produktion muss natürlich die weitere Versorgung der Rollenwechsler mit neuen Rollen gewährleistet werden. Am Ende einer Produktion werden angefangene und nicht verbrauchte Rollen wieder zurück ins Tageslager gefahren (Abb. 3.24).

Die Fahrzeuge sind jeden Tag 16 Stunden lang im Betrieb, danach stehen acht Stunden für die automatische Batterieladung zur Verfügung. In den Fahrzeugen befinden sich 48 V Bleibatterien mit einer Kapazität von 420 Ah. Die Fahrzeuge haben ein Leergewicht von 3600 kg, die Fahrgeschwindigkeit beträgt bei Vorwärtsfahrt 1,2 m/s, die Rückwärtsfahrt zur Annäherung an die Aufnahme- und Abgabepositionen wird in Schleichfahrt (0,3 m/s) durchgeführt.

Die Navigation der FTF erfolgt mittels in den Boden eingelassen Magneten, das gesamte Layout hat eine Länge von 500 Metern.

3.2.3 Elektroindustrie

Die Elektrobranche steht hier stellvertretend für Hersteller von kleinen hochwertigen Serienkomponenten. Häufig gehört zu den Qualitätsanforderungen eine extreme Sauberkeit und Ordnung. Die zu transportierenden Gewichte sind meist nicht hoch, vielfach kommen

Abb. 3.25 FTF zum KLT-Transport in der Elektroindustrie. (Quellen: *links* MLR *rechts* DS AUTOMOTION)

Standard-Boxen mit einer Grundfläche von z. B. 600 × 400 mm zum Einsatz (Kleinladungsträger KLT).

In diesen Produktionen kommt es auf Flexibilität an: sowohl das Layout als auch die Abläufe ändern sich häufig im Sinne einer kontinuierlichen Prozessoptimierung. Die EDV-Durchdringung der Prozesse ist gegeben, ein WLAN üblicherweise vorhanden und die Scheu vor Automatisierungstechnik geringer als in anderen Branchen. Kleine wendige Fahrzeuge mit freier Navigation sind gefragt (Abb. 3.25).

3.2.3.1 Behältertransport Just-in-Time bei Wöhner

Qualität und Design der Produkte stehen im Fokus bei der Wöhner GmbH & Co. KG in Rödental. Dazu gehören eine hochmoderne, extrem saubere und ansprechende Montage und eine flexible Intralogistik auf Basis eines Fahrerlosen Transportsystems. Wöhner ist Lieferant innovativer Sammelschienensysteme, Lastschalter, Sicherungsschalter und Sicherungshalter für die Elektrotechnik (Abb. 3.26).

Innerhalb von vier Jahren wurde die Funktionalität und die Fahrzeugflotte des FTS sukzessive ausgebaut, sodass seit Anfang 2010 zwei Fahrzeugtypen die gesamte Produktionsversorgung übernehmen. Fünf Fahrzeuge transportieren die kleinen Behälter (600 × 400 mm) und zwei die Großbehälter (800 × 600 mm). Die nun insgesamt sieben Fahrerlosen Transportfahrzeuge übernehmen die vollautomatische Versorgung der Montage mit Einzelteilen, Baugruppen und Fertigprodukten aus dem Behälterlager und dem AKL.[7]

Hauptgrund für die Automatisierung der Transporte war die Entlastung der Mitarbeiter, die früher die palettierten Behälter manuell an die Arbeitsplätze verteilt haben. Die Anlieferung der Behälter aus dem bestehenden und dem neuen Behälterlager an die rund

---

[7]AKL = Automatisches Kleinteilelager.

Abb. 3.26 Materialanlieferung im Montagebereich, FTF mit 2-fach Lastaufnahmemittel (links) und für Großbehälter (rechts). (Quelle: FROG/Oceaneering)

achtzig Arbeitsplätze mit über 1000 Stellplätzen erfolgt heute ausschließlich durch das FTS. Pro Schicht transportieren die Fahrzeuge ca. 700 Behälter.

Durch die passive Lastübergabe und die damit verbundenen niedrigen Kosten für die Übergabestationen konnte der Systempreis niedrig gehalten werden; die Amortisationszeit der Erstinvestition sank auf weniger als zwei Jahre. Das freigesetzte Personal wurde von der schweren körperlichen Tätigkeit entlastet und produktiv eingesetzt. Wöhner nutzt zudem die Möglichkeit, das FTS als optisches Highlight in das ansprechend gestaltete Produktionsumfeld zu integrieren. Die Besonderheit der Fahrzeuge liegt im Lasthandling. Eigens für den Behältertransport wurde ein höhenverstellbarer Teleskop-Gurtförderer entwickelt, mit dem es möglich ist, Behälter in verschiedenen Ebenen auf glatte Flächen (Regale, Tische etc.) oder auf passive Röllchenbahnen abzustellen sowie von dort wieder aufzunehmen.

Eine Stellplatzverwaltung der Regale gibt es nicht. Dies ist für das FTS jedoch kein Problem, da ein Fahrzeug bei der Anlieferung innerhalb des zugewiesenen Regalbereiches mittels eigener Sensorik selbst einen freien Stellplatz sucht und den Behälter dort abstellt. Sollten einmal alle Regalplätze belegt sein, setzt das Fahrzeug eine Meldung ab, die sowohl lokal als auch an der FTS-Leitsteuerung angezeigt wird.

3.2.4 Getränke-/Lebensmittelindustrie

In diesem Abschnitt wollen wir uns der Getränke- und Lebensmittelindustrie zuwenden. Der Preiskampf in diesen Segmenten ist erheblich, deshalb ist hier in den letzten Jahren das Interesse am Einsatz von FTS deutlich gestiegen. Welche Motivation bzw. welches Kosteneinsparungspotenzial darin liegt, wird im Folgenden erläutert. Dazu betrachten wir zunächst die Getränkeindustrie aus FTS-Sicht etwas genauer, bevor wir dann konkrete Anlagen aus dem Lebensmittelbereich vorstellen.

3.2.4.1 Intralogistische Optimierungsansätze in der Getränkeindustrie

Die Getränkeindustrie steht unter einem enormen Kostendruck. Nachdem in den letzten zwanzig Jahren intensiv in die Produktionstechnik investiert wurde, entdeckt man heute die verbleibenden großen Einsparungspotenziale in der Intralogistik. Leistungsfähige Produktionseinrichtungen müssen adäquat mit Leergut und Hilfsstoffen versorgt werden, und der Abtransport der Fertigprodukte muss zeitnah, zuverlässig und schnell in Zwischenlager und zur Distribution erfolgen.

Historisch bedingt basiert die Intralogistik der Brauereien, Abfüller und auch des Getränkegroßhandels auf konventionellen Gabelstaplern. Hohe Transport- und Lagerleistungen bei maximaler Flexibilität sprachen in der Vergangenheit für den Staplereinsatz, vor allem auch mangels ausgereifter Alternativen beim FTS.

Rahmenbedingungen in der Getränkelogistik

Die hohen Transportleistungen sind erforderlich, weil Abfüllanlagen immer höhere Produktionsleistungen bringen. So leistet eine typische Bier-Abfüllanlage heute bis 15 hl/h, das sind fast vierzig Paletten pro Stunde, die abtransportiert werden müssen, und das häufig rund um die Uhr. Da in einer Brauerei üblicherweise mehr als nur eine Anlage in Betrieb ist, erhöht sich das Transportaufkommen entsprechend. Durch Einsatz geeigneter Anbaugeräte sind die Stapler in der Lage, bis zu acht Paletten gleichzeitig zu transportieren.

Die vollen Paletten müssen also in hoher Frequenz von den Abfülllinien ins Fertiglager transportiert werden. Üblicherweise bringen die Stapler die Paletten ins Bodenblocklager, wo sie – ohne Regale – mehrfach übereinander gestapelt werden. Stapelhöhen von bis zu zehn Metern sind keine Seltenheit. Die Vorteile des Blocklagers liegen in den geringen Systemkosten und in der Tatsache, dass das Transportmittel (Gabelstapler) direkt, ohne Umsetzen oder Unterbrechung, ins Lager einfahren und dort selbst einlagern kann.

Gabelstapler und Blocklager waren auch immer die Garanten für maximale Flexibilität. Früher unterstützt durch menschliche Disponenten, heute vielfach durch Materialflussrechner, ist diese Kombination ideal in der Lage, sich schnellstmöglich auf Veränderungen und situationsbedingte Anforderungen einzustellen. Dabei denke man nicht nur an das Blocklager für die produzierte Ware, sondern auch an das Leergutlager oder an das Lager für Fremdprodukte bzw. Hilfsstoffe. Solche Lager befinden sich häufig sogar im Außenbereich und erfordern eine hohe Flexibilität vom Transportsystem.

Damit spräche eigentlich alles für den Staplereinsatz und das Lagerkonzept „Blocklager" – wenn da nicht begrenzte Umschlagsleistungen und Flächenressourcen der Blocklager und vor allem auch die bekannten Nachteile der Stapler wären:

- Hohe Personalkosten: Gerade in der Getränkeindustrie gibt es hohe Tarif-Entlohnungen. Die Jahreskosten für einen Staplerfahrer können hier mehr als 50.000 € jährlich betragen. Will man einen Stapler rund um die Uhr betreiben, sind dafür in der Regel mindestens vier Staplerfahrer erforderlich. Summiert man die reinen Staplerkosten von mindestens 10.000 € zu den Personalkosten hinzu, hat man es mit über 200.000 € Jahreskosten für einen Stapler zu tun.

- Menschliches Fehlverhalten führt zu unzuverlässigen Transporten, Beschädigungen an den Staplern, am Produkt und an den Umgebungseinrichtungen. Dazu kommen Unfälle, mitunter sogar mit Personenschäden, die immer Zeit und Geld kosten.
- Rückverfolgbarkeit der versandten Produkte: Auch diese zeitgerechten Forderungen – insbesondere im Umfeld der Lebensmittelbranche – sprechen für mehr Automatisierung.
- Auch muss die genannte hohe Transportleistung von Staplern hinterfragt werden: Häufig existiert ein gravierender Unterschied zwischen der durchschnittlichen und der Spitzenleistung. Eine Automatisierungstechnik arbeitet hier wesentlich kontinuierlicher, verlässlicher und damit kalkulierbarer.

Alternative Lösungen

Die logistischen Fragen sind letztlich:

1. Neubau eines HRL[8] anstelle des Bodenblocklagers?
2. Ersatz der konventionellen Stapler durch FTS, EHB oder stationäre Fördertechnik?
3. Mischbetrieb mehrerer Systeme oder durchgängige, einheitliche Lager- und Transportsysteme?

Die Vorteile eines HRL liegen in der hohen, verlässlichen Systemleistung. Auf vergleichsweise kleiner Fläche arbeitet dieses in sich abgeschlossene System autark, sicher und mit hoher Verfügbarkeit. Allerdings wird ein Systemübergang erforderlich, egal wie die Ver- und Entsorgung technologisch gelöst ist. Übergabepositionen müssen geschaffen werden, wahrscheinlich zusätzlich mit Pufferfunktion. In diesem Zusammenhang wollen wir HRL als vollautomatische Lager verstehen, bei denen Einlagerungshöhen von zehn Metern um ein Vielfaches überschritten werden und damit der Flächenbedarf deutlich sinkt. Regalbediengeräte (RBG) sind hier fester Bestandteil des HRL.

Manuelles oder auch automatisches Lagern mit Staplern hingegen ist in Höhen bis zu maximal zehn Metern machbar, stark abhängig auch vom Lastgewicht.

Der Standort spielt bei der Entscheidung HRL oder Blocklager eine entscheidende Rolle. So können die Standort-Randbedingungen einerseits dazu führen, dass der Bau eines HRL bautechnisch nicht möglich ist, andererseits kann der Bau eines HRL unumgänglich sein, weil die Flächen für anstehende Erweiterungen des Blocklagers nicht zur Verfügung stehen. Außerdem baut ein HRL wesentlich höher als ein Blocklager, nämlich mindestens 12 bis maximal 50 Meter.

Die Vorteile des Blocklagers liegen vor allem in den niedrigen Systemkosten sowie darin, dass sowohl Gabelstapler als auch alternativ Fahrerlose Transportfahrzeuge direkt das Ein- und Auslagern erledigen können. Ein Transportsystemwechsel – wie beim HRL zuerst auf eine stationäre Fördertechnik und dann auf die Regalbediengeräte – ist nicht

---

[8] HRL = Hochregallager.

erforderlich. Das spart vordergründig Zeit und Geld. Die Entkopplung des Transport- und des Lagersystems hat andererseits auch erhebliche Vorteile. Sie wird dabei durch eigene Pufferplätze auf dem Boden oder auf speziellen Förderstrecken realisiert.

Einerseits wird das Transportsystem nicht mit zeitaufwendigen Lagerspielen belastet, andererseits sorgen die Pufferplätze für Sicherheit bei jeglichen Systemstörungen. Letztendlich haben Transportsysteme ihre Stärke in der schnellen Überbrückung von Strecken und Lagersysteme in der Überwindung von Höhe, d. h. zweidimensionale Fahrwege. So erreicht ein HRL eine weitaus höhere Anzahl an Lagerspielen, als dies ein wie auch immer geartetes Transportsystem könnte.

Bei geringem Lagerumschlag oder zu kurzen Lagergassen lohnt sich das HRL allerdings nicht. Langsam drehende Lager lassen ein HRL mit RBG unwirtschaftlich werden. Die hohe RBG-Geschwindigkeit kommt nicht zum Tragen und die benötigte RBG-Anzahl macht das HRL zu teuer. In solchen Fällen hat die durchgängige Lösung (Blocklager) wieder Vorteile.

Für die Transporte zur Verkettung der Produktion mit dem Lager und dem Waren-Ein- und Ausgang kommen nicht nur Stapler und FTS in Frage, sondern auch die Einschienen-Hängebahn (EHB) sowie stationäre Fördertechnik, wie z. B. Rollenbahnen oder Kettenförderer. Abb. 3.27 zeigt die Quellen und Senken des Materialflusses.

Im Abbildung. sind außerdem die eventuell erforderlichen Lastübergabestationen eingezeichnet. Diese bedeuten das Bereitstellen bzw. Zwischenpuffern von Ware. Sowohl nach der Produktion als auch vor dem HRL ist so ein Systemwechsel unumgänglich. Lediglich das Blocklager kann direkt von Stapler oder FTS bedient werden.

Auf der rechten Seite des Bildes sind Warenein- und -ausgang skizziert, ebenfalls mit Lastübergabestationen. Diese erscheinen auf jeden Fall ratsam, wenn intern automatisch transportiert wird. Denn dann gelingt mit diesen Lastübergabestationen die strikte Trennung von automatisiertem Transport und Lkw-Be- und Entladung mittels Staplern. Zwar

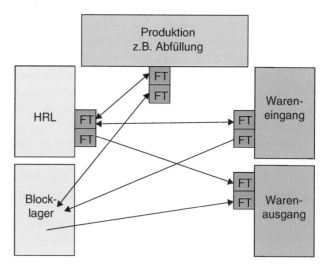

Abb. 3.27 Typische Warenströme in einer Brauerei. (Quelle: Ott/Ullrich 2008)

gibt es heute bereits erste Beispiele für eine automatische Lkw-Be- und Entladung mit FTF, allerdings ist das noch lange nicht Standard.

Künftig werden jedoch auch diese Typen von FTF nicht dieselben sein, wie sie für den Massentransport eingesetzt werden. Die spezifischen Anforderungen sind hier zu unterschiedlich, sodass in jedem Fall eine Übergabe von einer Technik auf die andere erfolgen muss. Berücksichtigt man zudem, dass der Warenein- und -ausgang im Vergleich zur Produktion nicht ganztägig erfolgt und die Ladungen für die Lkw in Versandzonen bereitgestellt werden müssen, sind die Transportwege aufgetrennt. Es kann nicht davon ausgegangen werden, dass in naher Zukunft eine Beladung direkt aus dem Lager auf bzw. in den Lkw erfolgt. Deshalb werden weiterhin Versandzonen, Schwerkraftrollenbahnen oder sonstige stationäre Fördertechniken den Transport unterbrechen.

So empfiehlt sich nach heutigen Gesichtspunkten grundsätzlich folgende Zweiteilung: Die automatisierte Welt im Innern der Brauerei und der manuelle Staplerbereich draußen bei den Lkw und den Outdoor-Lagerbereichen (z. B. für Leergut). Denn für den Außeneinsatz drängt sich eine Automatisierung lange nicht so eindeutig auf wie im Innenbereich.

Im Innenbereich sind prinzipiell folgende Techniken denkbar: Stapler, FTS, EHB sowie Stetigfördertechnik. Der Systementscheid hat technische und wirtschaftliche Aspekte. Bei der technischen Systemauswahl hilft die VDI-Richtlinie VDI 2710 Blatt 1 „Entscheidungskriterien für die Auswahl eines Fördersystems". In Anlehnung an diese Richtlinie ist die Bewertungstabelle (Tab. 3.1) entstanden.

Die Tabelle gibt einen ersten Eindruck, wie sich die relevanten Kriterien auswirken. Allerdings ist eine Standort-spezifische Anpassung der Tabelle erforderlich. Generell steht dem Einsatz mehrerer Systeme in Kombination nichts im Wege, was beim Ausbau bestehender Anlagen durchaus Anwendung finden kann. So kann z. B. eine bestehende Blocklagerstruktur weiterhin mit Staplern bedient werden, während der Abtransport von Abfülllinien hin zum Lager mit FTS durchgeführt wird. Somit kann eine kontinuierliche, störungsarme Entsorgung der Abfülllinien erreicht werden, während die störungsanfälligere Bedienung des Blocklagers z. B. durch stationäre Fördertechnik als Pufferstrecken von der Abfüllung entkoppelt wird.

Tab. 3.1 Technische Eignung fördertechnischer Lösungen gem. VDI 2710, Blatt 1

Kriterium	Stapler	FTS	FT	EHB
Aufgabenflexibilität	++	+	-	O
Layoutflexibilität	++	++	-	-
Kontinuierliche Leistung	+	+	++	+
Spitzenleistung	++	O	+	O
Verbauter Raum	++	++	--	-
Deckenbelastung	++	++	+	--
Personensicherheit	-	++	+	+
Ordnung und Verlässlichkeit	-	++	++	++
Rund-um-die-Uhr-Betrieb	-	++	++	++
Schulnote	**2,1**	**1,4**	**2,4**	**2,8**

++ sehr gut + gut O befriedigend - ausreichend -- mangelhaft

An dieser Stelle sei erwähnt, dass auch ein Mischbetrieb mit konventionellen Staplern und FTS im gleichen Layout möglich ist. Es sind dabei klare Regeln erforderlich (z. B. „Die FTF haben immer Vorrang") und die Staplerfahrer müssen intensiv auf die neuen automatischen Kollegen vorbereitet werden. Trotzdem ist die staplerfreie Fabrik die konsequentere und sicherere Logistiklösung.

Mögliche FTF-Konzepte
Grundsätzlich sind zwei verschiedene Fahrzeugtypen einsetzbar: das Huckepack-Fahrzeug (Abb. 3.28, links) und das Gabelfahrzeug (Abb. 3.28, rechts). Huckepack-Fahrzeuge sind mit Fördertechnik-Elementen bestückt (Rollenbahn oder Kettenförderer) und erledigen die Palettenübernahme/-übergabe seitlich auf stationäre Fördertechnik. Die typischen Merkmale beider Fahrzeugtypen sind in Tab. 3.2 zusammengefasst.

Mit dem Ziel der Standardisierung setzt man häufig auf einen einzigen Fahrzeugtyp pro Einsatzbereich eines Standortes. Bei der Wahl eines solchen ist der Stellenwert des Blocklagers eins der wichtigsten Kriterien. Wenn auf ein Blocklager gesetzt wird bzw. werden muss, sollte dieses auch direkt mit den FTF bedient werden, was die Frage nach dem Fahrzeugtyp beantwortet.

Bietet es sich an, z. B. zur Entkopplung unterschiedlicher Systeme bzw. zur Trennung von Transport- (z. B. FTS) und Lagertechnik (z. B. RBG),[9] Fördertechnik zu installieren, erhält man mit der Wahl des Huckepack-Fahrzeuges die konsequentere Automatisierung. Zudem gelingt mit etwas größer angelegten Lastübergabestellen (längere Fördertechnik-Strecken) eine Pufferfunktion, die mehr Sicherheit in den Gesamtablauf bringt.

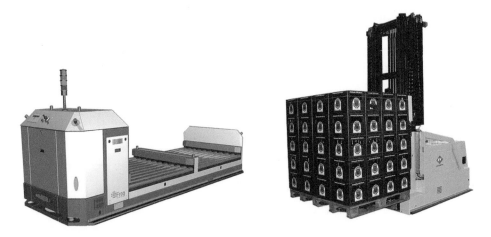

Abb. 3.28 FTF-Typen für die Getränkeindustrie: *links* ein Huckepack-FTF, *rechts* ein Gabelfahrzeug. (Quellen: *links* FROG; *rechts* E&K Automation)

---

[9] RBG = Regalbediengerät.

Tab. 3.2 Merkmalsvergleich der beiden verschiedenen Fahrzeugtypen

Technisches Merkmal	Huckepack-FTF	Gabel-FTF
Bodenebene Palettenaufnahme	Nicht möglich	Möglich
Stapeln von Paletten	Nicht möglich	Möglich
Platz- und Zeitbedarf beim Lasthandling	Niedrig, weil Positionieren in Fahrtrichtung mit seitlicher Lastübergabe möglich	Hoch, weil Positionierung und Lastübergabe quer zur Hauptfahrtrichtung erforderlich
Fahrgeschwindigkeit	Höchstgeschwindigkeit auf langen Geraden bis ca. 2 m/s	Wie links
Fahrwerkskinematik	Alle Varianten einsetzbar	Klassisches Dreirad, evtl. mit drei gelenkten Rädern
Navigationstechnik	Gängige Systeme einsetzbar	Restriktionen im Blocklager, die durch spezielle Lösungen überbrückt werden können. Neue, innovative Verfahren sind gefragt.
Platzbedarf im Layout	Kaum größer als die Last	Deutlich größer als die Last, insb. bei der Gegengewichtsausführung.
Manueller Betrieb	Kaum geeignet	Bedingt geeignet, hängt von der Ausführung ab.
Einsatzflexibilität	Hoch	Sehr hoch, da keine stationäre Fördertechnik erforderlich ist.

Zusammenfassung

Die optimale Logistiklösung in der Getränkeindustrie gibt es nicht, dafür sind die Bedingungen an den unterschiedlichen Standorten zu verschieden. Oftmals findet man gewachsene Strukturen in historischen Werken mitten in einer Stadt. Nur selten hat man den Luxus, auf der grünen Wiese neu planen zu dürfen. Die Bausteine einer modernen Intralogistik sind oben aufgeführt. Für jeden individuellen Einzelfall lässt sich daraus die optimale Lösung zusammensetzen.

3.2.4.2 Projektbeispiel Radeberger Brauerei

In der Radeberger Brauerei in Dortmund wird rund um die Uhr Bier gebraut, d. h. es müssen im 24/7-Einsatz Paletten, die mit Bierkästen beladen sind, von Rollenbahnen aus der Produktion übernommen und in einen ca. 9000 m² großen Lagerbereich transportiert werden. Im Lager werden dann innerhalb der Lagerblöcke, die verschiedenen Produkten und Produktchargen entsprechen, bis zu vier Paletten übereinandergestapelt. Insgesamt können auf diese Weise mehr als 10.000 Paletten gepuffert und für den Versand/die Lkw-Verladung bereitgestellt werden.

Die Transporte von jeweils zwei Paletten von den Rollenbahnen hinein in die Blocklagerbereiche einschließlich der Stapelvorgänge werden durch insgesamt 17 FTF durchgeführt, die spätere Lkw-Verladung erfolgt weiterhin in traditioneller Weise durch mannbediente Frontstapler.

Abb. 3.29 FTF beim Einsatz in der Radeberger Brauerei. (Quelle: E&K Automation)

Für das präzise Absetzen der Paletten im Stapel dient ein eigens hierfür entwickeltes Kamera- und Bildverarbeitungssystem. In Verbindung mit seitlich verschiebbaren Gabeln kann die erforderliche Genauigkeit zuverlässig erreicht werden.

Die flächenbeweglichen Fahrzeuge nach dem Gegengewichtsprinzip, also mit frei auskragenden Gabeln, bestimmen ihre aktuelle Position innerhalb der Lagerblöcke mittels Magnetraster-Navigation (s. a. Abschn. 2.1.1.2) und außerhalb der Blöcke mit Umgebungsnavigation (Abschn. 2.1.1.4). Die durchgängige Anwendung der Umgebungsnavigation und damit der vollständige Verzicht auf jegliche Bodeninstallation ist nicht möglich, da innerhalb der Lagerblöcke die „Umgebung" zu volatil ist, d. h. zu starken und zu häufigen Änderungen unterliegt (Abb. 3.29).

3.2.4.3 Innovative Kommissionierung bei der Marktkauf Logistik GmbH

Die Marktkauf Logistik GmbH mit Sitz in Bielefeld vereint alle Lager für den optimalen Warenumschlag der EDEKA-Gruppe. Am Standort Laichingen wurde bis 2008 für die Kommissionierung im Lager eine Konzeption mit der Bezeichnung „Logistics-by-Voice" in Kombination mit einem Fahrerlosen Transportsystem eingesetzt. Zum Zeitpunkt der Systemeinführung (2003) war die im folgenden beschriebene Lösung eine absolute Innovation und der Wechsel auf ein anderes Arbeitsprinzip nach nur fünf Jahren Betriebszeit hatte keine technischen, sondern firmenpolitische Gründe. Das System kann als Vorbild für etliche weitere Realisierungen und Angebote anderer Lieferanten zur Unterstützung der Kommissionierung durch Einsatz von FTF gesehen werden – und deshalb wird es hier auch vorgestellt.

Abb. 3.30 Kommissionier-FTF, wahlweise auch zur manuellen Bedienung. (Quelle: E&K Automation)

Kein anderer Markt ist bekanntlich so hart umkämpft wie der für Lebensmittel: Die Margen sind knapp bemessen, niedrige Kosten für die Logistik spielen eine Schlüsselrolle. Dies führte bei Marktkauf zu der Entscheidung, die Logistik wirkungsvoll zu modernisieren: Alle in der Gesellschaft zusammengefassten Lager erhalten schrittweise durch neue Technologien geformte Lösungen für den wirtschaftlich verbesserten Warenumschlag (Abb. 3.30).

Man startete im Marktkauf-Lager Laichingen mit einer modellartigen Lösung. Obenan stand die Analyse einzelner Funktionen, vor allem für die Planung einer effizienten Systemlösung in der Kommissionierung. Sowohl verschiedene Erhebungen als auch Berechnungen über einen längeren Zeitraum hatten zum Ergebnis, dass mit der bisherigen Kommissionierung nach üblicher Art viele uneffektive Handgriffe verbunden sind: Die einzelnen Pickvorgaben waren Position für Position von langen Listen zu streichen. Selbst die von Bildschirmen ablesbaren Vorgaben verlangten eine Bestätigung per Hand. Außerdem waren die manuell vom Kommissionierer gesteuerten Sammelfahrten über lange Wege bis zum Warenausgang ein großer Nachteil.

Diese herkömmliche Art der Kommissionierung war also geprägt von zeitintensiven Nebentätigkeiten. Nicht nur die genaue Beobachtung der Abläufe führte zu diesem Ergebnis, sondern noch weit mehr und eindeutiger die errechneten Zahlenwerte. Danach waren die Kommissionierer in einer 7,5-Stunden-Schicht lediglich drei Stunden mit ihrer eigentlichen Tätigkeit beschäftigt, Kolli[10] aus den Regalen zu fertigen Versandeinheiten zusammenzustellen.

Bei der neuen Konzeption erhält der Kommissionierer seine Aufträge in gesprochener Form per Funk auf seinen Kopfhörer übertragen. Für seine Arbeit hat er jetzt beide Hände frei, zumal sein zugeordnetes Fahrerloses Transportfahrzeug nach dem gesprochenen O. k. am Ende einer Entnahme bereits zum nächsten Orderpunkt vorausfährt. So entfallen für den Kommissionierer das Auf- und Absteigen und das positionsabhängige Parken des Fahrzeugs. Selbst die Wege zwischen Fahrzeug und Regal sind kürzer geworden, weil die Paletten für die Beladung jetzt immer genau am Regal positioniert sind. Die automatischen Pickfahrzeuge übernehmen außerdem die automatischen Fahrten zu einem Übergabepunkt. Danach fahren sie, nach Aufnahme einer Leerpalette aus dem Speicher, sofort wieder in einen der vorgegebenen Regalgänge ein. Mit dieser Technik steigt die Pickleistung der Kommissionierer um fast 100 %.

Schon während der Anmeldung zu Schichtbeginn setzt sich ein FTF in Bewegung. Jeder Auftrag startet dann mit einer kurzen Ansage des Kommissionierers. Der Voice-Manager nennt daraufhin die Nummer des ersten Regals und des Pickplatzes für die Entnahme. Zudem nennt das System die Anzahl der zu pickenden Kolli. Ist der Vorgang abgeschlossen, spricht der Kommissionierer die Bestätigung über sein Headset-Mikrofon ins System und erhält daraufhin den nächsten Auftrag.

Wenn eine Sammelpalette voll ist, wird sie provisorisch mit Wickelfolie gesichert. Per Sprachbefehl schickt der Kommissionierer das Sammel-(Pick-)Fahrzeug dann zum Übergabepunkt. Während dieser Zeit fährt ein zweites FTS-Sammelfahrzeug in Position für das Kommissionieren des nächsten Auftrags. Die Pickfahrzeuge fahren die vollen Paletten bis zum Gassenausgang und stellen sie dort ab für die Aufnahme durch automatische Transportfahrzeuge. Das Pickfahrzeug holt anschließend eine Leerpalette aus dem Speicher und fährt zum vorgesehenen Regalgang.

Der weitere Weg der vollen Palette führt vom Übergabepunkt zum Stretcher für die versandgerechte Folienumwicklung. Von einem integrierten Drucker werden die vom System gesendeten Daten für den Bestimmungsort in Form eines Paletten-Etiketts an der Ladung angebracht. So erhält die Fertigpalette alle wichtigen Angaben für den Versand, also für die Bereitstellung und die Lkw-Beladung durch den Spediteur.

Zusammenfassend lässt sich sagen, dass die Leistung verdoppelt und die Fehlerquote um 60 % reduziert wurde. Hinzu kam eine deutliche Verbesserung der Handhabungsergonomie, da sich die Sammelpalette in einem Hubbereich immer auf die optimale Beladehöhe einstellen lässt. Die Steigerung der Pickleistungen wird durch die Kombination mit einem FTS erreicht, letztlich also durch die Automatisierung der Sammelfahrten.

Wie bereits eingangs erwähnt gibt es inzwischen weitere Anbieter für diese Art der Kommissionier-Unterstützung – beispielhaft sei hier die Lösung „iGO neo" von Still genannt (Abb. 3.31). Auch hier ist bei Bedarf jederzeit ein manueller Betrieb möglich, da es

---

[10] Kolli (plural) sind die kleinsten Einheiten, also meist einzelne Stücke einer Warensendung.

Abb. 3.31 Unterstützung des Kommissioniers durch FTF. (Quelle: Still)

Abb. 3.32 Unterstützung des Kommissioniers durch FTF. (Quelle: Amazon)

sich bei dem Basisgerät um einen sog. Horizontalkommissionierer mit Fahrerplattform handelt und alle für den manuellen Betrieb erforderlichen Bedienelemente bei der Automatisierung erhalten wurden.

Und noch ein weiterer Lösungsansatz soll an dieser Stelle kurz vorgestellt werden: Wenn man das Kommissionierprinzip umdreht, also die Ware zum Kommissionierer bringt, ist ebenfalls eine Unterstützung durch FTF möglich, dies wurde im Jahr 2009 erstmals durch die amerikanische Firma Kiva Systems gezeigt (s. a. Abschn. 2.3.1.5): Die FTF transportieren Regale mit Ware (= die zu kommissionierenden Artikel) zum Arbeitsplatz des Kommissionierers und nach der manuellen Artikelentnahme wieder zurück ins Lager (= Bereitstellfläche) (Abb. 3.32).

Kiva Systems wurde im Jahr 2012 durch Amazon übernommen, heißt seitdem Amazon Robotics und hat bis heute (Juni 2019) über 100.000 Unterfahr-FTF gebaut und in den Distributionszentren von Amazon zum Einsatz gebracht.

3.2.4.4 FTS überwacht Käse-Reifeprozess bei Campina

Der Käsefabrikant Campina ist eine Marke von Royal Friesland Campina und betreibt in Bleskengraaf/NL ein Fahrerloses Transportsystem mit vier Laser-geführten FTF. Die automatischen Fahrzeuge übernehmen den Transport der Käselaibe innerhalb der Käseherstellungsanlage. Dabei bewegen sie den auf Gestellen gestapelten Käse völlig selbstständig zwischen dem Lagerhaus, in dem der Käse reift, und den zwei Bearbeitungsmaschinen (Abb. 3.33).

Die FTS-Leitsteuerung übernimmt hier über die gewohnten Funktionen hinaus das integrierte Rezept- und Lagermanagement. Damit werden die Käse-Rezepturen innerhalb des Prozesses verwaltet. Jedes Rezept beinhaltet eine Zahl von festgelegten Behandlungen, die regelmäßig mit dem Käse durchgeführt werden müssen. Abhängig von diesen festgelegten Rezepturen bringen die FTF den Käse automatisch zu den Bearbeitungsmaschinen.

Mit einem fortschrittlichen Lagermanagement-Modul wird das gesamte Lager und jede gelagerte Ware darin visualisiert. Abhängig von dem aktuellen Status der Lagerposition (Reihenbelegung, Anzahl der freien Positionen) und den Rezeptdetails der Ware, ermittelt die Software, welche Ladung im Lagerhaus als Erstes von dem FTS abgeholt werden muss.

Die Fahrerlosen Transportfahrzeuge transportieren Käsepaletten mit einer Länge und Höhe von jeweils mehr als 2 m und einer Breite von nur 85 cm. Es handelt sich also um schmale und sehr instabile Ladungen, wofür die Entwicklung eines speziellen, maßgefertigten FTF erforderlich war.

Die Käsepaletten werden eine nach der anderen in den Lagerhausreihen in Tieflagerzeilen eingelagert. Links und rechts der Regale befinden sich Belüftungsleitungen. Der freie Platz zwischen jeder Käsepalette und den Belüftungsleitungen beträgt nur 5 cm auf jeder

Abb. 3.33 Das Käse-FTF bei der Einfahrt in die enge Lagergasse (links) und rechts zwei FTF beim Handling der Reife-Gestelle. (Quelle: Dematic)

Seite. Das bedeutet, dass das FTF eine sehr hohe Stabilität gewährleisten muss, damit Erschütterungen und natürlich auch Kollisionen während des Ein- und Ausfahrens vermieden werden.

3.2.4.5 Edelstahl-FTS in der Käserei Schönegger, Steingaden

Um die strengen Hygienevorschriften in der Lebensmittelherstellung zu erfüllen, eignen sich besonders Fahrzeuge, die komplett aus Edelstahl gefertigt sind. Die metallisch blanke Oberfläche weist Bakterien ab und lässt sich schnell und einfach reinigen. Wenn zusätzlich alle Verkleidungen sowie die Steuer- und Antriebsmodule abgedichtet sind, lassen sich die Fahrzeuge von allen Seiten – auch von unten – mit Heißdampf desinfizieren.

Das beim bayerischen Käseproduzenten Schönegger installierte Fahrerlose Transportsystem arbeitet, über die eigentlichen Transportaufgaben hinaus, für jeden der 120.000 Käselaibe ein detailliertes Käsepflegeprogramm ab (Abb. 3.34).

Die aus Edelstahl gefertigten frei fahrenden Gabelhubwagen bedienen das Kühl- und das Reifelager, beschicken und entsorgen die Käsepflegemaschine und bringen die Gestelle zum Verpacken in den Versand. Wenn die fahrerlosen Transportfahrzeuge einen Stapel mit Käselaiben aufnehmen, identifizieren sie diesen automatisch mit dem Barcode-Leser und übertragen die Daten an die Lagerverwaltungssoftware, die den Käse im Reifelager chargenbezogen organisiert und für die exakte Abarbeitung des Käsepflegeprogramms sorgt. Dadurch ist jede Charge entlang der logistischen Kette rückverfolgbar. Es kann jederzeit festgestellt werden, wann, wo und durch wen die Ware erhalten, hergestellt, verarbeitet, gelagert und transportiert wurde.

Abb. 3.34 Der Edelstahl-Gabelhubwagen trägt 4,6 Tonnen und erreicht eine Hubhöhe von 3,8 Metern. (Quelle: MLR)

3.2.5 Baustoffe

Weder der Bau noch die Herstellung von Baustoffen sind typische FTS-Zielbranchen. Trotzdem gibt es auch hier Anwendungsmöglichkeiten, von denen wir hier eine vorstellen wollen; Die Herstellung von Styropor-Dämmplatten. Dieser Hartschaum ist der Allrounder unter den Gebäude-Dämmstoffen, eingesetzt in Dächern, Wänden und Böden. Als Zwischenprodukt müssen dabei 5 m große Monolithen transportiert werden. Die logistischen Anforderungen beim Manövrieren und Handhaben sind hoch (Abb. 3.35).

Die Monolithen entstehen in den sogenannten Blockformen durch thermische Expansion. Dort müssen die riesigen Quader (5100 mm × 1050 mm × 1300 mm) aufrechtstehend abgeholt und in ein Lager gebracht werden. Die FTF sind mit eindrucksvollen Greifern ausgestattet, mit denen sie einen oder auch zwei der bis zu 230 kg schweren Blöcke gleichzeitig aufnehmen können. Die Lastaufnahme und -abgabe kann variabel ebenerdig oder von/auf bis zu 500 mm hohen angetriebenen Rollenbahnen erfolgen (Abb. 3.36).

Die Fahrzeuge transportieren die Monolithen in das Blocklager, wo sie zur Reifung ebenerdig abgestellt werden. Je nach Endprodukt dauert ein solcher Reifeprozess von einem Tag bis zu mehreren Wochen. Die Bedienung des Blocklagers geschieht ausschließ-

Abb. 3.35 Enge Einstellsituation im Blocklager. (Quelle: DS AUTOMOTION)

Abb. 3.36 Lastaufnahme von der Rollenbahn. (Quelle: DS AUTOMOTION)

lich durch die FTF. Manuelle Eingriffe, z. B. mit Gabelstaplern, sind nicht erwünscht, weil so konstant zuverlässig und genau wie die automatischen Fahrzeuge kein Gabelstapler fährt. Das Blocklager hat eine hohe Lagerdichte, die Abstände zwischen den Blöcken sind sehr gering.

Nach der Reifung werden die Blöcke zu einer der drei Schneidemaschinen transportiert, auch dies übernimmt das FTS. Dort werden die Blöcke geschnitten, sodass Platten mit den gewünschten Endabmessungen entstehen. Die Platten werden verpackungsgerecht gestapelt und auf Paletten mit manuellen Gabelstaplern ins Fertigwarenlager transportiert.

Die FTF navigieren mit Hilfe der Magnetpunktfolge, dadurch ist die Beherrschung des engen und zugleich sehr hohen Blocklagers möglich. Bei dem FTF handelt es sich um einen Klammerstapler, wobei in diesem Fall eine kundenspezifische Klammerkonstruktion mit einem standardisierten Hubgerüst kombiniert wird. Die Klammer muss die Haltekräfte sehr feinfühlig dosieren, damit die empfindlichen Styropor-Monolithen nicht beschädigt werden. Das Hubgerüst ist in der Lage, die Last auf unterschiedliche Höhen zu platzieren (Abb. 3.37).

Die Energie bekommen die Fahrzeuge aus Bleisäure-Batterien, die zwei Schichten lang halten. Dann fahren die Fahrzeuge automatisch zu den Ladestationen, wo die leeren Batterien manuell gegen vollgeladene gewechselt werden. Dazu haben die Mitarbeiter spezielle Rollwagen zur Verfügung, auf denen sich die zu ladenden Batterien befinden.

Abb. 3.37 Die FTF mit ihren großen Greifern für die empfindlichen Riesen. (Quelle: DS AUTOMOTION)

3.2.6 Stahlindustrie

Fahrerlose Transportsysteme kommen nicht nur in klassischen Bereichen der Intralogistik zum Einsatz, sie erobern auch Bereiche, in denen es etwas rauer und robuster hergeht. Hierzu zählt auch die Stahlindustrie, von der Erzeugung über die Weiterverarbeitung bis hin zur Konfektionierung. Die folgenden zwei Beispiele zeigen FTS-Anwendungen aus den Bereichen Transport großer/schwerer Lasten – Stahlcoils und Stahlbleche – sowie Transport von Halbfertigwaren (kundenspezifische Stahlrohre).

3.2.6.1 FTS zur Versorgung von Maschinen mit Stahlcoils und Stahlblechen

Die Outokumpu GmbH ist weltweit einer der führenden Hersteller und Verarbeiter von rostfreiem Stahl. Die Konzernzentrale ist in Espoo, Finnland, in Terneuzen (NL) betreibt Outokumpu ein Auslieferungszentrum für Europa. Dort werden jährlich ca. eine halbe Millionen Tonnen rostfreier Stahl verarbeitet und ausgeliefert.

Dabei setzt man vor allem auf ein modernes, durchgängiges und zuverlässiges Logistiksystem. Dies besteht aus einem automatischen Lager für Stahlcoils, drei Fahrerlosen Transportfahrzeugen, vier Produktionslinien, einem automatischen Zwischenlager für Blechpakete und einem modernen Produktionsplanungssystem.

Das Auslieferungszentrum in Terneuzen erhält den meisten Stahl in Form von Coils per Schiff angeliefert. Dort werden sie abgehaspelt und nach Kundenwunsch abgelängt, geschnitten und wieder als Coil oder als Blechpakete termingerecht ausgeliefert. Hierfür gibt

Abb. 3.38 Das FTF trägt ein 30-Tonnen-Coil direkt mit Palette. (Quelle: FROG)

es vier Produktionslinien. Zwei, in denen das Material auf die richtige Länge zugeschnitten wird, und zwei, in denen es auf die richtige Schnittbreite gebracht wird.

In diesen Prozessen spielen die Fahrerlosen Transportfahrzeuge eine Schlüsselrolle. Sie sorgen für die Lieferung der Rohware aus dem Lager in die Produktion sowie die Rückführung der fertigen Produkte in das Zwischenlager oder direkt in den Versand (Abb. 3.38).

Zwei 30-Tonnen Schwerlast-FTF, die als Dornstapler ausgeführt sind, übernehmen die Versorgung der Produktion aus dem automatischen Coillager. Die Aufnahme der Coils an den Übergabestellen am Lagerausgang erfolgt mit einem so genannten Dorn im Zentrum des Coils. An diesem Dorn hängend wird das Coil zu der entsprechenden Produktionslinie gebracht und auf einem Drehkreuz aufgehängt. Von der einen Seite wird das Drehkreuz vom FTS bedient, auf der anderen Seite von der Produktion. Das Drehkreuz dient somit als Puffer und als Schnittstelle zwischen den Dornstapler-FTF und der Produktion. Angefangene Coils mit Restmengen werden von den zwei Dornstapler-FTF wieder zurück zum Coillager gebracht und automatisch eingelagert (Abb. 3.39).

Die Entsorgung der Produktion übernehmen sowohl die zwei Dornstapler-FTF als auch ein weiteres Sechs-Tonnen Schwerlast-FTF, welches einen Kettenförderer als Lastaufnahmemittel hat (Abb. 3.40). Zugeschnittene Bleche, die wieder als Coil gewickelt zum Kunden gehen, werden fertig verpackt auf Einwegpaletten am jeweiligen Ausgang der Produktionslinien bereitgestellt und von den Schwerlast-FTF zum Versand gebracht. Bleche, die als Paket gestapelt zum Kunden gehen, werden auf Einwegpaletten an den automatischen Übergabestationen der Produktionslinien bereitgestellt. Dort werden sie von dem Kettenförderer-FTF abgeholt und entweder zum Zwischenlager oder direkt zur Verpackung und weiter zum Versand transportiert.

Abb. 3.39 Coil-Übergabe vom automatischen Dorn-Stapler auf das Drehkreuz. (Quelle: FROG)

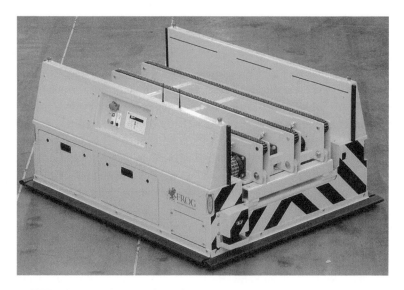

Abb. 3.40 FTF mit Kettenförderer für Paletten mit Stahlblechen bis sechs Tonnen Gewicht. (Quelle: FROG/Oceaneering)

Die gesamten Produktionsabläufe werden über das Produktionsplanungssystem (PPS) gesteuert und die erforderlichen Transporte in Form von Transportaufträgen an die FTS-Leitsteuerung übermittelt. Diese kombiniert und optimiert die Transportaufträge und weist sie als Fahraufträge den geeigneten Fahrzeugen zu. Alle erledigten Transporte werden wieder an das PPS zurückgemeldet. Damit wird eine lückenlose Warenrückverfolgung gewährleistet.

Die Fahrzeuge haben entsprechend ihrer Nutzlast und Anwendungsanforderungen geeignete Radkonfigurationen. Die Dornstapler-FTF sind voll flächenbeweglich, das bedeutet, sie können uneingeschränkt in alle Richtungen fahren und sich um beliebige virtuelle Punkte drehen.

Die Fahrzeuge navigieren über ein im Boden verlegtes Magnetraster. Die Fahrzeuge planen anhand einer in der Fahrzeugsteuerung gespeicherten Karte des Arbeitsbereichs selbst ihren Weg. Diese Karte enthält die Fahrwege sowie die Positionen, Abmessungen und Funktionen aller Elemente, die für die Topografie des Anlagenbereichs von Bedeutung sind. Hierzu gehören z. B. Wände, Türen, Tore, Aufzüge, Ladegeräte, aktive und passive Übergabestationen und alle wichtigen Einrichtungsgegenstände. Die Karten mit den darin enthaltenen Elementen können vom Bediener jederzeit selbst geändert werden.

3.2.6.2 FTS zur Produktionsentsorgung in der Stahlverarbeitung

Welser Profile mit Sitz in Ybbsitz (Österreich) ist ein Hersteller von offenen Spezialprofilen, geschweißten Profilrohren, Baugruppen und kompletten Profilsystemen aus Stahl sowie Nichteisen-Metallen. Im Zuge der Einführung eines Logistik-Leitsystems im Produktionswerk in Gresten (A) wurde die Automatisierung bestimmter logistischer Abläufe durch die Einführung eines FTS erreicht. Dabei mussten folgende Herausforderungen gelöst werden:

- Im betreffenden Bereich laufen die schnellsten Anlagen. Es werden täglich in vier Schichten bis zu 1800 Paletten mit unterschiedlichen Artikeln produziert. Diese müssen von den Förderstrecken abgenommen und eingelagert werden. Das im Lager vorgehaltene Artikelspektrum umfasst ca. 500 Artikel. Aus dem Lager werden die Lieferungen gemäß Kundenabrufen für den Versand bereitgestellt, bei der Auslagerung muss das FIFO-Prinzip beachtet werden.
- Bei der Auslagerung einer Lieferung und Verladung auf Lkw ist nicht nur FIFO einzuhalten, innerhalb einer Lieferung muss auch auf die Abladestellen des Kunden Rücksicht genommen werden (Gruppierung) und im Gesamten noch auf die Achslast-Verteilung der Lkw (gesetzliche Rahmenbedingungen).
- Für die Mehrzahl der Artikel werden standardisierte Umlauf-Verpackungen verwendet, es verbleibt aber ein Anteil von 15–20 %, der in einfache Holz-Aufsetzrahmen verpackt wird, die ebenfalls in das System integriert werden müssen. Als Träger werden ausschließlich Holzpaletten verwendet (Abb. 3.41).
- Es müssen vier unterschiedliche Systeme detailliert aufeinander abgestimmt sein, die Rückmeldezeiten bzw. die Zeit für Datenübertragungen zwischen den Systemen und für entsprechende Reaktionen liegt im Bereich weniger Sekunden.
- Der gesamte Bereich kann nicht durch die FTF exklusiv genutzt werden, d. h. es bewegen sich dort auch Personen (Firmenangehörige und Externe!), Stapler, externe Lkw usw. Daraus ergeben sich sehr hohe Anforderungen an die Sicherheitssysteme, denn ein absolut sicherer Betrieb der Fahrzeuge mitten im Produktionsumfeld ist zwingend zu gewährleisten.

Abb. 3.41 Palette mit Holzaufsetzrahmen. (Quelle: Welser Profile)

- Im Rahmen des FTS-Projekts wurde auch die Lagerkapazität erweitert, dies erfolgte durch Errichtung und Inbetriebnahme eines Regallagers (RL) mit ca. 1800 zusätzlichen Palettenstellplätzen. Die Ver-/Entsorgung der Übergabeplätze des RL erfolgt durch FTF, womit eine komplette Integration der Lagerlogik in drei Systeme erforderlich wurde.
- Da im RL Doppelstapel gelagert werden, gehört auch die „Entdoppelung", also die Unterstützung interner Manipulation, zu den Aufgaben des FTS (Abb. 3.42).
- Um den vorhandenen Platz möglichst effizient zu nutzen, war eine Einlager-Höhe (Gabelhöhe bei Einlagerung) von 5,20 m vorgegeben. Durch den Einsatz von Holzpaletten bzw. Holz-Aufsatzrahmen ist die Genauigkeit – vor allem bei höheren Lagerstapeln – vergleichsweise schlecht, d. h. die eingesetzten FTF sind gefordert, mit einer recht hohen Streuung beim Transport- und Lagergut sicher zu arbeiten.
- Für Produkte mit wenig Lagerbestand (Langsamdreher, Auslaufartikel, Restbestände) sind weitere etwa 400 Regalstellplätze (Einzel- und Doppelstapel) vorhanden. Auch diese Regale werden ausschließlich mit FTF bedient.

Abb. 3.42   FTF transportiert Stapel aus zwei Paletten. (Quelle: Welser Profile)

Basis für das System ist eine klare Trennung der zuvor vermischten Produktions- und
Logistikabläufe. Damit können nicht nur die Logistik-Prozesse sauber definiert werden, es
sind auch die Verantwortungsbereiche der einzelnen Systeme klar abgrenzbar. SAP als
ERP-System, RELAG (SEP Logistik AG) als Logistik-Leitsystem, die vollautomatisierten
Verpackungs-, Stapelungs- und Förderstrecken als Transportsystem aus der Produktion
und das FTS als Transportsystem zwischen Produktion, Lager und Versand-Bereitstellung.

Jedes dieser Systeme hat in seinen Abläufen unterschiedlichste Varianten und reagiert
auf Signale, Eingriffe seitens Planung und Produktion bzw. Störgrößen aus dem täglichen
Betrieb. Das FTS als verbindendes Glied muss damit nicht nur sehr schnell auf geänderte
Rahmenbedingungen reagieren, es muss vor allem auch eine sehr hohe Robustheit gegenüber den Störfaktoren haben und gleichzeitig für die Benutzer und die Wartungsmann-
schaft möglichst einfach zu bedienen sein.

3.2.7 FTS zur Rohmaterialversorgung in der Kunststoffspritzgießfertigung

Die A. Raymond GmbH ist als Teil der französischen Raymond-Gruppe ein international tätiger Hersteller von Kunststoff-Befestigungssystemen und beliefert Automobilhersteller und -zulieferer weltweit mit Montage- und Befestigungslösungen. Im deutschen Werk in Weil am Rhein wird ein Portfolio von über 20.000 verschiedenen Kleinteilen in Milliardenstückzahlen hergestellt. Dies erfordert eine äußerst flexible Fertigung, in der sehr variable Materialflüsse innerhalb der Produktion bedient werden müssen. Dies umfasst neben Roh-, Halb- und Fertigwaren auch eine Vielzahl von Fertigungshilfsmitteln. Um der hochveränderlichen Aufgabenvielfalt gerecht zu werden, wurde ein Transportsystem mit großer Flexibilität gesucht und 2018 mit der Einführung eines Fahrerlosen Transportsystems auch gefunden.

Die Umgebung stellt mit mehreren Stockwerken, engen Verkehrswegen, einem ausgeprägten Mischbetrieb mit in- und externen Personen sowie manuell bedienten Flurförderzeugen hohe Anforderungen an die Fahrzeugsteuerung, insbesondere in Bezug auf Navigation und Sicherheit (Abb. 3.43). Die Veränderlichkeit und Vielfalt der Prozesse erfordern

Abb. 3.43 FTF befährt automatischen Lastenaufzug zum Etagenwechsel. (Quelle: A. Raymond)

außerdem eine schnelle Adaption des Systems an neue Anforderungen. Die dafür erforderliche Systemadministration sollte unabhängig vom Lieferanten des FTS durch Raymond-
Mitarbeiter erfolgen.

Ausgewählt wurden Fahrerlose Transportfahrzeuge des österreichischen Herstellers
AGILOX. Sie bieten ein hohes Maß an Flexibilität, können als Seriengerät erworben und
aufgrund ihrer leistungsfähigen und bedienerfreundlichen Software durch den Betreiber
selbst in neue Umgebungen und Prozesse integriert werden. Im Rahmen eines Proof-of-
Concept wurde ein erstes FTF innerhalb von drei Tagen in Betrieb genommen und danach
produktiv genutzt. Auf dieser Basis konnten im weiteren Verlauf zunehmend komplexere
Abläufe ohne externe Unterstützung abgebildet werden. Das System wurde bzw. wird
weiterführend ausgebaut und erlaubt durch seine einfache Skalierbarkeit eine optimale
Anpassung der Transportkapazität an den Bedarf des Produktionssystems.

Aufgrund der drastischen Kostenreduktion durch die automatisierten Transporte konnten darüber hinaus bestehende Produktionsabläufe komplett neu gestaltet werden. So
wurde in der Kunststofffertigung eine neue Art der Rohmaterialversorgung für Spritzgieß-
maschinen implementiert. Dabei werden speziell entwickelte Silos in einem zentralen Bereich mit Kunststoffgranulat befüllt und durch die FTF an die Maschinen in der Produktion gebracht – dieser Vorgang wäre ohne Transportautomatisierung nicht wirtschaftlich
(Abb. 3.44). Beim Absetzen des Silos findet eine automatische Kopplung an den Maschinen statt. Dies erfordert eine Widerholgenauigkeit von unter ±10 mm, welche durch die
mit Umgebungsnavigation arbeitenden FTF sogar unterschritten wird. Gegenüber konventionellen Ansätzen, bei denen das Granulat über umfangreiche Vakuum-Rohrsysteme an
die Maschinen gefördert wird, bietet die auf FTF basierende Versorgung eine Reduzierung
aufwendiger Infrastruktur zur Materialförderung, eine erhöhte Flexibilität der Fertigung,
reduzierte Instandhaltungskosten sowie signifikante Qualitätsvorteile durch geringste Ma-
terialverschleppungen.

Die Transportaufträge erstellen die Mitarbeiterinnen und Mitarbeiter im Shopfloor
überwiegend selbst – die Fahrzeuge bedienen die Vielzahl interner Kunden simultan, sodass sich diese auf werthaltige Tätigkeiten konzentrieren können. Dieser kollaborative
Ansatz kommt bei den Mitarbeitern sehr positiv an, sodass das FTS vier Jahre nach Inbetriebnahme des ersten Fahrzeugs ca. 95 % aller Transportaufgaben abwickelt. Viele Ideen
und Vorschläge für Materialtransporte kamen von den Mitarbeitern selbst. Der Transport
von Rohmaterialien, Halb- und Fertigwaren, Produktionswerkzeugen, Hilfsstoffen und
Ersatzteilen summiert sich inzwischen auf jährlich rund 65.000 Transporte und eine dabei
von den FTF zurückgelegte Wegstrecke von ca. 6000 km.

Während das erste Fahrzeug nur 50 Transporte pro Tag in einem kleinen Testbereich
absolvierte, werden nach vier Jahren rund 185 Transporte über 13.000 Quadratmeter und
zwei Stockwerke abgewickelt.

Die FTF fahren rund 500 Stationen und Lager-/Stellplätze an, dabei ist auf den meisten
Streckenabschnitten aufgrund der zu geringen Wegebreite kein Begegnungsverkehr möglich. Dies stellt, besonders an Kreuzungen und vor Aufzuganlagen, hohe Anforderungen
an effiziente und holistisch abgestimmte Wege- und Ressourcennutzung sowie an die Sicherheit gegenüber anderen Verkehrsteilnehmern. Eine Besonderheit der AGILOX-FTF

Abb. 3.44 FTF transportiert Silo mit Kunststoffgranulat zur Spritzgießmaschine. (Quelle: Welser Profile)

ist, dass die hierfür erforderlichen Optimierungsprozesse nicht in einer zentralen Leitsteuerung, sondern auf jedem einzelnen der FTF ablaufen. Laserscanner und Ultraschallsensoren sichern die Fahrzeuge bzw. ihre Bewegungen über die volle Fahrzeugbreite und -höhe ab und ermöglichten einen bislang uneingeschränkt kollisionsfreien Betrieb – auch unter den besonderen Anforderungen des Mischverkehrs.

Das System aggregiert die Betriebsdetails in einer Cloud-Applikation, woraus Optimierungspotenziale (z. B. ein gehäuftes Störungsauftreten bei einzelnen Fahrzeugen oder an bestimmten Stellen im Fahrparcours) unmittelbar abgeleitet werden können. Dies erlaubte eine erhebliche Reduzierung der Abwicklungszeit pro Transport (Abb. 3.45 und 3.46).

Der 24/7-Betrieb wird dabei durch wenige trainierte Produktionsmitarbeiter sichergestellt, die den robusten operativen Betrieb verantworten und beispielsweise Störungen beheben. Vier nebentätige Administratoren aus Produktion und Industrial Engineering verantworten die Transportautomatisierung mittels FTF und führen neue bzw. optimierte Prozesse ein.

Abb. 3.45 Tägliche FTF-Transporte über die ersten vier Jahre des Systemaufbaus. (Quelle: A. Raymond)

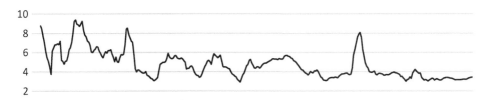

Abb. 3.46 Entwicklung der Zeit pro Transport in Minuten über die ersten drei Jahre des System-aufbaus. (Quelle: A. Raymond)

3.2.8   Innerbetriebliche Transporte von Glas- und Keramikprodukten mittels FTS

Der Spezialglas-Hersteller SCHOTT betreibt in Mainz seit Mitte 2018 ein Fahrerloses Transportsystem für den innerbetrieblichen Transport von Rungen- und Transportpaletten für Glas- und Keramikprodukte. Zum Einsatz kommen drei Gegengewichtsstapler des Herstellers DS AUTOMOTION, welche mit einem Sonderhubgerüst mit Seitenschub und auf die Anwendung adaptierter Sensorik ausgestattet sind. Die Fahrzeuge fahren freinavigierend mittels Magnetpunktnavigation und sind in ein Gesamtsystem mit FTS-Leitsteuerung und automatischem Batterieladen eingebunden (Abb. 3.47).

In der Produktionshalle wird mittels einer Hochleistungs-Schmelzwanne an 365 Tagen im Jahr geschmolzenes Glas kontinuierlich gezogen und in der Folge mittels komplexer Technik auf Formate zur Weiterverarbeitung zugeschnitten. Am sogenannten „Kalten Ende" wird das abgekühlte Glas in Roboterzellen in produktspezifische Gebinde verladen und durch die Logistik zur Weiterverarbeitung abtransportiert. Das FTS übernimmt hier im Taxibetrieb die Beschickung der Produktion mit leeren und den Abtransport voller Gebinde. Hier kommt eine breite Auswahl unterschiedlichster Packmittel zum Einsatz, unter anderem Rungengestelle, Pappcontainer und Holzverschläge.

Die leeren Gebinde, vierfach gestapelt und bereitgestellt durch die Logistik in einem eigens dafür eingerichteten Lagerbereich, werden von den FTF sensorunterstützt vereinzelt und Just-In-Time in die Produktion zur Beladung an die Roboterzellen geliefert. Volle Gebinde werden parallel dazu von den FTF in der Produktion abgeholt und in einem zweiten, vom Leitrechner verwalteten Lagerbereich gestapelt und der Logistik wieder zum

Abb. 3.47 Gegengewicht-
FTF mit Sonderhubgerüst und
Seitenschub. (Quelle: DS
AUTOMOTION)

Abtransport bereitgestellt. Auf diese Weise werden rund um die Uhr etwa alle zehn Minuten je ein Voll- und Leerguttransport zwischen Produktions- und Lagerbereich durchgeführt. In der Regel arbeiten zwei FTF gleichzeitig, während sich das dritte FTF beim
Batterieladen befindet (Abb. 3.48).

Die großen Herausforderungen bestehen in der exakten Übergabe der Gebinde in die
Aufnahmearchitektur der Roboterzellen, im Vereinzeln der manuell bereitgestellten
Wellpappe-Container und im wiederholgenauen Stapeln der vollen Packmittel im Lager
unter Berücksichtigung des hohen sicherheitstechnischen Niveaus. Dafür wurden die FTF
und insbesondere das Lastaufnahmemittel mit zahlreichen Sensoren und Verstellmöglich-
keiten ausgestattet, sodass individuelle Anpassungen an die sieben unterschiedlichen
Ladehilfsmittel-Typen mit ihren verschiedenen Abmessungen möglich sind. Außerdem
werden die Fahrwege der FTF auch von manuell bedienten Staplern sowie Fußgängern
benutzt, das heißt durch diesen Mischverkehr besteht das Potenzial für Störungen und
Einschränkungen in der Transportleistung des FTS.

Besondere Aufmerksamkeit galt seit der Einrichtung des Systems der umgebenden Infrastruktur: Die Fahrbahn muss tragfähig, eben und ableitfähig sein und eine hohe Ver-
schleißfestigkeit aufweisen. Weiter waren vor der Inbetriebsetzung des FTS Tore, Ampeln
und Lagerausstattung sowie Bedienstellen und flächendeckendes WLAN zu installieren.
Damit umfasst das FTS deutlich mehr als die drei Fahrzeuge.

Abb. 3.48 Regallager für Leergut (li) und Bodenblocklager für Vollgut (re). (Quelle: SCHOTT)

3.2.9 Kliniklogistik

Die logistischen Abläufe innerhalb einer Klinik und das damit verbundene Optimierungs-
und Kosteneinsparungspotenzial wurde in der Vergangenheit häufig wenig beachtet. Allerdings wird der finanzielle Druck auf die Kliniken immer größer, sodass vermehrt Wert auf
das Gesamtergebnis gelegt wird. Dabei verbindet die Logistik die einzelnen Bereiche –
nicht nur technisch, sondern auch organisatorisch und damit letztlich auch wirtschaftlich.
Versteht man es, diese Verknüpfungen richtig auszulegen, ergeben sich ungeahnte betriebswirtschaftliche Potenziale. Der Logistikleiter einer (großen) Klinik hat also die Aufgabe, Teile des Abteilungsdenkens aufzulösen und für ein übergeordnetes Gesamtziel zu
nutzen. Dieser Tatsache muss man sich auf allen Entscheidungsebenen bewusst werden.

AWT-Anlagen, also automatische Warentransportanlagen, sind seit jeher in großen Kliniken im Einsatz. Zunächst wurden P&F-Anlagen eingesetzt, später dann EHB[11]-Systeme.
Bei P&F[12] handelt es sich um mechanische Kettensysteme, die die Rollcontainer[13] an der
Decke der Versorgungsgänge transportieren. Bei den EHB-Systemen handelt es sich um
einzelne, elektronisch angesteuerte und elektrisch angetriebene Einzelgehänge, die jeweils einen Container entlang einer Schiene unter der Decke transportieren.

Die P&F-Technik hat inzwischen keine Bedeutung mehr und wurde komplett von der
EHB abgelöst. Ungefähr mit Beginn des neuen Jahrtausends rüsten viele Krankenhäuser
weltweit ihre AWT-Anlagen auf FTS um. Der FTS-Einsatz dreht sich um die Hauptwaren-
ströme in der Kliniklogistik, die allesamt in Rollcontainern transportiert werden, als da
wären das Essen, die Wäsche, Sterilisationsgüter, Apothekenware und Medikamente, Ma-
gazinware sowie der Müll. Verschiedene Ausführungen dieser Rollcontainer sind auf den
folgenden Bildern zu sehen; die technischen Anforderungen wurden bereits im zweiten
Buchkapitel beschrieben. In großen Kliniken steht darüber hinaus manchmal noch ein
Rohrpostsystem zur Verfügung, mit dem Akten, Proben und andere kleine Sendungen im
Hause verschickt werden können.

---

[11] EHB = Einschienen-Hängebahn.

[12] P&F = Power & Free.

[13] Die Rollcontainer werden auch Transportwagen oder Transportcontainer genannt.

Die Vorteile des FTS gegenüber der EHB sind:

- Einfache Installation (während des Versorgungs-Betriebs)
- Keine Deckenabhängungen
- Mitbenutzung vorhandener Wege und Einrichtungen
- Flexibler Einsatz, einfache Umprogrammierung
- Ständige Zugriffsmöglichkeit auf jedes einzelne FTF.

Grundsätzlich spricht für einen FTS-Einsatz in Kliniken:

- Optimierung der Logistik-Abläufe
- Organisierter Materialfluss
- Zuverlässige und zeitgerechte Lieferungen im Sinne eines HACCP[14]-Konzepts
- Automatische Verfolgung von Material
- Reduzierung der Logistik-Kosten
- Erhöhung der Sicherheit
- Keine Beschädigungen von Containern, Türen, Wänden oder Einrichtungen
- Integration in bestehende Gebäude ohne Unterbrechung der Versorgung.

Zunächst setzten nur die ganz großen Uni-Kliniken FTS ein, weil die wirtschaftlichen Vorteile auf der Hand lagen. Heute denkt man bereits in Kliniken ab ca. 600 Betten über FTS nach.

Die üblicherweise eingesetzten Fahrzeug-Typen unterscheiden sich hinsichtlich der Lastaufnahme. Grundsätzlich gibt es folgende Varianten:

- Das FTF ist im Prinzip ein Gabel-FTF, es hat an seinem Heck eine gabel-ähnliche Hubvorrichtung, mit der es den Rollcontainer von seiner Schmalseite aus unterfährt und einige Zentimeter vom Boden hochheben kann.
- Das FTF sieht ähnlich wie ein Gabel-FTF aus, allerdings wird der Rollcontainer vom FTF oben angefasst und angehoben; der Transport erfolgt auch hier in Längsrichtung (Abb. 3.49)
- Das FTF ist so schmal und flach, dass es den Container von seiner Schmalseite aus komplett unterfahren kann und nur an dessen Vorder- und Hinterseite ca. 20 cm herausragt; für den eigentlichen Transport gibt es dann wieder zwei Varianten:
  - der Container wird um einige Zentimeter vom Boden angehoben, d. h. das FTF trägt das gesamte Gewicht
  - der Container verbleibt mit seinen Rädern auf dem Boden, das FTF schleppt den Container mittels eines nach oben ausfahrbaren Mitnehmerbolzens (Abb. 3.49)

---

[14] HACCP = Hazard Analysis and Critical Control Points: ein vorbeugendes System, das die Sicherheit von Lebensmitteln und Verbrauchern gewährleisten soll (1998).

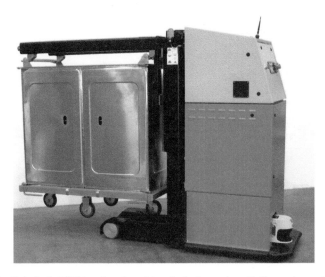

Abb. 3.49   Ein Gabelhub-FTF für die stirnseitige Aufnahme eines Rollcontainers. (Quelle: MLR)

Gabelhub-FTF werden nur dort eingesetzt, wo man ein FTS an eine EHB oder eine P&F anknüpfen muss und keine andere Lösung sieht.

Der in modernen Anlagen am häufigsten eingesetzte Fahrzeugtyp ist dagegen das Unterfahr-FTF mit Hubeinrichtung. Die Vorteile dieses Fahrzeugtyps gegenüber dem Gabel-FTF sind:

- Geringerer Platzbedarf: das FTF ist nur unwesentlich größer (länger) als der Container, d. h. der Container bestimmt im Wesentlichen den Platzbedarf.
- Hohe Wendigkeit beim Rangieren: das Kinematikprinzip Drehzahldifferenzlenkung mit zwei mittig angeordneten Antrieben ermöglicht enge Kurvenradien und das Drehen-auf-der-Stelle mit minimaler Hüllkurve.
- Schnelle Übergabe vom automatischen Transport zum manuellen Verschieben des Roll-Containers.

Unterfahr-FTF mit Hub (Abb. 3.50) haben sich – trotz Ihres etwas aufwendigeren, weil stabileren Aufbaus – gegen schleppende FTF (Abb. 3.51) durchgesetzt, weil die Präzision der Fahrmanöver und die erreichbare Positioniergenauigkeit bei diesem Prinzip unabhängig von der Qualität der Lenkrollen der Container ist und dauerhaft bleibt.

Im Folgenden werden zwei FTS-Anlagen in Kliniken vorgestellt, die nach dem Prinzip Unterfahr-FTF mit Hubvorrichtung realisiert wurden.

Abb. 3.50 Unterfahr-FTF mit Dorn-Aufnahme zum Schleppen von Rollcontainern. (Quelle: DS AUTOMOTION)

Abb. 3.51 Unterfahr-FTF zum Heben von Lasten von drei unterschiedlichen FTS-Herstellern. (Quelle von links: DS AUTOMOTION, MLR und Swisslog, alle 2009)

3.2.9.1 FTS im Landeskrankenhaus Klagenfurt, Österreich

Im Landeskrankenhaus Klagenfurt (1400 Betten) läuft seit 2009 eine der modernsten AWT-Anlagen, die bisher als FTS ausgeführt wurden. Die Installation mit einer großen Fahrzeugflotte zeigt auf, welches Potenzial in dem Intralogistik-Werkzeug FTS steckt.

Eine Neubau-Maßnahme war der Anlass für eine Reorganisation der Kliniklogistik. Das Gesamtprojekt mit dem Namen „LKH Neu" hat eine Laufzeit von insgesamt zehn Jahren und umfasst neue Bettenhäuser, eine Zentralküche, eine Wäscherei, diverse weitere Funktionsbereiche sowie ein Ver- und Entsorgungszentrum. Alle Bereiche sind unterirdisch miteinander verbunden, sodass ein 14 km langes Streckennetz entstand. Das gesamte Konzept zeichnet sich dadurch aus, dass der Logistik eine große Beachtung geschenkt wurde (Abb. 3.52).

Abb. 3.52 Ein FTF trägt
einen Rollcontainer. Die
Fahrzeuge haben eine
maximale Nutzlast von 500 kg.
(Quelle: DS AUTOMOTION)

Sechzig Fahrerlose Transportfahrzeuge übernehmen die Essen-, Wäsche-, Apotheken-
und Magazinware-Transporte. Sie erledigen ihre Transportaufgaben souverän und strah-
len eine ruhige, unaufgeregte Atmosphäre aus. Die Gründe dafür liegen einerseits in der
Antriebs- und Lenktechnik, aber nicht zuletzt auch in dem eingesetzten Navigationsverfahren, der Magnetrasternavigation.

Intelligente Laserscanner sorgen für den Personen- und Anlagenschutz: Jedes Fahrzeug
verfügt vorne und hinten über einen Scanner, der Hindernisse im Fahrweg frühzeitig erkennt. Die Fahrzeuge sind so in der Lage, ihre Fahrgeschwindigkeit den Gegebenheiten
anzupassen und sich in das Betriebsgeschehen zu integrieren. Diese von den Berufsgenossenschaften anerkannten Personenschutzeinrichtungen verhindern zuverlässig jegliche
Kollisionen mit Personen und Einrichtungen.

Die FTF sind komplett in Edelstahl gefertigt. Sämtliche Verkleidungen und die Hubeinrichtung sind allseits abgedichtet. So lässt sich das Fahrzeug von allen Seiten – auch von
unten – leicht reinigen und desinfizieren und erfüllt somit die strengen Hygienevorschriften.

Das Transportgut – egal ob Essen, Wäsche, Müll oder Arzneien – wird in Rollcontainern befördert, die vom Klinikpersonal geschoben werden können und für den automatischen Transport auf vorgegebene Aufsetzpunkte positioniert werden. Diese Punkte sind
mit Leitblechen auf dem Boden markiert und mit Belegtsensoren ausgestattet. Der Mitarbeiter gibt dann nur noch an einem Eingabeterminal das Ziel des Transports ein und der
Rest läuft automatisch ab.

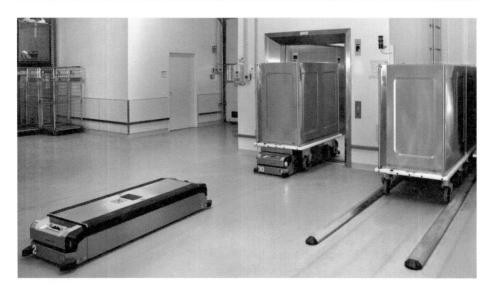

Abb. 3.53 Warten auf den Lift. Die Auf- und Abgabeposition direkt am Lift für das Versenden von Rollcontainern. (Quelle: DS AUTOMOTION)

Die FTS-Leitsteuerung beauftragt ein FTF, das sich in der Nähe befindet, mit der Erledigung dieses Transports. Das Fahrzeug unterfährt den Container, hebt ihn wenige Zentimeter vom Boden auf und fährt ihn zu seinem Ziel. Beim Unterfahren liest er einen Transponder am Containerboden und überprüft die Plausibilität des Transports. Dadurch werden falsche oder unerlaubte Transporte verhindert, beispielsweise, dass ein Müllcontainer in die Küche gebracht wird (Abb. 3.53 und Tab. 3.3).

Planungsprämissen
Damit das Gesamtsystem überhaupt funktionieren kann, war eine umfassende Planung erforderlich. Zwei wesentliche Prämissen waren das Ringkonzept und die Redundanzen.

Jeder Funktionsbereich wurde als logistischer Ring angelegt. Alle Materialflüsse fließen konsequent in eine Richtung: auf einer Seite kommt das Material an, durchläuft dann den Funktionsbereich und verlässt ihn dann auf der anderen Seite wieder. Gegenläufige Materialflüsse werden auf diese Weise vermieden und so wirken beispielsweise die Küche und die Wäscherei äußerst aufgeräumt – eine Voraussetzung für die hohe Produktivität (Abb. 3.54).

Zu einer praxisgerechten Planung gehört auch das Vorsehen von Redundanzen. Bei der Gestaltung der Abläufe wird der mögliche Ausfall aller beteiligten Komponenten und Ressourcen bedacht: Wie kann der Klinikbetrieb aufrecht gehalten werden, wenn z. B. ein Lift oder eine Fördertechnik ausfällt? Für jedes Notfall-Szenario muss bereits im Vorfeld ein Plan B erdacht werden, damit später im täglichen Betrieb nicht der Ausfall einer technischen Einheit zu unvorhergesehenen schweren Problemen führt.

Tab. 3.3 Allgemeine Beschreibung des Unterfahr-FTF mit Hubeinrichtung

Abmessungen und Gewichte	LxBxH: ca. 1800 × 600 × 330 mm Max. Zuladung: 500 kg
Fahrgeschwindigkeit	1,6 m/s bidirektional, d. h. die Fahrzeuge können in beide Richtungen uneingeschränkt gleich schnell und gleich beweglich fahren
Positioniergenauigkeit	±10 mm
Steigung	Kurze Streckenabschnitte sind mit 7 % fahrbar, bei „sanften" Übergängen (25 m Radius; es gibt eine solche Steigung am Übergang des Neubaus in das Bestandsgebäude)
Navigation	Magnet-Navigation
Sicherheit	Blinker, Notaus-Taster (vorne und hinten), akustische Warneinrichtung, programmierbare Sprachausgabe
Personenschutz	Sicherheitslaserscanner mit berufsgenossenschaftlicher Zulassung für den Personenschutz, vorn und hinten mit mehreren Warn- und Schutzfeldern
Datenübertragung	Jedes Fahrzeug ist mit einem WLAN-Client ausgerüstet
Fahrwerkskinematik	Drehzahl-Differenzlenkung: 2 fest montierte Fahrantriebe +2 Lenk-/Stützrollen vorn/hinten Motoren: wartungsfreie Drehstromantriebe, bürstenlose AC-Radnabenantriebe, 24 V Räder: nicht-kreidende Vulkollan-Reifen
Hülle	Alle Außenabdeckungen in Edelstahl, von oben Schutzklasse IP54
Hubeinrichtung	• Elektromechanisch betätigte Hubplattform mit Last-erkennungsabfrage • Hub: 80 mm • Mit Transponderlesegerät und Lichtsensoren zur Identifizierung und Lokalisierung der Container
Energiekonzept	Die Fahrzeuge sind mit einer Traktionsbatterie (Blei-Gel, 200 Ah) ausgestattet, die im FTF verbleiben. Die Batterieladung erfolgt automatisch an speziellen Batterie-Ladestationen mit Hilfe von Ladekontakten an der Fahrzeug-Unterseite. Für jedes FTF ist eine automatische Batterie-Ladestation vorhanden.

Abb. 3.54 Die unterirdische Welt der FTF. Hier befinden sich die langen Transportwege, Puffer-plätze sowie die Batterieladestationen. (Quelle: DS AUTOMOTION)

Ein spezielles Notfallszenario ist der Feueralarm. Wird dieser ausgelöst, schaltet auch das FTS in einen speziellen Modus, der dafür sorgt, dass sich die FTF situationskonform verhalten. Dazu gehört, dass die Wege freigefahren und die Lifte nicht mehr verwendet werden. Automatische Türen werden nicht mehr durchfahren, damit diese einwandfrei schließen können.

Beispiel Küche

Zusätzliche Bettenhäuser und der Neubau der Küche machten prinzipielle Veränderungen in der Zubereitung und der Auslieferung der Mahlzeiten für die Patienten erforderlich. Das bisherige „cook & serve"[15]-Verfahren wurde durch das moderne „cook & chill"[16] abgelöst. „Cook & serve" bedeutet die Zubereitung der Speisen und das anschließende sofortige Verteilen und Servieren, was bei langen Transportwegen unmöglich wäre, weil die gesetzlichen Temperaturvorgaben nicht eingehalten werden könnten. Wenn das Essen beim Patienten ankommt, wären die warmen Speisen zu sehr abgekühlt und die kalten zu warm geworden.

Deshalb setzt man heute auf „cook & chill": Die Speisen werden nach der Zubereitung in der Küche sofort den HACCP-Vorgaben entsprechend abgekühlt. Sowohl die Tabletts mit den Speisen als auch die Rollcontainer werden auf vier Grad vorgekühlt, bevor sie per FTS auf die Stationen geschickt werden. Für die Rollcontainer gibt es dafür extra einen Kühlraum. Vierzig Tabletts passen in einen Wagen.

Ein FTF fährt also den bis zu 350 kg schweren, gekühlten Transportwagen auf die Station und stellt ihn vor eine Regenerationsstation. Dort wird der Wagen geöffnet und an die Regenerationsstation angedockt. Hier werden dann die warmen Speisen erhitzt, während die kalten weiter gekühlt werden. Nach Beendigung des Regenerationsprozesses werden die Essenstabletts vom Stationspersonal an die Patienten ausgegeben.

Nach dem Essen werden die Transportwagen mit dem schmutzigen Geschirr beladen und zurück in die Küche geschickt, wo sie vom Küchenpersonal geleert werden. Jeder Transportwagen durchläuft nach jedem Transport die automatische Container-Waschanlage, den Transport dorthin übernimmt natürlich auch das FTS. Um nicht mehr FTF als unbedingt notwendig einsetzen zu müssen, werden in der Mittagszeit fast ausschließlich Essentransporte durchgeführt; andere Transporte wie z. B. für Müll oder Apothekenware, finden während dieser „Rushhour" nicht statt. Gleiches gilt für die Zeiten unmittelbar vor Frühstück und Abendessen.

3.2.9.2 FTS im St. Olavs Krankenhaus, Trondheim, Norwegen

Das neue Universitätsklinikum St. Olavs in Trondheim/Norwegen ist ein Haus mit 950 Betten. Hier sind ambulante Behandlung, Forschung und fachliche Ausbildung integrierte Funktionen. Um die komplexen Transportanforderungen des Krankenhauses zu erfüllen,

---

[15] Cook & serve = Die Mahlzeiten werden direkt nach dem Kochen serviert.

[16] Cook & chill = Die Mahlzeiten werden nach dem Kochen gekühlt und erst später – bei Bedarf – wieder erwärmt und serviert.

wird ein FTS zum automatischen Transport von Speisen, Müll, Medikamenten, Zeitschriften und Sterilgut eingesetzt. Die Unterfahr-FTF befahren dabei einen Fahrkurs mit einer Gesamtlänge von insgesamt 4500 Metern.

Die meisten Waren werden in Rollcontainern aus einem externen Lager an die Lkw-Laderampe des Krankenhauses angeliefert und stehen dort für Transporte mit dem FTS bereit. Die Lagerung der Container an der Verwendungsstelle verbessert die Kontrolle über den Warenfluss und reduziert Lagerbestände (Abb. 3.55 und 3.56).

Die Be- und Entladevorgänge werden vom System automatisch durchgeführt und die Transportaufträge mittels Transponder übertragen. Diese Chips ermöglichen eine einfache Handhabung, indem sie seitlich in eine spezielle Tasche der Container platziert werden.

Das eingesetzte Navigationssystem erlaubt jede gewünschte Änderung der Bewegung des Fahrzeugs und der Fahrstrecke durch einfache Softwareanpassung, Umbauten im Gebäude bedarf es dafür nicht. Hier findet die sogenannte Umgebungsnavigation (s. a. Abschn. 2.1.1.4) Verwendung, die keine separaten Navigationssensoren benötigt, sondern die ohnehin vorhandenen Daten des Personenschutzscanners für Navigationszwecke mit verwendet. Dabei kommt das Verfahren auch ohne jegliche ortsfeste, künstliche Marken wie Magnete oder Reflektoren aus.

Die Fahrerlosen Fahrzeuge rufen Aufzüge, öffnen und schließen Türen über ein Funk-Netzwerk. Sonnenschutzvorrichtungen im Gebäude werden von Sensoren automatisch gesteuert und sorgen für eine bedarfsgerechte Einstellung, die insbesondere für die beschriebene Navigationstechnik benötigt wird. Die Beleuchtung schaltet sich automatisch ab, wenn keine Bewegung erkannt wird. In der Versorgungszentrale des Krankenhauses können Techniker am Bildschirm alle Abläufe verfolgen. So ist das FTS Teil einer „digitalen" Klinik.

Abb. 3.55 Ein FTF bei der Ausfahrt aus einem Lift; links mit Rollcontainer. (Quelle: Swisslog)

Abb. 3.56 Ein beladenes und ein unbeladenes Fahrzeug begegnen sich. (Quelle: Swisslog)

3.2.10 Luftfahrt- und Zulieferindustrie

Bei MTU Aero Engines in München werden Turbofan-Triebwerke für Airbus- und Boeing-Großflugzeuge produziert. Dem technologisch anspruchsvollen Umfeld angemessen ist die dort eingesetzte intralogistische Lösung mit einem Fahrerlosen Transportsystem realisiert.

Besichtigt man diese spezielle Montagelinie bei der MTU Aero Engines GmbH in München, dann ist man hin und hergerissen von der intralogistischen Lösung mit FTS und dem Montage-Objekt, speziell dem Endprodukt. Denn die Turbofan-Triebwerke vom Typ GP7000 und GEnx finden ihren Einsatz im Airbus A380 (Megaliner) und in der Boeing 787 (Dreamliner), die wohl zurzeit faszinierendsten Verkehrsflugzeuge.

Nun werden die Triebwerke nicht komplett auf dieser Montagelinie gefertigt, dafür sind sie zu groß und komplex. Die fertigen Triebwerke haben einen Durchmesser von ca. 3 m bei einer Gesamtlänge von knapp 5 m und sorgen für eine Schubkraft von ca. 300 kN (Abb. 3.57).

Auf dieser Linie wird das Turbinenzwischengehäuse montiert, das die beiden Druckstufen ND und HD verbindet. Dieses Modul wird Turbine Center Frame (TCF) genannt. Zurzeit werden jährlich ca. 100 Module für den Typ GP7000 und ca. 240 für den Typ

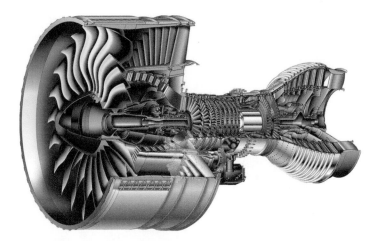

Abb. 3.57 Teile des Turbofan-Triebwerks GP7000 werden in München auf Fahrerlosen Transportfahrzeugen gebaut. (Quelle: baisi.net)

GEnx produziert. Also werden pro Woche sieben Module fertig gestellt, dafür werden jeweils 40 Stunden Arbeitszeit benötigt, davon 35 Stunden auf der FTS-Linie.

Neues Konzept für die Kleinserienmontage mit FTS
Anfang 2010 begann das Projektteam die Planungen der neuen Montagelinie. Aufgrund der relativ hohen Soll-Stückzahlen entschied man sich für ein neues Montagekonzept. Dieses beinhaltete eine automatisierte Taktlinie mit sieben Montagestationen und einer Vormontage. Um einen reibungslosen Montageprozess sicher zu stellen, wurden umfangreiche Voraussetzungen geschaffen und umgesetzt (Abb. 3.58).

Ein wichtiges Ziel war die Minimierung von Störungen in der Montage durch fehlerhafte Bauteile. Um dieses Ziel zu erreichen, wird die Kommissionierung von Mitarbeitern ausgeführt, die den gleichen Ausbildungsstand wie die Mitarbeiter in der Montage haben. So können diese die Teile direkt während des Kommissioniervorgangs einer Vorprüfung unterziehen. Der benötigte Bauteileumfang wird Montageplatz bezogen kommissioniert.

Gleichzeitig wollte man eine Zwangstaktung der gesamten Linie erreichen. Dazu war eine automatisierte Fördertechnik erforderlich. Nach umfangreichen Marktrecherchen und Gegenüberstellung der möglichen Lösungen entschied man sich gegen konventionelle Fördertechnik (wie z. B. Kette, Rolle, Gurt, Plattenband, Skidförderer) und für ein Fahrerloses Transportsystem. Die wesentlichen Gründe, die in diesem Vergleich für das FTS sprachen, sind:

- platzsparende Bauweise,
- beste Zugänglichkeit zum Montageobjekt,
- hohe Flexibilität des FTS für einen leichten Umbau der Montagelinie,
- keine Aufbauten auf dem Boden, dadurch freie Wege und Flächen,
- keine Kostennachteile gegenüber der konventionellen Fördertechnik.

Abb. 3.58 Blick in die Montagelinie. (Quelle: dpm Daum+Partner Maschinenbau GmbH)

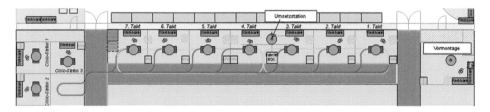

Abb. 3.59 Das Layout der Montagelinie im Überblick. (Quelle: MTU München)

Abb. 3.59 zeigt schematisch das Layout der realisierten Montagelinie. Nach einer Vormontage geht es in die eigentliche Linie mit sieben Montageplätzen. Die ersten drei und die hinteren vier Plätze sind jeweils zu einzelnen Kreisläufen zusammengefasst. In diesen beiden Kreisläufen sind jeweils drei bzw. vier FTF im Einsatz, die entsprechend dem Montagefortschritt über unterschiedliche Aufnahmen verfügen. Insgesamt sind also sieben FTF im System, jeweils eins an jedem Montageplatz.

Nach der Vormontage werden die vormontierten Bauteile an die jeweiligen Stationen des ersten FTS-Kreislaufes angeliefert, in dem ein definierter Bauteilumfang montiert und in das Gehäuse eingebaut wird. Danach wird die Baugruppe auf das erste Fahrzeug des zweiten Kreislaufs (ab Montagestation 4) auf ein Universaltool umgesetzt, und die Montage wird an den verbleibenden vier Stationen des zweiten Kreislaufs fortgesetzt. Anschließend ist das Modul TCF fertig.

Eine komplexe Leitsteuerung für das FTS ist nicht notwendig
Für das Fahrerlose Transportsystem ist keine umfangreiche Leitsteuerung im klassischen Sinne erforderlich. Wichtig sind die Zwangstaktung, die Ausschleusmöglichkeit an jeder Montagestation sowie die Anlagenvisualisierung.

Die Taktzeit ist für eine getaktete Fließmontage mit fünf Stunden ungewöhnlich lang. An jeder Montagestation ist ein großer Monitor aufgehängt, an dem das Montagepersonal jederzeit ablesen kann, wie lange der Takt noch läuft und wie der Arbeitsfortschritt an jeder der sieben Stationen ist. Wenn es Störungen gibt, sind auch diese sofort auf allen Monitoren erkennbar. Dabei finden einfachste Darstellungen in den Ampelfarben Rot, Gelb und Grün Verwendung, sodass mit einem Blick erkennbar ist, ob und ggf. wo es Probleme gibt. Durch diese Maßnahmen wurde eine extrem hohe Verlässlichkeit und Montagequalität erreicht.

Sollte es an einer Montagestation zu einem Qualitätsthema kommen, das nicht innerhalb von dreißig Minuten vor Ort lösbar ist, wird das FTF samt dem Modul im bis dato erreichten Bauzustand ausgeschleust und zu einer separaten „Clinic-Station" verfahren, wo ein spezielles Team das Problem behebt.

Fahrerlose Transportfahrzeuge mit standardisierter Technik
Die sieben FTF zeichnen sich durch kompromisslos standardisierte Technik sowie anspruchsvolles Design aus und bilden so den Unterbau für die unterschiedlichen Aufbauten in den beiden Montage-Kreisläufen (Abb. 3.60).

Im ersten Kreislauf wird der Aufbau für den Gaskanal des TCF verwendet (flow path hardware). Im zweiten Kreislauf schultern die FTF eine Gehäuseaufnahme, die den Einbau von Innenteilen sowie den Anbau von außen ermöglicht. Beide Aufbauten sind aus ergonomischen Gründen drehbar und verbleiben auf dem FTF, solange es keinen Grund gibt, die Zuordnung der Fahrzeuge zu den Kreisläufen zu ändern. Die Aufbauten waren übrigens nicht im Lieferumfang des FTS-Herstellers enthalten, sondern wurden vom MTU-Vorrichtungsbau angefertigt. Lediglich die mechanische und elektrische Schnittstelle wurde mit dem FTS-Lieferanten zusammen festgelegt.

Die Fahrzeuge verfügen über batteriebetriebene Antriebe. Die Bleisäure-Traktionsbatterien werden mittels eines Ladegeräts geladen, welches im Fahrzeug eingebaut ist und am Wochenende manuell per Stromkabel an die Steckdose angeschlossen wird. Ein häufigeres Laden ist aufgrund der langen Verweilzeiten in den Montageplätzen und der geringen Fahrtzeitanteile nicht erforderlich.

Das Sicherheitskonzept ist einfach, aber effektiv: Alle Fahrzeuge sind in Fahrtrichtung mit einem Sicherheitslaserscanner für den Personenschutz ausgestattet. Außer dem obliga-

Abb. 3.60 Das Fahrerlose Transportfahrzeug mit drehbarem Montageaufbau. (Vorder- und Rück-ansicht, Quelle: dpm Daum+Partner Maschinenbau GmbH)

torischen Notaustaster sowie den Blinkleuchten und den akustischen Signalen sind keine weiteren Sicherheitsmaßnahmen erforderlich, zumal die Fahrgeschwindigkeit mit 0,5 m/s moderat ist.

Die Fahrzeugnavigation ist ebenfalls einfach und effektiv gelöst. Aufgrund des über-sichtlichen Layouts der Fließlinien-Anlage reicht die optische Spurführung völlig aus. Auf dem hellen Fußboden ist eine schwarze Leitspur aufgebracht, an der sich die Fahrzeuge orientieren. Halte- und Verzweigungspunkte sind mit Transpondern realisiert, die im Bo-den stecken.

Projekt- und Betriebserfahrungen
Die Anlage wurde im Februar 2011 in Betrieb genommen. Für die Anwendung mit dem relativ einfachen Montage- und Fahrwegelayout ist die realisierte Spurführung mittels ei-nes auf dem Boden aufgeklebten Farbbands optimal geeignet. Das Band ist in jedem Fall einfach anpassbar und auf Dauer betriebssicher. So ist es durchaus denkbar, dass in naher Zukunft aus den heute sieben Montagestationen mehr werden – keine große Sache für das Konzept und die eingesetzte Technik.

3.2.11 Anlagenbau

Auf dem Werksgelände eines Anlagenbauers transportiert ein fahrerloser Schwerlasttrans-porter bis zu 63 Tonnen schwere Maschinenteile zwischen den verschiedenen Produkti-onshallen. Das 6 Meter lange und 2,50 Meter breite Plattformfahrzeug passiert dabei auch eine 140 Meter lange Strecke im Außenbereich.

An den Stellen auf dem Parcours, wo manngeführte Fahrzeuge den Fahrweg des FTF kreuzen, ist eine Ampelanlage mit einer Halbschranke für jede Fahrtrichtung installiert, die den Verkehr regelt. Sobald das FTF in den Kreuzungsbereich einfährt, schaltet das Leitsystem die Ampel für den Querverkehr auf Rot und die Schranken werden gesenkt. Erst nachdem das FTF den Bereich verlassen hat, wird die Ampel wieder auf Grün gestellt und die Schranken werden gehoben.

Da zum Zeitpunkt des Baus des Fahrzeugs kein für den Personenschutz zugelassener Laserscanner für den Einsatz im Außenbereich zur Verfügung stand, fährt das Fahrzeug mit Radarsensoren. Sie sind an Front und Heck montiert. Umlaufende Schutzleisten sowie Bumper vorne und hinten ergänzen die Schutzvorrichtungen (Abb. 3.61).

Das Chassis besteht aus einer stabilen Schweißkonstruktion und vier gelenkten Pendelachsen. Die hydraulische Lenkung hat einen weiten Stellbereich, sodass der Plattformwagen trotz seiner Größe auch auf engem Raum gut bewegt werden kann.

Die Beladung des Fahrzeugs erfolgt an den Wechselstationen manuell mit einem Kran. Auch hier gibt es eine Sicherheitsvorkehrung: Eine Rundumleuchte zeigt dem Kranführer an, wenn sich ein FTF im Kreuzungsbereich mit dem Kran befindet. Erst nachdem der Kran die Fahrstrecke verlassen hat, d. h. sich außerhalb von Fahrzeugkontur und Last befindet, gibt der Mitarbeiter die Fahrt für das FTF per Tastendruck frei. Anschließend steuert das mit Magnetraster navigierende Fahrzeug seine Zielstation an.

Die Anlage wird mit einem Leitrechner gesteuert. Er versorgt acht industrietaugliche Terminals mit Standortpositionen des Fahrzeugs. Dort geben die Mitarbeiter auch die Fahraufträge für das FTF ein.

3.2.12 Lager- und Transportlogistik

3.2.12.1 Fahrerloser Schmalgangstapler im Hochregallager
Der Logistikdienstleister DSV Solutions betreibt bei Amsterdam ein Hochregallager mit 30.000 Stellplätzen, in dem ein Fahrerloses Transportsystem die mit Kakao beladenen Paletten selbstständig ein- und auslagert.

Abb. 3.61 Fahrerloser Schwerlasttransporter fährt im Außenbereich und transportiert Lasten bis zu 63 Tonnen. (Quelle: MLR)

In dem High Performance-Lager setzt DSV sechs automatisierte Hochregalstapler ein, die pro Stunde bis zu 160 Paletten bewegen. Die mit einem Teleskoptisch ausgestatteten Fahrzeuge können die Gabelzinken beidseitig nach rechts und links ausfahren, um die Ladeeinheiten ein- und auszulagern.

Eine Feinpositionierung per Laserscanner sorgt dafür, dass die exakte Übergabehöhe eingehalten wird. Die Laserscanner vermessen beim Einlagern nicht nur die Höhe über Traverse, sondern auch den Leerraum des betreffenden Platzes. Sind Abweichungen aufgrund einer Fehlpositionierung des Mastes oder des Basisgerätes entstanden, kann mit Hilfe der Messeinrichtungen eine Nachführung realisiert werden. Die Lasertechnik arbeitet extrem schnell, die Vermessung des freien Platzes dauert nur wenige Millisekunden (Abb. 3.62).

Die 1,50 m breiten Schmalgangstapler bewegen Lasten bis zu 1,3 Tonnen und können den Hubmast bis zu 10,5 Meter hoch ausfahren. Bei der Fahrt in den Gassen erzielen die Fahrzeuge Geschwindigkeiten von bis zu 2,7 m/s. Die Fahrzeuge sind mit Magnetnavigation ausgestattet und können selbstständig in eine andere Gasse wechseln.

Für die Anlage wurde ein besonders sparsames Energiekonzept entwickelt: Eine Batterieladung hält über 18 Stunden. Erst danach müssen die Fahrzeuge an das Ladegerät und die Batterien werden für den nächsten Einsatz wieder vollständig aufgeladen.

3.2.12.2 Effizientes Fulfillment mit Fahrerlosen Transportfahrzeugen

Die Hermes Fulfillment GmbH betreibt im thüringischen Ohrdruf ein großes Versandzentrum für den Distanzhandel. Ein Fahrerloses Transportsystem sorgt für den schnellen und reibungslosen Ablauf beim Kommissionieren und beim Versand der Sortimente der Konzernmutter OTTO und weiterer Kunden.

Abb. 3.62 Automatisierter Schmalgangstapler für den Einsatz im Hochregallager. (Quelle: MLR)

Der Logistikstandort in Ohrdruf ist spezialisiert auf ein vielschichtiges Artikelsortiment, das von Elektrogeräten, kleineren Möbeln, Wohnaccessoires und Teppichen bis zu Baumarktartikeln reicht. Die Marktware darf max. 31,5 kg schwer sein und eine maximale Kantenlänge von 3 m haben.

Die Kommissionierung

Die Gesamtausdehnung des FTS-Layouts beträgt 13 km auf einer Fläche von 366 × 140 m und umfasst ein Hochregallager von 50.000 m² Fläche. In diesem Lager befindet sich die Kommissionierware, die in den unteren drei Ebenen von den Kommissionierern manuell entnommen wird. Die 3. Ebene befindet sich auf einer Höhe von 4,70 m (Abb. 3.63).

Da in Ohrdruf sehr unterschiedliche, mitunter recht große Packstücke verarbeitet werden, reicht meist eine Palette für einen Kommissionierauftrag nicht aus, sodass eine 2. und 3. Palette benötigt werden. Würde man diese Aufgabe mit einer konventionellen manuellen Staplerlösung bewältigen wollen, müsste der Kommissionierer mehrfach ins Lager fahren und die jeweils gefüllte Palette herausbringen. Dabei würden sehr lange Wege mehrfach gefahren werden, und der Zeitbedarf wäre entsprechend hoch.

Das neue System setzt auf automatische Fahrzeuge, was es dem Kommissionierer ermöglicht, rechtzeitig bei Bedarf weitere Fahrzeuge (mit leeren Paletten) zu ordern. So kommissioniert er auf einem Fahrzeug und befüllt die dort befindliche Palette, kann aber rechtzeitig ein weiteres Fahrzeug mit einer leeren Palette anfordern. Wenn die aktuelle Palette gefüllt ist, schickt er das FTF auf eine Automatikfahrt in den Versandbereich und wechselt selbst auf das nachfolgende FTF. So kann er kontinuierlich weiterarbeiten und verliert keine Zeit durch das Wegfahren der vollen und das Holen einer leeren Palette (Abb. 3.64).

Das FTS wird wie die anderen Automatisierungskomponenten des Standorts in der Steuerzentrale überwacht. Auf extra großen Flachbildschirmen werden die aktuellen

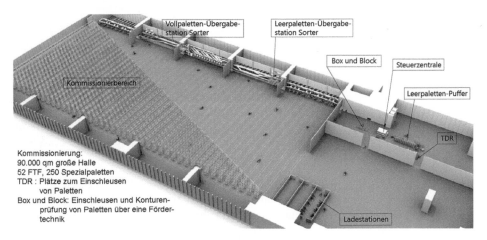

Abb. 3.63 Schematische Übersicht über das FTS-Layout. (Quelle: DS AUTOMOTION)

Abb. 3.64 Die beiden Fahrzeugtypen im Hauptgang vor den Regalreihen. (Quelle: DS AUTOMOTION)

Abb. 3.65 Die Steuerzentrale – nicht nur für das FTS: Volle Kontrolle vor großen Flachbildschirmen. (Quelle: DS AUTOMOTION)

Standorte der insgesamt 52 FTF dargestellt. Über eine Schnittstelle zum HERMES-Lagerverwaltungssystem gehen die Kommissionieraufträge in die FTS-Leitsteuerung ein und werden dort den einzelnen Mitarbeitern und Fahrzeugen zugeordnet (Abb. 3.65).

Die FTS-Leitsteuerung steht mit den FTF per WLAN in Verbindung, so bekommen die FTF ihre Aufträge und melden selbst ihren Status.

Sonderpalette und Palettier-Roboter

Bei der Kommissionierpalette handelt es sich um eine Sonderpalette mit den Abmessungen 1400 × 1200 mm (L × B). Sie ist aus Kunststoff und verfügt über einklappbare Seitenwände, sodass sie im leeren Zustand stapelbar ist. Die Seitenwände wurden mit speziellen Konstruktionselementen verstärkt. Da die Palette während des Kommissioniervorgangs in den oberen Ebenen an der dem Lager zugewandten Seite geöffnet sein muss, gibt es einen umlaufenden Spanngurt, der dem Ganzen die nötige Stabilität verleiht.

Eine Marktrecherche lieferte kein geeignetes Produkt am Markt. Aus diesem Grund wurde für die warenspezifische Anforderung des FTS-Prozesses eine Eigenentwicklung gestartet, die die Auswahl der Werkstoffe, der Konstruktionselemente und die konstruktive Ausführung umfasste. Heute sind 250 dieser Paletten im Einsatz – sie verbleiben am Standort und sind nahezu unverwüstlich.

Am Leerpaletten-Puffer entnimmt ein Palettier-Roboter eine gefaltete Leerpalette und legt sie einem FTF auf. So ausgestattet fährt das FTF in die Regalzeile, in der der Kommissionierer arbeitet, der ein Leerfahrzeug gerufen hat. Der Kommissionierer übernimmt das FTF, entfaltet die Palette und kann mit seinem Kommissionierauftrag fortfahren (Abb. 3.66).

Abb. 3.66 Der Palettenroboter bestückt ein FTF mit einer zusammengefalteten Sonderpalette. (Quelle: DS AUTOMOTION)

Die Mitfahr-FTF

Die meistgenutzte Kommissionierebene ist am Boden (Ebene 1). Dazu ist kein Hub am FTF erforderlich, die Palette wird vom Gabelhubfahrzeug in Bodennähe gehalten. Für diesen Zweck gibt es den FTF-Typ CX-M. Dabei handelt es sich um eine automatisierte Variante eines Still-Seriengeräts (Horizontal-Kommissionierer). In der Anlage befinden sich 40 Stück dieser Variante (Abb. 3.67).

Für die Kommissionierung in den oberen Ebenen 2 und 3 wird der FTF-Typ EK-X eingesetzt. Dieser ist eine automatisierte Variante eines Still-Serienstaplers (Vertikal-Kommissionierer). Von diesem Fahrzeugtyp gibt es 12 Stück (Abb. 3.68).

Insgesamt umfasst das FTS also 52 Fahrzeuge. Tab. 3.4 nennt die wesentlichen technischen Daten.

Es gibt nicht viele Fahrerlose Transportsysteme, bei denen die Mitfahrt von Personen realisiert wurde. Zwar gibt es einige wenige People Mover, die den Zweck haben, Personen zu transportieren – vor allem im öffentlichen Bereich. Auch gibt es Fahrerlose Transportfahrzeuge, die wahlweise automatisch oder manuell betrieben werden können – dies sind meist einfache Gabelhubfahrzeuge.

In dieser Anwendung handelt es sich aber um Fahrzeuge, auf denen während des Automatik-Betriebs mitfahrende Personen im ständigen Wechsel gefahren werden und

Abb. 3.67 Mitfahren auf dem FTF: Zwei Kontakte in der Bodenplatte sowie die beiden Safe-Balls müssen während der Fahrt betätigt sein. (Quelle: DS AUTOMOTION)

Abb. 3.68 Das manuelle Kommissionieren in 2. und 3. Regalebene. (Quelle: DS AUTOMOTION)

Kommissioniertätigkeiten verrichten. Dazu waren die zum damaligen Zeitpunkt gültigen zwei Europäischen Normen, nämlich die EN 1525 (heute: DIN EN ISO 3691-4) und die EN 1526, gleichzeitig zu erfüllen. Meist hat man es als Entwickler/Hersteller nur mit einer dieser beiden Normen zu tun. So musste der FTS-Hersteller DS AUTOMOTION Pionierarbeit leisten und entwickelte zusammen mit externen Beratern und der Berufsgenossenschaft die nachfolgend skizzierte Lösung.

Das installierte Sicherheitskonzept für das Mitfahr-FTF umfasst ein Trittbrett, Schaltmatten und die sogenannten Safe-Balls. Das Trittbrett befindet sich in der Mitte des Fahrzeugs, also dort, wo der mitfahrende Mitarbeiter steht. Außen herum sind die Schaltmatten angebracht, die zum sofortigen Stopp des Fahrzeugs führen, wenn sie betreten werden. Dadurch wird der Mitarbeiter gezwungen, sich während der Fahrt mittig im Fahrzeug aufzuhalten. Auch wenn von außen eine zweite Person das Fahrzeug während der Automatikfahrt besteigen würde, würde eine der außen liegenden Schaltmatten auslösen und die Fahrt stoppen.

Tab. 3.4 Die wichtigsten Kenndaten der zwei Fahrzeugtypen

Parameter	FTF-Typ CX-M	FTF-Typ EK-X
Abmessungen und Gewichte	LxB: 2942 × 940 mm Höhe: min. 1489–max. 2075 mm Gewicht: leer 1350 kg Last: 1000 mm/LSP 600 mm	LxB: 3332 × 1200 mm Höhe: min. 2903–max. 7000 mm Gewicht: leer 2900 kg Last: 800 mm/LSP 400 mm
Fahrgeschwindigkeit	vorwärts 1,6 m/s rückwärts 0,3 m/s	vorwärts 1,4 m/s rückwärts 0,3 m/s
Navigation	Magnetpunktfolge	Magnetpunktfolge
Sicherheit	Mitfahr-Technik, zusätzlich: Blinker, Notaus-Taster, Lastklappe für Palette, helle Rundumleuchte für besseres „Gesehenwerden" in den Regalgängen	Mitfahr-Technik, zusätzlich: Blinker, Notaus-Taster, Lastklappe für Palette, helle Rundumleuchte für besseres „Gesehenwerden" in den Regalgängen
Personenschutz	Sicherheitslaserscanner	Sicherheitslaserscanner
Fahrwerkskinematik und Antrieb	3-Rad mit Stützrad 3 kW/24 VDC	3-Rad 3 kW/24 VDC
Hubeinrichtung	hydraulisch, von 86 bis 786 mm	hydraulisch, von 65 bis 5415 mm
Energiekonzept	Bleigel-Akku 24 V/450 Ah	Bleigel-Akku 24 V/930 Ah

Der mitfahrende Kommissionierer muss während der Automatikfahrt mit jeder Hand einen Safe-Ball betätigen, die sich in Fahrtrichtung vor ihm in Greifhöhe befinden. Nur wenn das Trittbrett und beide Safe-Balls durch den Mitarbeiter betätigt sind, fährt das FTF. Wenn die Halteposition erreicht ist, lässt der Mitarbeiter die Safe-Balls los und kann seine Kommissioniertätigkeit ausführen.

Zusammenfassung

Das Projekt wurde in 2011 realisiert, danach wurde bis Januar 2012 die Leistung des Systems hochgefahren. Seit März 2012 läuft das System ohne größere Störungen. Die FTF sind am Standort Ohrdruf täglich 12 bis 14 Stunden in Betrieb. Das Energiekonzept der Fahrzeuge basiert auf Blei-Gel-Traktionsbatterien, die tagsüber während des Einsatzes nicht geladen werden müssen. Abends fahren die Fahrzeuge selbstständig auf die automatischen Batterieladeplätze, wo sie nachts geladen werden, damit die gesamte Fahrzeugflotte am nächsten Morgen wieder mit vollen Batterien zur Verfügung steht (Abb. 3.69).

3.3   Außeneinsatz (Outdoor-FTF)

Will man Fahrerlose Transportfahrzeuge außerhalb von Werkhallen betreiben, wird das Thema deutlich komplexer. Dabei beschränken wir uns hier immer noch auf den (eigentlich) innerbetrieblichen Einsatz, weil wir den Betrieb eines solchen Systems auf dem Werksgelände, also abseits des öffentlichen Straßenverkehrs betrachten. Für diese Einsatzfälle wird auch der Begriff „außen liegende Industrieumgebung" verwendet.

Abb. 3.69 Die FTF an den automatischen Batterieladestationen: gespeist wird über die Kontakt-platten im Boden. (Quelle: DS AUTOMOTION)

Wegen der im Vergleich zu den bisherigen Beispielen besonderen Anforderungen und erhöhten Komplexität werden im Folgenden keine konkreten Outdoor-FTF-Projekte vorgestellt. Vielmehr soll der Schwerpunkt auf der Erläuterung der speziellen Umstände beim Einsatz von Outdoor-FTF liegen, was aus unserer Sicht für den Leser insgesamt informativer und letztlich hilfreicher ist bei der Beantwortung der Frage, ob solch ein System zukünftig auch in seinem Betrieb zum Einsatz kommen kann.

Grob zusammengefasst kann man die besonderen Einsatzbedingungen und damit einhergehende Anforderungen so benennen:

- Große Entfernungen verlangen hohe Geschwindigkeiten, da sich sonst keine zufriedenstellende Transportleistung erzielen lässt; gewünscht werden möglichst 10 km/h, manchmal sogar noch mehr.
- Höhere Geschwindigkeiten bedeuten längere Bremswege und erfordern entsprechend weitreichende Sensorik zum sicheren Erkennen von Hindernissen (Personen!) im Fahrweg vor dem FTF.
- Der Straßenzustand ist schlechter als die Fahrwege in den Hallen; daraus ergeben sich andere Fahrwerke und Räder.

- Unterschiedliche Fahrbahnoberflächen – Materialien, aber auch Nässe/Schnee/Eis – führen zu unterschiedlichem „Gripp", d. h. die Traktion und damit das Bremsvermögen und der Bremsweg verändern sich.
- Der Straßenverkehr ist draußen rauer und die Verkehrslage vielschichtiger als in der Halle.
- Alle Fahrzeugkomponenten, insbesondere die notwendigen und empfindlichen Steuerungs- und Sensorsysteme, sind erheblichen mechanischen Belastungen sowie Witterungseinflüssen ausgesetzt.

Der Einfluss des Wetters auf ein Outdoor-FTF ist vielfältig, unter Umständen sogar beträchtlich und soll daher detaillierter betrachtet werden. Im Einzelnen sind in Mitteleuropa die folgenden Wetterbedingungen anzutreffen:

- Sehr hohe Temperaturen im Sommer (bis +45 °C)
- Sehr niedrige Temperaturen im Winter (bis −30 °C)
- Sehr große Temperaturänderungen bei gemischtem Indoor-/Outdoor-Betrieb
- Extrem unterschiedliche Lichtverhältnisse (Dunkelheit, bewölkter Himmel, extremer Sonnenschein, hoch- und niedrig stehende Sonne)
- Nebel
- Schneefall, Graupel, Hagel
- Glatteis, Blitzeis
- Starker Regen
- Starker Wind (bis Sturmstärke)

Es muss jedem Anwender klar sein, dass die Wetterverhältnisse derart extrem werden können, dass der FTS-Betrieb temporär eingestellt werden muss. Dazu zählen sicherlich die Vereisung der Wege sowie extremer Schneesturm: Wenn der Gripp, also der Kontakt zwischen den Rädern und dem Boden, nicht mehr gegeben ist, ist auch ein sicherer Betrieb nicht mehr möglich. Der Betreiber ist in der Pflicht, solch eine Situation zu erkennen und den Betrieb des FTS solange zu stoppen, bis wieder reguläre und beherrschbare Randbedingungen vorliegen (Abb. 3.70).

Das Wetter hat also Einfluss auf die Konzeption und Konstruktion eines Outdoor-FTF. Viele der relevanten Punkte sind allerdings nicht neu, sondern nicht zuletzt bei handelsüblichen Lkw gang und gäbe. Für zwei typische FTS-Funktionalitäten stellt das Wetter aber eine zusätzliche und besonders anspruchsvolle Herausforderung dar: Die Sicherheit und die Navigation.

Beide Funktionalitäten werden hier detailliert angesprochen, um die Besonderheiten herauszustellen, auch wenn die Grundlagen der FTS-Technik bereits in einem früheren Kapitel behandelt wurden.

Abb. 3.70 Automatischer Lkw im Wintereinsatz. (Quelle: Götting)

3.3.1 Sicherheit im Außenbereich

Bei der Systemkonzeption eines Outdoor-FTS steht die Sicherheit, allem voran der Personenschutz, an erster Stelle. Im Folgenden sollen die Herausforderungen des Outdoor-
Einsatzes, auch durch den Vergleich mit den entsprechenden Indoor-Verhältnissen, erläutert werden.

Der innerbetriebliche Einsatz
Die von der BG für den Personenschutz zugelassenen Laserscanner sind – indoor wie
outdoor – für den Einsatz in Industrieumgebungen mit eingewiesenem Personal gedacht.
Sobald diese Voraussetzung nicht mehr erfüllt ist, verlieren sie ihre Zulassung.

Fährt nun ein FTF auf dem Werksgelände, so ist die Verkehrssituation häufig wesentlich komplexer als innerhalb einer Werkhalle. Auf dem Betriebsgelände können alle möglichen Verkehrsteilnehmer unterwegs sein und es ist nur äußerst schwer sicherzustellen,
dass alle Verkehrsteilnehmer eine Unterweisung für den „Umgang" im Fall einer Begeg-
nung mit dem automatischen Fahrzeug bekommen haben. Ist es in der Halle schon schwer
genug, betriebsfremde Personen in den Gängen zu erkennen, abzufangen und ggf. zu begleiten oder einer Unterweisung zu unterziehen, gelingt dies outdoor wohl kaum.

Hohe Geschwindigkeiten
Grundsätzlich kann angenommen werden, dass die Geschwindigkeiten – aller Verkehrsteilnehmer – outdoor höher sind als indoor. Häufig sind auf dem Werksgelände 30 km/h
erlaubt, die von Pkw, Lkw mit und ohne Hänger, Schleppern und Bussen gefahren werden.
Außerdem sind die Fahrzeuge (manuell und automatisch betriebene) meist schwerer als
indoor, die Folgen von Kollisionen also u. U. erheblich.

Zu beachten ist auch, dass sich bei Verdopplung der Geschwindigkeit der Bremsweg schon vervierfacht!

Zurzeit sind, je nach Voraussetzung, für FTF maximal 10 km/h möglich. Aber auch das ist bereits mit erhöhten Kosten verbunden, d. h. üblich sind bis zu 6 km/h. Demnächst sollen unter bestimmten Bedingungen (u. a. ebene Fahrbahn, alle Räder gebremst) 15 km/h erlaubt sein.

Hinweis: Schilder auf dem Werksgelände wie „Hier gilt die StVO" sind selbst gesetzte Regeln, denn die StVO gilt an sich *nicht* im innerbetrieblichen Werksverkehr. Würde die StVO gelten, müssten auch automatische Fahrzeuge zugelassen werden. Von der Zulassungspflicht sind nur langsame Fahrzeuge ausgenommen, z. B. gemäß § 4 FeV[17] Absatz 1.3 „Zugmaschinen, die nach ihrer Bauart für die Verwendung für land- oder forstwirtschaftliche Zwecke bestimmt sind, selbstfahrende Arbeitsmaschinen, Stapler und andere Flurförderzeuge jeweils mit einer durch die Bauart bestimmten Höchstgeschwindigkeit von nicht mehr als 6 km/h sowie einachsige Zug- und Arbeitsmaschinen, die von Fußgängern an Holmen geführt werden."

Eine Herausforderung für Outdoor-FTF ist also die große Geschwindigkeitsdifferenz: Wenn die automatischen Fahrzeuge maximal 6 bis 10 km/h und die anderen Verkehrsteilnehmer mit bis zu 4-facher Geschwindigkeit unterwegs sind, birgt das Risiken. Auch ist zu bedenken, dass die automatischen Fahrzeuge von den Fahrern der manuellen Fahrzeuge leicht als Hindernisse wahrgenommen werden, was u. U. zu gewagten Überholmanövern, zu Stress und erhöhter Unfallgefahr führt. Indoor kennen wir diese Phänomene auch, meist jedoch wegen der langsamen Rangiergeschwindigkeiten, weniger wegen der indoor üblichen Fahrgeschwindigkeiten von 1,0 bis 1,7 m/s (3,6 – 6,1 km/h).

Verringerte Reibung

Wegen der z. T. erheblich geringeren Reibung (Reifen – Straße) ergeben sich ggf. sehr lange Bremswege. Ursache sind verschmutzte, nasse oder vereiste Fahrbahnen. Um den Bremsweg auch bei nasser oder vereister Fahrbahn kurz zu halten, muss man möglichst mit allen Rädern bremsen. Das führt allerdings auf trockener Fahrbahn dazu, dass ggf. eine zu hohe Bremsverzögerung auftritt. Das wiederum kann problematisch sein, wenn die Ladung auf dem FTF nicht gesichert ist, was häufig der Fall ist (Ladung verrutscht oder kippt um). Es ist daher bei Outdoor-Fahrzeugen besonders wichtig, möglichst weit voraus Hindernisse zu erkennen und die Geschwindigkeit rechtzeitig anzupassen, um einen Notstopp zu vermeiden.

Der Nothaltbereich muss bei hoher Geschwindigkeit entsprechend weit ausgelegt sein. Bei Kurvenfahrt muss man teilweise den Nothaltbereich zurücknehmen und natürlich auch die Geschwindigkeit anpassen.

---

[17] FeV – Fahrerlaubnisverordnung.

Fahrwege

Beim Indoor-Einsatz von FTF wird dem Boden (der Fußbodenqualität) sehr viel Aufmerksamkeit geschenkt. Denn der Boden ist für den sicheren und störungsfreien Betrieb des FTS von grundlegender Bedeutung. Die meisten Einflussmöglichkeiten hat man, wenn der Boden neu hergestellt wird. Dann können entsprechende Normen und Richtlinien herangezogen werden, die z. B. in der VDI-Richtlinie 2510-1 zu finden sind.

Eine exakte Beschreibung eines „FTS-gerechten" Bodens würde hier zu weit führen. Ganz allgemein gesprochen definiert er sich über die Einhaltung bestimmter Standards der folgenden Kriterien:

- **Druckfestigkeit** des Fahrbahnbelages: Wichtig sind die hohe Flächenpressung sowie die ebenfalls hohen Scherkräfte. Zu beachten ist auch, dass die FTF im Gegensatz zu manuell bedienten Fahrzeugen immer die exakt gleichen Spuren verwenden.
- **Reibung:** Der Gleitreibungskoeffizient sollte zwischen 0,6 und 0,8 liegen. Ist er niedriger, ist eine ordnungsgemäße Not-Bremsung nicht gewährleistet; bei höheren Werten kommt es zu übermäßigem Verschleiß an den Rädern des FTF.
- **Steigungs- und Gefällestrecken:** Steigungen müssen vom Fahrzeug antriebsseitig beherrschbar sein und Gefälle bergen Risiken bei einer eventuellen Not-Bremsung – hier darf es weder zum Kippen der Fuhre noch zu verlängerten Bremswegen aufgrund von Rutschen kommen. Es ist auch auf ausreichend große Übergangsradien (Größenordnung: 25 m) zu achten, sodass das FTF beim Auffahren auf die Steigung nicht mit dem Rahmen aufsetzen, denn die Bodenfreiheit der Fahrzeuge beträgt aus Sicherheitsgründen nur wenige Zentimeter. Fünf bis sieben Prozent Steigung sind normalerweise kein Problem.
- **Sauberkeit:** Die Böden müssen während des Betriebs des FTS regelmäßig gereinigt werden; dabei ist darauf zu achten, dass die Böden nach der Reinigung vollständig abgetrocknet werden, weil nasse Böden zu unsicheren Fahrmanövern führen können.

Die Verkehrswege, auf denen die FTF fahren, können und dürfen üblicherweise von den übrigen Verkehrsteilnehmern mitbenutzt werden, wie z. B. Fußgänger, Radfahrer, Stapler. Sie müssen als solche optisch gekennzeichnet sein. Ob zusätzliche Sicherheitsmaßnahmen oder -einrichtungen aufgrund eingeschränkter Verkehrswegbreiten erforderlich sind, wird in der Projektphase mit den staatlichen Arbeitsschutzbehörden (Gewerbeaufsicht bzw. Amt für Arbeitsschutz) und der zuständigen Berufsgenossenschaft abgeklärt werden.

Indoor-FTF fahren in den allermeisten Fällen ungefedert mit Vulkollan-Radbandagen. Aus Sicherheitsgründen sind die Fahrzeuge „tiefergelegt", d. h. die Bodenfreiheit, also der Abstand zwischen Rahmen und Fußboden, ist nur wenige Zentimeter groß, damit möglichst kein Fuß oder andere Gegenstände unter das Fahrzeug geraten können.

Im Außenbereich sind solche strengen Voraussetzungen meist unmöglich einzuhalten. Die Bodenunebenheiten sind groß, es gibt Auffahrten, Fahrbahnbelagsänderungen (Beton, Asphalt, …) und Steigungen/Gefälle. Üblicherweise sind die Outdoor-FTF auch größer und schwerer als die klassischen Indoor-Fahrzeuge und fahren auf Vollgummi- oder Luftreifen. Daraus ergeben sich folgende Schwierigkeiten für Outdoor-Projekte:

- Es gibt Böden, die ungeeignet sind. Der klassische Asphalt-Fahrbahnbelag ist dafür ein Beispiel, denn die präzise Spurführung der FTF lässt sehr schnell Spurrillen entstehen. An Sommertagen steigt die Asphalttemperatur auf bis zu 70 °C der Asphalt wird weich und „fließt" – ein No-Go für das Verlegen von Marken (Magnete oder Transponder) in den Boden.
  Außerdem warnt z. B. der Automobilclub ADAC, dass bereits ab 45 °C auf dem Asphalt Rutschgefahr besteht, also der für kurze Bremswege erforderliche Gleitreibungskoeffizient nicht mehr gegeben ist.
- Nasse Böden kann man im Innenraum verbieten bzw. vermeiden, im Außenbereich wohl kaum. Also muss man mit regennassen Fahrwegen rechnen, auf denen dann projektbezogen mit geeigneten Reifen und einer angepassten Geschwindigkeit gefahren werden muss.
- Schnee- und eisbedeckte Böden: Unter solchen Bedingungen ist ein sicheres Fahren ausgeschlossen; bleibt also die Aufgabe, solche Zustände automatisch bzw. zumindest zuverlässig zu erkennen, den FTF-Betrieb (temporär) einzustellen und eine Alternativlösung für den Materialtransport vorzuhalten und einzusetzen.
- Große Räder, große Bodenfreiheit, gelenkte Räder, die bei Einschlag aus den Konturen des Rahmens heraustreten und die angestrebte hohe Fahrgeschwindigkeit erschweren einen sicheren Betrieb.

Wenn es im Outdoor-Projekt gelingt, die Fahrwege und Einsatzbereiche von FTF frei von Personen zu halten, hat man viele Probleme nicht mehr. In solchen Fällen können keine Personen zu Schaden kommen, und vieles ist möglich. Allerdings sind nur selten separate Spuren zu realisieren; also steht meist der Personenschutz auf der Agenda.

Personensicherheit
Der Personenschutz ist für die FTS-Welt eindeutig definiert: Der menschliche Körper und seine Gliedmaßen werden sowohl liegend als auch stehend mittels zylindrischer Prüfkörper nachgebildet. Diese Zylinder von 70 mm Durchmesser und einer Länge von 400 mm werden senkrecht aufgestellt und ersetzen so die Unterschenkel einer – erwachsenen – Person. Die eingesetzte Sicherheitseinrichtung muss die Prüfkörper erkennen und das Fahrzeug zum Anhalten bringen, bevor der Prüfkörper mit einem festen Teil des Fahrzeugs (oder dessen Ladung) in Berührung kommt.

Für den Indoor-Einsatz gibt es schon seit über 20 Jahren berührungslos arbeitende Sensoren auf der Basis von Laserscannern, die von der Berufsgenossenschaft als Sicherheitssystem zugelassen sind (s. a. Abschn. 2.1.2.4). Die meisten Indoor-FTF verfügen daher heute über einen Sicherheitslaserscanner für den Personenschutz. Berührend wirkende mechanische Schutzeinrichtungen wie Softschaumbumper oder Kunststoffbügel werden

nur noch selten eingesetzt. Häufig kommen zusätzlich zu den Laserscannern noch Schaltleisten für den Notstopp zum Einsatz, die in Fahrtrichtung und an den Seiten des Fahrzeugs montiert sind.

Bis zum Jahr 2018 gab es solche Sicherheitslaserscanner für den Außeneinsatz nicht:
Einerseits ist der Einsatz von Laserscannern bei allen denkbaren Wetterbedingungen kom-
plizierter (es „drohen" z. B. viele Fehlauslösungen durch Schneeflocken/Regentropfen,
aufgewirbelten Staub, vorbeifliegende Vögel/Insekten etc.), andererseits ist der zeitliche
und finanzielle Aufwand für eine Zulassung als Sicherheitssystem sehr hoch – und das bei
einem eher kleinen Markt mit zu erwartenden niedrigen Verkaufszahlen. Deshalb waren in
der Vergangenheit Outdoor-FTF, die nicht in abgegrenzten personenfreien Bereichen fahren, mit relativ großen mechanischen Notaus-Bügeln oder mit voluminösen Softbumpern
ausgestattet. Die Lasersensoren, die zusätzlich angebracht sind, unterstützen lediglich
diesen mechanischen Bumper. Für sich allein dürfen sie den Personenschutz nicht verantworten (Abb. 3.71).

Die Größe bzw. Länge (in Fahrtrichtung) der mechanischen Bumper ist rein konstruktiv begrenzt und begrenzt ihrerseits wieder die Fahrgeschwindigkeit des FTF (Bumper-
länge = Bremsweg). Für eine max. Fahrgeschwindigkeit von 6 km/h ist typischerweise ein
ca. 1,30 m langer Bumper erforderlich!

Inzwischen gibt es von zwei Anbietern zertifizierte Sicherheitslaserscanner, die im Außenbereich zur Absicherung eines FTF eingesetzt werden dürfen: das Gerät HG G-4500 der
Fa. Götting sowie outdoorScan3 der Fa. SICK. Die beiden Systeme unterscheiden sich in der
Art der Anbringung am Fahrzeug bzw. in der Lage der Scanebene sowie in der Sensorreich-
weite und damit in der erlaubten Höchstgeschwindigkeit des Fahrzeugs (Abb. 3.72 und 3.73).

Abb. 3.71 Sicherheitseinrichtungen an einem Outdoor-FTF. (Quelle: Götting)

Abb. 3.72 Sicherheitslaserscanner für den Outdoor-Einsatz. (Quelle: Götting)

Abb. 3.73 Sicherheitslaserscanner für den Outdoor-Einsatz. (Quelle: Sick)

Die Radartechnik ist deutlich weniger abhängig von den verschiedenen Wetterlagen. Allerdings ist die Winkel- und Entfernungsauflösung schlechter als bei einem Lasersensor. Schwierigkeiten haben Radarsensoren dabei, Objekte zu erkennen, die sich nah am Boden befinden, bspw. liegende Personen.

Ultraschall ist nur für geringe Reichweiten geeignet, es treten ansonsten zu viele Störungen auf. Insbesondere Luftbewegungen (Wind), mit denen im Außenbereich immer gerechnet werden muss, verfälschen die Messergebnisse. Darüber hinaus haben Ultraschallsensoren ebenso wie Radarsensoren eine relativ schlechte Auflösung (Genauigkeit) in Entfernung und Richtung.

Denkbar wäre es, mittels sog. Sensorfusion, also der kombinierten Auswertung von Daten verschiedener Sensorsysteme, ein zufriedenstellendes Ergebnis zu erzielen. Die Anforderungen an ein in dieser Weise aufgebautes Sicherheitssystem – insbesondere an die Auswertesoftware, die ja unter allen Umständen die sichere Gesamtfunktion gewährleis-

ten soll und dafür beispielsweise selbstständig auch eine Fehlfunktion sicher erkennen
müsste – sind erheblich. Unter anderem aus diesem Grunde ist solch ein Sicherheitssystem
momentan am Markt nicht verfügbar.

Maschinenschutz

Der berührungslose Personenschutz wird heute mit 2-dimensional arbeitenden Laserscannern erfüllt. Diese Sensoren verhindern allerdings nicht, dass das FTF doch gegen einen
festen Körper fährt. Aufgrund der tiefen Anbringung und der 2-dimensionalen Funktions-
weise scannen diese Geräte lediglich auf einer einzigen bodennahen Ebene.

Abb. 3.74 zeigt Beispiele von Gegenständen oder Gefahrensituationen, die von diesen
Sensoren nicht erkannt werden (können). Hier kann es also passieren, dass der Laserscanner darüber oder darunter „schaut" und es zu einer Kollision kommt.

Im Außenbereich steigt die Vielzahl der möglichen Hindernisse, die vom 2D-Personen-
schutzsensor nicht erkannt werden, noch einmal deutlich an (Abb. 3.75).

Abb. 3.76 zeigt Sensoren und Messprinzipien, die zusätzlich für einen 3D-Maschinen-
schutz erforderlich sind. Keiner dieser Sensoren ist für den Personenschutz zertifiziert,
sodass er allein nicht am FTF verwendet werden könnte. Daher sind bis heute die Maschi-
nenschutzsensoren zusätzlich zu den obligatorischen Personenschutzsensoren notwendig.

Die in Abb. 3.76 beispielhaft gezeigten Sensoren und Messprinzipien sind selbst für
Indoor-Einsatzfälle nicht problemlos verwendbar, da alle Sensorprinzipien ihre spezifischen Grenzen und Probleme haben. Wesentliche Eigenschaft aller gezeigten Beispiele ist
die Notwendigkeit der richtigen Parametrierung auf die Objekte und deren Eigenschaften,

Abb. 3.74 Beispiele für schwer oder gar nicht detektierbare Hindernisse

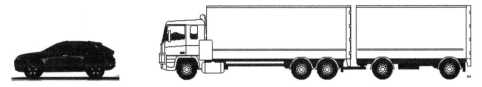

Abb. 3.75 Pkw sowie Lkw mit Hänger, jeweils mit großer Bodenfreiheit, d. h. von der Seite mittels
bodennahem/bodenparallelem 2D-Lasersensor nur schwer als Hindernis detektierbar

Neobotics US-Board   PMD TOF Kamera

Bea Sensorio Laserscanner   Bosch Stereo-Videokamera   Micas Radarsensor

Abb. 3.76 Alternative Sensoren für den Maschinenschutz

die erkannt werden sollen. Es gibt keinen Sensor, der unter allen Bedingungen alle Stör-
objekte detektieren könnte.

Das typische Lastenheft eines Maschinenschutz-/Objektschutzsensors lautet:

- beladungszustands- und dimensionsabhängige Vollvolumenüberwachung des FTF-Licht-
  raumprofils
- oft reflektierende Materialien, z. B. Alu, Chrom oder VA; oder durchsichtig (z. B. Glas
  oder Plexiglas); oder schwarz
- typisches Prüfobjekt: Vierkant 20 × 20 mm oder Rohr 20 mm Durchmesser

Ist es schon problematisch, einen geeigneten Maschinenschutzsensor für den Indoor-
Einsatz zu finden, so wird das Problem outdoor noch größer, schon allein wegen der un-
terschiedlichen Lichtverhältnisse. Das Kalibrieren dieser Sensoren ist die große Heraus-
forderung, denn wird zu grob kalibriert, übersieht der Sensor womöglich eine nahende
Gefahr, und wenn zu fein kalibriert wird, kommt es immer wieder zu Fehlalarmen und
Störungen, die das FTF stoppen lassen und den übrigen Verkehr verunsichern.

Fazit bzgl. Sicherheit
Mit den am Markt erhältlichen Sensoren kann grundsätzlich ein den geltenden Vorschriften genügendes berührungslos arbeitendes Personenschutzsystem für Outdoor-FTF aufgebaut werden. Auf ausladende mechanische Schutzbügel kann damit verzichtet werden. Da
diese Scanner aber lediglich bodennah messen und nur ein 2D-Abbild der Umgebung erfassen, ist es dringend angeraten, zusätzliche Sensorik für den Maschinenschutz, also zur
Erfassung von weiteren Hindernissen im Fahrweg, am Outdoor-FTF anzubringen. Außerdem empfiehlt sich aus den folgenden zwei Gründen eine Begrenzung der Fahrgeschwindigkeit auf 6 km/h:

- Diese begrenzte Geschwindigkeit erhöht eindeutig weiter die Sicherheit gegenüber der
  heutigen manuellen Praxis und schafft Vertrauen.
- Für Geschwindigkeit über 6 km/h ist eine Zulassung für den öffentlichen Straßenverkehr erforderlich,[18] was den Aufwand enorm steigern würde.

---

[18] In der am 01.03.2007 in Kraft getretenen Fahrzeug-Zulassungs-Verordnung 5 (FZV) wird die
Zulassung von Kfz über 6 km/h bauartbedingte Höchstgeschwindigkeit (bbH) und ihren Anhängern
geregelt.

3.3.2 Navigation im Außenbereich

Grundsätzlich gibt es eine Fülle von Verfahren und am Markt erhältliche technische Systeme, um ein FTF zu navigieren. Spricht man allerdings über einen Einsatz im Außenbereich, kommen die meisten Verfahren nicht mehr in Frage. Nach dem aktuellen Stand der Technik verbleiben folgende drei Verfahren für den Outdoor-Einsatz:

- Transponder-Navigation (s. a. Abschn. 2.1.1.2)
- GPS-Navigation (s. a. Abschn. 2.1.1.5)
- Laser-Navigation (s. a. Abschn. 2.1.1.3)

Dabei ist die Lasernavigation aufgrund der begrenzten Reichweite und der Empfindlichkeit gegen intensive Sonneneinstrahlung oder starken Regen/Schneefall für den reinen Außeneinsatz eher nicht geeignet. Sie kann allerdings eingesetzt werden, wenn überwiegend nah entlang von Hallen(wänden) gefahren wird oder nur kurze Strecken zwischen Hallen im Freien zurückgelegt werden, wenn also die zuvor genannten Einflussfaktoren sich nicht negativ auswirken.

Transponder sind Datenträger mit eindeutiger Kodierung, sie werden entlang des Fahrweges in den Boden eingelassen, normalerweise nur wenige Zentimeter unter der Oberfläche. Das FTF ist an seiner Unterseite mit einer Transponder-Leseantenne ausgestattet Es gibt verschieden große Transponder, die dann in Kombination mit der eingesetzten Fahrzeugantenne unterschiedliche Leseabstände und Genauigkeiten ermöglichen. Generell gilt: Je geringer der Abstand zwischen Antenne und Transponder, desto höher die erzielbare Genauigkeit. Die Transpondergrößen variieren von ca. 2 bis 8 cm Durchmesser, der Leseabstand von ca. 10 bis 40 cm und die erreichbare Wiederholgenauigkeit von ca. 2 bis 20 mm. Der Verlegevorgang ist dann sehr einfach, wenn die Fahrbahnoberfläche frei von metallischen Bestandteilen ist. Ist das nicht der Fall, müssen die Transponder in deutlich größere Löcher eingesetzt und der Zwischenraum mit Beton oder Kunstharz vergossen werden, was den Montageaufwand entsprechend erhöht.

Diese Art der Navigation ist sehr robust, braucht aber als Voraussetzung einen festen Boden/Fahrbahnbelag, der sich auch in der Mittagshitze im Hochsommer genauso unbeeindruckt zeigt wie bei Belastung durch überfahrende Schwerlast-Fahrzeuge. Außerdem zu beachten sind die Einschränkungen durch eher geringe Bodenfreiheit der Fahrzeuge und gewisse Einschränkungen der Flexibilität bei erforderlichen Fahrkurs-Veränderungen. Die in Abb. 3.70 und 3.71 gezeigten automatisierten Lkw nutzen diese Art der Navigation.

Eine weitere Methode bzw. Technologie, FTF im Außenbereich zu navigieren, ist das sog. Real Time Kinematic Differential-GPS (RTK dGPS).[19]

---

[19] GPS = Global Positioning System, offiziell NAVSTAR GPS, ist ein globales Navigationssatellitensystem zur Positionsbestimmung und Zeitmessung, das vom amerikanischen Verteidigungsministerium betrieben wird; die Nutzung ist lizenz-/kostenfrei möglich.

Diese Navigationstechnik funktioniert – im Gegensatz zur Transponder-Navigation – auf jedem Boden, braucht allerdings die freie Sicht zum Himmel (zu den Satelliten). Hohe Wände nahe am FTF-Fahrweg sind ebenso nachteilig wie Brücken oder andere Fahrweg-Überquerungen, z. B. Rohrleitungen. Typischerweise braucht das System einen freien Sichtkegel von etwa 15 Grad nach oben, um zuverlässig arbeiten zu können.

Die Schritte zur Erlangung der erforderlichen Fahr- und Positioniergenauigkeit sind:

1. Prüfung der örtlichen Gegebenheiten, insbes. der Empfangsstärken der Satelliten
2. Einsatz des Differential-GPS
3. Real Time Kinematic Differential-GPS

Die erzielbare Positioniergenauigkeit des „normalen" GPS liegt bei etwa ±12 m. Durch Errichtung einer Referenzstation, deren Position exakt vermessen wird, kann ein Korrekturwert über einen Kurzwellen-Sender an die FTF übertragen werden. Damit kann die Genauigkeit auf ca. ±1 m verbessert werden (Differential GPS). Wenn darüber hinaus im mobilen Empfänger auch noch eine Echtzeit-Auswertung der Trägerphase der empfangenen Satellitensignale erfolgt, lässt sich eine Genauigkeit im kleinen Zentimeterbereich erreichen. Das in Abb. 3.77 gezeigte Outdoor-FTF erreicht – in Verbindung mit hochwertiger Antriebstechnik und Algorithmen für die Bahnregelung – eine Wiederholgenauigkeit bei der Fahrzeugpositionierung von ±15 mm.

Da es inzwischen mehrere Satellitenortungssysteme gibt (außer dem amerikanischen GPS auch Glonass, Beidou und ab 2020 Galileo), ist die grundsätzliche Verfügbarkeit der Satellitenortung deutlich gestiegen. Dort, wo die Sicht zum Himmel zu sehr eingeschränkt ist, kann man alternativ bzw. ergänzend Transponder oder auch Magnete als Wegmarken verwenden („Hybrid-Navigation"). Diese Technologie ist unter allen Witterungsbedingungen geeignet, sowohl im Innen- als auch im Außenbereich.

Inzwischen wurden auch die optischen Systeme weiterentwickelt und sind für einige Anwendungen auch im Außenbereich interessant geworden. Wichtig ist dabei, dass die Sichtverbindung zu festen Landmarken gegeben ist – auch bei Regen, Schnee und Nebel. „Gute Landmarken" müssen ausreichend vorhanden sein, sie müssen klare Kontraste bieten und dürfen nicht durch Fahrzeuge, Lagereinrichtungen oder andere Objekte verdeckt werden.

Fazit bzgl. Navigation

Mit den heute am Markt verfügbaren Navigationssystemen lässt sich immer ein Weg finden, um FTF zuverlässig zu führen. Zu beachten ist in diesem Zusammenhang, dass aufgrund der hohen erzielbaren Genauigkeit der Navigationsverfahren die FTF – im Gegensatz zu manuell bedienten Fahrzeugen – immer die exakt gleichen Spuren befahren. Wenn aber die Druckfestigkeit des Fahrbahnbelages nicht ausreichend groß ist, können sich sehr schnell Spurrillen bilden. Dies gilt insbesondere bei hohen Außentemperaturen und Asphalt als Straßenbelag, der im Sommer Temperaturen bis zu 70 °C annehmen kann und dann über keine ausreichende Festigkeit mehr verfügt.

Abb. 3.77 Ein Sonder-FTF setzt Pakete mit Steinen im Betonwerk um; Navigation mit RTK dGPS. (Quelle: Fraunhofer IML u. Götting)

3.3.3 Zusammenfassung

Der heutige Stand der Technik erlaubt es (noch) nicht, dass sich FTF ähnlich wie fahrerbediente Fahrzeuge weitgehend frei im (Werks-)Straßenverkehr bewegen können. Auch mit Sicherheitslaserscannern ausgestattete FTF bewegen sich eher „blind" und „tastend", sodass organisatorische Hilfen unumgänglich sind. Zu dieser „organisierten Ordnung" gehören folgende Punkte:

- Überall, wo es möglich ist, sollte man Wege definieren, die nur von den FTF befahren werden. Wenn man diese Wege sogar mechanisch, z. B. durch Zäune oder andere Barrieren, vom übrigen Verkehr abgrenzen kann, ist es optimal.
- Auf jeden Fall sind die Verkehrsflächen hinsichtlich ihres Verwendungszweckes klar zu definieren und optisch zu markieren. So werden Fahrspuren, Parkplätze, Abstellflächen und gesperrte Flächen klar voneinander abgegrenzt.
- Wenn möglich ist das Verkehrsaufkommen im Bereich der FTF-Strecken einzugrenzen, z. B. durch Bildung von Einbahnstraßen oder durch beschränkte Durchfahrtsverbote.
- Wenn das FTF Fahrspuren des übrigen Verkehrs kreuzt, ist eine Ampelanlage, möglichst mit Beschrankung, vorzusehen.

- Große Fußgängerströme sollten den Weg der FTF nicht direkt kreuzen, sondern z. B. mit einer Fußgängerbrücke über den FTF-Fahrweg hinweg geleitet werden.

Als wesentlicher Grund dieser Maßnahmen ist zu nennen, dass das FTF aufgrund der technisch bedingten übertriebenen Rücksichtnahme zu oft anhalten oder zumindest langsam fahren wird, wenn es auf seinen Wegen viel Quer- und Gegenverkehr antrifft. Damit sinken die durchschnittliche Fahrgeschwindigkeit und die Transportleistung.

Nun soll an dieser Stelle auf keinen Fall der Eindruck erweckt werden, dass ein betriebssicherer und wirtschaftlicher FTS-Einsatz im Außenbereich nicht möglich ist. Aber Outdoor-Projekte verlangen in jedem Fall einen seriösen Umgang mit kompetenten Partnern. Dabei spielt die Planungsphase eine besonders wichtige Rolle, weil hier die Weichen für ein erfolgreiches Projekt gestellt werden (siehe dazu auch Kap. 5).

Um die Bedeutung und die Machbarkeit des FTS im Außenbereich beurteilen zu können, helfen vielleicht folgende Tatsachen:

- Es gibt relativ wenige Outdoor-Projekte.
- Leider gab es in der Vergangenheit einige FTS-Projekte, die von unerfahrenen Anbietern angeboten wurden und während der Realisierung Probleme machten.
- Es gibt für den Personenschutz und die Navigation keine Standards, wie sie für den Innenbereich existieren, siehe hierzu auch die Angaben in Abschn. 2.1.

Letztlich muss jeder neue Outdoor-Einsatz als Projekt ernst genommen werden. Und jeder potenzielle Anbieter muss sich fragen lassen, ob er für solche Projekte über die Kompetenz und Erfahrung verfügt.

3.4   Automatische Be- und Entladung von Lkw mit FTF

Wie die in den vorstehenden Abschnitten vorgestellten Anwendungsbeispiele zeigen, gehört der Einsatz von Fahrerlosen Transportfahrzeugen in der Intralogistik heute zur gelebten Praxis. Man findet sie praktisch in allen Branchen – wahlweise als standardisierte Serienfahrzeuge oder als kunden- und applikationsspezifische Sonderlösungen. Die mit Abstand häufigsten Anwendungen liegen im Bereich der Gabel-Fahrzeuge zum Europaletten- und Gitterboxenhandling, d. h. bei Lastformaten (LB) 1,2 x 0,8 m und einem Gewicht von bis zu ca. 1500 kg. Neben Boden-Boden-Transporten finden sich auch Anwendungen, bei denen mittels Hydraulikhub Bereitstellböcke, Übergabestellen von stationärer Fördertechnik oder Regalfächer in bis zu 10 m Höhe automatisch bedient werden.

Ein Anwendungsszenario, das bisher aber fast ausnahmslos den manuell bedienten Flurförderzeugen vorbehalten ist, ist die (heckseitige) Be- und Entladung von Lkw, Lkw-Hängern und Wechselbrücken. Im Folgenden soll dargestellt werden, welche technischen und organisatorischen Herausforderungen mit dem Einsatz von FTF in diesem Anwendungsbereich verbunden sind, welche Lösungsansätze hierfür denkbar sind und welches konkrete Anwendungsszenario sich daraus ableiten lässt.

Technische Herausforderungen

- Situation unmittelbar an der Rampe
  - Die Überfahrt vom Hallenfußboden auf den beweglichen Teil der Rampe und von dort auf den Trailer[20] hat zwei Knickstellen, die gewisse Anforderungen an die minimale Bodenfreiheit der FTF stellt.
  - Der Trailer federt beim Befahren durch das FTF ein und beim Verlassen wieder aus, d. h. die Neigung des beweglichen Teils der Rampe ändert sich dynamisch; außerdem ändert sie sich im Verlauf des gesamten Beladevorgangs, abhängig vom Gesamtgewicht der hineingefahrenen Ladung, mehr oder weniger stark: bei leerem Trailer fährt das FTF ggf. „bergauf" in den Trailer, bei fast vollständig beladenem Trailer „bergab".
  - Die Bereitstellung der zu verladenen Ladungsträger benötigt Platz und es wird Rangierfläche für die FTF benötigt.
  - Das Tor der Rampendurchfahrt ist schmal oder ggf. sogar schmaler als die Einfahrtbreite des Trailers, dies erschwert das Anfahren der Stellplätze der letzten Reihe auf der Trailer-Ladefläche bzw. macht es für den Automatikbetrieb de facto unmöglich.
- Situation auf dem Trailer
  - Der Fußboden – insbesondere bei älteren Trailern – ist ggf. nicht FTF-geeignet, d. h. er ist möglicherweise uneben und/oder hat Löcher/Schadstellen, was insbesondere bei FTF mit Rädern mit kleinem Raddurchmesser zu Problemen führen kann.
  - Wenn aus Geschwindigkeitsgründen das FTF nicht nur eine, sondern (mit entsprechender 2- oder 3-fach Gabel) bis zu drei Ladungsträger gleichzeitig auf den Trailer fährt, entsteht sowohl eine hohe Flächenpressung im Bereich der Radaufstandsflächen als auch eine hohe Flächenlast – beide Werte können ggf. zu hoch für den Trailer-Fußboden sein. Dies gilt insbesondere dann, wenn es sich bei dem FTF um einen Gegengewichtstapler handelt, da dieser ein relativ hohes Eigengewicht (deutlich mehr als das max. Lastgewicht) hat.
  - Die lichte Breite der Trailer-Ladefläche beträgt max. 2,47 m, d. h. zwischen der Ladung (drei Paletten sehr dicht nebeneinander = 3 x 0,8 m = 2,4 m) und den Bordwänden (oder der Seitenplane) ist sehr wenig Platz zum Manövrieren. Insbesondere bedeutet dies, dass die Ladung auf den Ladungsträgern keine seitlichen Überstände haben darf bzw. dass die Ladung gegen Verrutschen während der Fahrt des FTF (durch Schrumpfen/Stretchen o. ä.) gesichert sein muss.
  - Die Ladungssicherung kann nicht automatisch durchgeführt werden, daher ist es vorteilhaft, wenn das Ladegut so homogen ist, dass es sich gegenseitig sowie an der Bordwand abstützt, daher nicht ins Rutschen geraten kann und deshalb Ladungssicherungsmaßnahmen nicht erforderlich sind. Falls Art und Form des Ladeguts eine Ladungssicherung unumgänglich machen, muss diese manuell durchgeführt werden.

---

[20] „Trailer" soll hier für jegliche Art von befahrbarer Ladefläche eines Lkw/Lkw-Hängers stehen.

Falls zu Beginn der automatischen Beladung der Trailer nicht komplett leer ist, sind ggf. vorhandene Ladungssicherungen zunächst manuell zu entfernen. Dies ist ebenfalls erforderlich, wenn automatisch entladen werden soll und Ladungssicherungen vorhanden sind. In allen genannten Fällen besteht die Notwendigkeit, dass sich Menschen und FTF nacheinander oder evtl. sogar gleichzeitig auf dem Trailer aufhalten, was im Sicherheitskonzept entsprechend berücksichtigt werden muss.

– Beim automatischen Entladen von Trailern ist auch folgendes zu beachten: Wenn die Ladungsträger auf dem Trailer reihenweise mit Ladungssicherungsmaßnahmen gegen Verrutschen oder Kippen gesichert sind/gesichert werden müssen, erschwert bzw. verlangsamt dies die automatische Aufnahme und Entladung erheblich. Falls die einzelnen Ladungsträger und die darauf befindliche Ladung nicht durch Umreifen, Stretchen etc. gegen Verrutschen/Verschieben während der Fahrt des Lkw gesichert sind, können sie sich mit der Ladung der Nachbar-Ladungsträger „verhaken" und dadurch ebenfalls Probleme bei Aufnahme und Herausfahren durch das FTF verursachen, deren Behebung manuelle Eingriffe erforderlich macht. Grundsätzlich muss man davon ausgehen, dass ein FTF für die automatische Lkw-Entladung über mehr Informationen und/oder Sensorik zur Ladungsträgerdetektion und -vermessung (als bei der automatischen Beladung) verfügen muss, um die automatische Ladungsträgeraufnahme zuverlässig und mit ausreichend hoher Verfügbarkeit durchführen zu können.

Sicherheitsaspekte FTF sind mit Personenschutzsensoren ausgestattet, die einen sicheren Betrieb gewährleisten. Dennoch kann beim Beladen eines Trailers eine gefährliche Situation entstehen, wenn sich Menschen und FTF gleichzeitig auf dem Trailer aufhalten, da der Mensch aufgrund der beengten Platzverhältnisse dem sich nähernden FTF ggf. nicht ausweichen kann. Dies gilt insbesondere dann, wenn das FTF mit einer Dreifach-Gabel ausgestattet ist und die Ladungsträger auf den Gabeln die gesamte Laderaumbreite ausfüllen. Außerdem bedeutet jede Annäherung eines Menschen an das FTF (und umgekehrt) eine Reduzierung der Fahrgeschwindigkeit ggf. bis hin zum Stillstand und damit eine Reduzierung der Transportleistung. Anzustreben ist also, dass sich während des Beladevorgangs keine Menschen im Bereich der Aktionsfläche des FTF aufhalten (dürfen). Dies lässt sich prinzipiell insbesondere dann sicherstellen, wenn keine Ladungssicherungsarbeiten durchgeführt werden müssen (s. o.)

Organisatorische Randbedingungen Üblich sind zwei grundsätzlich verschiedene Arbeitsweisen bei der Lkw-Beladung, von denen die eine sehr gut zum Einsatz von FTF passt und die andere eher nicht: Wenn die Ladung bei der Ankunft des Lkw komplett (= bis zu 33 Paletten/Gitterboxen) bereitsteht, sollen diese nach dem Andocken an der Rampe und dem Öffnen der Trailer-Tore i. d. R. schnellstmöglich verladen werden, das Zeitfenster hierfür liegt üblicherweise bei ca. 30 Minuten. Dies ist mit einem (oder auch mehreren) FTF praktisch nicht realisierbar. Falls jedoch die internen Abläufe so gestaltet werden können, dass der Trailer über einen deutlich längeren Zeitraum an der Rampe steht und beladen werden kann, weil z. B. die Paletten mit einem gewissen zeitlichen Abstand (> 2 Min.) aus der Produktion kommend ohne die Nutzung von Bereitstellflächen direkt verladen werden, ist dieses Prinzip für den FTF-Einsatz sehr gut geeignet.

Gleiches gilt sinngemäß beim Entladen: Auch hier ist ein Anwendungsfall, bei dem der angekommene Trailer schnellstmöglich, also beispielsweise innerhalb von 30 Minuten, komplett entladen sein soll, für einen FTF-Betrieb eher nicht geeignet.

Ganz allgemein lässt sich sagen, dass der Einsatz von FTF zur Be- oder Entladung von Trailern im Vergleich zu anderen FTF-Anwendungen eher ungünstig ist und sich eine eher reduzierte Transportleistung und Effizienz ergibt, da sich nie „Doppelspiele" organisieren lassen: Auf jede Lastfahrt folgt immer auch eine annähernd gleich lange Leerfahrt – was beispielsweise bei der Ver- und Entsorgung von Produktionsmaschinen völlig anders aussieht, da sich dort häufig oder sogar immer Doppelspiele (Behältertausch „voll gegen leer") und damit praktisch keine Leerfahrtanteile ergeben.

Wirtschaftliche Aspekte Cui bono – wer hat den Nutzen? Wenn der Lkw-Fahrer die Beladung selbst durchführt, würde der Versender die Investitionskosten für das FTS tragen, hätte aber keinen finanziellen Vorteil. Nur wenn der Versender selbst verlädt (weil z. B. der Lkw-Fahrer die Versandhalle nicht betreten darf), entsteht ein finanzieller Vorteil durch die Einsparung von Personalkosten (insbesondere beim 2- oder 3-Schichtbetrieb).

Präferierter Anwendungsfall Unter Berücksichtigung des zuvor Genannten erscheint ein technisch und wirtschaftlich sinnvolles Szenario dann möglich, wenn folgende Bedingungen eingehalten werden können:

- Die Trailer werden automatisch mittels FTF *beladen*, eine automatische Entladung erfolgt nicht.
- Idealerweise ist der Trailer zu Beginn des Beladevorgans komplett leer – anderenfalls werden Informationen darüber benötigt, wo auf dem Trailer die ersten Ladungsträger abgestellt werden können/sollen. Die automatische Beladung kann/darf erst beginnen, nachdem ein verantwortlicher Mitarbeiter die Freigabe hierfür erteilt hat.
- Der Versender nutzt einen eigenen oder zumindest festen (immer gleichen) Trailer-Fuhrpark, sodass er insbesondere die Beschaffenheit des Laderaum-Fußbodens (positiv) beeinflussen kann.
- Der Versender arbeitet im 2-Schicht-, besser 3-Schichtbetrieb und er belädt derzeit die Trailer mit eigenem Personal, hat also ein Kosteneinsparungspotenzial.
- Das Ladegut ist homogen, hat keinen Überstand über die Kanten des Ladungsträgers hinaus und ist gegen Verrutschen gesichert; eine Ladungssicherung der einzelnen Ladungsträger oder von beispielsweise einer 3er-Reihe von Ladungsträgern ist nicht erforderlich.
- Das erlaubte Zeitfenster zum Beladen des Trailers beträgt mindesten 60, besser 90 Minuten. Dies ermöglicht den Einsatz eines FTF mit Einfach-Gabel, was zu weniger Belastungen des Trailers-Bodens und zu weniger Eintauchbewegungen des Trailers beim Hinein- und Herausfahren führt.
- Das eingesetzte FTF hat so viel Bodenfreiheit und ausreichend große Räder, dass die Überfahrt des beweglichen Teils der Rampe zu keinen Problemen führt.

Alternativ muss – in Zusammenarbeit mit dem Trailer-Hersteller – durch geeignete Abstützung des Trailers oder durch Einbau einer automatischen Niveauregelung dafür gesorgt werden, dass eine niveaugleiche Überfahrt von der Halle auf den Trailer während des gesamten Beladevorgangs möglich ist.

Da sich die FTS-Technik immer mehr in Richtung 3D-Sensorik und komplexer automatischer sowie autonomer Funktionen entwickelt, scheint die anspruchsvolle Anwendung der Be- und Entladung von Lkw ein geeigneter und lohnender Use Case zu sein. Mit der Zunahme an intelligenten Steuerungsfunktionen lassen sich sukzessive die o. g. Einschränkungen lockern: Die Möglichkeiten und die Flexibilität der Lösungen nehmen mit der Zeit und der Erfahrung zu!

3.5   Automatischer Routenzug

Zur Lösung der vielfältigen intralogistischen Transportaufgaben gibt es bei langen Transportwegen (> 150 m) mit dem Routenzug (engl.: Milk Run) ein in vielen Branchen bekanntes und beliebtes Transportmittel, das sowohl ausschließlich innerhalb von Hallen (indoor) als auch auf großen Werksgeländen hallenübergreifend (indoor und outdoor) eingesetzt wird. Es liegt ein Transportkonzept zugrunde, in dem sich Ver- und/oder Entsorgungspunkte entlang einer oder mehrerer definierter Routen befinden. Der Routenzug fährt die Quellen und Senken entweder nach Bedarf an oder er verkehrt gemäß einem festen Fahrplan bzw. in einem festen Takt. Das System lässt sich daher mit den Linienbussen im öffentlichen Personennahverkehr vergleichen.

Die Zugmaschine schleppt dabei bis zu vier Hänger, die es in unterschiedlichen Bauformen gibt:

- einfacher Plattformwagen
- sog. „C-Frame": Hänger, der in der Draufsicht wie ein C aussieht, da er an einer Längsseite offen ist; vier Räder
- sog. „E-Frame": Hänger, der in der Draufsicht wie ein E aussieht, da er an einer Längsseite offen ist und in der Mitte eine Aufnahme mit integriertem Hub hat, mit dessen Hilfe z. B. Trolleys/Rollwagen aufgenommen, vom Boden angehoben und transportiert werden können; zwei Räder/Mittelachse
- sog. „U-Frame": an beiden Längsseiten offen (kann also beidseitig be- und entladen werden), sieht in der Seitenansicht wie ein „Torbogen" aus; vier Räder
- Sonderbauten, z. B. Anhänger mit angetriebener Fördertechnik (Gurt- oder Kettenförderer) für (semi-)automatischen Lastwechsel

In der Regel hat der Routenzugfahrer neben der Aufgabe „Fahren" auch noch die Aufgabe „Lastwechsel durchführen": Am bzw. in der Nähe des Zielorts angekommen verlässt er die Zugmaschine, zieht einen der mitgeführten Voll-Behälter aus dem Hänger, schiebt/zieht ihn zum gewünschten Platz (z. B. in oder unmittelbar vor einer Maschine oder am sog. Verbau-Ort in der Serienbandmontage von Pkw etc.), nimmt von dort einen Leerbehälter mit zurück zum Routenzug und schiebt ihn dort auf einen leeren Hänger. Ebenfalls möglich, aber seltener findet ein Lastwechsel/Behältertausch am Zielort durch einen Gabelstapler oder durch einen Produktionsmitarbeiter statt.

Weiter ist der Routenzugfahrer stets für den sicheren Betrieb des gesamten Zugs verantwortlich! Dies betrifft zu Beginn jeder Fahrt das sichere Losfahren, bei dem durch Schulterblick und/oder Spiegelbeobachtung sichergestellt werden muss, dass sich in den Freiräumen zwischen den Hängern keine Person aufhält. Weiter geht es um das rechtzeitige Bremsen vor Personen und anderen Hindernissen im Fahrweg, Geschwindigkeitsreduzierung vor Kurven, vor/auf Gefällestrecken oder vor anderen bekannten Gefahren- und Engstellen sowie um die Themen Ladungssicherung, Ankoppeln der Hänger, Inaugenscheinnahme aller Räder/Radbandagen/Lenkrollen, Zugdeichseln/Kupplungen und ggf. auch das „Aussortieren" eines Hängers, der nicht verkehrssicher erscheint. Störungen und Probleme mit Hängern, die in einem schlechten Pflegezustand sind, können dabei nicht nur zu Schichtbeginn auftreten bzw. bemerkt werden, sondern zu jedem beliebigen Zeitpunkt einer Fahrt.

Es stellt sich nun die Frage, wie solch ein Routenzug automatisiert werden kann. Welche Randbedingungen sind dabei einzuhalten und welche technischen, organisatorischen und auch sicherheitskritischen Herausforderungen sind zu lösen?

Ausgehend vom oben beschriebenen Aufgabenspektrum des Fahrers ist es sicherlich unmittelbar einleuchtend, dass der Lösungsansatz „Ersetze die bisher manuell bediente Zugmaschine durch ein FTF" die Aufgabenstellung nur teilweise und unzureichend löst. Neben der reinen Automatisierung der Zugmaschine, also der Ertüchtigung für automatisches Fahren, Lenken und ausreichend exaktes Positionieren für die Lastwechsel, sind Lösungen für folgende Aspekte zu schaffen:

- Wenn die bestehende Flotte von Anhängern weiter genutzt werden soll, ist mit einer sehr gemischten und u. U. auch schlechten Qualität der Hänger zu rechnen, die vermutlich für automatisches Fahren nicht ausreichend ist. Beispielsweise kann eine schlechte Spurtreue eines einzelnen Hängers von einem erfahrenen Fahrer bemerkt werden, von einer Automatiklösung eher nicht.
- Ungebremste Hänger sind – wenn überhaupt – im Automatikbetrieb nur auf Strecken ohne Gefälle sinnvoll bzw. gefahrlos mit einem FTF betreibbar, da es sonst (insbesondere bei starker Bremsung der Zugmaschine und gleichzeitiger stark ungleicher Beladung der Hänger) zum seitlichen Ausbrechen einzelner leichter/unbeladener Hänger durch das „Schieben von hinten" kommen kann.
- „Normale" Hänger sind für die automatische Be-/Entladung nicht geeignet, d. h. nach der automatischen Fahrt zum Zielpunkt muss der anschließende Lastwechsel von einem Mitarbeiter durchgeführt werden – der zu diesem Zeitpunkt aber möglicherweise andere Tätigkeiten ausführt. Es kommt also zu Wartezeiten und damit zu einer reduzierten Transportleistung/verringerter Effizienz und Verzögerungen bei der Bedienung der nachfolgenden Zielpositionen, d. h. die Einhaltung eines Taktfahrplans lässt sich nicht zuverlässig zusagen.

Abb. 3.78 Linde Factory Train. (Quelle: Linde, Aschaffenburg und Götting, Lehrte)

Der Linde Factory Train (Abb. 3.78) zeichnet sich durch folgende Komponenten aus:

- Schlepper mit geeignetem Bremssystem, Rädern, Karosseriebau und einer Automatisierung mit 2D-Personenschutz und 3D-Maschinenschutz (beispielhaft: Linde P250 & Götting)
- Trailer: C-Rahmen, zur Aufnahme der Trolleys; rein passiv, d. h. kein aktives Lastaufnahmemittel
- Die vier Trailer sind elektrisch ausgestattet, gelenkt, gebremst; die Zwischenräume zwischen den Trailern sind mit einem Personenschutz und mechanischen Abspannung gesichert.

Um die oben genannten Nachteile zu vermeiden, sieht die Lösung für einen automatischen Routenzug realistisch betrachtet wie folgt aus (Abb. 3.79):

- Die vorhandenen Trailer können *nicht* weiterverwendet werden! Es müssen – zusammen mit der automatischen Zugmaschine – automatisierungsgerecht gestaltete Anhänger beschafft und genutzt werden. Diese neuen Hänger sind elektrifiziert, beleuchtet (= mit Brems- und Blinkleuchten ausgestattet), gebremst, mit Sicherheitstechnik/-sensorik ausgestattet (Not-Halt-Taster, Sensoren zum Erkennen von Lastüberstand), haben Bänder zwischen den Hängern parallel zur Zugdeichsel, um ein Dazwischentreten oder Übersteigen der Deichsel zu verhindern.

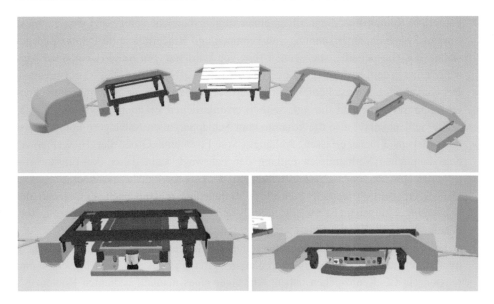

Abb. 3.79 Konzept eines automatischen Routenzuges mit C-Frame-Hänger zur automatischen Be- und Entladung durch Unterfahr-FTF (Konzept von Grenzebach, Hamlar und Forum-FTS; Grafiken W. Schroer)

- Design der neuen Hänger:
  a) C-Frame, bei dem das Rückgrat ca. 25 cm Bodenfreiheit hat, was eine automatische Be- und Entladung durch Unterfahr-FTF ermöglicht: das Unterfahr-FTF kann mit seinem vorderen Rahmen unter dem C-Frame-Rückgrat eintauchen, um so den mitgeführten Rolluntersetzer vom C-Frame zu übernehmen bzw. einen Rolluntersetzer auf dem C-Frame abzusetzen.
  b) U-Frame: da an beiden Längsseiten offen, ist auch hier eine automatische Be- und Entladung durch Unterfahr-FTF oder Gabel-FTF möglich.
  c) Ausstattung der Hänger mit einem Lastaufnahmemittel, das eine automatische Be- und Entladung ermöglicht (Teleskopgabeln, Rollen-/Kettenförderer, Shooter-Regale für KLTs).

Sicherheitsaspekte

Ein automatisierter Routenzug ist in sicherheitstechnischer Hinsicht deutlich komplexer und anspruchsvoller als ein „normales" FTF, d. h. es gelten die üblichen Anforderungen für die automatische Zugmaschine und darüber hinaus weitere für die Hänger sowie den Zug als Ganzes:

- Fahrerlose Routenzüge, die in allgemeinen Verkehrsbereichen eingesetzt werden, müssen mit Systemen zur Erkennung von Personen und Hindernissen im Fahrweg ausgestattet sein. Die sicherheitsbezogenen Teile von Einrichtungen zum Erkennen von Personen müssen dem Performance Level d (PL-d) nach DIN EN ISO 13849-1 entsprechen.

- Bei Kurvenfahrten muss berücksichtigt werden, dass nach vorne gerichtete Personenerkennungssysteme und die ggf. seitlich erforderlichen Erkennungssysteme die gesamte Schleppkurve, also die gesamte vom Schlepper, allen Anhängern und der Last überstrichene Fläche erfassen. Abhängig von Form und Größe der Hänger sowie den räumlichen Verhältnissen entlang der Fahrwege kann daher der Einsatz von (zusätzlichen) Personenschutzeinrichtungen, z. B. Sicherheitslaserscanner, an jedem Hänger erforderlich werden. Fahrerlose Routenzüge müssen nach Ansprechen der Schutzeinrichtungen im Fahrweg zum Stillstand kommen, bevor feste Teile des Flurförderzeuges auf die Person treffen.

- Bei einem automatisierten Routenzug gelten die Hänger, sofern sie mit (elektrischen/ hydraulischen/pneumatischen) Aktoren ausgestattet sind, als Teil einer Maschine und müssen ein CE-Kennzeichen haben; Anhänger eines manuell bedienten Routenzugs sowie einfache Hänger eines automatischen Routenzugs benötigen dies nicht.

- Ein sicherer Betrieb des automatisierten Routenzugs erfordert zusätzliche Ausstattung der Hänger mit beispielsweise Not-Halt-Taster, Absicherung der Hänger-Zwischenräume, Blinkleuchten zur Fahrtrichtungsanzeige, ggf. akustische Signalgeber, ggf. Bremslichter, ggf. Sensorik zur Lastüberstanderkennung, Haltebremse.

- Ein sicherer Betrieb erfordert außerdem (bei der Zugmaschine) ein optisches und akustisches Signal beim/vor dem Losfahren und damit verbunden eine Anfahrverzögerung (ca. 1–2 Sek.) sowie Fahren mit deutlich reduzierter Geschwindigkeit (< 300 mm/s) für die ersten ca. 5 Sek. nach einem Stopp.

- Die häufig beengten Platzverhältnisse in den Werkshallen können zu Problemen bei der Planung und Umsetzung von Routenzugkonzepten führen. Oft können beispielsweise die nach ASR A1.8 „Verkehrswege" geforderten Mindestsicherheitsabstände nicht eingehalten werden, z. B. beim Einfahren in den Bereich der Be- und Entladestellen. Dann muss ersatzweise durch organisatorische Maßnahmen die Gefahr des An-, Überfahrens und des Quetschens reduziert werden, beispielsweise indem diese Bereiche dann als Gefahrbereiche z. B. durch Bodenmarkierungen gekennzeichnet werden. Beim Einfahren in Gefahrbereiche muss die Geschwindigkeit des Fahrzeugs reduziert werden und ein akustisches Warnsignal ertönen.

- In der Gefährdungsbeurteilung des (zukünftigen) Betreibers muss berücksichtigt werden, dass im Gefahrenfall, z. B. Feuer/Brandalarm, bei einem häufig über 10 m langen Routenzug das schnellstmögliche Freifahren der Flucht- und Rettungswege oder der Bereich eines Brandschutztores bereits bei manuellem Betrieb eine Herausforderung darstellt, für einen automatisierten Routenzug aber noch kritischer zu sehen ist und deswegen hierauf ein besonderes Augenmerk gelegt werden muss.

Ganz allgemein gilt, dass sich ein automatisches Fahrzeug auch manuell aus einem Gefahrenbereich entfernen lassen können muss.

Weiter sind beim Betrieb eines automatischen fahrerlosen Fahrzeugs mit Anhänger(n) die Vorgaben gemäß Abschn. 4.10 der DIN EN ISO 3691-4 zu beachten.

Offensichtlich ist die Umsetzung dieser Anforderungen mit nicht unerheblichen Kosten verbunden, d. h. es ist im Vergleich mit anderen FTF-Lösungen mit einem eher längeren Amortisationszeitraum zu rechnen.

Grundsätzlich sollte die Anschaffung bzw. der Betrieb eines automatischen Routenzugs auch aufgrund der folgenden Aspekte sorgfältig abgewogen werden:

- Der Platzbedarf für einen Routenzug – übrigens unabhängig davon, ob durch einen Fahrer oder automatisiert betrieben – ist erheblich. Andererseits werden die Fahrwege, aber auch die Bereitstellflächen in den Montage- und Fertigungsbereichen, immer weiter beschränkt, d. h. die Wege werden schmaler, die Bereitstellflächen weniger.
- Routenzug vs. Einzelanlieferung: Die Anlieferung von Material an Montage- oder Fertigungslinien ist heute anspruchsvoller als früher, d. h. eine Anlieferung nach festem Fahrplan ist zukünftig eher nicht mehr zeitgemäß. Moderne Montagen bzw. Fertigungen verlangen nach einer bedarfsgerechten, extrem flexiblen Anlieferung. Das spricht für einzelne, bewegliche und schnelle Transporteinheiten.

Es sei an dieser Stelle der Hinweis erlaubt, dass im Jahr 2018 diese Argumente bei der BMW Group dazu geführt haben, dass mit dem STR – einem sehr flachen Unterfahrschlepper zum Transport einzelner Rolluntersetzer – eine Alternative zum automatischen Routenzug entwickelt wurde (s. a. Abschn. 3.2.1.6). Das zeigt, dass vorausschauende Logistikplaner nicht nur die Frage nach der technischen Automatisierbarkeit stellen, sondern die Automatisierung mit FTS/AMR/mobiler Robotik immer auch als Chance für eine konzeptionelle Verbesserung der Intralogistik begreifen.

Nun ist die betriebliche Praxis bekanntlich selten so ideal, wie man sie sich „in der reinen Lehre" wünscht. Es gibt also häufig die Ausgangssituation, dass ein großer Bestand an Routenzughängern vorhanden ist und die harte Anforderung des Betreibers besteht, diese Hänger „so wie sie sind", also ohne jegliche Umbauten oder Modifizierungen an Bremsanlage oder elektrischer Anlage, zusammen mit automatisierten Zugmaschinen weiter zu verwenden. Wie stellt sich in solch einer Situation der Sicherheitsaspekt dar?

Der Leistungs- und Lieferumfang des Herstellers der automatisierten Zugmaschine endet in diesem Falle am Zugmaul für die Anhänger und dies wird der Hersteller in seiner Risikoanalyse bzw. dem von ihm gelieferten Betriebshandbuch auch so darstellen. Er kann und wird also keine Verantwortung dafür übernehmen, welche Hänger in welchem individuellen Zustand an die gelieferte automatische Zugmaschine angehängt werden. Es liegt dann vielmehr in der Zuständigkeit und Verantwortung des Betreibers, im Rahmen der von ihm durchzuführenden Gefährdungsanalyse all die spezifischen Gefahren, die vom Betrieb dieser Hänger in Verbindung mit der neu beschafften, automatischen Zugmaschine (für seine Mitarbeiter) ausgehen, zu erfassen, zu beschreiben und geeignete Maßnahmen zur Gefahrenminimierung zu ergreifen.

Das nachfolgende Applikationsbeispiel *„Automatischer Routenzug bei einem Auto-mobilhersteller"* zeigt, dass es durchaus technisch möglich und betriebswirtschaftlich sinnvoll sein kann, einen automatisierten Routenzug einzusetzen.

Ausgangssituation
Ein großer deutscher Automobilhersteller hat an einem seiner Standorte einige der manuell gefahrenen Routenzüge durch automatisch fahrende ersetzt. Die Automatisierung erfolgte auf der Basis von Linde-Schleppern der Serie P50C, die von der Fa. Schiller entsprechend aus- und aufgerüstet wurden. Das Automatisierungskit besteht aus einem Bügel am Heck des Fahrzeugs, in dem ein Industrie-PC inklusive SPS-Steuerung verbaut ist. Hier laufen alle Sensor-Informationen zusammen und es werden die Ansteuersignale für die Fahr- und Lenkantriebe berechnet und ausgegeben. Die Ansteuerung der Antriebe erfolgt in der Weise, dass der menschliche Fahrer „simuliert" wird, d. h. die Signale der Lenkung und der Fahr-/Bremspedale werden imitiert und so an die Fahr- und Lenkregler übertragen.

Die Umgebung des Fahrzeugs wird mittels Laserscanner in drei separaten Ebenen, vor dem Fahrzeug parallel zum Fußboden (Personenschutz) sowie auf beiden Seiten neben dem Fahrzeug (Anlagen-/Maschinenschutz), erfasst.

Transportprozesse
Material, das in der Endmontage benötigt wird, muss aus einem der Logistikbereiche an den Montageort geliefert werden. Hierfür gab es verschiedene technische Realisierungen, u. a. mittels mannbedienter Routenzüge, von denen einige in diesem Pilotprojekt automa-tisiert wurden.

Prozess „Sequenzierung Supermarkt"
In diesem Transportprozess wird Ware aus einem Sequenzierbereich im sog. Supermarkt (= manuelle Kommissionierung) an den Endmontage-/Verbauort transportiert. Das kom-missionierte Material wird auf Rolluntersetzern bereitgestellt, diese werden dann manuell auf abgesenkte Routenzug-Anhänger geschoben, danach automatisch zum Übergabepunkt transportiert und dort manuell von den abgesenkten Hängern entladen und am Verbauort positioniert. Im Logistikbereich gibt es sechs Warengruppen, die an insgesamt 24 Halte-stellen verladen werden (Tab. 3.5).

Die Materialversorgung der Endmontage wird über ein übergeordnetes System ge-steuert. Dieses System kennt also die als nächstes anstehenden Vollgut-Aufträge und

Tab. 3.5 Kennzahlen zum Transportprozess „Sequenzierung Supermarkt"

Ø Fahrten pro Tag	Ø Fahrtstrecke in Meter	➜ km pro Tag	Ø Gewicht in Tonnen pro Fahrt	➜ Gesamtgewicht in Tonnen pro Tag	erreichte Verfügbarkeit
545	902	491,6	1,55	844,8	99,92 %

ROBOTICS

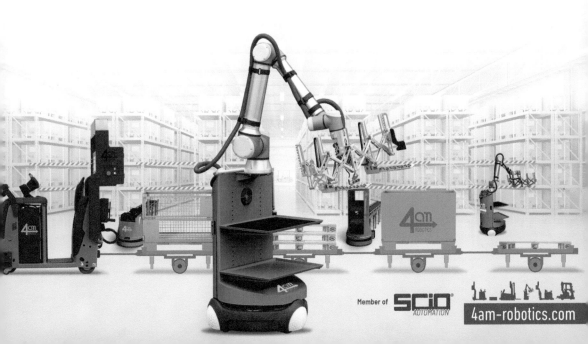

manual ⬤ autonomous

Member of **SCIO** AUTOMATION

4am-robotics.com

schickt sie dem Leitsystem für die automatischen Routenzüge (ARZ) während der Leer-gutrückfahrten. Das Leitsystem plant nach dem Empfang der jeweils nächsten vier Trans-portaufträge selbstständig eine Route. Diese Auftragssequenz setzt sich zusammen aus „4 x Leergutbehälter abgeben und 4 x Vollgutbehälter aufnehmen". Die Optimierungsauf-gabe – kürzeste Strecke finden, die die acht Auftragsziele miteinander verbindet, auch be-kannt als Travelling Salesman Problem – wird durch die Notwendigkeit, den Beladungs-zustand der Hänger zu berücksichtigen, noch komplexer. Da nur begrenzte Rechenzeit und Rechenleistung zur Lösungsfindung zur Verfügung stehen, wird man sich auch mit einer sub-optimalen Route, die aber zumindest keine mehrfach befahrenen Streckensegmente enthält (um bei in Summe 20 Routenzügen gegenseitige Behinderungen weitestgehend zu vermeiden), zufriedengeben.

Weitere Herausforderungen entstehen aus der räumlichen Enge der Fahrwege, aus komplexen Kreuzungssituationen mit hohem Aufkommen an querendem Verkehr sowie der Akzeptanz der Mitarbeiter, insbesondere der Fahrer von anderen Flurförderzeugen, denn ein Überholen der ARZ ist bei den engen Fahrwegen nur an sehr wenigen Stellen möglich und die ARZ weichen ihrerseits anderen FFZ nicht aus.

AKL-Prozess: Lagersystem für Kleinteile

Der AKL-Prozess setzt sich zusammen aus einem Hochregallager, in dem alle benötigten Kleinteile gepuffert und über Regalbediengeräte, getriggert über eine SAP-Steuerung, zur Kommissionierung bereitgestellt werden. Im automatischen Kommissioniervorgang wer-den die Kleinladungsträger auf Stellagen für Links- und Rechtsentlader zusammengefasst (Tab. 3.6).

Eine Tour besteht aus vier zusammenhängenden Stellagen, die über eine Kettenförder-technik zur automatischen Übergabe transportiert werden, um von Teleskopgabeln von Fördertechnik abgenommen und auf einen Routenzug aufgesetzt zu werden. Anschließend wird die Tour vom Routenzug abgefahren.

Um diesen Prozess für den automatischen Routenzug durchführbar zu machen, musste für die ARZ eine Möglichkeit geschaffen werden, die seitlichen Schutzfelder zu reduzie-ren, damit in eine Übergabestation hinter einem Schutzzaun eingefahren werden kann. Ebenfalls war es erforderlich, mit der Steuerungstechnik der Übergabestation zu kommu-nizieren damit sichergestellt ist, dass die Übergabestation bereit und frei ist und kein Kon-flikt mit manuell gesteuerten Routenzügen entsteht, die in der Übergabe stehen.

Nach erfolgreicher Übergabe der beladenen Stellagen auf den ARZ wird vom SAP-System das Auftragsziel ermittelt und der ARZ startet seine Fahrt zum sog. Steuerplatz der

Tab. 3.6 Kennzahlen zum Transportprozess „KLT vom AKL zum Verbauort"

Ø Fahrten pro Tag	Ø Fahrtstrecke in Meter	➜ km pro Tag	Ø Gewicht in Tonnen pro Fahrt	➜ Gesamtgewicht in Tonnen pro Tag	erreichte Verfügbarkeit
237	576	136,5	1,1	260,7	99,84 %

AKL-Routenzüge. Am Steuerplatz angekommen koppelt der ARZ seine Anhänger automatisch ab und fährt weiter auf einen definierten Übergabepunkt. Dort koppelt ein Mitarbeiter ggf. zum Rücktransport bereitstehende Hänger mit Leerbehältern an und gibt per Tastendruck das Freigabe- und Startsignal für die Fahrt. Anschließend übernimmt er mit einem manuell gefahrenen Routenzug die angelieferten Vollgut-Anhänger und fährt diese an die Verbauorte der Montagelinie.

Bei den Zielen für die Leergutentladung wird unterschieden in Stellagen, die in Fahrtrichtung gesehen nach links oder rechts zu entladen sind. Abhängig von der Entladerichtung, die behälterspezifisch im SAP hinterlegt ist und im Fahrauftrag an den ARZ enthalten ist, wird die passende Route ermittelt und die Fahrt gestartet. Damit es aufgrund des länger dauernden Leergut-Entladevorgangs nicht zu einem Rückstau auf den Fahrwegen der Routenzüge kommt, gibt es vorgelagerte, neben dem eigentlichen Fahrweg angeordnete Pufferbahnhöfe, die bei Bedarf angefahren werden können.

Die Leergutentladung erfolgt manuell durch einen Logistikmitarbeiter. Nach der Entladung gibt er durch Tastendruck den ARZ zur Weiterfahrt frei, dieser fährt dann selbstständig zurück zum Abfahrbahnhof und meldet dort an SAP seine Bereitschaft für neue Transportaufträge.

Besondere Herausforderung: Engstellen

Um die Möglichkeit zu schaffen, dass der ARZ an Engstellen vorbei und hindurch fahren kann, ist es erforderlich, an diesen Stellen lokal die seitlichen Schutzfelder zu reduzieren. Für die zu entwickelnde Software galt, dass eine Engstelle geteacht, im Ablauf erwartet und zuverlässig erkannt werden muss. Dafür wurde ein Verfahren entwickelt, wie die Fahrzeugsoftware basierend auf den Daten des Sicherheitslaserscanners eine Engstelle erkennt, um daraufhin die Schutzfelder zu reduzieren. Diese spezielle Auswertung wird nur an den im Fahrkurs-Layout hinterlegten Stellen gestartet, auf diese Weise findet ständig ein Abgleich zwischen dem Erwartungswert (= Annäherung an die „angekündigte" Engstelle) und der Realität (= Ergebnis der Scannerdatenauswertung) statt. Zusätzlich gibt es an den Engstellen Stehverhinderungs- und Eingreifschutzbleche, die eine Gefährdung von Mitarbeitern verhindern.

Die ganzheitliche FTS-Planung

4

Zunächst muss deutlich sein, dass das Adjektiv *ganzheitlich* hier bewusst und dialektisch korrekt verwendet wird. Die FTS-Planung soll hier – wie auch in der noch mehrfach zu zitierenden VDI-Richtlinie 2710[1] – umfassend dargestellt werden; es sollen also alle Schritte der Planung angesprochen werden, beginnend mit den ersten Vorüberlegungen und endend mit der Außerbetriebsetzung der Altanlage. Natürlich werden wir uns hier auf die FTS-Aspekte beschränken – allgemeine Darstellungen zum Themengebiet Projektmanagement gibt es zur Genüge.

Wir haben in den vorigen Kapiteln das FTS als ein Organisationsmittel kennengelernt, das eine integrative Rolle im intralogistischen Umfeld spielt. Es entstehen viele Berührungspunkte – also technische oder organisatorische Schnittstellen – mit neben-, unter- oder übergeordneten Themen und Gewerken, so dass der Planer schnell merkt, dass er sich mit viel mehr als nur der reinen FTS-Technik beschäftigen muss.

Bis heute hatten wir es fast ausschließlich mit einem Projektgeschäft zu tun. Es gab und gibt immer wieder Überlegungen, das FTS, oder zumindest bestimmte FTF-Baureihen, wie ein Produkt zu vermarkten. Bis heute ist dies aber eher die Ausnahme. Es gibt wohl kaum zwei gleiche Anlagen; auch Folgeprojekte unterscheiden sich erfahrungsgemäß immer. Es ist also ein handfestes Projekt mit vielen Facetten, wenn es um die Planung von Fahrerlosen Transportsystemen geht. Damit soll keine Angst ausgelöst, sondern nur die Bedeutung der FTS-Planung ins rechte Licht gerückt werden.

---

[1]VDI 2710 „Ganzheitliche Planung von Fahrerlosen Transportsystemen (FTS)".

© Springer Fachmedien Wiesbaden GmbH, ein Teil von Springer Nature 2023
G. Ullrich, T. Albrecht, *Fahrerlose Transportsysteme*,
https://doi.org/10.1007/978-3-658-38738-9_4

4.1   Die Bedeutung der Planung in FTS-Projekten

Fahrerlose Transportsysteme stellen sich unterschiedlich komplex dar. Die Spannweite der Realisierungen reicht

- von einfachen Low-Cost-Systemen bis zu High-End-Lösungen der Intralogistik,
- von Anlagen mit nur einem bis weit über hundert Fahrzeugen,
- vom Innen- bis zum Außeneinsatz,
- von funktional einfachen (Transport von A nach B) bis zu komplexen Systemen, die über die reine Transportaufgabe hinaus weitere anspruchsvolle Funktionen erfüllen,
- von Punkt-zu-Punkt-Verbindungen bis zum intelligenten Taxibetrieb,
- von sehr kleinen bis zu sehr großen Fahrzeugen (die Lastgewichte reichen von wenigen Kilogramm bis zu 100 Tonnen).

Die Aufgabenstellung des Anwenders kann von einfachen Punkt-zu-Punkt-Transportaufgaben mit lediglich einem Fahrzeug bis zur Umsetzung umfassender logistischer Betriebskonzepte reichen, bei denen das FTS lediglich eine Komponente innerhalb eines Produktions-, Lager- oder Distributionsbereiches darstellt. Vom Grad der Einbindung in den Gesamtbetrieb und dem Umfang der Aufgabe hängt zwangsläufig auch die Planungstiefe ab. Bei wachsender Komplexität geht es neben der reinen FTS-Funktionalität zunehmend um Fragen der angemessenen Modifikation von z. B. Gebäuden, Lager, Montagelinien, Produktionsmaschinen etc.

Also gilt es, die logistische Lösung in ein Gesamtkonzept einzubetten, wobei diverse Schnittstellen zu neben-, über- und untergeordneten Systemen berücksichtigt werden müssen.

Wie bei jedem Projekt geben neben den rein technischen, prozessualen und infrastrukturellen Gesichtspunkten wesentlich die wirtschaftlichen Aspekte den äußeren Rahmen der Planung vor. Für die erforderlichen Investitionen werden sorgfältig erstellte Wirtschaftlichkeitsnachweise benötigt. Alternative Finanzierungsmodelle müssen geprüft werden.

Darüber hinaus wird der FTS-Planer häufig mit sekundären Fragestellungen beschäftigt, die im täglichen Planungsgeschäft eher selten sind: Das Projekt hat z. B. Außenwirkung (innerhalb des Firmenverbundes oder sogar auf die Branche) oder aber Konsequenzen für die Mitarbeiter (soziale oder arbeitsrechtliche), sodass es von dritter Seite intensiv beobachtet wird.

Deshalb ist es für den Planer vom ersten Moment an wichtig, dem ganzheitlichen Aspekt seiner Aufgabe Rechnung zu tragen, damit das FTS-Projekt erfolgreich wird. Denn es gilt, alle relevanten Aspekte mit der nötigen Gewissenhaftigkeit zu berücksichtigen und in kausalen Zusammenhang zu bringen.

Letztlich ist die FTS-Planung durchaus komplex und anspruchsvoll. Nicht jeder potenzielle Anwender verfügt in den eigenen Reihen über das notwendige Know-how bzw. über die erforderlichen Kapazitäten/Ressourcen, was eine externe Planungsunterstützung sinnvoll macht. Zu oft führt das Dilemma zwischen Komplexität der Planung und mangelnden

Ressourcen dazu, dass die eigentlich sinnvolle FTS-Lösung zugunsten einer einfachen Transportlösung (z. B. mit konventionellen manuellen Flurförderzeugen) aufgegeben wird, wodurch jedes Mal eine große Chance zur Effizienzsteigerung vertan wird.

Zunächst jedoch zu einem überaus wichtigen Aspekt für (potenzielle) FTS-Anwender, die so groß sind, dass sie über mehrere Standorte in vielleicht mehreren Ländern verfügen, an denen mitunter ähnliche Prozesse ablaufen. Dann ist nämlich eine FTS-Unternehmensstrategie sinnvoll!

4.1.1 FTS-Unternehmensstrategie

In den letzten Jahren wird dieses Thema immer wichtiger. Die Automatisierung mit FTS wird in jedem Werk, also an jedem Standort einer Unternehmensgruppe diskutiert. Häufig starten dann auch alle Werke ihre eigenen FTS-Projekte und machen ihre eigenen Erfahrungen. Dabei unterscheiden sich die Lösungen und Erfahrungen voneinander erheblich und sind häufig auch nicht von einem auf den anderen Standort übertragbar. Nicht alle Erfahrungen sind positiv; bald spürt man im Unternehmen, dass eine Abstimmung zwischen den Werken diesbezüglich gut gewesen wäre …

Eine solche grundsätzliche Abstimmung nennen wir eine FTS-Unternehmensstrategie. Sie beinhaltet eine unternehmensübergreifende Diskussion und Festlegungen innerhalb folgender Themenfelder (Tab. 4.1):

Die Vision einer FTS-Strategie eröffnet der Unternehmensführung, den Leitern der Produktion, Intralogistik und Produktionslogistik die Möglichkeit, Brainstorming zu betreiben. Wie soll die Intralogistik der Werke in zehn Jahren aussehen? Wie müssten/sollten sich die Prozesse verändern, um das gesamte Unternehmen zukunftssicher zu machen? Die FTS-Unternehmensstrategie spielt also eine wichtige Rolle im Unternehmensleitbild.

Die Ziele der Vision können sehr unterschiedlich, aber vor allem sehr konkret sein. Eine Auswahl soll hier als Anregung dienen:

Tab. 4.1 Zehn Elemente einer FTS-Strategie

Position	Beschreibung
1	Vision einer Intralogistik-Strategie
2	Fokus auf Prozesse, Standard-Einsatzfälle für alle Werke
3	Fokus auf Ladehilfsmittel (z. B. Paletten, Kst-Behälter, …) und FTF-Typen
4	IT-Struktur (ERP, Leitsteuerung, VDA 5050, Verteilung von Funktionen)
5	Safety-Standards, insbesondere für Werke im Ausland
6	Security-Standards für zukunftssichere Datensicherheit
7	Projektstrukturen (Rollen, Akteure, Verantwortungen, Aufgaben)
8	FTS/AMR: Bedeutung autonomer Funktionen für die geplante Anwendung
9	Lastenhefte: Struktur und Standard-Bausteine
10	Pilotprojekt

- Positive Innen- und Außenwirkung
- Wertsteigerung des Standortes
- Klare Strukturen, Nachverfolgbarkeit der Prozesse
- Keine Angstbestände, mehr freie Flächen
- Resilienz/Flexibilität bei Absatzschwankungen und Ressourcenproblemen
- Staplerfreie Fabrik
- Mehr Sicherheit/weniger Unfälle und Beschädigungen
- Ordnung und Sauberkeit
- Freie Wege
- Reduktion von monotoner Arbeit
- Reduktion von Kosten
- Erhöhung des Automatisierungsgrades,
- konsequenter Einstieg in Industrie 4.0 bzw.
- Vorantreiben der Digitalisierung

Als nächsten Schritt fokussiert man die Überlegungen auf die Prozesse und die Ladehilfs-mittel. Es werden die Prozesse und Warenströme in den einzelnen Unternehmensbereichen analysiert. Die Potenziale, die sich bei einer Automatisierung auftun, werden abgeschätzt. Bezüglich der Prozesse bedeutet das Ergebnis eine Liste von Standard-Einsatzfällen, die für den FTS-Einsatz priorisiert sind.

Außerdem betrachtet man kritisch die Vielfalt, vielleicht sogar den Wildwuchs an La-dehilfsmitteln, die sich unternehmensweit im Einsatz befinden. Wenn man es schafft, die Anzahl der Ladehilfsmittel zu reduzieren und gleichzeitig die Qualitätsanforderungen (z. B. an Paletten) zu erhöhen, bereitet man den Boden für eine elegante, sichere und hoch-verfügbare Intralogistik-Lösung mit FTS. Je strukturierter die Rahmenbedingungen, desto niedriger ist die Anzahl der notwendigen FTF-Typen und umso größer wird das Angebot an brauchbaren Lösungen.

Die IT-Struktur spielt innerhalb der FTS-Unternehmensstruktur eine zentrale Rolle, denn das FTS besteht nicht nur aus Fahrzeugen, sondern auch aus einer FTS-Leitsteuerung, bzw. Leitsteuerungsfunktionen, die es gilt, in die vorhandene oder eben angestrebte IT-Landschaft einzubetten. Auch diese „Baustelle" gibt es an allen Standorten und sollte tunlichst nicht überall unterschiedlich realisiert werden. Hier geht es u. a. um fol-gende Fragen:

- Gibt es ein übergeordnetes ERP-System, aus dem die FTS-Leitsteuerung ihre Trans-portaufträge bekommt?
- Welche Rolle soll die VDA 5050 spielen? Sind proprietäre FTS-Leitsteuerungen mög-lich oder erwünscht?
- Welche IT-Komponenten gibt es werksseitig, und wie hat sich die FTS-Leitsteuerung dort zu integrieren? Wie sieht die Verteilung der Funktionen aus?
- Welche Methoden der drahtlosen Datenübertragung mit den Fahrerlosen Fahrzeugen wird es geben (WLAN, 5G)?

Beim Thema Safety-Standards geht es um die unternehmensweit zu fordernden Sicher-heitsvorgaben. Abhängig von den geltenden Sicherheitsstandards in den einzelnen Werken erklärt das Unternehmen z. B. die DIN ISO 3691-4 oder die ANSI 15.08 für gültig und macht zusätzliche Vorgaben zum gewünschten Sicherheitsniveau. Wir empfehlen hier nicht nur den obligatorischen Personenschutz mit 2D-Laserscannern, sondern darüber hinaus eine 3D-Absicherung des gesamten Raumes, den die Fahrzeuge mitsamt der Last durchfahren (Maschinen-/Objektschutz).

An dieser Stelle sei auf die Leitfäden zur FTS-Sicherheit hingewiesen, dies es für den Betreiber und auch für den Planer von FTS gibt.

In den letzten Jahren wurde das Thema Security, also die Datensicherheit immer wich-tiger. Die Ansprüche der IT-Abteilungen wachsen, z. B. hinsichtlich der Zertifizierung von SW, geeigneter Verfahren zur Authentifizierung, Zugangsrechte und Sicherheits-Updates. Ein Ziel ist dabei sicher die Abwehr von Cyberangriffen, die eventuell auch durch Fernzu-griffe im Service- oder Störungsfall ermöglicht werden.

Zu einer FTS-Unternehmensstrategie gehört auch die Definition der Projektstrukturen: Wie werden die FTS-Projekte zukünftig aussehen? Wie werden die erforderlichen Rollen im FTS-Projekt besetzt sein? Reichen die internen Kompetenzen und Kapazitäten? Auch hier sei der Hinweis auf den VDI-Statusreport „Phasen Rollen und Akteure in FTS-Projekten" erlaubt.

Wir haben vorne bereits über die Bedeutung der Autonomie bei mobilen Robotern ge-sprochen. In eine Unternehmensstrategie gehören die Diskussion und Beschlüsse zu fol-genden Fragen:

- Diskussion AGV/FTF/AMR (s. a. Leitfaden „Autonomie für mobile Roboter")
- Was sind sinnvolle automatische/autonome Funktionen?
- Welche Vor- und Nachteile haben sie? Gibt es sicherheitstechnische Konsequenzen?
- Welche Bedeutung haben autonome Funktionen für die Anwendungen?
- Was soll in die FTS-Strategie eingebaut werden?
- Was soll in den Lastenheften ausgeschrieben werden?

Womit wir bei den Lastenheften wären. In Abhängigkeit von der FTS-Projektstruktur wird es pro Projekt ein oder mehrere Lastenheft geben. Wenn ein Lieferant das gesamte Paket liefern kann, also die Leitsteuerung, die Fahrzeuge, die peripheren Einrichtungen, die In-betriebnahme und Abnahme, dann reicht ein technisches Lastenheft für die Ausschreibung aus. Wenn aber beispielsweise die Leitsteuerung separat von den Fahrzeugen vergeben wird, sind mindestens zwei Lastenhefte erforderlich, nämlich eins für die FTS-Leitsteuerung und jeweils eins pro Fahrzeugtyp.

In jedem Fall sollte ein Lastenheft drei wesentliche Bestandteile haben:

- Grundsätzliche Angaben und Anforderungen, die sich aus der FTS-Unternehmensstra-tegie ergeben
- Allgemeine technische Anforderungen zu den zu liefernden Komponenten
- Spezielle Angaben zum konkreten Projekt, also Anforderungen, die sich aus dem Use Case ergeben.

Alle drei Bestandteile kann man aus Standard-Bausteinen zusammensetzen, die im Rahmen der Beschäftigung mit der Unternehmensstrategie oder im Laufe der ersten Projekte entstehen. So kommt man zu vollständigen und aussagekräftigen Lastenheften, die für jedes neue Projekt schnell und treffsicher zusammengestellt sind.

Gegen Ende der Beschäftigung mit der FTS-Unternehmensstrategie steht das erste Pilotprojekt. Mit Hilfe der gerade geschaffenen Kriterien werden ein Werk und ein Prozess ausgewählt, die für ein Pilotprojekt geeignet sind: Der Prozess muss sich lohnen und die Randbedingungen des Einsatzes dürfen nicht zu schwierig sein. Das Pilotprojekt wird Signalcharakter haben, und es soll in den anderen Werken ähnlich zum Einsatz kommen können. Wenn das Pilotprojekt dann läuft und richtig ausgewählt wurde, lässt es sich einfach auf weitere Prozesse erweitern.

Eine FTS-Unternehmensstrategie ist wichtig, weil die Automatisierung der Intralogistik von größter Bedeutung für die Zukunftsfähigkeit des Unternehmens ist. Denn das FTS übernimmt nicht nur den Materialfluss, sondern auch die Datenintegration! Damit prägt das FTS das Unternehmen im Sinne von Industrie 4.0, der Digitalisierung und des Unternehmenswertes.

Bei der Definition einer Unternehmens-Strategie für FTS und mobile Robotik ist es wichtig, zunächst Zuständigkeiten für die einzelnen Bereiche zu schaffen, wie z. B. FTS-Technik, Prozesse, Produktion und Lager, Arbeitssicherheit, IT. Dann sind in diesem Kreis Workshops durchzuführen, um die genannten Themenfelder zu bearbeiten; dabei ist die Unternehmensführung mit einzubinden. Letztlich müssen die verschiedenen Standorte einbezogen werden. Ob das vor der Realisierung eines Pilotprojektes oder danach stattfindet, lassen wir hier noch offen.

4.1.2   Ressourcen-bestimmende Kriterien

Wie viele Ressourcen erfordert ein FTS-Projekt? Sicher hängt die optimale FTS-Planung von vielen Faktoren ab, zu diesen Faktoren gehören im Wesentlichen:

- Umfang des Gesamtprojektes:
- Handelt es sich um eine reine FTS-Planung (Stand-alone Projekt) oder ist das FTS nur ein Gewerk im Gesamtverbund eines größeren Materialfluss-Projektes? Wird das FTS separat ausgeschrieben oder soll es im Paket mit anderen Systemen verhandelt und vergeben werden?
- Neu- oder Modernisierungsplanung:
- Häufig findet man auch die Begriffe Greenfield-Projekt und Brownfield-Projekt. Unter einem Greenfield-Projekt versteht man die Neu-Errichtung einer baulichen Anlage (sozusagen auf der grünen Wiese), während ein Brownfield-Projekt den Aufbau eines neuen Systems auf oder in einer vorhandenen Struktur aus früherer Nutzung bedeutet, häufig verbunden mit Installation und Inbetriebsetzung im laufenden Betrieb. Davon hängt sicher entscheidend ab, wie sehr die angrenzenden Systeme an das FTS angepasst werden können, bzw. inwieweit sich das FTS in bestehende Strukturen integrieren muss.

- Budget:
  Die Höhe des Projekt-Budgets wird auch die Planung beeinflussen. Letztlich ist das Budget auch ein Maß für die Komplexität des Projektes.
- Auswirkungen in der Intralogistik:
  Wie groß sind die Auswirkungen des FTS-Einsatzes auf den Betriebsablauf und auf andere Gewerke? Je vernetzter sich die Systeme darstellen, desto höher werden die Anforderungen an eine ganzheitliche Planung.
- Bedeutung des FTS-Einsatzes für den logistischen Prozess:
  Wie groß wird die Abhängigkeit von der funktionierenden FTS-Lösung sein? Führt ein FTS-Ausfall zum Stillstand der Produktion oder der Auslieferung? Bestimmt die Verfügbarkeit des FTS direkt die Leistungsfähigkeit der gesamten Produktion?
- Bestehende Erfahrungen mit FTS:
  Ganz generell gilt, dass es Unternehmen, die bereits FTS im Einsatz haben, leichter fällt, neue Systeme zu planen. Oft ist dieser Vorteil personenbezogen.

Nach diesen Kriterien werden die Ressourcen für die Planung zugeteilt. Denn ohne die entsprechenden Ressourcen ist keine sorgfältige FTS-Planung möglich.

In diesem Zusammenhang sei auf die häufig gestellte Frage eingegangen, wie lange denn ein FTS-Projekt dauert. Natürlich kann hier aufgrund der „mehrdimensionalen Spannweite" des Vorhabens nur ein grober Hinweis gegeben werden. In Zeiten großer Nachfrage rechnet man für die reine Herstellung, Lieferung und Inbetriebnahme eines FTS eine Zeitdauer von zehn bis zwölf Monaten. Addiert man die Spanne der Ausschreibung, also beginnend von den ersten Seiten des Lastenheftes bis zur Auftragsvergabe, mit ca. sechs Monaten hinzu, beträgt die eigentliche Projektlaufzeit leicht anderthalb Jahre. Hinzu kommt die Zeit der „Vorüberlegungen", also ggf. die FTS-Unternehmensstrategie (siehe Abschn. 4.1.1) und die Konzeptfindung. Als grober Daumenwert können also zwei Jahre angenommen werden.

Natürlich geht es auch schneller, „versuchsweise" ein oder zwei Fahrzeuge fahren zu lassen. Wenn das Ziel ist, so schnell wie möglich erste Erfahrungen mit automatischen Fahrzeugen zu machen und man bereit ist, sich überraschen zu lassen, sollte es möglich sein, innerhalb von drei Monaten Fahrzeuge im Einsatz zu haben. Das wäre dann ein Einstieg in die Technologie „auf die harte Tour".

4.1.3 Rollen und Akteure für erfolgreiche FTS-Projekte

Um die Übersicht über alle in einem FTS-Projekt zu besetzenden Rollen zu behalten und die Verantwortlichkeiten schon im Vorfeld klar zu definieren, wurde im VDI-Fachausschuss FTS ein Leitfaden erarbeitet und als VDI-Statusreport veröffentlicht, der sich mit den Phasen, Rollen und Akteuren in FTS-Projekten befasst und ein Hilfsmittel für die erfolgreiche Realisierung von FTS-Projekten darstellt.

Denn der Einsatz Fahrerloser Transportsysteme in unterschiedlichen Branchen nimmt stetig zu. Nicht nur in der Automobilindustrie, sondern auch in anderen Branchen wie dem klassischen Maschinenbau, der Lebensmittelindustrie oder der Krankenhauslogistik werden immer häufiger FTS eingesetzt. Auch der technologische Fortschritt auf Seiten der eingesetzten fahrerlosen Fahrzeuge sowie im Bereich der Leitsteuerung des FTS tragen dazu bei, dass der Einsatz in immer mehr Branchen technisch machbar und wirtschaftlich ist.

Mit der Vielfalt der Einsatzgebiete des FTS steigt auch die Komplexität der Projekte. Das Spektrum reicht dabei von einfachen Transportverbindungen mit wenigen identischen Fahrzeugen zwischen einer Quelle und einer Senke bis hin zu hochkomplexen Systemen mit verschiedenen Fahrzeugen und Funktionen, einem komplexen Layout und einer Anbindung an übergeordnete IT-Systeme. Ein wesentlicher Grund für die steigende Komplexität ist die jüngst geschaffene standardisierte Schnittstelle zwischen Fahrerlosen Fahrzeugen und ihrer Leitsteuerung (VDA 5050). Durch das Aufbrechen der in der Regel proprietären Verbindung wird es möglich, Fahrzeuge und ihre Leitsteuerung als unabhängige Komponenten zu betrachten und separat einzukaufen. Unter anderem dieser Paradigmenwechsel war der Anlass zur Entwicklung des Leitfadens, der bei der Realisierung der immer komplexer werdenden FTS-Projekte helfen soll.

In der Vergangenheit wurden FTS-Projekte in der Regel von einem FTS-Lieferanten in enger Zusammenarbeit mit dem Auftraggeber, dem späteren Betreiber des FTS, realisiert. Der FTS-Lieferant brachte seine Erfahrung und Expertise sowie alle erforderlichen Komponenten (Fahrzeuge, Leitsteuerung, Einrichtungen zur Datenübertragung etc.) in das Projekt ein und begleitete den Kunden durch alle Phasen des Projektes. Durch diese bilaterale Zusammenarbeit konnten etwaige Unklarheiten während des Projektes häufig einfach und schnell gelöst werden – die FTS-Kompetenz lag meist klar auf der Seite des FTS-Lieferanten.

In heutigen komplexen FTS-Projekten zeichnet sich oft ein anderes Bild ab. Neben dem Betreiber treten mehrere unterschiedliche Fahrzeug- und Komponenten-Lieferanten, oft auch junge Unternehmen mit wenig Erfahrung, in Erscheinung. Ein separates Software-Unternehmen liefert die FTS-Leitsteuerung, ein weiteres Unternehmen übernimmt die Inbetriebnahmen. Dadurch nimmt der Kommunikationsaufwand zu und es wächst zudem die Gefahr, dass Verantwortlichkeiten in der Projektumsetzung nicht klar definiert und Rollen im FTS-Projekt nicht besetzt werden.

An genau dieser Stelle setzt der Leitfaden „Fahrerlose Transportsysteme – Phasen, Rollen und Akteure" an. Er wendet sich an alle Personen oder Unternehmen, die an FTS-Projekten im industriellen Umfeld beteiligt sind. Der Anspruch bei der Erstellung des Leitfadens war die Entwicklung eines sehr anwendungsnahen, praktikablen Hilfsmittels für Planer. Herangezogen wurden dazu unter anderem die etablierten VDI-Richtlinien zu Fahrerlosen Transportsystemen (VDI 2510 mit den Blättern 1 bis 3) sowie die Richtlinien zur ganzheitlichen Planung von Fahrerlosen Transportsystemen (VDI 2710 mit den Blättern 1 bis 6).

Chronologisch unterteilt werden können FTS-Projekte in der Regel, wie in der folgenden Abbildung dargestellt, in die Planungsphase, die Beschaffungsphase, die Einführungsphase sowie die Betriebsphase. Den vier Phasen sind verschiedene Rollen zugeordnet. Unter einer Rolle versteht man in diesem Kontext eine Funktion, die von einer Organisationseinheit oder einer Person während der Laufzeit des FTS-Projektes übernommen wird (Abb. 4.1).

Diese Rollen wiederum sind mit Aufgaben und Verantwortlichkeiten verknüpft, die von den am Projekt beteiligten Akteuren übernommen werden.

Zu den möglichen Akteuren zählen:

- Betreiber eines FTS
- Berater, der den Betreiber bei der Planung und Realisierung eines FTS-Projektes unterstützt
- Simulationsdienstleister, der Simulationsmodelle für die Planung und Optimierung von FTS erstellt und Aussagen über die Dimensionierung und die technische Auslegung des FTS trifft
- Lieferant eines oder mehrerer fahrerloser Fahrzeuge
- Lieferant einer Leitsteuerung zur Steuerung des Betriebs eines oder mehrerer fahrerloser Fahrzeuge
- Lieferant von Komponenten zur Datenübertragung, wie zum Beispiel WLAN, zwischen den fahrerlosen Fahrzeugen und der Leitsteuerung oder peripheren Einrichtungen
- Lieferant von Infrastruktur und peripheren Einrichtungen, die für den Betrieb des FTS erforderlich sind
- Lieferant von FTS, bestehend aus mindestens einem fahrerlosen Fahrzeug, gegebenenfalls einer Leitsteuerung und Infrastruktur
- Inbetriebnehmer, der in einem Projekt die Inbetriebnahme von Fahrzeugen, der Leitsteuerung, von Komponenten zur Datenübertragung oder der Infrastruktur und der peripheren Einrichtungen übernimmt
- Generalunternehmer, der in einem Projekt die Hauptverantwortung für die Ausführung der Gewerke, wie zum Beispiel FTS, Fördertechnik, Lager oder Arbeitsstationen, übernimmt und ggf. für die eigentliche Ausführung weitere Firmen beauftragt

Abb. 4.1 Rollen und Phasen im FTS-Projekt auf der Zeitachse

In der ersten Phase eines jeden FTS-Projektes, der Planungsphase, sind zum Beispiel die vier Rollen des Strategen, des Grobplaners, des Feinplaners und des Lastenhefterstellers zu besetzen. Die Rolle des Strategen zeichnet sich dadurch aus, dass sie sich mit strategischen Vorüberlegungen zum Intralogistik-Konzept auf Basis individueller Unternehmensziele sowie mit den Anforderungen an die Intralogistik auseinandersetzt. Diese Rolle kann, wie in der folgenden Matrix dargestellt, vom Betreiber, einem Berater, dem Lieferanten des FTS oder einem Generalunternehmer übernommen werden (Abb. 4.2).

In diesem Stil werden im Leitfaden allen 19 Rollen der vier Phasen mögliche Akteure zugeordnet. Neben der Beschreibung der Rollen finden sich im Leitfaden zudem Hinweise auf weiterführende Richtlinien und Checklisten, die bei der Durchführung von FTS-Projekten als zusätzliche Hilfsmittel eingesetzt werden können.

Der dritten Phase, der Einführungsphase, kommt vor allem bei komplexen Projekten eine besondere Bedeutung zu. Das Zusammenwirken von verschiedenen Fahrzeugen (heterogene Flotten) mit unterschiedlichen Sicherheitseinrichtungen muss auch beim Einsatz mehrerer Akteure gewährleistet sein. Was in der Vergangenheit kein Problem darstellte, da in der Regel das gesamte FTS von einem Lieferanten in Betrieb genommen wurde, wird heute zunehmend komplexer. Die klare Definition der Verantwortlichkeiten ist die Voraussetzung für eine erfolgreiche Projektrealisierung.

Die FTS-Lösung im ersten Beispiel des Leitfadens besteht aus einer einfachen Quelle-Senke-Beziehung, in der von zwei Fahrzeugen Ladungsträger transportiert werden. Die Beauftragung der Fahrzeuge erfolgt manuell mit Hilfe von Tastern, wodurch eine FTS-Leitsteuerung nicht erforderlich ist.

Das zweite Beispiel beschreibt ein heutzutage häufig eingesetztes FTS: Mehrere Quellen und Senken werden von einer Fahrzeugflotte in Verbindung mit automatischen Auf- und Abgabestationen bedient und von einer zentralen Leitsteuerung koordiniert.

Akteur / Rolle	Betreiber	Berater	Simulationsdienstleister	Lieferant Fahrzeug	Lieferant Leitsteuerung	Lieferant FTS	Lieferant Komponenten Datenübertragung	Lieferant Infrastruktur und periphere Einrichtungen	Inbetriebnehmer	Generalunternehmer
Stratege	X	X				X				X
Grobplaner	X	X				X				X
Feinplaner	X	X	X			X				X
Lastenheftersteller	X	X								

Abb. 4.2 Rollen und Akteure im FTS-Projekt

Im dritten Beispiel wird exemplarisch ein FTS-Projekt eines Automobilherstellers beschrieben, der sich als Betreiber der Anlage die Vorteile der offenen Kommunikationsschnittstelle zwischen der Leitsteuerung und den Fahrzeugen zunutze macht. Fahrzeuge und Komponenten unterschiedlicher Lieferanten werden nebeneinander eingesetzt, wodurch der Komplexitätsgrad des Projektes sehr hoch wird.

Im Kontext mit diesem komplexen Projekt werden weitere Rollen bzw. Akteure genannt, die bei derartigen Projekten ins Spiel kommen können. Der Leitfaden soll die Projektverantwortlichen dazu anregen, sich über die zu besetzenden Projektrollen klar zu werden und bei der zu wählenden Projektstruktur über den Tellerrand hinauszuschauen.

4.2 Planungsschritte

Wir gliedern die FTS-Planung gemäß der VDI 2710. Erstens, weil es a-priori sinnvoll ist, ein geltendes technisches Regelwerk inhaltlich zu akzeptieren, zweitens auch, weil der Verfasser wesentlich bei der Erstellung der Richtlinie mitgewirkt hat. Deshalb wäre es auch unglaubwürdig, wenn diese Seiten von der Richtlinie inhaltlich abweichen würden, da die Erstellung ja nur 18 Monate auseinanderliegt.

Die VDI 2710 wendet sich an Interessenten, Planer, Betreiber und Hersteller, kann als Planungsgrundlage für FTS-Projekte dienen und soll das gegenseitige Verständnis fördern (Tab. 4.2).

Wie jedes Projekt erfordert auch die Realisierung eines Fahrerlosen Transportsystems eine schrittweise, jederzeit überprüfbare und abgestimmte Vorgehensweise.

Zu Beginn stehen Überlegungen zur Art und Umfang des Vorhabens, zum beabsichtigten Realisierungsmodell, also der Frage nach kompletter Neugestaltung oder Integration und Ausbau vorhandener Strukturen, und zu den finanzwirtschaftlichen Rahmenbedingungen.

So wird ein „Drehbuch", ein Szenario für das geplante Projekt erstellt und beschrieben, das neben der originären Aufgabe vor allem alle Vernetzungspunkte im Betrieb betrachten muss. Da nicht immer von einem reibungslosen Betrieb, vor allem beim Systemhochlauf, ausgegangen werden kann, ist es sinnvoll, auch die Einflüsse von Ausfällen zu betrachten und Handlungsalternativen vorsorglich zu erarbeiten.

Tab. 4.2 Die Planungsphasen eines FTS nach VDI 2710

Pos.	Bezeichnung	Ergebnis
1	Systemfindung	Systementscheidung pro FTS wurde gefällt, der Wirtschaftlichkeitsnachweis ist erbracht
2	System-Ausplanung	Lastenheft liegt vor
3	Beschaffung	FTS ist installiert und betriebsbereit
4	Betriebsplanung	FTS wird zuverlässig betrieben
5	Änderungsplanung	FTS wird verändert
6	Außerbetriebsetzung	FTS wird entsorgt

Wenn das Projekt von den Ideengebern im Vorfeld ausreichend genau beschrieben wurde, geht es im folgenden Schritt um die sachgerechte Organisation des Vorhabens.

Der Aufbau eines Projektteams orientiert sich dabei an der vorgesehenen Planungsvariante, also daran, ob das Projekt im Wesentlichen in Eigenverantwortung, in der Verantwortung eines Lieferanten oder der eines Generalunternehmers liegt. In Verbindung mit der Frage, ob Experten von außerhalb hinzugezogen werden sollen, bestimmt dies den Grad des Engagements eigenen Personals und vor allem die Auswahl eines Kreises von kompetenten Mitarbeitern.

Die Planungsphasen bauen zwar logisch aufeinander auf. Nur in seltenen Fällen wird man allerdings die einzelnen Schritte sukzessive nacheinander abarbeiten können. Oft werden Korrekturen an vorher liegenden Planungsphasen erforderlich werden. Solche Rückkopplungen können zum Beispiel sein:

- Bei der technischen Feinplanung bemerkt der Planer, dass technische Details das gesamte Konzept in Frage stellen; Beispiel: Ex-Schutz der FTF erforderlich (4.2.2 ➜ 4.2.1)
- Die Wirtschaftlichkeitsbetrachtungen werden von der Unternehmensleitung nicht akzeptiert; das Konzept muss geändert werden (4.2.2 ➜ 4.2.1)
- Die Analyse des Marktes geht nicht mit dem Lastenheft konform (4.2.3 ➜ 4.2.2)
- Die Angebote entsprechen nicht den angenommenen Budgetplanungen (4.2.3 ➜ 4.2.2)
- Die laufenden Kosten sind aufgrund besonderer technischer Details zu hoch (4.2.4 ➜ 4.2.2)
- Die kalkulierten Ersatz- und Erweiterungsinvestitionen sprengen jeden Rahmen (4.2.5 ➜ 4.2.1 oder 4.2.2)

4.2.1   Systemfindung

Ziel dieser Phase ist es, eine Entscheidung für das FTS zu fällen. Wenn das Ergebnis der Konzeptfindung gegen ein FTS, aber für eine alternative Fördertechnik ausfällt, endet die FTS-Planung bereits hier. Hier sollen also Kriterien genannt werden, deren Prüfung zu einem Systementscheid „Für oder Gegen" ein FTS führt.

4.2.1.1 Ist-Analyse

Primäre Zielsetzung einer Ist-Analyse ist die Generierung von Ausgangsdaten für die Planung sowie die Ermittlung von Schwachstellen. Die aus der Ist-Analyse gewonnene Information stellt den Ausgangspunkt für die daran anschließenden Planungs- und Realisierungsschritte dar.

Bei der Planung von Materialflusssystemen werden zur zukunftsorientierten Auslegung von Systemen und Organisationsformen höchste Anforderungen an die Ist-Analyse gestellt:

- Abgrenzung von Randbedingungen,
- Erkennen vorhandener Potenziale,
- Plausibilitätskontrollen,
- transparente Darstellung von Arbeitsabläufen,
- Bereitstellung von Kennzahlen zur Optimierung von Material-, Informations-, Energie- und Personalflüssen,
- Zusammenstellen von Informationen bei maximalem Informationsgehalt,
- Gewährleistung größtmöglicher Planungssicherheit.

Die im Rahmen der Ist-Analyse gewonnenen Planungsgrundlagen stellen dem Planer einen Pool von aussagekräftigen Kennzahlen zur Verfügung. Voraussetzung ist, dass die Ist-Analyse vom Untersuchungsumfang her klar definiert sowie geeignete Methoden und Hilfsmittel bei der Datenaufnahme eingesetzt wurden.

4.2.1.2 Bedarfsanalyse und Konzeptfindung

Der Bedarf einer neuen Lösung ergibt sich aus den Erfordernissen der Zukunft, den in der Vergangenheit gemachten Erfahrungen und der aktuell durchgeführten Ist-Analyse.

- Vergangenheit: gesammelte Erfahrungen
  Dieser Punkt entfällt bei Neuplanungen. Ansonsten konnte man beim Betrieb der bestehenden Anlage, die keine FTS-Lösung sein muss, umfangreiche Erfahrungen sammeln. Dies sind sowohl quantifizierbare Erfahrungen, die in die Ist-Analyse einfließen können, als auch qualitative Erfahrungen, die mit der Akzeptanz und Aktualität der eingesetzten Technologie zu tun haben.
- Gegenwart: Ist-Analyse
  Die Ist-Analyse ist die offizielle Zusammenfassung der vorgefundenen Situation und damit ein wichtiger Datenstamm für die Dokumentation des Projektes.
- Zukunft: Plandaten der Unternehmensentwicklung
  Zunächst gilt es, verlässliche Plandaten als Planungsvorgaben zu vereinbaren. Dies muss gemeinsam mit allen maßgeblichen Stellen im Unternehmen geschehen. Da es immer wieder vorkommt, dass technische Planungen an den Erfordernissen vorbei laufen, weil sich die Plandaten im Laufe des Projektes verändern, ist es wichtig, diese zu Beginn und während eines jeden Projektes festzuhalten.

Letztlich hat dieser Planungsschritt einen weichenstellenden Charakter. Es werden unterschiedliche Lösungskonzepte durchgespielt und miteinander verglichen, typische Fragestellungen lauten:

- Höhe des Automatisierungsgrades?
- Getaktete Linien, Inselkonzept oder Fließlinien?
- Anordnung des Materials, logistisches Konzept?
- Technische Ausrüstung der Fertigungseinrichtungen, Ladehilfsmittel?

Eine Materialfluss-Simulation kann hier ggf. hilfreich sein und Antworten liefern.

Wenn die Planung vorsieht, mit dem Projekt den Automatisierungsgrad deutlich zu er-höhen, dann sollte die Bedarfsanalyse durchaus visionäre Aspekte haben. Hier können z. B. allgemeine Ziele formuliert werden, die zunächst nicht einfach monetär bewertbar sind:

- Die staplerfreie Fabrik (keine Beschädigungen durch konventionelle Stapler)
- Mehr Sauberkeit und Ordnung in der Produktion
- Prozesssicherheit durch kontrollierte Abläufe
- Positive Außenwirkung auf Kunden und Partner
- Wertsteigerung des Standortes durch hohe Qualität, Leistung und Zuverlässigkeit

4.2.1.3 Rahmendaten

Bei der Sammlung der Rahmendaten unterstützt die FTS-Checkliste vom VDI.[2] Die aus-gefüllte FTS-Checkliste dient zur vollständigen Aufnahme aller relevanten Daten, die zur Ausarbeitung eines Lastenheftes erforderlich sind. Sie ist unterteilt in die Abschnitte

- Allgemeine Beschreibung der Aufgabenstellung,
- Fördergut, Förderhilfsmittel und Ladeeinheit,
- Lastbereitstellung,
- Layout,
- Materialfluss mit Quelle/Senke-Matrix,
- Energiesystem,
- Steuerung mit Analyse der Informationsflüsse,
- Umgebung,
- Spezielle Anforderungen.

Die FTS-Checkliste stellt eine Planungshilfe für Betreiber und Hersteller von Fahrerlosen Transportsystemen dar. Sie enthält einen Katalog aller relevanten Planungsdaten zur Be-schreibung der Planungsaufgabe und des Planungsumfeldes. Diese Checkliste umfasst die Informationen, die der spätere Betreiber des FTS zusammentragen muss, damit er einer-seits Klarheit über den geplanten FTS-Einsatz und dessen Organisation bekommt und andererseits dem Hersteller detaillierte Auskunft über das Anforderungsprofil an das För-dersystem geben kann.

Anmerkung: Diese Richtlinie ist zwar für FTS geschrieben, kann aber wohl grundsätz-lich auch für andere Techniken verwendet werden, muss dann aber im Detail ange-passt werden.

---

[2]VDI 2710 Blatt 2 „FTS-Checkliste – Planungshilfe für Betreiber und Hersteller von Fahrerlosen Transportsystemen (FTS)".

4.2.1.4 Systemauswahl

Zusammen mit den Rahmendaten und der Bedarfsanalyse liegen jetzt die Basisdaten für eine Systementscheidung vor. Diese helfen bei den notwendigen grundsätzlichen Überlegungen hinsichtlich des zu planenden Ablaufes. Beispiele für diese grundsätzlichen Erwägungen können sein:

- angestrebter Automatisierungsgrad,
- Logistikkonzept,
- Auswahl eines Ladehilfsmittels.

Letztlich ist über das einzusetzende Fördersystem zu entscheiden. Die Auswahl wird aufgrund von technischen sowie wirtschaftlichen Erwägungen getroffen.

Technische Systemauswahl

Bei der Entscheidung über das geeignete Fördersystem auf technischer Basis hilft eine weitere VDI-Richtlinie.[3] Sie gibt dem Logistikplaner Hilfestellung bei der technischen Auswahl eines Fördersystems. Sie führt ihn durch Ausschluss der Fördertechniken, die sich für seine Aufgabenstellung disqualifizieren, zu einer Auflistung von für seine Aufgabe geeigneten Fördersystemen. Die Richtlinie stellt damit sicher, dass alle gängigen Fördersysteme bei der Auswahl berücksichtigt werden. Durch die Beschreibung der Hauptmerkmale, Eigenschaften und Eignungen der Transporteinrichtungen erhält der Planer wichtige Hinweise für die sachgemäße Auswahl. Damit wird die Beurteilung der gängigen Fördersysteme durch den Planer ermöglicht.

Mit der Richtlinie wird ein EXCEL[4]-basiertes Tool zur Verfügung gestellt, das die Tabellen aus der Richtlinie umsetzt und damit das Anwenden der Richtlinie erleichtert. Die Definitionen und Erläuterungen zum Verkettungsprinzip und zu den relevanten Rahmendaten sind in der Richtlinie dargelegt. Dieses Excel-Tool ist verblüffend einfach in der Anwendung und ist auch nicht für den ausgemachten FTS-Experten gedacht, sondern eher für den Themenneuling und besonders als Schulungswerkzeug geeignet.

Wirtschaftliche Systemauswahl

Um auch die wirtschaftliche Seite der Systemauswahl mit einer VDI-Richtlinie zu unterstützen, sei die VDI 2710 Blatt 4[5] empfohlen: Sie wendet sich vor allem an Investitionsplaner, die vor der Aufgabe stehen, die Wirtschaftlichkeit Fahrerloser Transportsysteme ganzheitlich zu bewerten. Die beschriebene erweiterte Wirtschaftlichkeitsanalyse besteht aus den Teilen Wirtschaftlichkeitsrechnung, Nutzwertanalyse und Gesamtbewertung. Sie

---

[3] VDI 2710 Blatt 1 „Ganzheitliche Planung von Fahrerlosen Transportsystemen (FTS) – Entscheidungskriterien für die Auswahl eines Fördersystems".
[4] EXCEL ist Produktname und Warenzeichen von Microsoft.
[5] VDI 2710 Blatt 4 „Analyse der Wirtschaftlichkeit Fahrerloser Transportsysteme (FTS)".

eignet sich für Fahrerlose Transportsysteme und andere Investitionsgüter, die durch hohe Anschaffungskosten, eine lange Nutzungsdauer und viele monetär nicht oder nur schwer quantifizierbare Eigenschaften gekennzeichnet sind.

Eine Übersicht nennt und erläutert verschiedene Kostenarten für eine detaillierte Wirtschaftlichkeitsrechnung einschließlich Hilfen zur Ermittlung von Richtwerten für die Kostenarten. An einem Beispiel werden dynamische Verfahren der Wirtschaftlichkeitsrechnung beschrieben. Die Nutzwertanalyse bindet Kriterien in die erweiterte Wirtschaftlichkeitsanalyse ein, die sich nicht oder nur mit unvertretbar hohem Aufwand monetär quantifizieren lassen. Sie sind in der Richtlinie strukturiert aufgelistet. Abschließend wird gezeigt, wie auf der Basis der Ergebnisse der Wirtschaftlichkeitsrechnung und der Nutzwertanalyse eine Gesamtbewertung vorgenommen werden kann.

Da die erweiterte Wirtschaftlichkeitsanalyse insbesondere mit dynamischen Verfahren einen hohen Rechenaufwand erfordert, ist ein EXCEL-basiertes Tool beigefügt, das die Berechnungen nach Eingabe der Daten erledigt. Wirtschaftlichkeitsanalysen von bis zu drei Fördertechnik-Alternativen werden beziffert und graphisch dargestellt. Dabei unterscheidet man neben den Investitionen die direkten und indirekten Kosten, sowie den Zusatznutzen (siehe Tab. 4.3, 4.4, 4.5 und 4.6).

Tab. 4.3 Investitionen in einer FTS-Kalkulation

Position	Beschreibung
FTS	Fahrzeuge, Leitsteuerung, Bodenanlage, projektbezogene Dienstleistung
Systemperipherie	Lastübergabestationen und Puffer, sofern dem FTS und nicht der stationären Fördertechnik anzurechnen
Bauliche Maßnahmen	Bodensanierung, Schutzvorrichtungen, Anpassung von Brandschutztoren, Brücken und Rampen
Einbindung in vorhandene Strukturen	Schnittstellen zu über-, unter- oder nebengeordneten Steuerungen, Integration von automatischen Waagen, Scannern etc.

Tab. 4.4 Direkte Kosten in einer FTS-Kalkulation

Position	Beschreibung
Instandhaltung	Durch die gleichmäßige und schonende Fahrweise wird der Verschleiß von Reifen, Batterien, Antrieben usw. minimiert.
Energie	im Wesentlichen der Ladestrom für die Traktionsbatterien
Personal des Anlagenbetriebs	nur auf das Transportsystem bezogen; Leitstandpersonal nur anteilig!
Steuern und Versicherungen	
Transportschäden am Produkt	Ein automatischer Transport minimiert die Transportschäden. Zu berücksichtigen sind Material, Mehrarbeit und Nacharbeit, aber auch Kundenreklamationen.
Transportschäden an betrieblichen Einrichtungen	wie Ladehilfsmittel, Säulen, Wände, Gestelle, Regale, Tore

Tab. 4.5 Indirekte Kosten in einer FTS-Kalkulation

Position	Beschreibung
Personalkosten in angrenzenden Bereichen	ggf. erforderliche Staplerfahrer, Personal für Palettenbereitstellung und für die Feinverteilung
Lagerbestände	Durch die Verbesserung des Informationsflusses und die hohe Verfügbarkeit können die Lagerbestände verringert werden.
Materialbestände in der Fertigung	
Durchlaufzeit	Die Auftragsdauer wird verringert und die Auftragsdichte erhöht – damit steigt die Effizienz der Produktion.

Tab. 4.6 Zusatznutzen eines FTS

Position	Beschreibung
Flexibilität und Anpassungsfähigkeit	flexible Flächennutzung, Anpassung an Transportschwankungen, Materialfluss- und Layoutänderungen
FTS als Organisationsmittel	Die Leitsteuerung sorgt für optimalen Material- und Informationsfluss und damit für mehr Transparenz.
Minimierung der Fehllieferungen	Die Automatisierung sorgt für absolut zuverlässige Transporte und eine hohe Prozesssicherheit.
Sicherheit	Das FTS arbeitet sicher und unfallfrei.
Ordnung und Sauberkeit	Der Stress wird reduziert, und es entsteht eine angenehme Umgebungsatmosphäre.
Verfügbarkeit und Kontinuität	Das FTS arbeitet unspektakulär, ohne Unterbrechung, ohne jegliche Hektik.
Ökologischer Nutzen	niedriger Schallpegel, keine Emissionen, geringer Energieverbrauch
Ideelle Vorteile	Vorzeigefertigung, Imagewirkung nach innen und außen, Technologievorsprung

Neben den in der VDI 2710 Blatt 4 verwendeten Verfahren der Wirtschaftlichkeitsrechnung finden folgende Methoden häufig Verwendung:

Return on Invest – Betrachtung (ROI)

Der Begriff „Return on Invest" (ROI) bedeutet finanztechnisch das Verhältnis von erzieltem Gewinn einer Investition zum investierten Kapital. Dieses Verhältnis kann sowohl auf eine definierte Zeitspanne als auch akkumuliert auf den gesamten Lebensweg der Investition bezogen sein. Zu beachten sind z. B. die Kosten für die Außerbetriebsetzung und Entsorgung von Anlagen, die nachträglich gewinnmindernd wirken. Bei der Benennung des ROI sollte also immer angegeben werden, mit welchen Rahmenbedingungen (Zeitspanne, Berücksichtigung welcher Kosten usw.) er bestimmt wurde. Unternehmensintern gibt es dazu häufig Vorgaben.

Umgangssprachlich wird „Return on Invest" auch im Sinne der Amortisationszeit verwendet, d. h. als Zeitdauer zwischen getätigter Investition und dem Zeitpunkt, an dem sich die dadurch erzielten Einnahmen auf die Höhe der Investitionssumme kumuliert haben.

Total Cost of Ownership (TCO)
Bei der Beurteilung verschiedener Lösungen zu einer technischen Fragestellung ergibt sich immer häufiger die Notwendigkeit, eine erweiterte Bewertung der Kosten vorzunehmen. Wurden z. B. bei einer Beschaffungsmaßnahme bei gleicher technischer Leistung der Alternativen bisher nur die verschiedenen Investitionshöhen verglichen, müssen in zunehmendem Maße auch die indirekt mit der Maßnahme verbundenen monetären Auswirkungen berücksichtigt werden, um hinsichtlich aller durch die Entscheidung induzierten Ausgaben eine optimale Lösung zu finden.

Die Methode „Total Cost of Ownership – TCO" erweitert dabei den Blickwinkel über die reine Investition hinaus und ermöglicht es so, nachgelagerte Kosten zu definieren und zu quantifizieren, sowie Ansatzpunkte für eine Kostenoptimierung und die Vertragsverhandlungen zu geben.

Bei der Planung von Fahrerlosen Transportsystemen spielt aufgrund der relativ hohen Investitionen das Ergebnis der Wirtschaftlichkeitsanalyse des Systems eine entscheidende Rolle. Die Argumente für den Einsatz eines FTS resultieren einerseits aus den niedrigen Betriebskosten und andererseits aus einem erheblichen Zusatznutzen. Dieser Zusatznutzen, z. B. die hohe Zuverlässigkeit der Auslieferung des Transportgutes, ist in vielen Fällen nicht oder nur mit sehr hohem Aufwand monetär quantifizierbar. Da er aber ganz wesentlich die Wirtschaftlichkeit des Fördersystems bestimmt, darf er in einer Wirtschaftlichkeitsanalyse keinesfalls vernachlässigt werden.

Wichtig: Am Ende der System-Ausplanung sind die Ergebnisse der Wirtschaftlichkeitsrechnung nochmals zu überprüfen, weil der Detaillierungsgrad dann deutlich größer ist als vorher.

4.2.2   System-Ausplanung

Ziel dieser Phase ist es, das Projekt im Detail auszuplanen und ein aussagekräftiges Lastenheft zu erstellen sowie unternehmensintern die Wirtschaftlichkeit dieser Detailplanung anzupassen und damit nochmals zu überprüfen. Bei komplexen Systemen ist eine Simulation hilfreich, deren FTS-Spezifika hier kurz besprochen werden sollen.

Zur System-Ausplanung gehört ein wesentlicher Aspekt, der leider häufig vergessen wird: Die rechtzeitige Abstimmung mit Berufsgenossenschaft und Gewerbeaufsicht. Es sind rechtzeitig die mitbestimmenden Stellen (inner- und außerbetrieblich) bzgl. Arbeitsschutz und -sicherheit in die Planung mit einzubeziehen.

4.2.2.1 Die Simulation

Simulation ist das Nachbilden eines Systems mit seinen dynamischen Prozessen in einem experimentierfähigen Modell, um zu Erkenntnissen zu gelangen, die auf die Wirklichkeit übertragbar sind.[6] Im Unterschied dazu verwenden die statischen Betrachtungen Durchschnittswerte, z. B. von Durchlaufzeiten, der Auslastungen, Geschwindigkeiten usw. Die dynamischen Simulationen verwenden komplexere Verteilungen mit zeitlichen Schwankungen und Interaktionen. Außerdem werden Zufallszahlengeneratoren eingesetzt, um plötzliche und unerwartete Ereignisse nachzubilden.

Eine Ablaufsimulation modelliert die gesamte Prozesskette des Materialflusses. Sie greift und liefert brauchbare Ergebnisse für folgende drei Bereiche:

- Fertigungsplanung: Layoutplanung, Materialfluß- u. Fertigungssteuerung, Austaktung, Arbeitszeitmodelle und Ressourcenplanung
- Werkslogistikplanung: Versorgungskonzept, Layout- u. Ressourcenplanung
- Lieferketten-Planung: Auswahl des Zulieferers, JIT/JIS-Konzept, Lieferketten (Abb. 4.3)

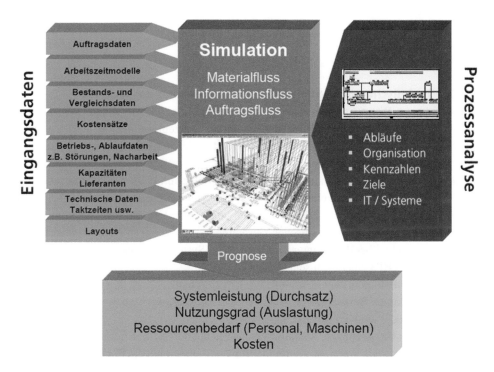

Abb. 4.3 Simulation von Warentransportsystemen. (Quelle: SimPlan)

---

[6] VDI 3633: Simulation von Logistik-, Materialfluß- und Produktionssystemen, März 2000 und VDI 2710 Blatt 3 Einsatzgebiete der Simulation für Fahrerlose Transportsysteme (FTS).

Bezogen auf das FTS kann die Simulation folgende Ergebnisse liefern:

- Überprüfung des logistischen Konzeptes (Leistungsfähigkeit und Auslastung),
- Optimierung von Dispositionsstrategien bei Variation des Layouts oder der Steuerung,
- erforderliche Fahrzeug-Anzahl,
- Dimensionierung von Lastübergabe- und Lagerplätzen.

Die Vorteile einer Simulation im Vorfeld der Realisierung sind die Einsparung von Zeit und Kosten, die Erhöhung der Planungssicherheit und damit die Minimierung des unternehmerischen Risikos. Darüber hinaus kommt es meist zu folgenden Nebeneffekten:

- Schaffung einer gemeinsamen Datenbasis für alle Projektbeteiligten,
- anschauliche und überprüfbare Diskussionsgrundlage während der Planung,
- 3D-Animationen und maßstäblicher Gesamtüberblick über das Projekt.

Jede Simulation hat prinzipielle Grenzen und Schwächen. Ihre Ergebnisse gründen sich auf die Eingangsdaten. Sind diese fehler- oder lückenhaft, sind falsche Simulationsergebnisse absehbar bzw. unvermeidbar („Garbage in – garbage out"). Nicht immer können alle Eventualitäten und Sonderfälle berücksichtigt werden. Deshalb soll an dieser Stelle vor einer übersteigerten Erwartungshaltung gewarnt werden.

4.2.2.2 Technische und organisatorische Abgrenzung des FTS

Das so genannte Worst-Case-Szenario ist ein probates Mittel, Planungsannahmen zu überprüfen. So werden für einen definierten Zeitraum die Spitzenleistungen von Produktionsmaschinen und zeitgleich Störungen in angrenzenden Gewerken angenommen. Das kann einerseits zu sehr hohen Soll-Leistungen des FTS führen oder andererseits zu organisatorischen Lösungen. So kann man diesen Ausnahmefällen mit einer erhöhten Anzahl von FTF begegnen oder z. B. mit einer errechneten Zahl von Pufferplätzen.

Wichtig ist das gedankliche Durchspielen möglichst aller Eventualitäten, insbesondere, wenn die Abhängigkeit des logistischen Gesamtprozesses vom FTS hoch ist. Hier ist der richtige Zeitpunkt, über den eventuellen Ausfall von Systemkomponenten nachzudenken. Dies betrifft das FTS, aber auch seine Peripherie.

Es mag banal klingen, aber es stimmt: Ein FTS fällt nicht aus. Es fällt die Stromversorgung für bestimmte Werksbereiche aus, oder ein Rechner, oder ein Rechnernetz (LAN oder WLAN), oder ein FTF. Aber eben kein FTS.

Es gilt also, die einzelnen Ausfallwahrscheinlichkeiten zu beziffern und die Konsequenzen zu beurteilen. Wenn die Konsequenzen hoch sind, muss ein Plan B her. Das heißt zum Beispiel:

- Der Ausfall eines PCs (Primär-System), auf dem die FTS-Leitsteuerung (oder Teile davon) läuft, muss durch ein „Warm-Standby"-System abgesichert sein. Das heißt, dass es einen zweiten, sekundären Rechner gibt, der im Hintergrund mitläuft und im Störfall schnell die Aufgaben des ausgefallenen primären Rechners übernimmt.

- Die Netzwerke müssen entsprechend den Regeln der modernen EDV aufgebaut werden, was kein explizites FTS-Thema ist.
- Der Ausfall eines FTF ist einzuplanen. In Anlagen mit mehreren Fahrzeugen darf der Ausfall eines einzelnen FTF nicht dazu führen, dass die notwendige Leistung vom FTS nicht mehr erbracht werden kann. Oder es muss eine Notfallstrategie – eventuell mit manueller Staplerunterstützung – her.

In diesem Zusammenhang ist vom Betreiber, also vom AG[7] zu prüfen, ob die Hardware der Leitrechnerebene sowie die Netzwerke (LAN und WLAN) nicht bauseits beigestellt werden sollten, weil dann die System- und Datensicherheit in die IT-Welt des Unternehmens integriert ist und keine unsichere Parallelwelt bedeutet.

Außerdem müssen die peripheren Schnittstellen des FTS zur Außenwelt betrachtet werden. Dazu gehören die aktiven Lastübergabestationen, Aufzüge, automatische Türen und Tore, aber auch alle DV-Schnittstellen, z. B. zu Systemen, von denen das FTS seine Transportaufträge bekommt. Für alle diese Schnittstellen ist zum jetzigen Zeitpunkt eine Ausweichstrategie zu erstellen.

4.2.2.3 Technische Feinplanung

Die technische Feinplanung bedeutet nun das Prüfen und Auswählen der einzusetzenden Technik. Viele Hinweise dazu finden sich in Kap. 2. Im Folgenden sei lediglich auf einige wenige spezifische Punkte der technischen Feinplanung hingewiesen.

Layoutplanung

Hier muss das zunächst grobe Layout (siehe Rahmendaten) konkretisiert werden. Dazu sind die Materialflussbeziehungen, das Transportaufkommen, die Transportzeiten und die Bedingungen in der Produktionsumgebung zu berücksichtigen. Ein Layout sollte auf jeden Fall der Ausschreibung zugrunde liegen, bzw. ist vom Lieferanten im Zuge der Angebotsstellung zu erstellen. Es empfiehlt sich die Fahrtrichtungen auf den einzelnen Streckenabschnitten festzulegen.

Üblicherweise geht man von Rechtsverkehr aus, da sich die anderen Verkehrsteilnehmer leichter auf die Fahrbewegungen einstellen können. Ein gutes Layout zeichnet sich durch Einfachheit aus. Einbahnverkehr sowie organisatorische Trennungen von Flurförderzeugen und Besucherströmen gehören ebenso dazu wie möglichst wenige Kreuzungen.

Berechnung der Fahrzeuganzahl

Bei einfachen Anwendungen kann die erforderliche Fahrzeuganzahl mittels einer Quelle-/Senke-Transportmatrix ermittelt werden, wie sie bereits in den Rahmendaten aufgestellt wurde. In der VDI-Richtlinie 2710-2 ist eine einfache Methode zur Berechnung der Fahrzeuganzahl auf Basis eines Transportprofils beschrieben. Neben der Quelle/Senke-Matrix sind das Layout und die Betriebszeiten erforderlich.

---

[7] AG = Auftraggeber, Gegenseite zum AN = Auftragnehmer.

Bei komplexeren Applikationen ist eine Simulation sinnvoll. Hierzu gibt es am Markt verschiedene Systeme und Anbieter. Für die Ermittlung der Fahrzeuganzahl sind zu Beginn der Simulation die Voraussetzungen zu definieren: Anzahl der Arbeitsschichten, Betriebszeiten, Pausenmodell, Umschlagzeiten des Transportguts, mögliche Fördergeschwindigkeiten, Blockungsgrad, Energiekonzept, Betriebskonzept, Reparaturstrategien, Technische Verfügbarkeit, Layout sollte vorliegen, Not-Betriebs-Konzept.

Eine zu hohe FTF-Anzahl stellt einen Preistreiber dar und bedeutet manchmal sogar das Aus für das FTS-Projekt. Deshalb ist insbesondere zu prüfen, ob

- Leistungsspitzen durch Pufferplätze oder eine intelligente Steuerung abgefangen und/oder
- der Ausfall einzelner Fahrzeuge kurzfristig durch andere Fördermittel kompensiert werden kann.

In Abhängigkeit vom Betriebskonzept sind ggf. zusätzliche Fahrzeuge in Reserve vorzuhalten (Reparatur und Instandhaltung).

Eine interessante Frage ist in diesem Zusammenhang, wer die FTF-Anzahl vorgibt bzw. verantwortet. Hier kommt der Anwender, der Planer oder der FTS-Lieferant in Frage. Für die Vergleichbarkeit der Angebote ist es sicher hilfreich, eine fixe FTF-Anzahl anzufragen. Dann liegt aber letztlich die Verantwortung für die Leistungserfüllung des FTS beim Anwender oder Planer. Ist die Leistungserfüllung auf Basis der Transportmatrix maßgeblicher Bestandteil des Lastenheftes, trägt der anbietende FTS-Lieferant die Verantwortung. Dann können sich die eingehenden Angebote allerdings in der Zahl der FTF unterscheiden. Wo die Verantwortung im jeweiligen Projekt auch liegen möge – wichtig ist, dass es alle Beteiligten wissen!

FTS-gerechte Gebäudeplanung
Bei einer FTS-gerechten Gebäudeplanung ist von zwei möglichen Varianten auszugehen: Einplanung in ein neu zu erstellendes Gebäude (Greenfield) oder die Integration in ein vorhandenes Gebäude (Brownfield).

Bei der Greenfield-Planung kann den Belangen der FTS-Technologie durch frühzeitiges Einsteuern der Anforderungen optimal Rechnung getragen werden. Die Ausführung von Bodenplatte, Gebäudestützen, Gebäudehöhen, Fassade, Energiebedarf, Medien usw. kann auf die FTS-Belange zugeschnitten werden. Bei einer Brownfield-Planung kann dagegen nur auf die vorhandenen Gegebenheiten reagiert werden.

Für den sicheren und störungsfreien Betrieb von Fahrerlosen Transportsystemen ist der FTS-gerechte Boden von grundlegender Bedeutung. Seine Merkmale sind in Abschn. 2.4.1 beschrieben und bei der Herstellung neuer Böden einzuhalten. Wenn bestehende Böden nicht alle diese Anforderungen erfüllen, ist eine rechtzeitige Abstimmung mit dem FTS-Hersteller dringend zu empfehlen.

Tab. 4.7 Technische Feinplanung bzgl. der peripheren Einrichtungen

Position	Beschreibung
Anforderungen an die Einsatzumgebung	• Umgebungsbedingungen • Bodenbeschaffenheit (frühzeitig klären!) • Verkehrswege
Stationäre Einrichtungen für die Navigation	• Installation von Leitlinien auf dem Boden • Installation von Leitlinien und Primärleitern im Boden • Installation von punktförmigen Bodenmarkierungen • Installation von Reflektoren
Stationäre Einrichtungen für das Lasthandling	• Lastübergabestationen • Sicherheitsrelevante Aspekte
Kommunikationssysteme	• Datenfunk, Schmal-/Breitbandfunk (meist WLAN) • Infrarotkommunikation • Andere
Stationäre Einrichtungen zur elektrischen Energieversorgung	• Wartung und Pflege von Batterien • Stationäre Energieversorgungseinrichtungen
Stationäre Sicherheitseinrichtungen	• Siehe Tab. 2.8
Periphere Einrichtungen, Gebäudeeinrichtungen	• Türen und Tordurchfahrten • Brandabschnittstore • Aufzüge • Heber/Vertikalförderer • Krananlagen • Gleiswagen/Unterflursysteme

Bei der Planung der Verkehrswege sind folgende Normen und Richtlinien maßgebend:

• Arbeitsstättenverordnung,
• Arbeitsstätten-Richtlinie ASR 17/1,2,
• DIN 18225 – Verkehrswege in Bauten.

Können die vorgeschriebenen Sicherheitsabstände und Absicherungsmaßnahmen nicht eingehalten werden, ist eine Abstimmung mit der zuständigen Berufsgenossenschaft bzw. dem Amt für Arbeitsschutz/Gewerbeaufsichtsamt erforderlich. Für den Betrieb eines FTS sind eventuell gesonderte Flächen oder Räume erforderlich. Dies können z. B. Batterieladestationen, Service- und Wartungsbereiche sein. Weitere Details sind der VDI-Richtlinie 2510-1[8] zu entnehmen.

Infrastruktur und periphere Einrichtungen
Näheres zu dieser komplexen Thematik findet man in Abschn. 2.4.3 Die Tab. 4.7 gibt an, wo aus FTS-Sicht Anforderungen an die angrenzenden Gewerke gestellt werden.

---

[8]VDI 2510 Blatt 1 „Infrastruktur und periphere Einrichtungen für Fahrerlose Transportsysteme (FTS)".

Abb. 4.4 Wichtige „Interfaces" als Mosaiksteinchen einer erfolgreichen Planung. (Quelle: Siemens. (H. Kohl: FTS-Planung aus Sicht des Betreibers. Vortrag anlässlich der Logimat, Messe Stuttgart, am 05.03.09, Siemens AG, Industry Sector, Frankfurt am Main))

Gerade die steuerungstechnische Einbindung des FTS in die Peripherie kann zu unerwarteten Kosten führen. Häufig ist die Anbindung an Brandabschnittstore und Aufzüge nicht standardisiert und bedeutet größeren Aufwand sowie zusätzliche Behörden-Abnahmen (Abb. 4.4).

Materialflusssteuerung
Hiermit ist das Zusammenspiel von FTS-Leitsteuerung mit der übergeordneten Ebene gemeint, also mit der Rechnerwelt, von der das FTS die Transportaufträge erhält. Als Materialflusssteuerung bezeichnet man das Erfassen und Steuern der Transportvorgänge und -abläufe mit dem Ziel, das Transportaufkommen mit intelligenten Regeln, aber möglichst wenigen FTF zu bewältigen. Sie ist ein wichtiger Faktor, weil sie unmittelbaren Einfluss auf die Fahrzeuganzahl hat. Mit steigendem Automatisierungsgrad steigen auch die Anforderungen an die Materialflusssteuerung. Es wird auf Abschn. 2.2.1 und die VDI-Richtlinie 4451 Blatt 7 „Leitsteuerung für FTS" verwiesen.

4.2.2.4 Lastenheft
Das Lastenheft beschreibt ergebnisorientiert die Gesamtheit der Forderungen an die Lieferungen und Leistungen eines Auftragnehmers. Grundsätzlich sollte der Auftraggeber das Lastenheft formulieren. Es dient dann als Grundlage der Ausschreibung. Mitunter wird das Lastenheft auch als Leistungsverzeichnis (LV) bezeichnet.

Es ist dennoch weit verbreitet, dass der potenzielle Auftragnehmer selbst in Abstimmung mit dem Auftraggeber das Lastenheft erstellt. Dies hat für den Auftragnehmer den großen Vorteil, selbst die von ihm zu erbringende Leistung definieren zu können. Für den Auftraggeber ergibt sich daraus das Risiko, dass die vertraglich vereinbarte Leistung nicht genau seinen Bedürfnissen entspricht.

Der Inhalt des Lastenhefts sollte folgende Punkte enthalten:

- Spezifikation des zu erstellenden Produkts,
- Anforderungen an das Produkt bei seiner späteren Verwendung,
- Rahmenbedingungen für Produkt und Leistungserbringung,
- vertragliche Konditionen,
- Anforderungen an den Auftragnehmer,
- Anforderungen an das Projektmanagement des Auftragnehmers,
- Abnahmeprozeduren.

Bei einem formell korrekten Vorgehen setzt der Auftragnehmer nach Erhalt des Lastenhefts die zu erbringenden Ergebnisse (Lasten) in erforderliche Tätigkeiten (Pflichten) um und erstellt später das sog. Pflichtenheft. In den Ausschreibungsunterlagen wird der zu liefernde Leistungsumfang beschrieben. Die Unterlagen sollten die kaufmännischen, organisatorischen und die technischen Anforderungen an das Projekt wiedergeben.

- Im kaufmännischen Teil sind geregelt: Allgemeine Geschäftsbedingungen (AGB), Grundlagen zur Angebotserstellung, Form des Angebots, Preisgestaltung, Zahlungsbedingungen, Abrechnung, Aufmaß, Kostenverfolgung, Vertragsbedingungen, Eigentums- und Nutzungsrechte, Mängelansprüche, Haftung, grober Lieferumfang usw.
- Im organisatorischen Teil ist geregelt: Projektablauf, Projektdurchführung, Projektbeginn, Genehmigungsphasen, Montage, Elektroinstallation, Inbetriebnahme, Baustelleneinrichtung, technische Freigabe, Leistungstest, Verfügbarkeitstest, Gefahrenübergang, Probebetrieb, Abnahmen, Sicherheit, Termine usw.
- Im technischen Teil sind geregelt: projektspezifische Anforderungen wie Betriebszeiten, Taktzeiten, Ausführung der Technik, bauseitige Leistungen, Projektierung, Dokumentation, detaillierter Lieferumfang, Abgrenzungen Mechanik-Elektrik, Schnittstellendefinitionen sowie einzuhaltende gesetzliche Regelungen, wie Normen, Richtlinien, (Werks-)Vorschriften.

Ferner wird auf die VDI-Richtlinien 2519 Blatt 1 „Vorgehensweise bei der Erstellung von Lasten-/Pflichtenheften" und VDI 2519 Blatt 2 „Lastenheft/Pflichtenheft für den Einsatz von Förder- und Lagersystemen" verwiesen. Siehe auch Abschn. 4.2.3.4 „Pflichtenheft".

4.2.2.5 Abschließende Wirtschaftlichkeitsbeurteilung

Neben dem Lastenheft gehören an dieser Stelle die Wirtschaftlichkeitsberechnungen zu den Projektdokumentationen. Innerhalb des Unternehmens gibt es angepasste Berechnungsformeln und Betrachtungen, die auf das Projekt angewendet werden müssen. Als Ergebnis werden spezifische Kennzahlen berechnet, die bestimmte vorgegebene Grenzwerte einhalten müssen. Soweit es geht, wurden diese Methoden bereits im Planungsschritt „Systemauswahl" verwendet, müssen hier aber entsprechend der Feinplanung finalisiert werden.

Im Übrigen sei hier auf den Abschnitt „Wirtschaftliche Systemauswahl" in Abschn. 4.2.1.4 verwiesen.

4.2.3   Beschaffung

Innerhalb dieser Planungsphase muss das FTS ausgeschrieben und beschafft werden, anschließend wird es vom beauftragten Lieferanten installiert und in Betrieb genommen. Am Ende steht die Abnahme, mit der die installierte Anlage dem Betreiber übergeben wird.

4.2.3.1 Analyse des Anbietermarktes

Von diesem Planungsschritt hängt ab, ob wirklich die richtigen Anbieter angefragt werden. Meist ist es kein expliziter Planungsvorgang, sondern ein projektvorbereitender oder -begleitender Prozess. Es werden Fachzeitschriften studiert, große Technik-Messen (wie Hannover Messe[9] oder LogiMAT[10] in Stuttgart) und Tagungen/Kongresse (FTS-Fachtagung[11] in Dortmund, Fraunhofer IPA Technologieforum in Stuttgart oder VDI-Materialflusskongress[12] in Garching) besucht oder im Internet recherchiert. Auf den Seiten des Forum-FTS[13] findet man die Mitglieder der europäischen FTS-Community.

4.2.3.2 Ausschreibung

Die Basis der Ausschreibungsunterlagen bildet das oben beschriebene Lastenheft. Je sorgfältiger und vollständiger das Lastenheft erarbeitet ist, desto einfacher gelingen die Angebotsauswertung und die Auftragsvergabe.

Hilfreich erscheint ein vorgegebenes Preisblatt, das die Projekt-Bestandteile erfasst, gliedert und einzeln mit Preispositionen abfragt. Eine grobe Unterteilung für ein FTS wäre z. B.:

•   Fahrzeuge inkl. Energiespeicher,
•   Bodenanlage bzw. Peripherie,

---

[9] www.hannovermesse.de/industrial_automation.

[10] www.logimat-messe.de.

[11] www.fts-fachtagung.org.

[12] www.materialflusskongress.de.

[13] www.forum-fts.com.

- FTS-Leitsteuerung,
- projektbezogene Dienstleistungen.

Die Marktanalyse sollte die Anzahl der angefragten Anbieter begrenzt haben. Üblicherweise werden drei unabhängige Angebote angestrebt. In diesem Zusammenhang sind Referenzbesuche ratsam. Die drei Anbieter, die in der engeren Auswahl sind, werden gebeten, eine Referenzbesichtigung bei einem ihrer Kunden zu organisieren, bei dem eine möglichst ähnliche oder vergleichbare Anlage installiert ist. Diese Gespräche mit Betreibern bringen immer einen Informationsgewinn für den zukünftigen FTS-Anwender.

4.2.3.3 Angebotsauswertung und Auftragsvergabe

Die Angebotsauswertung und Auftragsvergabe ist in Tab. 4.8 in Stichpunkten dargestellt. Sie richtet sich im Wesentlichen nach den Gegebenheiten des Auftraggebers. Sie dient dazu, die Angebote vergleichbar zu machen und eine einheitliche Bewertung zu erhalten. Hierbei wird sowohl der technische als auch der kaufmännische Angebotsumfang bewertet.

Tab. 4.8 Positionen einer Angebotsauswertung

Position	Beschreibung
Technischer Teil	• Gesamtlösung (gewichtet) • Systembestandteile • generelle Anforderungen zur Vertragserfüllung • Technik der Fahrzeuge (FTF) • Übergabestationen/Stellplätze • Batterieladestationen • Funktionalität der FTS-Leitsteuerung • Schnittstellen zu übergeordneten Systemen, zur Infrastruktur und zu zukünftigen Systemen • Service • Optionen • Projekt-Management • Terminplan
Kaufmännischer Teil	• Investition • Total Cost of Ownership und/oder ROI-Berechnungen • Energiekosten • Ersatzteilpreise/Preisbindung • Zahlungsbedingungen, Bürgschaften, Garantien • Gewährleistungszeitraum und -bedingungen • Übernahme des Betriebssicherheitsrisikos (Notstrategien)
Softskills	• Art der Ausschreibungsbeantwortung • Referenzbesuche • Lieferantenbewertung • Schonender Lasttransport • Bedienkonzept • Optik des Produkts • Innovation

Der Vergabeprozess geschieht branchenspezifisch bzw. unternehmensabhängig unterschiedlich. In der Industrie sind Vergabeverhandlungen üblich, in öffentlichen Bereichen sind dagegen Submissionen vorgeschrieben. Vermehrt kommen auch Bieterbefragungen („Bidder Interview") zum Einsatz. Alternativ finden „Online Bidding Events" statt, gerne auch auf Lieferanten-Internetforen.

Nach der Auftragsvergabe wird der Auftrag vertraglich formuliert und mit einer Auftragsbestätigung vom Auftragnehmer angenommen.

4.2.3.4 Pflichtenheft

In den VDI-Richtlinien VDI 2519 Blatt 1 „Vorgehensweise bei der Erstellung von Lasten-/Pflichtenheften" und Blatt 2 „Lasten-/Pflichtenheft für den Einsatz von Förder- und Lagersystemen" werden diese Begriffe definiert und weitere Hinweise gegeben.

Im Lastenheft (siehe auch Abschn. 4.2.2.4 „Lastenheft") werden alle Anforderungen des Auftraggebers hinsichtlich Liefer- und Leistungsumfang zusammengestellt. Hier sind die Anforderungen aus Anwendersicht einschließlich aller Randbedingungen beschrieben. Im Lastenheft werden die Fragen WAS und WOFÜR beantwortet, im Pflichtenheft werden die Antworten auf die Fragen WIE und WOMIT gegeben.

Im Pflichtenheft wird beschrieben, wie die Anforderungen des Lastenheftes erfüllt werden. Vom Auftragnehmer werden die Vorgaben des Auftraggebers detailliert und Realisierungsvorgaben niedergelegt. Während das Lastenheft als Kernbestandteil die Spezifikation des angefragten FTS enthält, beschreibt das Pflichtenheft, wie der Auftragnehmer die Leistung erbringen will/wird. Somit ist der Projektstrukturplan mit den Arbeitspaketen der minimale Bestandteil des Pflichtenhefts. Dazu gehören die Termin- und Ressourcenpläne. Bei zeitkritischen Projekten wird der Terminplan zum bindenden Vertragsbestandteil (Vertragsterminplan).

Es empfiehlt sich, das Pflichtenheft zumindest in einen rechtlich/organisatorischen und einen technisch/fachlichen Teil zu trennen. Pflichtenheft und Lastenheft sollten Bestandteile des Vertrags zwischen Auftraggeber und Auftragnehmer sein.

Bei großen Projekten mit vielen Partnern müssen Lasten- und Pflichtenheft von allen Partnern abgezeichnet werden. Bei kritischen Projekten empfiehlt sich die Hinterlegung der Dokumente bei einem Notar, um spätere Nachforderungen zweifelsfrei klären zu können.

In vielen Fällen wird die Pflichtenheft-Erstellung bereits als erste Aufgabe der Realisierungsphase angesehen. Problematisch ist dabei, dass ein Projekt „lebt", also theoretisch die Inhalte des Pflichtenheftes ständig angepasst werden müssten. Hier muss ein klarer Schlussstrich gezogen werden, der nicht länger als sechs Wochen nach Projektstart liegen sollte.

4.2.3.5 Realisierung

Der Projektbeginn erfolgt nach schriftlicher Beauftragung durch den AG (Auftraggeber) und die Auftragsbestätigung durch den AN (Auftragsnehmer). Zu Projektbeginn ist eine Startveranstaltung (Projektstart-Sitzung, Kick-Off Meeting) abzuhalten. Hierbei sind die Projektleiter und die Projektorganisation von AN und AG vorzustellen. Der organisatorische Ablauf des Projekts – Regeltermine, Kommunikationswege, Protokollwesen – sind zwischen AN und AG abzustimmen. Der abgestimmte Gesamtterminplan ist durchzusprechen und zu genehmigen.

Die Vorgehensweise zur technischen Klärung mit Genehmigungsdokumentation, Bemusterung, Mehrungs-/Minderungsvorgehen, Änderungsdienst bzw. Versionsmanagement (Zeichnungen), Erstellung Pflichtenhefte, CE[14]-Dokumentation, Gefährdungsanalysen, Layoutfestlegung, Einbindung in das Umfeld der Produktion ist zu definieren.

Bei komplexen Systemen und Aufgaben empfiehlt es sich, Musteraufbauten und Testanlagen einzuplanen und aufzubauen. Im Rahmen eines FAT (Factory Acceptance Test) findet die Vorabnahme von Fahrzeugen oder Einzelgewerken sinnvollerweise beim Auftragnehmer statt, die abschließende SAT (Site Acceptance Test) dann vor Ort beim Auftraggeber.

Die Baustellenphase teilt sich bei ortsfesten technischen Anlagen in die mechanische Montage, Elektroinstallation, Inbetriebnahme und den Probebetrieb auf. Bei der Installation eines FTS kann es in Abhängigkeit von der eingesetzten Technik wesentlich einfacher ablaufen, wenn z. B. vom Lieferanten komplette und betriebsbereite Fahrzeuge angeliefert werden, sodass sich die mechanische Montage auf das reine „Auspacken" reduziert.

Inbetriebnahme
Die Inbetriebnahme erfolgt nach Abschluss der mechanischen Montage und elektrischen Installation. Zu diesem Zeitpunkt sollte vom Auftragnehmer die Erstellung von Mängellisten beim Auftraggeber eingefordert werden. Während der Inbetriebnahme werden u. a. folgende Maßnahmen durchgeführt: Funktionsprüfungen (wie z. B. E/A-Tests), Einspielen der Software, schrittweise Software-Parametrierung, Inbetriebnahme der Einzelkomponenten sowie der Gesamtanlage, Anlagenunterweisungen, Sicherheitstechnische Erstinbetriebnahme, Sicherheitsunterweisung aller Beteiligten.

Am Ende der Inbetriebnahme sollte ein Funktionstest der Anlage unter Produktionsbedingungen durchgeführt werden. Zu diesem Zeitpunkt sollte die CE-Dokumentation einschließlich der Konformitätserklärung vorliegen, die auf jeden Fall wichtiger Bestandteil der Dokumentation ist.

Diesem Funktionstest folgt dann der Probebetrieb. Beim Probebetrieb wird das FTS erstmals unter den Bedingungen der späteren Produktion vom Auftragnehmer unter Verwendung von Original-Fördergut eingesetzt. Anschließend erfolgt der Produktionsstart.

Genehmigungen
Die Genehmigungsplanung hat grundsätzlich schon viel früher zu beginnen. Die entsprechenden Forderungen gehören bereits ins Lastenheft und dann später ins Pflichtenheft. Allerdings werden viele erforderliche Genehmigungen erst nach erfolgter Inbetriebnahme erteilt, sodass der Planungsschritt an dieser Stelle beschrieben wird. Die Rahmenbedingungen für FTS bezüglich der Sicherheit werden durch folgende Gesetze, Vorschriften etc. bestimmt:

- Maschinenrichtlinie, DIN-Normen, VDI-Richtlinien, VDE-Bestimmungen,
- Unfallverhütungsvorschriften,
- Arbeitsstättenverordnung und Arbeitsstättenrichtlinien,

---

[14] CE = Conformité Européenne, deutsch: in Übereinstimmung mit EU-Richtlinien, im Rahmen der CE-Konformität gemäß Maschinenrichtlinie.

- Richtlinien der gewerblichen Berufsgenossenschaften,
- Vorschriften des Verbandes der Sachversicherer.

Die Einhaltung der vorstehenden Gesetze, Vorschriften, Richtlinien etc. wird von den beauftragten Organisationen und Institutionen überprüft. Dies gilt für die Anlagenabnahme
und die Überprüfung des laufenden Betriebes. In Deutschland sind dafür im Wesentlichen
die folgenden Institutionen zuständig:

- Staatliche Aufsichtsbehörden,
- Gewerbliche Berufsgenossenschaften,
- Technische Überwachungsorganisationen,
- Freie Sachverständige.

Die Entwicklung sicherheitstechnischer Festlegungen wird durch die schnelllebige Technik
und die hohe Varianz von FTS erschwert. Umso wichtiger ist es, zu einem frühen Zeitpunkt
der Planung die kompetenten Arbeitsschutzorganisationen hinzuzuziehen. Die Unfallsicher-
heit von FTS ist somit eine Aufgabe, die gleichermaßen den Fahrzeughersteller, das Pla-
nungsteam und den Betreiber angeht. Es ist eine koordinierte Zusammenarbeit anzustreben.

Die vorhandenen Richtlinien dürfen nicht erst in der Realisierungsphase der Anlagen,
sondern müssen bereits in der Planungsphase berücksichtigt werden. Versäumnisse lassen
sich nachträglich nur mit zusätzlichem Aufwand ausgleichen. Deshalb müssen bereits im
Pflichtenheft die notwendigen fahrzeug- und anlagenbezogenen Sicherheitspakete detailliert ausgeführt werden. Gleichzeitig sind die zu berücksichtigenden Vorschriften, Gesetze, Richtlinien etc. anzuführen.

Bei Fahrerlosen Transportsystemen muss die Infrastruktur für Flurförderzeuge insbesondere der DIN EN ISO 3691-4 genügen. Diese regelt unter anderem die Anforderungen
an das Flurförderzeug (wie Standsicherheit, Warnsysteme, Erkennung von Personen im
Fahrweg, Notauseinrichtungen), Prüfung der Inbetriebnahme und Betreiberinformationen. Eventuell sind Genehmigungen zum Brand- und Explosionsschutz, Immissionsschutz
oder zum Baurecht erforderlich. Dies ist im Einzelfall zu prüfen.

Erlaubt sei an dieser Stelle der Hinweis, dass mit dem FTS-Projekt eine CE-Konformität
erreicht werden muss, die das FTS in seinem gesamten Umfeld berücksichtigt. Alle
Schnittstellen, insbesondere die zu stationären Fördertechniken, gehören per Gefahrenanalyse bewertet und in die CE-Konformität integriert.

Abnahme
Mit der formalen Abnahme nach BGB beginnt die Verjährungsfrist für Mängelansprüche.
Erfahrungsgemäß erfolgt die Abnahme nach BGB[15] erst nach

- Beseitigung der groben bzw. die Funktion beeinträchtigenden Mängel,
- Vorlage der CE-Dokumentation einschließlich der CE-Konformitätserklärung für die
  Gesamtanlage,

---

[15]BGB = Bürgerliches Gesetzbuch.

- Durchführung von Leistungs- und Verfügbarkeitstests,
- Vorlage einer abgestimmten Mehr-/Minderkostenaufstellung und
- allen behördlichen Abnahmen.

Das hierüber erstellte Abnahmeprotokoll ist von allen Beteiligten zu unterzeichnen. Weitere Besonderheiten zur Abnahme bei Fahrerlosen Transportsystemen beschreibt die VDI-Richtlinie 4452 „Abnahmeregeln für Fahrerlose Transportsysteme (FTS)", auf die hier verwiesen wird. Sie beschreibt den Umfang der Abnahme, sowie das Verfahren und die konkrete Durchführung.

Interessant sind sicher die Anlagen zur Richtlinie: Hier gibt es sowohl eine schematische Darstellung zur Ermittlung der Anlagenverfügbarkeit als auch einen Vordruck für ein Abnahmeprotokoll.

4.2.4 Betriebsplanung

Ziel dieser Phase ist die sorgfältige Planung des störungsfreien FTS-Betriebs. Dazu gehört im Vorfeld bereits die Einbeziehung der Mitarbeiter in den Planungsprozess. Alle Mitarbeiter, die später regelmäßig mit dem System zu tun haben, sollten informiert und angehört werden. Nur dann werden sie die fahrerlosen „Kollegen" akzeptieren – eine Voraussetzung für einen erfolgreichen FTS-Einsatz.

Zudem müssen ausgewählte Mitarbeiter geschult und qualifiziert werden, um später kleinere Störungen selbstständig beheben zu können. Diese Maßnahmen müssen – insbesondere für neue Mitarbeiter – regelmäßig wiederholt werden.

Zu diesen Schulungsmaßnahmen gehört auch die Beherrschung der Notstrategien. Diese greifen, wenn außergewöhnliche Vorfälle (wie z. B. Feueralarm) eintreten, aber auch bei Ausfall eines wichtigen Gewerkes zur Aufrechterhaltung der Produktion. Diese Notstrategien sind sehr anwendungsspezifisch und müssen vorab festgeschrieben sein.

Zu planen sind weiterhin folgende Punkte, für die auch entsprechende Budgets bereitgehalten werden müssen:

Instandhaltung/Wartung
Die Instandhaltung umfasst alle Service-Maßnahmen, die zur Erhaltung bzw. Wiederherstellung der Funktionsfähigkeit der Anlage erforderlich sind, insbesondere die Wartung, Inspektion und Instandsetzung. Dazu gehört die regelmäßige Durchsicht und Reinigung der FTF sowie der Austausch von Verschleißteilen. Die Serviceintervalle sind abhängig vom jeweiligen Einsatz der FTF beim Kunden. Sie werden durch den Lieferanten individuell festgelegt und sollten bereits im Angebot genannt werden.

Die Instandhaltung kann vom Betreiber, vom FTS-Lieferanten oder von Dritten durchgeführt werden. Übernimmt der Lieferant oder ein Dritter die Instandhaltung, erfolgt dies in der Regel über einen Servicevertrag mit vereinbarter Reaktionszeit. Ein Servicevertrag kann je nach Kundenwunsch als Vollservice- oder Teilservicevertrag ausgeführt werden.

Ersatzteilversorgung

Um im Störungsfall defekte Teile schnell ersetzen zu können, ist eine angepasste Ersatz-teilbereitstellung und -versorgung erforderlich. Hierzu wird für jedes Bauteil das Ausfall-risiko, die Störanfälligkeit, Verfügbarkeit und Lieferfähigkeit festgelegt. Entsprechend der Bewertung werden die einzelnen Bauteile in verschiedenen Lagerformen vorgehalten:

- Ersatzteillager beim Betreiber mit den wichtigsten Bauteilen,
- Konsignationslager des FTS-Lieferanten beim Kunden mit hochwertigen Bauteilen (optional),
- Lieferanten-Lager mit allen Standardteilen,
- Unterlieferanten-Lager (OEM-Lager) mit allen Bauteilen.

Sicherheitsprüfungen

Die wiederkehrenden Sicherheitsprüfungen gemäß den Unfallverhütungsvorschriften (UVV) sind ebenfalls vom FTS-Betreiber durchzuführen. Ist dieser dazu nicht in der Lage, hat er den Lieferanten oder eine externe Firma damit zu beauftragen.

4.2.5   Änderungsplanung

Dieser Planungsschritt beschäftigt sich mit Veränderungen während des Betriebs der An-lage. Dies können im Zuge des Betriebs erforderliche Soft- und Hardware-Updates oder Ersatzbeschaffungen nach Ablauf der Lebensdauer sein, genauso wie im Zuge des Be-triebs erforderliche Optimierungen oder Erweiterungen der Anlage, wie z. B. zusätzliche Fahrzeuge, Erweiterung oder Änderung der Fahrwege, Integration neuer Übergabestati-onen usw.

Änderungsbedarf kann einerseits vom FTS selber, aber andererseits auch von den Ein-satzbedingungen ausgehen.

Änderungsbedarf, vom FTS ausgehend

Die rasante Entwicklung im Bereich der Datenverarbeitung/Steuerung/Mikroelektronik er-fordert Software-Updates, SW- und/oder HW-Upgrades und/oder Anpassungen an die Steu-erung. Nach einer gewissen Zeit sind keine Ersatzteile und kein Know-how bei den Ser-vice-Mitarbeitern mehr verfügbar. Dann ist auch mit Bauteil-Abkündigungen zu rechnen.

Änderungsbedarf, von den Einsatzbedingungen ausgehend

So professionell die Planungen und Systemauslegungen auch waren, so kommt es doch immer wieder zu Veränderungen der Plandaten. Produktionserweiterungen oder -verlage-rungen können genauso vorkommen wie Erweiterungen des Einsatzbereiches des FTS. In solchen Fällen schlägt die große Stunde des FTS: Im Gegensatz zu den meisten alternativen Fördertechniken sind solche Systemanpassungen beim FTS technisch einfach lösbar. Ins-besondere können sie meist ohne Betriebsunterbrechung durchgeführt werden.

4.2.6 Außerbetriebsetzung

Dieser Planungsschritt betrifft das Ende des FTS. Die technische Lebensdauer liegt üblicherweise zwischen zehn und zwanzig Jahren. Sie hängt auch davon ab, wie die Anlage gewartet und inwieweit die steuerungstechnischen Komponenten regelmäßig auf den neuesten Stand gebracht wurden. Wenn es aber dem Ende zugeht, müssen betriebliche sowie gesetzliche Vorgaben erfüllt werden.

Folgende Stilllegungsgründe sind üblich:

- System ist veraltet: Leistung/Verfügbarkeit/Wirtschaftlichkeit ist nicht mehr gegeben.
- Wartung und Instandhaltung ist nicht mehr rationell durchführbar; Retrofitting wäre unwirtschaftlich.
- Es hat grobe Veränderungen im Einsatzbereich der Anlage gegeben, wie z. B. Produktionsaufgabe.

Vor der Stilllegung ist zu prüfen, ob das FTS in einem anderen Bereich eingesetzt werden kann. Eine weitere Alternative ist der Verkauf bzw. die Weitergabe der Fahrzeuge an einen anderen FTS-Anwender oder zurück an den Lieferanten. Eventuell ist eine Weiterverwendung von Teilen der Anlage möglich. Ausgebaute Teile können als Ersatzteile in einer anderen Anlage verwendet werden.

Grundsätzlich ist bei Lagerung, Transport und Entsorgung von Anlagen und deren Komponenten das Kreislaufwirtschafts- und Abfallgesetz § 49 (KrW-/AbfG) zu berücksichtigen. Die Entsorgung der FTS-Komponenten ist in der Regel unproblematisch, da fast keine Demontagearbeiten anfallen. Die Entsorgung kann firmenintern, durch den FTS-Lieferanten oder durch eine externe Firma ausgeführt werden. Bei Entsorgung durch den FTS-Lieferanten können am ehesten geeignete Konzepte zur Wiederverwertung angewendet werden. Die einzelnen Materialien sind gemäß den Umweltverträglichkeitsrichtlinien zu entsorgen.

Für die Entsorgung bzw. das Recycling von Batterien gilt: Blei-Säure-Batterien können zur Wiederverwendung einem Regenerationsprozess unterworfen werden. Nickel-Cadmium- und Lithium-basierte Batterien sind nur zum Teil wiederverwertbar. Beide Systeme müssen zur endgültigen Entsorgung besonderen Rücknahmesystemen zugeführt werden. Die Wiederverwertung bzw. die Entsorgung erfolgt nach der jeweils aktuellen Fassung der Batterieverordnung.

4.3 Unterstützung bei der Planung

Immer mehr Unternehmen entdecken die Intralogistik als ein lohnendes Betätigungsfeld für Optimierungen in den Bereichen Qualität, Abläufe und Kosten. Die personellen Kapazitäten und Ressourcen werden aufgestockt und die Erfahrungen mit Intralogistik-Projekten nehmen zu. Auf der anderen Seite besteht seit eh und je der Wunsch nach Informationen und Unterstützung. Wir wollen hier aufzeigen, wo es welche Informationen und Unterstützungen gibt.

Die Rolle der Hersteller während der Planung

Im Zeitalter des Internet ist es einfach, eine lange Liste von FTS-Lieferanten zu generieren, die der Interessent innerhalb kürzester Zeit kontaktiert hat, um Broschüren und ein Angebot anzufordern. Zeichnet sich der seriöse FTS-Lieferant dadurch aus, dass er umgehend ein konkretes Angebot vorlegt?

Wir haben gesehen, dass die FTS-Planung nicht trivial ist und eine Fülle von projektbezogenen Randbedingungen und Besonderheiten berücksichtigen muss. Wenn ein FTS-Lieferant sofort damit beginnt, all diese Punkte abzufragen und weitergehende Informationen anzufordern, wäre das fachlich zwar korrekt, würde aber wohl den ein oder anderen Interessenten verschrecken. Ist er schnell mit einem Angebot über eine FTS-Leitsteuerung, x Fahrzeuge und ein Fixum für die projektbezogenen Dienstleistungen zur Stelle, entspricht er vielleicht den ersten Erwartungen des anfragenden Interessenten, wird aber der Sache letztlich nicht gerecht.

Hinzu kommt, dass die Technologie der Fahrerlosen Transportsysteme für viele Ingenieure interessant bis reizvoll ist. Das ist sicher ein Grund für die Tatsache, dass es wesentlich mehr erste Anfragen als realisierte Projekte gibt. Der FTS-Lieferant – insbesondere die Vertriebs- und Projektierungsabteilungen – müssen also mit ihren Ressourcen haushalten. Keine leichte Aufgabe für die FTS-Lieferanten, zumal ja ihr Produkt-Portfolio mehr oder weniger eingeschränkt ist. Der Interessent wird sich immer die Frage stellen, ob die angebotenen Produkte für sein Projekt gänzlich oder nur Anbieter-optimal sind.

In jedem Fall hat der seriöse FTS-Lieferant langjährige Planungserfahrung. Diese kann er besonders bezüglich folgender Aufgabenstellungen einbringen:

- Basis der Arbeit ist das Sammeln von Rahmendaten, die für die Beurteilung des Projektes erforderlich sind. Dazu gibt es ja die VDI 2710-2, die von den Herstellern ggf. angepasst verwendet wird. Solche Datensammlungen helfen insbesondere dem Kunden, seinen Planungsstart zu fixieren, damit er Änderungen während des Planungsprozesses erkennen bzw. nachweisen kann.
- Wahl des Fahrzeugtyps: Die verwendeten Ladehilfsmittel beim Kunden sowie das Layout und andere Kriterien bestimmen die Art der Lastaufnahme und damit den Fahrzeugtyp. Eine klassische Fragestellung ist beim Transport von Paletten die Auswahl zwischen dem automatisierten Gabelhubwagen und Huckepack-Fahrzeug mit seitlicher Palettenaufnahme per Rollenbahn oder Teleskopgabeln. Beide Fahrzeugtypen haben eindeutige Vor- und Nachteile.
- Berechnung der erforderlichen Fahrzeuganzahl: Die Anzahl der benötigten FTF ist eine wesentliche Voraussetzung für die Wirtschaftlichkeitsberechnung. Sie beeinflusst aber auch die Verkehrssituation im Anlagenlayout. Für die Berechnung setzt der FTS-Hersteller auf der Transport- und Wegematrix des Kunden auf und lässt sein Know-how über das Bewegungsverhalten der Fahrzeuge in eine statische Tabellenkalkulation einfließen, die ihm schnell die Auslastung der Anlage in Abhängigkeit verschiedener Fahrzeuganzahlen angibt.

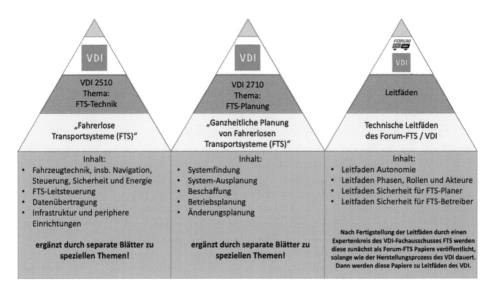

Abb. 4.5   Die Themenschwerpunkte des VDI-Fachausschusses „Fahrerlose Transportsysteme (FTS)"

VDI-Arbeit

Im Verein Deutscher Ingenieure VDI gibt es seit Anfang 1987 den Fachausschuss „Fahrerlose Transportsysteme (FTS)". Dieser hat das selbstgesteckte Ziel, die FTS-Branche zu stärken, indem er Hersteller und Betreiber zusammenbringt und als neutrale und anerkannte Institution potenziellen Anwendern das FTS näherbringt. Er leistet grundlegende Richtlinienarbeit mit dem Ziel, der Branche mehr Handlungs- und Planungssicherheit zu geben. Dadurch sollen die vorhandenen Anwendungsmöglichkeiten besser ausgeschöpft und neue Einsatzfelder erschlossen werden (Abb. 4.5).

Fundierte und aktuelle Regelwerke sollen Sicherheit geben. Dazu dienen folgende Arbeitsschwerpunkte:

1. Beschreibung des aktuellen Stands der Technik
   Das vorhandene Regelwerk wird kontinuierlich dem Stand der Technik angepasst und weiter vervollständigt.
2. Schaffung von Planungssicherheit
   Über die Definition und Beschreibung ganzheitlicher Planung von Anlagen gewinnt der Anwender Sicherheit. Er erhält Hilfestellungen in Form von Erstberatung, Grundlageninformationen, Richtlinien, Werkzeugen und Hilfsmitteln.
3. Aktive Marktkommunikation
   Durch gezielte Informationen wie Veranstaltungen, Veröffentlichungen, Vorträge, Internetauftritt und werbetechnische Maßnahmen wird das FTS einer breiten Öffentlichkeit bekannt gemacht. Dazu gehört auch die FTS-Fachtagung,[16] die alle zwei Jahre, seit 2012 beim Fraunhofer-Institut IML in Dortmund stattfindet (Tab. 4.9).

---

[16] www.fts-fachtagung.org.

Tab. 4.9 VDI-Richtlinien zum Thema FTS. (Aktuelle Liste siehe www.forum-fts.com/vdi-fa-fts/vdi-schriften/. Alle VDI-Richtlinien sind über den Beuth-Verlag zu beziehen.) (Technik und Planung)

RL-Nr.	Bezeichnung	Datum
VDI 2510	Fahrerlose Transportsysteme (FTS)	2005–10
VDI 2510 Blatt 1	Infrastruktur und periphere Einrichtungen für Fahrerlose Transportsysteme (FTS)	2009–12
VDI 2510 Blatt 2	Fahrerlose Transportsysteme (FTS) – Sicherheit von FTS	2013–12
VDI 2510 Blatt 3	Fahrerlose Transportsysteme (FTS) – Schnittstellen zu Infrastruktur und peripheren Einrichtungen	2017–09
VDI 2510 Blatt 4	Fahrerlose Transportsysteme (FTS); Energieversorgung und Ladetechnik	2020–01
VDI 2710	Ganzheitliche Planung von Fahrerlosen Transportsystemen (FTS)	2010–04
VDI 2710 Blatt 1	Ganzheitliche Planung von Fahrerlosen Transportsystemen (FTS) – Entscheidungskriterien für die Auswahl eines Fördersystems	2007–08
VDI 2710 Blatt 2	FTS-Checkliste – Planungshilfe für Betreiber und Hersteller von Fahrerlosen Transportsystemen (FTS)	2008–08
VDI 2710 Blatt 3	Einsatzgebiete der Simulation für Fahrerlose Transportsysteme (FTS)	2014–05
VDI 2710 Blatt 4	Analyse der Wirtschaftlichkeit Fahrerloser Transportsysteme (FTS)	2011–07
VDI 2710 Blatt 5	Abnahmeregeln für Fahrerlose Transportsysteme (FTS)	2013–12
VDI 2710 Blatt 6	Einführung und Betrieb eines fahrerlosen Transportsystems (FTS)	2018–10
VDI 4451 Blatt 1	Kompatibilität von Fahrerlosen Transportsystemen (FTS) – Handsteuergerät	1995–08
VDI 4451 Blatt 2	Kompatibilität von Fahrerlosen Transportsystemen (FTS) – Energieversorgung und Ladetechnik	2000–10
VDI 4451 Blatt 3	Kompatibilität von Fahrerlosen Transportsystemen (FTS) – Fahr- und Lenkantrieb	1998–03
VDI 4451 Blatt 4	Kompatibilität von fahrerlosen Transportsystemen (FTS) – Offene Steuerungsstruktur für Fahrerlose Transportfahrzeuge (FTF)	1998–02
VDI 4451 Blatt 5	Kompatibilität von Fahrerlosen Transportsystemen (FTS) – Schnittstelle zwischen Auftraggeber und FTS-Steuerung	2005–10
VDI 4451 Blatt 6	Kompatibilität von Fahrerlosen Transportsystemen (FTS) – Sensorik für Navigation und Steuerung	2003–01
VDI 4451 Blatt 7	Kompatibilität von Fahrerlosen Transportsystemen (FTS) – Leitsteuerung für FTS	2005–10

Neben den VDI-Richtlinien gibt es mittlerweile eine weitere, wichtige Schriftenreihe aus dem Kreis der ehrenamtlichen Mitarbeiter des VDI-Fachausschusses FA 309 „FTS": Die Leitfäden

Die Leitfäden entstehen im Rahmen der Arbeit des VDI-Fachausschusses. Da die Herstellung durch den VDI zur Zeit sehr lange dauert, die Leitfäden aber trotzdem veröffentlicht werden sollen, springt das Forum-FTS ein: Für die Zeit der Herstellung der Papiere durch die technische Redaktion des VDI werden die Leitfäden als Forum-FTS-Papiere

Tab. 4.10 Verfügbare Leitfäden des Forum-FTS/VDI

Titel	Beschreibung
Autonomie bei mobilen Robotern	Leitfaden samt Kalkulationstool mit dem eine neutrale und praktikable Bewertung der Autonomie von FTS (AGV/AMR) ermöglicht wird.
Phasen Rollen und Akteure in FTS-Projekten	Die Besetzung der Rollen und die Definition der Verantwortlichkeiten sollte zu Beginn eines jeden FTS-Projektes definiert werden und stellt einen wichtigen ersten Planungsschritt dar.
Sicherheit für Betreiber	Dieser Leitfaden gibt dem Betreiber zusätzlich eine Übersicht über wichtige Aufgaben und Verantwortlichkeiten, welche für den Gefahrenübergang vom Hersteller auf den Betreiber zu beachten sind.
Sicherheit für Planer	Dieser Leitfaden gibt dem Planer und den weiteren Projektbeteiligten eine Übersicht über wichtige sicherheitsbezogene Aufgaben und Verantwortlichkeiten, welche für die Realisierung von FTS- Projekten zu beachten sind.

veröffentlicht. Sie stehen in der jeweils aktuellen Version auf den Seiten des Forum-FTS zum kostenlosen Download bereit.

Zur Zeit stehen folgende Leitfäden zur Verfügung:

- Leitfaden Autonomie
- Leitfaden Phasen, Rollen und Akteure
- Leitfaden Sicherheit für FTS-Planer
- Leitfaden Sicherheit für FTS-Betreiber (Tab. 4.10)

Forum-FTS (www.forum-fts.com)
Alle im VDI organisierten FTS-Hersteller gründeten 2006 das Forum-FTS als Interessengemeinschaft für die Branche der Fahrerlosen Transportsysteme. Die Gruppe setzt sich derzeit aus 20 Mitgliedern aus fünf europäischen Staaten zusammen. Das Forum-FTS versteht sich als neutrale Anlaufstelle für (potenzielle) Anwender mit einem neutral geführten Internetauftritt.

Das Forum-FTS präsentiert sich auf Messen und Ausstellungen und verpflichtet sich im Umgang untereinander und mit Kunden einem selbstauferlegten Ehrencodex. Letztlich bedeutet die Mitgliedschaft im Forum-FTS ein Qualitätsversprechen. Unser Ziel sind erfolgreiche FTS-Projekte!

Das Informations- und Beratungsangebot des Forum-FTS ist nicht nur für unerfahrene Interessenten hilfreich, sondern auch für die Experten. Denn der Markt verändert sich ständig:

- die FTS-Hersteller variieren ihr Profil,
- es kommen neue Technologien auf den Markt und
- die Welt der technischen Regelwerke lebt.

Ein besonderes beliebtes Angebot ist die FTS-Erstberatung. Sie bietet für einen moderaten Preis erste Aussagen zur technischen Machbarkeit und zur Wirtschaftlichkeit des angedachten FTS-Projekts. Sie ermöglicht einen effizienten und neutralen Start in das Projekt.

Im Laufe seines Bestehens hat sich das Forum-FTS aber auch zu einem Planungs- und Beratungsunternehmen entwickelt. Spätestens ab dem Jahr 2016, als das Forum-FTS zu einer GmbH wurde, bietet es FTS-Anwendern jede erdenkliche Unterstützung bei ihrem FTS-Projekt. Dazu gibt es im Internet nicht nur die bekannte FTS-Erstberatung, sondern viele weitere konkrete Beratungspakete, die für alle weiter vorn beschriebenen FTS-Anwendungen gelten. Hier arbeitet heute ein Team von ausgewiesenen FTS-Experten, das es auf 200 Jahre FTS-Erfahrung bringt.

Das Forum-FTS führt seit Februar 2021 monatlich ein Webinar durch. Dieses findet an einem Donnerstagnachmittag als Videokonferenz statt und behandelt spezielle FTS-Themen, die vorab bekanntgegeben werden. Die Spannweite umfasst die Sicherheit über die Planung, Autonomie, spezielle Regelwerke und technische Aspekte.

Das Forum-FTS übernimmt heute auch die Aktivitäten, die vor 2016 von der AWT-Kompetenz GmbH (www.awt-kompetenz.de) abgedeckt wurden, also die Intralogistik-Anwendungen in Krankenhäusern und Altenheimen. AWT ist das Synonym für „automatischer Warentransport" – diese Abkürzung wird ausschließlich in Krankenhäusern und Kliniken verwendet. Moderne AWT-Anlagen sind oft Fahrerlose Transportsysteme.

Seminare und Schulungen (www.fts-seminar.de)
Grundlegende Informationen zum Thema FTS finden sich natürlich in diesem Buch. Allerdings gibt es zusätzlich verschiedenste Formate der Weiterbildung. Dazu sei auf die Homepage FTS-Seminar hingewiesen, wo einige Anregungen gegeben werden. Hier können jede Form von Seminaren, Vorträgen, Schulungen, Workshops und Fachforen gebucht werden. Individuelle Themenstellungen, Abläufe, Veranstaltungsorte und Termine sind selbstverständlich möglich.

Beratung und Planung (www.fts-kompetenz.de)
Zu guter Letzt will der Autor noch auf seine Unternehmensberatung hinweisen, die sich auf das Thema FTS spezialisiert hat, und nicht nur für potenzielle Anwender (Beratung, Planung und Realisierung), sondern auch für System- oder Komponentenlieferanten

(Technologie-Monitoring, Marktstrategien) von Interesse sein kann. Sofern es um Anwender-Beratung geht, werden die Leistungen heute normalerweise von der Forum-FTS GmbH angeboten (Abb. 4.6).

GUU UNTERNEHMENSBERATUNG

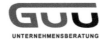

Bär Automation GmbH, D-Gemmingen	Bluebotics SA, CH-St-Sulpice	Creform Technik GmbH, D-Baunatal	Dematic GmbH, D-Bremen
dpm – Daum+Partner Maschinenbau GmbH, D-Aichstetten	DS AUTOMOTION GmbH, A-Linz	ek robotics GmbH, D-Rosengarten	FusionSystems GmbH, D-Chemnitz
GÖTTING KG, D-Lehrte	Grenzebach Maschinenbau GmbH, D-Asbach-Bäumenheim/Hamlar	GUU – Unternehmensberatung Dr. Ullrich, D-Voerde	Jungheinrich AG, D-Hamburg
Leuze electronic GmbH + Co. KG, D-Owen	MLR System GmbH, D-Ludwigsburg	Oceaneering AGV Systems B.V., NL-Utrecht	ROCLA Oyj, FIN-Järvenpää
SICK AG, D-Waldkirch	SWISSLOG GmbH, D-Westerstede		

Abb. 4.6 Die Mitglieder im Forum-FTS (Stand: 2021)

4.4   Zehn Schlüsselfaktoren für erfolgreiche FTS-Projekte

Abschließend sollen mehr als dreißig persönliche Jahre FTS-Projekterfahrung zusammengefasst werden. Es wird gezeigt, warum die ganzheitliche Planung für erfolgreiche Projekte so wichtig ist und welche Punkte essenziell wichtig sind, damit das FTS-Projekt erfolgreich wird. Alle Bereiche der Planung mit den häufigsten Planungsfehlern sollen in zehn plakativen Schlüsselfaktoren zusammengefasst werden. Die direkte Ansprache richtet sich an den FTS-Anwender!

4.4.1   Ganzheitliches Verständnis für das Projekt und Konzeption mit Weitblick

Verstehen Sie ein FTS als eine Lösung, also als ein System, nicht als automatisierte Fahrzeuge. Denn das FTS weist den Weg der eigenen Produktion und Intralogistik in die Zukunft. Häufig wird zu Beginn eines Projektes lediglich die Frage gestellt: „Kann man das nicht auch automatisieren?" Insbesondere bei dem Status Quo einer eigenen Intralogistik mit manuellen Staplern oder einer Routenzuglösung kann sich diese Frage als unzureichend erweisen. Besser ist der visionäre Ansatz, nämlich die Frage „Wie soll unsere Produktionslogistik in 5 bis 10 Jahren aussehen?" Nur dann kommt man auf neue Strukturen, neue Layouts, neue Methoden – vielleicht mit anderen Fahrzeugtypen (Abb. 4.7).

Abb. 4.7   Die Ist-Situation als direkte Vorgabe für eine Automatisierung?

4.4.2 Technische Auslegung versus technischer Anspruch

Verstehen Sie ein FTS als eine große Chance auf einen Wandel in die Zukunft. Dabei ist es wichtig, den Unterschied zwischen „automatisch" und „autonom" zu verstehen. Die Begriffe „autonomer Roboter", „autonome Fahrzeuge" oder „autonome Systeme" anstelle von FTS (Fahrerloses Transportsystem) oder FTF (Fahrerloses Transportfahrzeug) werden meist als Modeworte (engl. Buzzword) verwendet; autonome Funktionen werden in den meisten Intralogistik-Anwendungen weder benötigt noch beherrscht. Wir leben in einer Zeit, die von der Hyperinflation der Begriffe geprägt ist; man findet sogar „vollautonome Fahrzeuge" im Internet (nicht in der Realität).

Die unbegründete Forderung nach autonomen Fahrzeugfunktionen kann schnell ins Chaos führen, vor allem aber zu Lösungen, die hinsichtlich der Leistung nicht kalkulierbar sind. Wesentlich bei der technischen Auslegung sind die Punkte Navigation und Sicherheit. Definieren Sie genau den erforderlichen Flexibilitätsgrad Ihrer Intralogistik und wählen sie dazu die passende Navigations- bzw. Lokalisationsmethode. Lernen Sie vor der Ausschreibung, welche Sensoren üblicherweise eingesetzt werden, um zu lokalisieren, den Personenschutz und ggf. den Maschinen- oder Objektschutz zu realisieren. Sie sollten wissen, wie diese Sensoren funktionieren, um zu verstehen, was von welcher Methode zu erwarten ist.

4.4.3 Starkes Lastenheft als technische Grundlage des Projekts

Das Lastenheft ist das maßgebliche Dokument für eine ordentliche Ausschreibung. Die sorgfältige Erstellung ist besonders wichtig, weil es neben der späteren Beauftragung und dem Pflichtenheft das wichtigste Vertragsdokument des Projektes ist.

Bei der Erstellung des Lastenheftes wird klar, inwieweit das Projekt durchdacht ist. Lassen Sie sich von neutralen Fachleuten dabei unterstützen oder lassen Sie es zumindest prüfen, bevor Sie es an die Hersteller verteilen.

Bestehen Sie in jedem Fall auf einem Pflichtenheft, das vom Projektleiter des mit dem Auftrag betrauten Lieferanten erstellt wird. Dieses Pflichtenheft ist wichtig, weil es i. d. R. mehrere Wege gibt, das Lastenheft umzusetzen, und weil der im Projekt neue Projektleiter zeigen soll, dass und wie er die Aufgabe verstanden hat und lösen will. Prüfen Sie das Pflichtenheft sorgfältig und geben Sie es frei, wenn das Projekt starten kann.

4.4.4 Projektmanager mit Sachverstand hoffentlich auf beiden Seiten

Wir werden oft gefragt, ob ein projekterfahrener und fachkompetenter Projektleiter erforderlich ist, oder ob ein Projektmanager aus einem anderen Bereich ausreicht, weil die Fachkompetenz ja beim Lieferanten liegt. Die Antwort ist klar: Ein FTS-Projekt ist zu wichtig, die Konsequenzen von Projektverzögerungen oder mangelhafter Systemleistung zu gravierend, als dass „einseitige Kompetenz" ausreichen würde. Verstehen Sie ein FTS-Projekt als ein gemeinsames Projekt von Auftraggeber und Auftragnehmer; auf beiden Seiten sollten fachkompetente Projektleiter sein.

Die Erfahrung zeigt, dass FTS-Projekte oft komplex und mit Problemen bei der Realisierung behaftet sind, die nur im Zusammenschluss von guten Projektleitern lösbar sind. Dazu müssen die Projektleiter auf beiden Seiten mit umfangreichen Kompetenzen ausgestattet sein.

4.4.5   Realistischer Zeitplan mit Meilensteinen

Es gibt Netto- und Brutto-Zeitangaben; beachten Sie die Unterschiede. Gliedern Sie das Projekt in Phasen und ordnen Sie diesen Netto- und Brutto-Zeiträume zu. Gehen Sie als Auftraggeber realistisch und nicht fordernd vor, denn die Realität holt Sie sowieso ein.

So entsteht ein realistischer Terminplan, der mit Meilensteinen zu versehen ist, zu denen vertraglich vorgesehene Zwischenabnahmen gehören. Diese Zwischenabnahmen dienen der ständigen Leistungskontrolle (Abb. 4.8).

Abb. 4.8 Ein realistischer Terminplan ist die Voraussetzung für ein seriöses Projekt

4.4.6   Integration des FTS in die Peripherie vs. Anpassung der Peripherie an das FTS

Verlangen Sie nur so viel vom FTS wie nötig und passen Sie die Peripherie so weit wie möglich an das zukünftige FTS an. Unter Peripherie verstehen wir hier den Boden, die Wegbreiten, den sonstigen Verkehr, die Lastbereitstellung und -übergabe, die Behältervielfalt und die IT-Landschaft. Verlangen Sie vom FTS nicht zu viel, sondern nutzen Sie die Gelegenheit, im Vorfeld des Projektes mit sinnvollen Anpassungen der Peripherie die Gesamtsituation im Werk zu verbessern (Abb. 4.9).

Beispiel Boden: Wenn Sie genau wissen, dass die Bodenbeschaffenheit gegenwärtig nicht optimal ist, verlangen Sie nicht vom FTS bzw. dem FTS-Lieferanten den Status Quo als gegeben hinnehmen zu müssen. Sorgen Sie im Vorfeld für einen FTS-gerechten Boden, sorgen Sie für einen trockenen und sauberen Boden!

4.4.7   Frühe Integration von AS, IT und Produktion

Sorgen Sie für die rechtzeitige Einbindung folgender Abteilungen oder Gruppen in die Automatisierungsüberlegungen:

Abb. 4.9 Ordnung und Sauberkeit als Voraussetzung und Folge des FTS-Einsatzes

- Die Arbeitssicherheit (AS), weil sie mit Werksvorschriften konfrontiert werden, die über das gesetzliche (MRL, DIN EN ISO 3691-4, VDI-RL) hinausgehen können. Oft wird die AS von Mitarbeitern mit wenig Erfahrung und viel Verantwortung vertreten. Je früher diese Mitarbeiter dabei sind, desto weniger wahrscheinlich ist deren Intervention gegen Ende der Inbetriebnahme.
- Die IT stellt immer höhere Anforderungen an die FTS-Leitsteuerung (z. Z. fast ausschließlich proprietäre Lösungen). Die IT muss diese Anforderungen bereits im Lastenheft einbringen und beim Pflichtenheft-Check prüfen, ob die Umsetzung ihrer Vorstellungen gelungen ist.
- Die Produktions-Mannschaft muss ab der Übergabe mit dem System leben. Hier gibt es menschliche Gewöhnungsprozesse, die schon so manches Projekt gefährdet haben. Binden Sie die Produktions-Mitarbeiter in den Planungsprozess ein und geben ihnen das Gefühl, die Lösung mitgestalten zu dürfen.
- Beim Auftraggeber findet nach der Abnahme häufig die Übergabe der FTS-Zuständigkeit von der Planungs- an die Produktionsmannschaft statt. Hier sollten die User und zumindest ein Super-User benannt sein, der die Zuständigkeit personalisiert. Diese Mitarbeiter sind schon während des Projektes zu benennen und einzubinden.

4.4.8   Besprechungskultur

Die Bedeutung eines FTS-Projektes sowie die Komplexität wurden bereits genannt. Die Laufzeit eines Projektes kann nach Auftragsvergabe leicht 12 bis 24 Monate dauern. Deshalb ist eine disziplinierte Besprechungskultur notwendig, die es ermöglicht, Monate zurückliegende Verabredungen zu erinnern und nachzuweisen. Dazu gehören folgende Punkte:

- Starten Sie das Projekt mit einer offiziellen Projektstartsitzung. Während dieser Sitzung soll der Übergang der Verantwortung vom Vertrieb des Anbieters an die Projektleitung des Lieferanten erfolgen. Die Projektleiter beider Seiten stellen sich vor, lernen sich kennen und verabreden die Art und Weise der Kommunikation sowie den Terminplan mit den Meilensteinen.
- Sehen Sie geplante Regeltermine vor und lassen Sie offizielle Protokolle vom Projektleiter des Auftragnehmers schreiben; diese Protokolle sollen als pdf-Dokumente zur Dokumentation des Projektverlaufes abgelegt werden! E-Mail- oder WhatsApp-Verläufe sind zum nachträglichen Nachvollziehen und für eine ggf. notwendige Beweisführung ungeeignet!
- Telefonkonferenzen leisten heute gute Dienste; allerdings sind nur persönliche Treffen für Einigungen in komplexen Sachverhalten geeignet. Wenn das Projekt stockt, wenn echte Kompromisse mit Zugeständnissen (egal auf welcher Seite) erforderlich werden, bestehen Sie auf einem persönlichen Treffen!
- Während der genannten Regeltermine sind weder Smartphone noch Tablets zugelassen! Nur so kann man der ungeteilten Aufmerksamkeit aller Teilnehmer sicher sein (Abb. 4.10).

Abb. 4.10 Moderne Besprechungen: Wie sichert man sich die ungeteilte Aufmerksamkeit aller Teilnehmer?

4.4.9 Vereinbarte Abnahmeprozeduren

Häufig fällt es schwer oder entfällt ganz, zu Beginn des Projektes bereits zu bedenken, wie ganz am Ende, also während der Abnahme des gelieferten Systems, die Abnahmekriterien aussehen und deren Erfüllung geprüft werden sollen. Im Lastenheft und im Pflichtenheft finden sich (hoffentlich) Angaben zur Leistung und Verfügbarkeit der Anlage. Mit Verweis auf die einschlägigen VDI-Richtlinien (VDI 2710 und 2710-5) sollten die Bewertungskriterien und die Prüfmethodik bereits beschrieben sein. So vermeidet man schlussendlich bezüglich der Dauer der Tests und bezüglich der Bestimmung von Leistung und Verfügbarkeit unterschiedliche Vorstellungen.

Für die Leistungs- und Verfügbarkeitstests ist Transportgut in ausreichender Menge und Qualität bereit zu halten, denken Sie auch an den dafür erforderlichen Platzbedarf! Falls diese Tests während des laufenden Normalbetriebs im Produktionsumfeld erfolgen (müssen), bedenken Sie mögliche Auswirkungen auf die Produktionsabläufe. Prüfen Sie auch früh, ob eine bestimmte Anzahl an Schichtbegleitung durch den Lieferanten vereinbart sein sollte.

4.4.10 Fairer Umgang miteinander

Bereits seit 2017/2018 ist der Anbietermarkt stark unter Druck. Die Anfragen haben derart zugenommen, dass der klassische FTS-Markt nicht mehr mitkommt. Die Anbieter können nur noch einen Teil der Anfragen bearbeiten, die Realisierungszeiten werden länger. Andererseits tauchen viele neue Anbieter auf, die ihre ersten Projekte durchführen und sich dabei bewähren müssen.

Abb. 4.11 Gegenseitiger
Respekt als Voraussetzung im
technischen Projekt

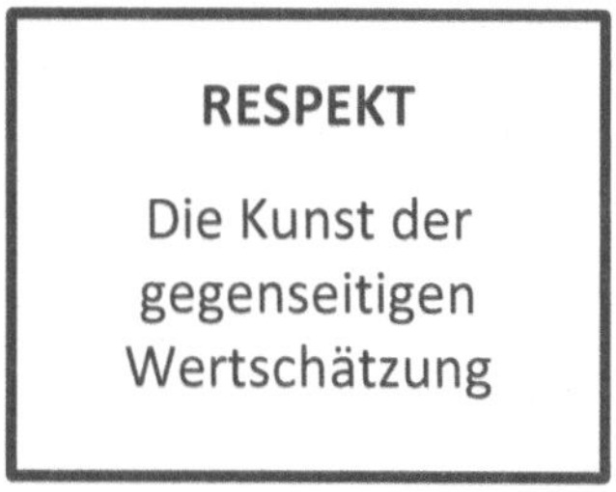

RESPEKT

Die Kunst der
gegenseitigen
Wertschätzung

Mit Sorge erleben wir ein verändertes Verhalten im beruflichen Miteinander. Dabei sollte der faire Umgang miteinander ein Selbstverständlichkeit sein. Das FTS-Projekt gehört zu unseren beruflichen Aufgaben und ist damit ein Teil unseres Lebens. Die Projektarbeit sollte von Ehrlichkeit, Offenheit, Respekt, Verlässlichkeit und Professionalität getragen sein. Dabei helfen die „Ethischen Grundsätze des Ingenieurberufs des VDI".[17]

Nur dann kann das Projekt erfolgreich sein und Freude machen (Abb. 4.11).

---

[17] Einsehbar und zum Download verfügbar auf den Web-Seiten des VDI.

Geschichte der Fahrerlosen Transportsysteme

5

Fahrerlose Transportsysteme (FTS) sind ein wichtiger Bestandteil der Intralogistik. Der technologische Standard und die mittlerweile vorhandene Erfahrung mit dieser Automatisierungstechnik haben dazu geführt, dass FTS Einzug in fast alle Branchen und Produktionsbereiche gehalten haben. Die FTS-Geschichte begann Mitte der 50er-Jahre des letzten Jahrhunderts in den USA.

Als nach dem zweiten Weltkrieg die Produktionen wieder anliefen und die Weltwirtschaft boomte, waren automatisch fahrende Transportfahrzeuge Teil des realisierten Menschheitstraums, die eigene Arbeit durch Automaten verrichten zu lassen. Die rasante Entwicklung der Sensor- und Steuerungstechnik sowie ursprünglich der Mikroelektronik ebnete dem FTS den Weg.

An dieser Stelle wollen wir nur kurz die Erfindung des FTS in Amerika würdigen, uns dann aber ausschließlich auf den europäischen Markt konzentrieren. Bisher gab es wenige erfolgreiche amerikanische Versuche, in den europäischen Markt einzutreten. Der umgekehrte Weg war dagegen erfolgreicher: so gibt es einige europäische FTS-Hersteller, die in Amerika Projekte abwickeln. Der asiatische Markt hatte in der Vergangenheit so gut wie keine Überlappungen mit Europa, weder in die eine noch in die andere Richtung.

Seit etwa fünf Jahren lässt sich in China ein enormer FTS-Boom sowohl auf der Anwender- als auch insbesondere auf der Anbieterseite beobachten: innerhalb weniger Jahre (seit 2016) ist die Zahl chinesischer FTS-Hersteller von unter 10 auf über 40 gestiegen. Diese Firmen setzen sowohl auf selbstentwickelte Technik als auch auf Lösungen, die sie bei europäischen oder amerikanischen Anbietern lizenzieren. Seit ca. 2020 gibt es auch die ersten chinesischen FTS-Hersteller auf den europäischen Märkten. Das vielleicht bekannteste Beispiel ist das Unternehmen geek+.[1]

---

[1] https://www.geekplus.com.

© Springer Fachmedien Wiesbaden GmbH, ein Teil von Springer Nature 2023
G. Ullrich, T. Albrecht, *Fahrerlose Transportsysteme*,
https://doi.org/10.1007/978-3-658-38738-9_5

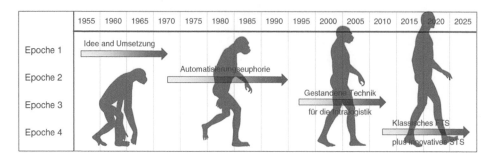

Abb. 5.1 Fahrerlose Transportsysteme entwickeln sich in und auf Evolutionsstufen (Epochen)

Die bisherigen sechzig FTS-Jahre lassen sich in vier Epochen einteilen. Diese Epochen sind von der zur Verfügung stehenden Technik und der emotionalen Haltung den Systemen gegenüber gekennzeichnet. Man kann diese Epochen auch als Evolutionsstufen verstehen, während derer es nur begrenzte technische Entwicklungen gab, und die dann jeweils ziemlich abrupt ineinander übergingen (Abb. 5.1).

5.1   Die erste FTS-Epoche – Idee und Umsetzung

Die erste Epoche begann in Amerika 1953 mit der Erfindung automatisch fahrender Transportfahrzeuge und in Europa wenige Jahre später. Sie dauerte knapp zwanzig Jahre. Technologisch waren die ersten Anlagen geprägt von einfachsten Spurfolgetechniken und taktilen Sensoren, wie Bumper oder Notstoppbügel für den Personenschutz, mit mechanischen Schaltern.

Anfang der 1950er-Jahre hatte ein amerikanischer Erfinder die Idee, den Menschen auf einem Schleppwagen, der zum Gütertransport eingesetzt wurde, durch einen Automaten zu ersetzen.

Diese Idee wurde durch die Barrett-Cravens of Northbrook, Illinois (heute Savant Automation Inc., Michigan) umgesetzt. Bei der Mercury Motor Freight Company in Columbia, South Carolina, wurde 1954 das erste Fahrerlose Transportsystem als Schleppzug-Anwendung für wiederkehrende Sammeltransporte über große Strecken installiert (Abb. 5.2).

Die zuvor schienengeführten Fahrzeuge folgten nun einem wechselstromdurchflossenen Leiter, welcher im Boden verlegt wurde. Dieses Prinzip kennen wir heute als induktive Spurführung. Das erste Fahrzeug orientierte sich also während der Fahrt ohne Fahrer mittels einer aus zwei Spulen aufgebauten Antenne an dem Feld, das den stromdurchflossenen Leiter umgab. Die Stationen, an denen Lasten (Güter) übergeben werden sollten, waren durch im Boden versenkte Magnete codiert, welche durch Sensoren im Fahrzeug erfasst wurden. Die Codierung selbst ergab sich aus einer spezifischen Anordnung von nord-/südpolig-orientierten Magneten.

Die einfache Steuerung bestand zu dieser Zeit aus einer Röhrenelektronik, die nur beschränkte Entwicklungsmöglichkeiten aufwies.

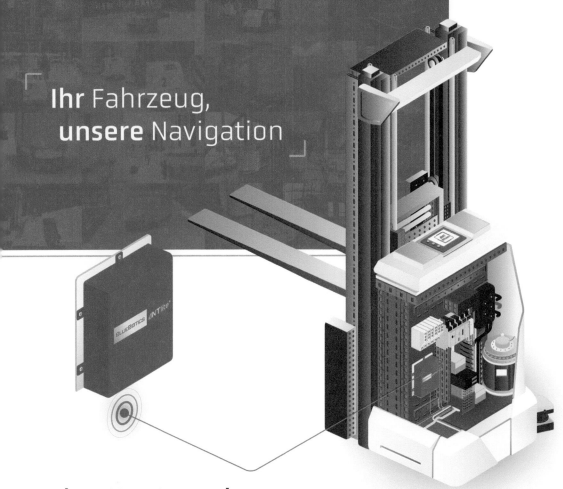

Abb. 5.2 Eines der ersten amerikanischen FTS, ab 1954 gebaut als Zugmaschine für fünf Anhänger. (Quelle: Barrett-Cravens/Savant Automation, 1958)

5.1.1   Die ersten europäischen Unternehmen

In England trat 1956 die Firma EMI in den Markt. Die Fahrzeuge folgten einem Farbstreifen auf dem Boden, der über einen optischen Sensor erkannt wurde und der die entsprechenden Steuer- und Lenksignale lieferte. Ab den 1960er-Jahren kamen die ersten transistorbasierten Elektroniken zum Einsatz, was die Flexibilität bei Führung und Steuerung erhöhte.

In Deutschland starteten die Firmen Jungheinrich, Hamburg, und Wagner, Reutlingen, in den frühen 1960er-Jahren die FTS-Entwicklung. Sie automatisierten die ursprünglich für manuelle Bedienung konstruierten Gabelhub- und Plattformfahrzeuge.

Das Maschinenbauunternehmen Jungheinrich wurde 1953 gegründet und startete mit dem Vertrieb des Elektro-Vierrad-Staplers „Ameise 55" in den Markt. Dann wurde bereits wenige Jahre später, in 1962, der erste automatisch gesteuerte, induktiv geführte Stapler „Teletrak" vorgestellt. Auch die optische Spurführung kam hier zum Einsatz (Abb. 5.3).

Die Firma Wagner Fördertechnik begann ab 1963 mit der Vermarktung Fahrerloser Transportsysteme für den Einsatz in der Automobilproduktion und im Handel.

5.1.2   Frühe Technik und Aufgabenstellungen

Schon die ersten Systeme, die in den USA, England, Deutschland und anderen Ländern entwickelt und gebaut wurden, wiesen elementare Merkmale auf, die noch heute Bestandteil eines FTS sind: das Leitsystem, das Fahrzeug mit Steuerung und Personenschutz, das Spurführungssystem.

Abb. 5.3 Ameise/Teletrak. (Quelle: E&K, 1965)

Die Umgebung, in der sich die ersten Fahrerlosen Transportfahrzeuge (FTF) bewegten, war die normale Werks- oder Lagerhalle. Dort, wo bisher die Arbeiter mit ihren (Schlepp-) Fahrzeugen die Güter durch die Hallenbereiche transportierten, wurde jetzt Schritt um Schritt die Umgebung an die Anforderungen eines Systems angepasst, das auf menschliche Begleitung verzichtete. Markierungen, freie Fahrstrecken sowie passive und aktive Schutzmaßnahmen sollten die Risiken reduzieren. In den USA soll es Widerstand gegen die neue Technologie gegeben haben: die Gewerkschaften befürchteten den Wegfall von Arbeitsplätzen. Aber wer rechnete damals den Zugewinn an neuen Arbeitsplätzen in dem sich entwickelnden Hersteller- und Zuliefermarkt?

Ab Mitte der 1960er finden wir die ersten Einzeltransport-Anwendungen und Transporte im Rahmen der „Verkettung" von Arbeitsplätzen, schließlich wurden die ersten Systeme in der Warenkommissionierung, in der Lebensmittelindustrie, eingesetzt. Die Fahrzeugvielfalt beschränkte sich auf Schlepper, Gabelhub- und Plattformfahrzeuge (Abb. 5.4).

Das Leitsystem war einfach: die Fahrzeuge fuhren vorgegebene Strecken von Station zu Station, starteten auf Anforderung und hielten nach Erkennen der Stoppmarker. Eine einfache Elektrik und eine Magnetsensorik ermöglichte dies zuverlässig. Der Betrieb erlaubte keine Flexibilität; der Transport überbrückte weitere Fahrtstrecken, die Stationen wurden nacheinander angefahren, es gab praktisch nur eine Richtung – vorwärts.

Das Fahrerlose Transportfahrzeug entwickelte sich aus den personengesteuerten Schleppwagen, verfügte also wie ein normales Fahrzeug über Lenkung und Antrieb und zusätzlich über Sicherheitsvorrichtungen. Seine Größe bestimmte sich durch die gestellten

Abb. 5.4 Ameise/Teletrak mit Anhängern. (Quelle: E&K)

Anwendungsanforderungen. Wurde der Fahrer entfernt, dann musste eine Kombination aus Mechanik, Elektrik und „elektronischer Intelligenz" seine Aufgaben übernehmen. Die Wahrnehmung des Menschen – über seine Augen – wurde also durch eine Sensorik ersetzt, wenn auch nur in rudimentärer Form. Um die Sicherheit im betrieblichen Verkehr zu gewährleisten, mussten nicht nur die Einrichtungen geschützt werden, sondern vor allem die im Betrieb tätigen Menschen.

Die Fahrzeugsteuerung arbeitete anfänglich noch mit Röhrentechnik, dann gab es solche mit Relais und Schrittschaltwerken, ab den späten 1960ern dann mit Halbleitertechnik (TTL-Logik).

Der Personenschutz, für die Vorwärtsfahrt, wurde mit einem „Bumper" oder einem Sicherheitsbügel realisiert, also in jedem Falle mit einem taktil arbeitenden Sensor.

Die Spurführung erfolgte durch stromdurchflossene Leiter im Hallenboden oder durch optische Leitlinien auf dem Boden.

Ende der 1960er wurden erste Schlepper mit automatischen Kupplungen konstruiert: sie konnten einen oder mehrere Anhänger ziehen und dort abstellen (= automatisch abkuppeln), wo sie benötigt wurden. Das Ankoppeln und die vorangehende Rückwärtsfahrt erfolgte allerdings noch manuell durch einen Bediener, der dazu die herunterklappbare Deichsel benutzte. Das folgende Bild zeigt einen solchen Schlepper, interessant ist hier auch, wie ungesichert der nachlaufende Anhänger war (Abb. 5.5).

Abb. 5.5 FTF als Schlepper. (Quelle: E&K ca. 1965)

5.2   Die zweite Epoche – Automatisierungseuphorie

Die zweite Epoche überdauerte die 1970er- und 1980er-Jahre und endete Anfang der
1990er. Die Elektronik hielt in Form einfacher Bordrechner und großer Schaltschränke für
die Blockstreckensteuerung der Anlage Einzug. Die aktiv induktive Spurführung mittels
eines Drahtes im Boden setzte sich durch, und die Datenübertragung geschah entweder
über den gleichen Draht, infrarot oder sogar schon mittels Funk.

In den 1970er-Jahren entstand letztlich das klassische FTS. Einhergehend mit einer
immer weiteren Steigerung der Produktionseffizienz und dem Einsatz personenbetriebe-
ner Transportsysteme, entwickelte sich auch die Nachfrage nach einem immer höheren
Automatisierungsgrad, wodurch die Produktionskosten langfristig gesenkt werden sollten.

5.2.1   Fortschritte in der Technologie

Die Nachfrage im Markt, getrieben von den Erwartungen der Anwender, konnte nur durch
eine stetig verbesserte Technologie befriedigt werden.

Eine wachsende Zahl von Herstellern und Komponentenentwicklern steigerte die Flexibilität der Einsatzmöglichkeiten und verbesserte die Systemfähigkeiten. Bereits hier er-

kannten die Hersteller, dass sie sich vor allem die rasante Entwicklung in der Elektronik und Sensorik zunutze machen konnten. Ein spezieller Zuliefermarkt entwickelte sich jedoch nicht, dafür war das Marktvolumen insgesamt zu klein. Entwickler und Hersteller von Komponenten waren getrieben durch andere Märkte, z. B. durch den Bedarf der Hersteller traditionell bemannter Transportfahrzeuge.

Die Erfahrung der FTS-Hersteller floss zunehmend in verbesserte Anlagesteuerungen ein. Noch aber hatte die Anbietergemeinschaft ihre Wurzeln im Maschinenbau.

Technische Innovationen befreiten die Hersteller von bisherigen Einschränkungen, eine Reihe von Neuerungen kam in den 1970ern auf den Markt:

- Leistungsstarke Elektroniken und Mikroprozessoren ermöglichten erhöhte Rechenleistung und damit komplexere Einsatzszenarien und Anlagen-Layouts. In der Anlagensteuerung wurden erstmalig speicherprogrammierbare Steuerungen (SPS) verwendet. Eine verbesserte, erschwingliche Sensorik verbesserte die Präzision bei Fahrt, Navigation (Positionierung und Positionserkennung) und an der Lastübergabestation.
- Die Batterietechnik wurde leistungsfähiger, obwohl man im Nachhinein eingestehen musste, dass sie nicht vollständig beherrscht wurde. Auch das automatische Laden der Batterien wurde eingeführt.
- Ein Navigationsverfahren setzte sich durch: die induktive Spurführung, auch Leitdrahtführung genannt. Ein wechselstromdurchflossener Leiter im Boden erzeugt um den Leiter herum ein magnetisches Wechselfeld, das wiederum in einer Spule eine Spannung induziert, deren Höhe von der Lage der Spule relativ zum Leiter abhängt. Ordnet man unterhalb des Fahrzeugs zwei Spulen so an, dass sich eine links und eine rechts vom Leitdraht befindet, kann die Differenzspannung der beiden Spulen zur Ansteuerung des Lenkmotors genutzt werden.
- Die Anlagensteuerung wurde der Blockstreckensteuerung des Eisenbahnverkehrs nachempfunden. Große Schaltschränke in Relaistechnik sorgten für die Ablaufsteuerung und dafür, dass die Fahrzeuge nicht kollidierten oder sich gegenseitig blockierten.
- Die Handhabung der Lasten geschah intelligenter und vermehrt automatisiert. Die Bewegungsmöglichkeiten der Fahrzeuge nahm zu (Rückwärtsfahrt mit Lastübergabe, flächige Bewegung); die ersten Außenanwendungen wurden realisiert.
- Die fahrerlosen Fahrzeuge wurden in Produktionsprozesse vollständig integriert; so wurden die Fahrzeuge als Mobile Werkbänke genutzt (Serienmontage).
- Zur Daten-Kommunikation wurden Infrarot- aber auch Funksysteme eingesetzt.

5.2.2 Große Projekte in der Automobilindustrie

Die Nachfrage im Markt wurde wesentlich durch die Automobilindustrie getrieben. Gerade die großen deutschen Autobauer modernisierten und automatisierten scheinbar grenzenlos. Das FTS gehörte dazu, es war „in", insbesondere in folgenden Anwendungsbereichen:

Abb. 5.6 Induktiv geführte Montageplattformen für Motoren bei VW in Salzgitter. (Quelle: E&K, 1977)

- Taxibetrieb bei der sog. Boxenfeldmontage
- FTF als mobiler Arbeitsplatz in den Vormontagen
- Verkettung von Produktionsmaschinen in der Aggregatefertigung
- Schlepper, Huckepack- und Gabelfahrzeuge zur Bandversorgung
- Im Lager, zur Kommissionierung und Materialanlieferung an die Linien
- Sondergeräte zur Integration in Fertigungssysteme.

Viele der großen FML[2]-Partner der Automobilindustrie lieferten größte Anlagen mit oftmals mehr als hundert Fahrzeugen. Die Anlagen wurden in Vormontagen (Cockpit, Frontend, Türen, Motoren, Getriebe, Antriebsstränge), in der Endmontage, im Fahrzeugbau aber auch für logistische Aufgaben eingesetzt (Abb. 5.6, 5.7 und 5.8).

5.2.3 Der große Knall

Ende der 1980er-Jahre kündigte sich der Niedergang bereits an: Die Wirtschaft wurde von einer Rezession heimgesucht, das Geld wurde knapp. Das FTS hatte ohnehin das Image teuer zu sein: Die Flexibilität, mit der die Systeme auch damals schon beworben wurden, wurde in der Praxis nicht erreicht. Kleine Änderungen im Fahrkurs mussten vom FTS-Lieferanten durchgeführt werden und kosteten viel Geld. Die Zuverlässigkeit und Verfügbarkeit der Anlagen ließen zu wünschen übrig.

Die deutschen Autobauer Volkswagen, BMW und Mercedes Benz waren sich einig, dass hinsichtlich der Kompatibilität und der Wirtschaftlichkeit der Systeme etwas passieren musste. Sie initiierten die Gründung des VDI-Fachausschusses[3] „Fahrerlose Transportsysteme", der 1987 damit begann, unter der Obmannschaft des Duisburger Universi-

---

[2] FML – Fördertechnik, Materialfluss, Logistik.

[3] www.vdi.de.

Abb. 5.7 PKW-Herstellung mit FTS: Fahrzeugbau des VW Passat bei VW in Emden. (Quelle: DS Automotion, 1986)

Abb. 5.8 Triebsatzvormontage bei VW in Hannover. (Quelle: DS Automotion, 1986)

tätsprofessors Prof. Dr.-Ing. Dietrich Elbracht VDI-Richtlinien zu den relevanten FTS-Themen zu erarbeiten. Seit 1996 wird der Kreis von Dr.-Ing. Günter Ullrich geleitet, der auch schon Gründungsmitglied war.

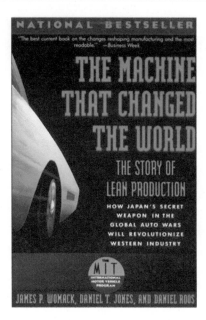

Abb. 5.9 Buch-Cover der MIT-Studie zur Produktivität in der Autombilproduktion

Dieser VDI-Fachausschuss führte dann vier Jahre später in Duisburg die erste FTS-Fachtagung[4] durch, auf der diese Themen intensiv diskutiert wurden. Außerdem entstand daraus im Jahre 2006 das Forum-FTS,[5] die europäische FTS-Community, in der wesentliche FTS-Hersteller Mittel-Europas (Finnland, Belgien, Niederlande, Deutschland, Österreich, Schweiz) organisiert sind.

Trotzdem konnte sich die FTS-Branche dem vorübergehenden Niedergang nicht entziehen, wesentlich verursacht durch ein amerikanisches Buch (Abb. 5.9 nebenstehend), in dem eine MIT-Studie[6] über die Produktivität der weltweiten Automobilhersteller abgedruckt ist. Diese Studie besagte, dass die japanischen Autobauer mit einfachsten Mitteln und neuen Arbeitsstrukturen bessere Qualität zu niedrigeren Herstellpreisen liefern konnten.

Diese Studie führte zu einem vollständigen Umdenken in Europa. Für die großen FTS-Anlagen bedeutete sie das Aus (FTS-Rezession). Viele „große" FTS-Hersteller beendeten ihr FTS-Engagement oder man ging den Weg der Lizensierung in einer globaleren Welt. Doch letztlich stand ein Neuanfang mit neuen mittelständischen Spielern, neuer Technik, neuen Produkten und neuen Kunden (Branchen) an!

---

[4] Die FTS-Fachtagung findet im 2-jährigen Rhythmus seit 2012 am Fraunhofer Institut IML in Dortmund statt (www.fts-fachtagung.org), von 2002 bis 2010 an der Universität Hannover und zu Beginn, also in den Jahren 1991, 1993, 1995, 1998 und 2000 an der Universität Duisburg.

[5] www.forum-fts.com, dort auch eine Liste der aktuell erfolgreich tätigen europäischen FTS-Hersteller.

[6] James P. Womack, Daniel T. Jones, Daniel Roos: The Machine That Changed the World: The Story of Lean Production. Verlag: HarperPaperbacks; Auflage: Reprint (1. November 1991).

5.3 Die dritte Epoche – Gestandene Technik für die Intralogistik

Von Mitte der 1990er-Jahre bis ca. 2010 dauerte die dritte Epoche, während der technologische Standards geschaffen und Märkte gefestigt werden. Die Fahrzeuge haben elektronische Steuerungen und berührungslose Sensoren. Als Leitsteuerung fungiert ein handelsüblicher PC, in den FTF sitzt entweder eine SPS oder ein Microrechner. Die Leitdraht-Spurführung spielt keine Rolle mehr, es setzen sich die „freien" Navigationstechniken Magnet- und die Laser-Navigation durch. WLAN etabliert sich als Datenübertragungstechnik.

Diese Epoche zeichnet sich dadurch aus, dass die Vorherrschaft der Automobilindustrie durch eine Fülle von unterschiedlichsten Anwendern gebrochen ist. Die FTF-Stückzahlen pro Anlage sind lange nicht mehr so groß wie in der zweiten Epoche. Und eine weitere zentrale Eigenschaft zeichnet das FTS erstmals aus: Fahrerlose Transportsysteme sind verlässliche, probate Mittel der Intralogistik. Die Hersteller bedienen sich aus einem Füllhorn von bewährten Technologien, die sie zu betriebssicheren, leistungsstarken und anerkannten Produkten kombinieren.

Fortschritte in der Materialfluss- und Lagertechnik, verbesserte Produktionsmethoden im Maschinenbau und neue Trends in Montagetechniken unterstützen die FTS-Entwicklung. Aber auch die fortschreitenden Rechner- und Sensortechniken bringen weitere wesentliche Fortschritte in der Fahrzeug- und Steuerungstechnik und in den Anwendungsbereichen:

- Fahrzeuge mit erhöhter Geschwindigkeit beim Fahren, Rangieren, Lasthandling dank verbesserter Sensorik
- Low-Cost Fahrzeuge, oder besser: einfache Lösungen
- Alternative Energiekonzepte mit induktiver Energieübertragung
- Neue Navigationsverfahren (Magnetpunkt, Laser, Transponder, Gebäudenavigation)
- Siegeszug des PCs – im Fahrzeug, in der Anlagesteuerung und in der intelligenten Sensorik
- Datenübertragung jetzt meist per WLAN
- Neue Funktionsbereiche, wie z. B. die Bedienung eines Blocklagers, in der Kommissionierung, in der „fraktalen Fabrik" (schlanke Produktion) oder im Krankenhaus.

Grundsätzlich gilt, dass jegliches Stückgut mit FTF transportiert werden kann. Alle Betriebe, in denen Paletten, Behälter, Container, Rollen, Pakete o. Ä. transportiert werden, können generell FTS einsetzen. So haben sich seit Mitte der 1990er-Jahre bis heute mehr und mehr Branchen auf das FTS eingelassen, aber im Gegensatz zur Automobilindustrie in der zweiten Epoche, immer mit Bedacht und meist mit Erfolg.

Der Umgang mit Gütern hat sich von dem ursprünglich unilateralen Transport zu einem mehrdimensionalen Verbringen gewandelt, denn die Fahrzeuge verfügen jetzt über Einrichtungen, mit denen sie Güter praktisch von/an jeden Ort im Lager oder der Fertigung bewegen können. Darüber hinaus können sie die Güter für die Montage bedarfsgerecht und ergonomisch positionieren. Es entstehen komplexe Verkehrsnetze mit einer Vielzahl

von Fahrzeugen und sich kreuzenden Fahrstrecken und einer immer weiter wachsenden
Anzahl von Lastübergabestationen.

In Japan wurden, den Kaizen-Prinzipien folgend, vorhandene Bereitstellregale an den
Produktionslinien in automatische Logistikeinheiten umgewandelt. Hierfür wurde ein mo-
dularer FTS-Baukasten entwickelt, der alle notwendigen Elemente einer einfachen
Magnetspurführung bis hin zur Steuerung in einer geschlossenen Einheit vereinte.

Weltweit entsteht mit der Kliniklogistik ein neuer Markt für das FTS, der immer inte-
ressanter wird, weil die bis dato eingesetzten AWT-Anlagen – wie z. B. die EHB oder noch
vorher die P&F-Anlagen – mehr oder weniger/früher oder später durch das FTS abgelöst
werden.[7]

Die Technik und die Anwendungen während dieser Epoche werden das Thema in den
folgenden Abschnitten sein, weshalb wir uns hier kurzfassen können. Wichtig ist eine
Übersicht, welche FTS-Hersteller heute eine gewichtige Rolle spielen und wo sie ihre
Wurzeln haben. Deshalb sind in Tab. 5.1 relevante europäische Anbieter des FTS-Marktes
der dritten Epochen aufgeführt und gibt Tab. 5.2 einen Überblick über die wichtigsten
Stationen des mitteleuropäischen Marktes in dieser Zeit.[8]

Schließlich soll nicht unerwähnt bleiben, dass sich neben den genannten Industrieun-
ternehmen auch Forschungseinrichtungen, z. B. Universitätslehrstühle und Fraunhofer-
Institute, mit dem Thema FTS beschäftigt haben. Dabei standen vor allem ausgewählte
und anspruchsvolle Problemstellungen aus dem Bereich der Navigation, der Steuer- und
Regelungstechnik oder der Online-Bahnplanung im Fokus. Auch entstanden innovative
Lösungen, die manchmal ihrer Zeit weit voraus waren, beispielhaft seien hier der erste
Industrieroboter auf einer mobilen Plattform („MobiRob" der Uni Duisburg, Abb. 5.10),
der erste Serviceroboter („Care-O-bot" des Fraunhofer IPA) oder die dezentrale Selbst-
Organisation einer größeren Gruppe autonomer Fahrzeuge („FTS-Schwarm" des Fraun-
hofer IML, Abb. 5.11) genannt.

Das Fazit zum Ende der dritten FTS-Epoche am Übergang zur aktuellen vierten Epoche
sieht wie folgt aus: Die Umsetzung von Kundenforderungen hat eine Fülle von Systemauslegungen hervorgebracht. In gleichem Maße sind die Ansprüche der Kunden mitge-
wachsen. Mit dem erweiterten Anwendungsspektrum und der technischen Entwicklung ist
auch die Komplexität der Systeme gestiegen.

Nun dürfen mit zunehmender Komplexität die Systemkosten nicht ebenfalls steigen.
Der Kunde erwartet, ähnlich wie im Markt für Consumer-Produkte (PC/Laptop, Handy,
Fernseher etc.), dass Leistungsverbesserungen ohne Preiserhöhungen realisiert und angeboten werden. Der Optimierungserfolg durch automatisierte Systeme liegt heute im gut
aufeinander abgestimmten Mix unterschiedlicher Transportmittel und Automatisierungs-
grade. Die Hersteller können dabei auf ihre langjährige Planungserfahrung und erprobte
Technologien zurückgreifen.

---

[7]Abkürzungen: AWT – Automatisches Warentransportsystem; EHB – Einschienenhängebahn;
P&F – Power and Free (Kettenförderer).

[8]Die Marktentwicklungen in der vierten Epoche sind so vielfältig, dass eine Fortführung der Tab. 5.1
und 5.2 ab 2010 nicht mehr mit vertretbarem Aufwand geleistet werden kann.

Tab. 5.1   Relevante mitteleuropäische Firmen der FTS-Branche während der dritten Epoche

Kürzel	Name	Beschreibung
AGILOX	Agilox Systems GmbH, A – Vorchdorf www.agilox.net	FTS-Hersteller
ASTI	ASTI Mobile Robots, E – Burgos www.asti.es	FTS-Hersteller
BÄR	BÄR Automation GmbH, D – Gemmingen www.baer-automation.de	FTS-Hersteller, insbes. Sonder-Fahrzeuge zur Montage-Automatisierung, im Forum-FTS
BITO	BITO-Lagertechnik Bittmann GmbH, D – Meisenheim – www.bito.com	FTS-Hersteller („Leo Locative")
BlueBotics	BlueBotics SA, CH – St. Sulpice www.bluebotics.de	Anbieter von Steuerungs- und Navigationssystemen für FTF, im Forum-FTS
CREFORM	CREFORM Technik GmbH, D – Baunatal – www.creform.de	FTS-Hersteller, im Forum-FTS
dpm	Daum+Partner Maschinenbau GmbH, D – Aichstetten www.daumundpartner.de	FTS-Hersteller, im Forum-FTS
Dematic	Dematic GmbH, D – Bremen www.dematic.com	Logistik-Systemanbieter, FTS-Hersteller, im Forum-FTS
DS-A	DS AUTOMOTION GmbH, AT – Linz www.ds-automotion.com	FTS-Hersteller, im Forum-FTS
ELETTRIC80	Elettric80 S.P.A., I – Viano www.elettric80.com	FTS-Hersteller
E&K	E&K Automation GmbH, D-Rosengarten www.ek-automation.com	FTS-Hersteller, im Forum-FTS
FOX	Abteilung FOX der Götting KG, D – Lehrte www.goetting.de/fox	Abteilung der Götting KG, die Nutzfahrzeuge für den Außenbereich automatisiert
Götting	Götting KG, D – Lehrte www.goetting.de	Komponenten-/FTF-Zubehör-hersteller, im Forum-FTS
Grenzebach	Grenzebach Maschinenbau GmbH, D – Asbach-Bäumenheim www.grenzebach.com/de/produkte-maerkte/intralogistik/	Logistik-Systemanbieter, FTS-Hersteller, im Forum-FTS
Guidance Automation	Guidance Automation Ltd., UK – Leicester www.guidanceautomation.com	Anbieter von Steuerungs- und Navigationssystemen für FTF
InSystems	InSystems Automation GmbH, D – Berlin www.insystems.de	FTS-Hersteller
Jungheinrich	Jungheinrich Moosburg AG & Co. KG, D – Moosburg www.jungheinrich.de/systeme/fahrerlose-transportfahrzeuge	Logistik-Systemanbieter, Flurförderzeughersteller, bietet FTS auf Basis der (eigenen) automatisierten Serien-Fahrzeuge an, im Forum-FTS

(Fortsetzung)

Tab. 5.1 (Fortsetzung)

Kürzel	Name	Beschreibung
Knapp	Knapp AG, A – Hart bei Graz www.knapp.com	Logistik-Systemanbieter, FTS-Hersteller
KUKA	KUKA AG, D – Augsburg www.kuka.com/de-de/produkte-leistungen/mobilitaet	Anbieter von mobilen Roboterplattformen und FTF-Navigationslösungen
Leuze	Leuze electronic GmbH + Co. KG, D – Owen www.leuze.de	Lieferant von Sicherheitskomponenten und -Systemen, im Forum-FTS
Linde MH	Linde Material Handling GmbH, D – Aschaffenburg www.linde-mh.de	Logistik-Systemanbieter, Flurförderzeughersteller, bietet FTS auf Basis der (eigenen) automatisierten Serien-Fahrzeuge an
Magazino	Magazino GmbH, D – München www.magazino.eu	Hersteller von mobilen Robotern für die Kommissionierung
MIR	Mobile Industrial Robots A/S, DK – Odense www.mobile-industrial-robots.com	FTS-Hersteller
MLR System	MLR System GmbH, D – Ludwigsburg www.mlr.de	FTS-Hersteller, im Forum-FTS
Navitec	Navitec Systems Oy, FI – Espoo www.navitecsystems.com	Anbieter von FTF-Navigationssystemen und Transportleitsystem-Software für FTS
Oceaneering	Oceaneering AGV Systems GmbH, D – Leinfelden-Echterdingen www.oceaneering.com/AGV	FTS-Hersteller, im Forum-FTS
Rocla	Rocla OY, FI – Järvenpää www.rocla.com	FTS-Hersteller, im Forum-FTS
Schabmüller	Schabmüller GmbH, D – Berching www.schabmueller.de	Komponenten-Hersteller für Antriebs- und Lenkmotoren
SEW	SEW-Eurodrive GmbH & Co KG, D – Bruchsal www.sew-eurodrive.de	Komponenten- und Systemhersteller für Antriebs- und Energietechnik FTS-Hersteller
SICK	Sick AG, D – Waldkirch www.sick.com	Lieferant von Sicherheitskomponenten und -Systemen, im Forum-FTS
SimPlan	SimPlan Integrations GmbH, D – Witten www.simplan.de	Dienstleister für Simulation und Emulation
SSI SCHÄFER	SSI Schäfer Automation GmbH, D – Giebelstadt www.ssi-schaefer.com	Logistik-Systemanbieter, FTS-Hersteller, im Forum-FTS
STILL	STILL GmbH, D – Hamburg www.still.de	Logistik-Systemanbieter, Flurförderzeughersteller, bietet FTS auf Basis der (eigenen) automatisierten Serien-Fahrzeuge an

(Fortsetzung)

Tab. 5.1 (Fortsetzung)

Kürzel	Name	Beschreibung
swisslog	Swisslog Holding Ltd., CH – Buchs www.swisslog.com	Logistik-Systemanbieter, FTS-Hersteller, im Forum-FTS
TÜNKERS	Tünkers Maschinenbau GmbH, D – Ratingen – www.tuenkers.de	FTS-Hersteller, insbes. Montage- u. Sonder-Fahrzeuge
WFT	STÄUBLI WFT GmbH, D – Sulzbach-Rosenberg www.wft-gmbh.de	FTS-Hersteller, insbes. Sonder-Fahrzeuge

Tab. 5.2 Stationen der FTS-Hersteller, beschränkt auf den europäischen Markt und die 3. Epoche

Jahr	FTS-Hersteller	Ereignis/Vorgeschichte
1953	Alle	Die Firma Barrett beginnt in Amerika mit FTS.
1956	Alle	EMI stellt in England FTS her; 1973 begann man mit Kalmar in Schweden bei VOLVO mit FTS.
1962	E&K	Jungheinrich, Hamburg, beginnt mit FTS (Teletrak).
1963	E&K	Die Ernst Wagner KG, Reutlingen, startet die Entwicklung automatisch fahrender Fahrzeuge.
1969	Egemin	Egemin liefert das erste FTS, allerdings mit zugekauften Fahrzeugen.
1970	Swisslog	Telelift startet mit dem Transcar-FTS. Seit 1973 in Puchheim bei München.
1971	MLR	In Stuttgart entsteht die Babcock und Bosch Transport- und Lagersysteme in Stuttgart, später (1983) in Schwieberdingen. Keimzelle für FTS-Komponenten (Lenksteuerung und Leitsignalgenerator) war der Bereich „Bosch Transport- und Lagersysteme" innerhalb der Robert Bosch GmbH, Stuttgart. Wagner baute anfänglich (bis 1971) diese Teile in seine Fahrzeuge und Anlagen ein. Später ging der Bereich an Babcock und dann an MLR.
1971	E&K	Die Ernst Wagner KG, Reutlingen, gründet den Bereich „Fahrerlose Transportsysteme"
1973	E&K	Mannesmann übernimmt DEMAG. 1992 wird die Mannesmann Demag Fördertechnik AG, Wetter, gegründet. Die Wurzeln der Firma reichen bis 1910 zurück, als die Deutsche Maschinenfabrik AG (DeMAG) gegründet wurde. Parallel dazu entstand 1956 die Leo Gottwald KG, die Hafenkrane und später auch FTS im Hafenbereich bauen. In 2006 Zusammenführung der Demag Cranes & Components GmbH und Gottwald Port Technology GmbH (GPT) unter dem Dach der Demag Cranes AG, seit Jan. 2017 als Terex MHPS Teil der Konecranes, die heute noch FTF für den Einsatz im Containerhafen herstellen.

(Fortsetzung)

Tab. 5.2 (Fortsetzung)

Jahr	FTS-Hersteller	Ereignis/Vorgeschichte
1974	MLR	Namenwechsel von Babcock und Bosch Transport- und Lagersysteme nach Babcock Transport- und Lagersysteme, weil Babcock 100 % der Geschäftsanteile übernimmt.
1980	MLR	Die Pohling-Heckel-Bleichert AG in Köln übernimmt den Bereich Transport- und Lagersysteme von Babcock. Das Unternehmen heißt fortan PHB Transport- und Lagersysteme.
1980	E&K	Die Herren Eilers & Kirf gründen ein Ingenieurbüro für Steuerungstechnik und sind seit 1988 Systempartner von Jungheinrich.
1983	Rocla	Rocla beginnt in Finnland mit FTS.
1984	FROG	FROG beginnt in NL; zunächst als Frog Navigation Systems. 2007 dann Neuanfang als FROG AGV Systems.
1984	DS-A	Der österreichische Mischkonzern Voest Alpine AG beginnt mit FTS. 1991 wird nach einer Umstrukturierung der FTS-Teil der neu gegründeten VA Technologie AG zugeordnet.
1985	MLR	Die PHB Transport- und Lagersysteme übernimmt die MAFI Transport-Systeme und ein Jahr später die Trepel GmbH, Wiesbaden. Außerdem Bildung der Holding PHB Gesellschaft für Industriebeteiligungen; darin die Firmen PHB Transport- und Lagersysteme, Eisgruber, Mafi, Trepel und BBT.
1986	E&K	Fa. Linde beteiligt sich in zwei Schritten (1986 und 1988) an der Wagner Fördertechnik, mit der kompletten Übernahme 1991 wird der Bereich der Fahrerlosen Transportsysteme als eigenständiges Unternehmen INDUMAT ausgegründet.
1989	Swisslog	Thyssen Aufzüge übernimmt die Telelift.
1990	MLR	Noell, Würzburg übernimmt die FTS-Aktivitäten der PHB Gruppe. Name: Noell, Niederlassung Schwieberdingen. Noell gehörte zur Preussag-Salzgitter-Gruppe.
1993	MLR	Noell übernimmt die Firma Autonome Roboter, Hamburg und 1994 die Schoeller Transportautomation, Herzogenrath.
1993	E&K	Die FTS-Aktivitäten von Mannesmann Demag und Jungheinrich gehen über in die Demag-Jungheinrich FTS GmbH, Hamburg.
1994	DS-A	Unter der VA Technologie AG wird die TMS Transport- und Montagesysteme GmbH gegründet, die u. a. die FTS-Aktivitäten fortführt.
1996	E&K	Eilers & Kirf übernimmt die Demag-Jungheinrich FTS GmbH.
1997	MLR	MLR übernimmt den Bereich Fahrerlose Transportsysteme von Preussag/Noell
1999	Swisslog	Swisslog übernimmt die Telelift von Thyssen Aufzüge. Swisslog entstand aus der ehemaligen Sprecher & Schuh AG (seit 1898 in CH-Aarau).

(Fortsetzung)

Tab. 5.2 (Fortsetzung)

Jahr	FTS-Hersteller	Ereignis/Vorgeschichte
1999	CREFORM	Gründung der CREFORM Technik GmbH Germany, Tochter der Yazaki Industrial Chemical Co. (Shizuoka, Japan) und deren US-Tochter CREFORM Corporation (Greer, USA), Ziel: Vermarktung einfacher, flexibler, Material-Handling-Systeme (der modulare FTS-Baukasten).
2000	Fox	Die Firma Götting KG gründet das eigenständige Tochterunternehmen Fox, das Serien-Nutzfahrzeuge, z. B. LKW und Radlader automatisiert.
2000	Egemin	Egemin beginnt mit dem Bau eigener Fahrzeuge.
2001	E&K	E&K übernimmt INDUMAT von Linde.
2001	DS-A	Die VA Technologie AG veräußert die TMS-Gruppe an den französischen Mischkonzern VINCI. Dort wird 2002 die TMS Automotion GmbH zur Fortführung des FTS-Geschäfts gegründet.
2001	BlueBotics	BlueBotics SA wird in der Schweiz gegründet, bietet FTF-Herstellern mit „ANT" (Autonomous Navigation Technology) eine lizenzierbare Software für Umgebungsnavigation
2004	Snox	Die Snox Engineering Group (Frankreich, Belgien) startet das FTS-Geschäft.
2005	DS-A	HK Automotion, Österreich übernimmt die gesamte TMS-Gruppe; 2008 dann Namensänderung zu DS AUTOMOTION.
2007	BÄR	BÄR Automation (gegr. 1972) startet FTS-Aktivitäten, entwickelt und baut kundenspezifische Lösungen für automatisierte Montagelinien
2008	Götting	Die Aktivitäten der Fox GmbH werden von der Muttergesellschaft als Abteilung weitergeführt.
2008	MT Robot	Gründung der MT Robot AG in Zwingen, CH
2008	Rocla	Rocla wird Teil der Mitsubishi Caterpillar Forklift Europe
2012	Swisslog	Die Swisslog Healthcare Solutions schließt sich in der Krankenhauslogistik mit der JBT Corporation aus Chicago (USA) zusammen, entledigt sich des Namens Telelift und fokussiert ihre Aktivitäten in D-Westerstede. Trennung von der Produktsparte Kleinförderanlagen und dem zugehörigen Markennahmen Telelift.
2012	Swisslog/Grenzebach	Grenzebach-Gruppe beteiligt sich mit 11,3 % an der Swisslog Holding
2013	Grenzebach/Snox	Übernahme von Snox durch die Grenzebach Maschinenbau GmbH.
seit ca. 2014	Jungheinrich, STILL, Linde	Die großen deutschen Flurförderzeug-Hersteller steigen nach langen Jahren der Abstinenz wieder ins FTS-Geschäft ein
2014	FROG	Übernahme von FROG durch Oceaneering
2014	KUKA/Swisslog	Übernahme der Swisslog Holding durch die KUKA AG
2014	SSI Schäfer	SSI Schäfer entwickelt erstes eigenes FTF für den Transport von Behältern (KLT)/Kartons mit niedrigem Gewicht („WEASEL")
2015	BITO	BITO stellt Low-Cost-FTF „Leo Locative" für KLT-Transport vor, das gemeinsam mit dem Fraunhofer IML entwickelt wurde

(Fortsetzung)

Tab. 5.2 (Fortsetzung)

Jahr	FTS-Hersteller	Ereignis/Vorgeschichte
2015	Swisslog/Grenzebach	Swisslog übernimmt Teile der FTS-Aktivitäten von der Grenzebach-Gruppe
2015	Magazino	Magazino GmbH entsteht als Ausgründung der TU MünchenZiel: mobile Kommissionierroboter, „Roboter zur Ware" 2015 Beteiligung der SIEMENS AG; Gewinner mehrerer Logistik-Preise in den Folgejahren
2015	ROFA/MLR	ROFA Industrial Automation AG mit Sitz in Kolbermoor übernimmt MLR System
2015	SSI/MoTuM	SSI Schäfer erwirbt Mehrheitsbeteiligung am belgischen FTS-Hersteller MoTuM
2015	Linde MH/Balyo	Linde und der französische FTS-Hersteller Balyo beschließen strategische Kooperation
2016	Dematic/NDC	Dematic übernimmt NDC Automation (FTS-Hersteller in Australien)
2016	Dematic/Egemin	Dematic übernimmt Egemin und wird zum weltweit größten FTS-Hersteller
2016	KION/Dematic	KION Group übernimmt Dematic
2018	SSI/DS-A	SSI beteiligt sich an DS AUTOMOTION

Abb. 5.10 Der weltweit erste mobile Industrieroboter MOBIROB. (Quelle: Universität Duisburg, Fachgebiet Fertigungstechnik, Prof. Dr.-Ing. D. Elbracht, 1985)

Abb. 5.11 Zellulare Fördertechnik/„FTS-Schwarm" in der Versuchshalle des Fraunhofer IML in Dortmund (2011)

5.4 Die vierte Epoche – Das FTS erweitert den Wirkungskreis

Die vierte Epoche des FTS ist nicht in allen Belangen neu: Die Inhalte der dritten Epoche – Technik und Basis-Anwendungen in der Intralogistik – bleiben aktuell und wird es auch weiterhin geben, es kommen aber neue technische Möglichkeiten und Funktionalitäten und damit neue Anwendungen, aber auch Herausforderungen hinzu. Diese neue Epoche wird die alte erstmals nicht komplett verdrängen, sondern auf deren Errungenschaften aufbauen. Also: die Anwendungen und technischen Lösungen, die in der dritten Epoche gut waren, sind es heute auch noch!

Wenn das klassische FTS gemäß Definition und gelebter Praxis ausschließlich für den innerbetrieblichen Materialtransport eingesetzt wurde, so übernehmen automatische Fahrzeuge heute weitere Aufgaben, die als Dienstleistung oder Service für Menschen – insbesondere auch außerhalb einer Industrieumgebung – bezeichnet werden können: Auskunft geben im Museum, Koffertransport im Hotel oder Flughafen, Bodenreinigung in Supermärkten, Flughafen- oder Bahnhofshallen, Security innerhalb von Gebäuden während der Nachtstunden oder auch „Handreichungen" und Hilfestellungen im Krankenhaus oder in einer Altenpflegeeinrichtung. Für die letztgenannte Einsatzumgebung gibt es in Verbindung mit menschenähnlich aussehenden mobilen Robotern, insbesondere in Japan bereits zahlreiche Anwendungsbeispiele. Diese Systeme „arbeiten" sehr nah am und zusammen mit Menschen, denen sie beispielsweise vorlesen, mit ihnen einfache Unterhaltungen führen, Hilfestellung geben beim Aufstehen oder auch Hilfe holen im Falle eines Sturzes oder plötzlich auftretenden gesundheitlichen Problemen.

Man kann sich leicht vorstellen, dass sich aus den Herausforderungen, denen sich automatische Fahrzeuge dieser neuen Generation stellen müssen und die sich insbesondere aus ihrer unmittelbaren Nähe und „Zusammenarbeit" mit Menschen ableiten, neue Lösungen ergeben, die auch für FTS in Industrieumgebungen interessant sind und etliche neue oder zumindest verbesserte Anwendungen erlauben.

Damit sind die Schwerpunkte für die folgenden Seiten gesetzt. Es geht um neue und alte Märkte sowie um die funktionalen Herausforderungen der vierten Epoche. So dynamisch wie in der gegenwärtigen 4. Epoche war es noch nie!

5.4.1   Neue Märkte

Unter neuen Märkten wollen wir Anwendungen des automatischen Fahrens außerhalb der klassischen Intralogistik in Industrieumgebungen verstehen, also in halb-öffentlichen, öffentlichen oder sogar privaten Bereichen. Ein sehr anschauliches Beispiel hierfür sind Fahrerlose Transportsysteme, die in der Kliniklogistik (sog. Healthcare-Bereich) eingesetzt werden, da der abgegrenzte Bereich „Keller/Logistikebene" mit unterwiesenem Personal und klassischer FTS-Technik und der halb-öffentliche Bereich „Krankenstation" mit Patienten und Besuchern hier nur wenige Zentimeter, nämlich eine Aufzugkabinentür-Dicke auseinander liegen: Sobald ein FTF, mit dem Lastenaufzug aus dem Keller kommend, zur Anlieferung oder zum Abholen eines Transportbehälters die Aufzugkabine verlässt und in den öffentlich zugänglichen Bereich einer Krankenstation einfährt, trifft es dort auf „betriebsfremde Personen", was die technische, organisatorische und rechtliche Sachlage fundamental verändert.

Begegnet das klassische FTF im industriellen Umfeld üblicherweise geschulten, erwachsenen und gesunden Mitarbeitern, die einen kooperativen Umgang mit den Fahrzeugen pflegen, so sieht das im Krankenhaus oder allgemeiner im öffentlichen Bereich anders aus. Hier ist mit nicht-untergewiesenen Personen, mit Patienten, mit Besuchern jeden Alters, auch mit spielenden Kindern etc. zu rechnen. Diese Personengruppe – sie sind keine Nutzer oder Anwender, sondern treffen die Fahrzeuge mehr oder weniger unverhofft an – findet sich auch in anderen Bereichen des öffentlichen Lebens, wie z. B. im Supermarkt, im Baumarkt, in einer Bibliothek, in einem Museum oder in einem Freizeitpark. Von Erschrecken über Neugier bis zu destruktiver Ablehnung muss hier mit allen Reaktionen gerechnet werden, d. h. ein Fahrzeug muss mit all dem klarkommen bzw. seine Programmierer müssen für all dies Verhaltensweisen und Lösungsstrategien entwickelt und eingebaut haben.

Serviceroboter (SR), die es prinzipiell, wenn auch in sehr begrenzter Stückzahl, schon lange gibt, mussten sich immer schon in solchen Bereichen und Situationen zurechtfinden. Bisher hatten das FTS und die Servicerobotik allerdings kaum Berührungspunkte. Heute haben sich diese Produktbereiche vermischt und es hat sich eine neue Gattung von automatischen Fahrzeugen gebildet, ausgedrückt durch die einfache Formel:

$$FTS + SR = STS$$

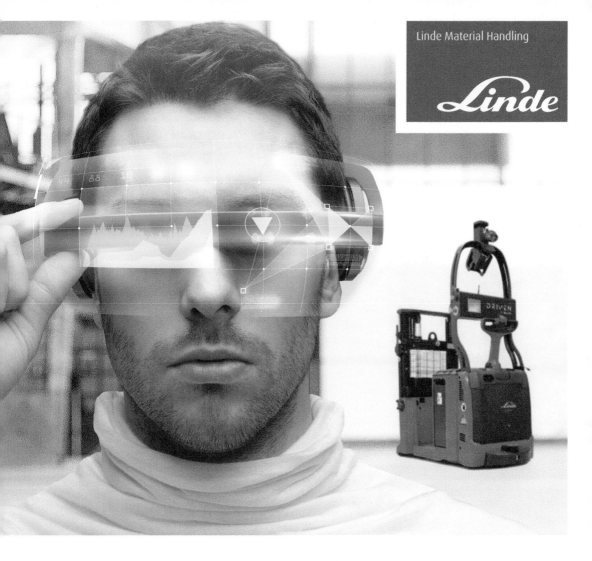

Kreuzt man das klassische FTS mit der Servicerobotik, so entstehen die Service- und Transportsysteme (STS). STS sind also Fahrerlose Fahrzeuge, die nicht nur transportieren, sondern vielfältige Serviceaufgaben übernehmen können oder – aus Sicht der Roboter – Serviceroboter mit Transportfunktion. Typische Beispiele zeigen die folgenden Bilder: Fahrzeuge, die im Krankenhaus, im Pflegeheim oder im Hotel verschiedenste Aufgaben übernehmen können, beispielsweise Essenverteilung, Hol- und Bringdienste für Medikamente, Getränke oder Dokumente, Kofferkuli und Wegweiser; in Supermärkten können sie helfen, bestimmte Produkte zu finden (Abb. 5.12 und 5.13).

   Aus der FTS-Welt hat das neue Produkt von Maschinenbaukenntnissen profitiert und kann sich bewegen und Material tragen. Die Serviceroboter-Gene haben für das intelligente MEHR gesorgt:

- Mehr Technik in der Objekterkennung: 3D-Sensorik, Sensorfusion
- Mehr Technik in der Navigation: verbesserte Umgebungsnavigation, 3D-Karten
- Mehr Flexibilität (Einfachheit, Verständlichkeit) bei Inbetriebnahme/Änderungen
- Mehr „Autonomie": selbstständiges Entscheiden, z. B. dynamisches Ausweichen
- Mehr Servicefreundlichkeit (Auskunftsfreudigkeit von Kernkomponenten)
- Mehr Varianten bei der Energieversorgung: Lithium-Ionen-Technik, kontaktloses Laden

Abb. 5.12 Aktuelle Version des Care-O-bot, Anwendung: Kunden in einem Elektronik-Fachmarkt mit Produktinformationen versorgen/zum gesuchten Produkt führen. (Quelle: mojin robotics)

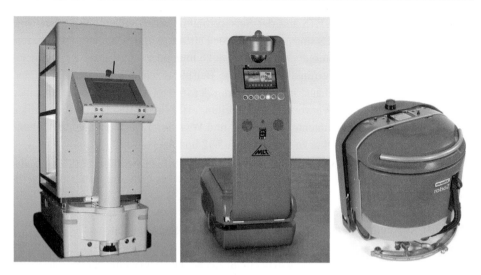

Abb. 5.13 Drei der ersten STS-Produkte am Markt: Einsatz im Klinikum, Altenheim oder Hotel. (Quelle: *links:* MT-Robot, *mittig:* MLR *rechts:* Cleanfix/Bluebotics)

Abb. 5.14 Reinigungsroboter beim Einsatz im Supermarkt. (Quelle: Nilfisk)

Der Reinigungsroboter ist dafür ein gutes Beispiel. Bodenreinigungsaufgaben gibt es sowohl in öffentlich zugänglichen Bereichen als auch in der Industrie. Abb. 5.14 zeigt einen
automatisch arbeitenden Reinigungsroboter zur Nassreinigung des Fußbodens in einem
Supermarkt, er könnte selbstverständlich auch in einer Lager- oder Produktionshalle zum
Einsatz kommen. In beiden Einsatzumgebungen ist die Anforderung an den Betrieb ziemlich ähnlich: in möglichst kurzer Zeit soll „überall", also jede erreichbare Fußbodenfläche,
gesäubert werden, ohne dabei Abschnitte (unbeabsichtigt) mehrfach zu befahren. Selbstredend dürfen durch die Maschine keine Personen bedrängt, berührt oder gar verletzt werden. Im öffentlichen Raum muss im Vergleich zur Industrieumgebung allerdings mit er-

heblich mehr Störeinflüssen gerechnet werden, da z. B. zu erwarten ist, dass technikaffine Kinder und Jugendliche die Grenzen des Systems ausloten werden und ausprobieren wollen: Was passiert, wenn ich mich oder einen Einkaufswagen in den Weg stelle, das Gerät in eine Ecke treibe, einen der vielen Knöpfe drücke usw.

Und dies wird vermutlich nicht nur einmal geschehen, wenn das Gerät neu ist und erstmals in Aktion entdeckt wird (wie es im industriellen Umfeld üblich ist), sondern immer wieder mit anderen Personen/Kunden. Selbst wenn der Reinigungsroboter all diese Herausforderungen meistert, ist zumindest eine im Vergleich zum Industrieeinsatz reduzierte Leistung, gemessen in gereinigter Fläche pro Zeit, zu erwarten. Damit erkennen wir einen entscheidenden Unterschied zwischen dem Einsatz eines FTS in einer Intralogistik-Anwendung und einem STS im öffentlichen Bereich: Das FTS muss planbare und verlässliche Leistung bringen, so muss für jeden einzelnen Transport die vorgegebene Ausführungszeit genau eingehalten werden. Das – vielleicht autonom agierende – STS kann diese Verlässlichkeit nicht bieten.

Aber auch in reinen Industrieumgebungen gibt es neue Anwendungsfelder und damit neue Märkte für automatische Fahrzeuge. Beispielhaft seien hier mobile Roboter zum Kommissionieren genannt und stellvertretend für mehrere Anbieter das Münchner Start-Up Magazino (s. a. Tab. 5.2). Der mobile Roboter „TORU" macht und kann das, was der Logistiker unter dem Kommissionierprinzip „Person-zur-Ware" versteht: Er fährt im Lager an Regalen entlang, hält an der richtigen Stelle an, greift in der richtigen Ebene an der richtigen Stelle die bestellte Ware und legt sie wahlweise in einem mitgeführten Regal ab oder in einen Behälter auf einem hinter ihm herfahrenden „normalen" FTF. Für die präzise Navigation in den Regalgassen und für das exakte Greifen der – momentan noch quaderförmigen – Artikel sorgt ein 3D-Bildverarbeitungssystem. Selbstredend arbeitet dieser mobile Roboter sicher, denn er wird inzwischen in mehreren Kundenanlagen zusammen, also gleichzeitig und in derselben Lagergasse, mit menschlichen Kommissionierern erfolgreich eingesetzt (Abb. 5.15).

Ein letztes Beispiel beschreibt eigentlich eine klassische FTS-Anwendung, die aber aufgrund technischer Restriktionen bis jetzt nur eine ganz kleine Nische darstellt: Es gibt seit vielen Jahren FTF im Außeneinsatz, die sog. Outdoor-FTF – aber eben nur in sehr

Abb. 5.15   Kommissionier-Roboter TORU. (Quelle: Magazino)

Abb. 5.16 links: Outdoor-FTF bei BASF in Ludwigshafen. (Quelle: BASF SE) rechts: E-Wiesel bei Utz in Ulm. (Quelle: KAMAG)

geringer Stückzahl. Die Gründe liegen vor allem im Problemfeld der Sicherheitstechnik, genauer der berührungslos arbeitenden Sicherheitssensorik, um die im Außeneinsatz gewünschten hohen Geschwindigkeiten (= hohe Transportleistung) zu erlauben. In diesem aus mehreren Gründen sehr anspruchsvollen Umfeld (Witterungseinflüsse, Fahrbahn mit schwankender Oberflächenqualität, hohe Fahrgeschwindigkeit, etc.), auch mit betriebsfremden Verkehrsteilnehmern in unmittelbarer Nähe/auf derselben Straße, entstehen momentan etliche Projekte, da es seit Ende 2018 für den Outdoor-Einsatz zertifizierte (Performance Level d) Sicherheitslaserscanner gibt. Anwendungen sind hier mehrheitlich Transporte großer und/oder schwerer Güter; die Lastaufnahme und Lastabgabe erfolgt dabei häufig nicht automatisch, sondern manuell, d. h. die Fahrzeuge werden mittels mannbedientem Stapler oder Kran be- und entladen (Abb. 5.16).

5.4.2 Neue Funktionen und Technologien

Die neuen Funktionalitäten und damit die neuen Anwendungen sind möglich geworden durch Entwicklungen und Innovationen in verschiedenen Technologiefeldern:

- mehr Anbieter sowie mehr und preiswertere Produkte zur präzisen Vermessung/Erfassung von Umgebungsmerkmalen (Laserscanner, 2D- und 3D-Kameras, Radar)
- stark verbesserte Verfahren zur Umgebungsnavigation unter Nutzung der o. g. Sensorsysteme, die sog. Multi-Sensor-Fusion
- stark gesunkene Preise bei hochgenauen Differential GPS-Empfängern, kostenfreie RTK-GPS-Signale nahezu flächendeckend (in Deutschland) verfügbar
- Lithium-basierte Batterien in Verbindung mit kontaktlosem (induktivem) Laden
- Sensorsysteme und Software aus dem Automobilbereich: Fahrerassistenzsysteme

Auf den letztgenannten Aspekt wollen wir etwas detaillierter eingehen: Bereits heute sind moderne Pkw in der Lage, sich weitgehend automatisch zu bewegen und das auch bei hohen Geschwindigkeiten. Dabei haben die Auto-Entwickler zweifelsfrei den Vorteil,

Tab. 5.3 Funktionen von autonomen Pkw, die auch für FTF benötigt werden

Bezeichnung	Beschreibung
Bilderkennung	Objekte (z. B. Verkehrszeichen), Personen, Kategorien, Situationen – auch unter ungünstigen optischen Bedingungen (Gegenlicht/Blendung, Dunkelheit)
Video-Erkennung	Interpretation von bewegten Bildern, Abläufen und Gesten – auch unter ungünstigen optischen Bedingungen (Gegenlicht/Blendung, Dunkelheit)
Rücksicht auf Verkehrsteilnehmer	Einschätzen von Geschwindigkeiten, Richtungen und Absichten – auch von „schwierigen" Verkehrsteilnehmern (Radfahrer, Kinder, alkoholisierte Personen …)
Geräusche	Erkennen und Lokalisieren

Funktionen für die Sicherheit konzipieren zu dürfen, ohne die Sicherheit verantworten zu müssen. Denn verantwortlich ist im Auto momentan immer noch der Fahrer – und das wird wohl auch noch einige Zeit lang so bleiben. Unabhängig davon, wann die ersten autonomen, also ohne Fahrer sicher agierenden Pkw eine Straßenzulassung erhalten werden, gibt es aber etliche Anforderungen an diese Pkw, die von zukünftigen STS ebenfalls erfüllt werden müssen, diese sind in Tab. 5.3 zusammengefasst.

Das Thema der Autonomie beherrscht natürlich auch zumindest die zweite Hälfte der vierten Epoche. Darauf gehen wir – genau wie auf alle anderen Aspekte der vierten Epoche – in den vorderen Teilen dieses Buches ein.

Stichwortverzeichnis

© Springer Fachmedien Wiesbaden GmbH, ein Teil von Springer Nature 2023   321
G. Ullrich, T. Albrecht, *Fahrerlose Transportsysteme*,
https://doi.org/10.1007/978-3-658-38738-9

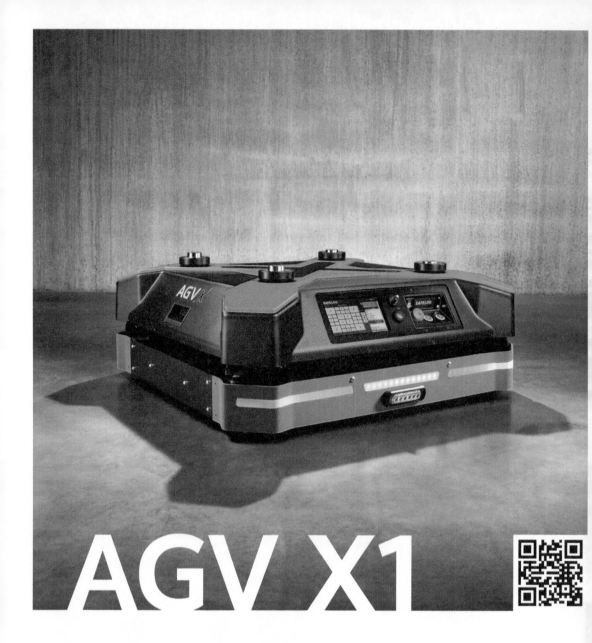

AGV X1